天津市级课程思政优秀教材
南开大学“十四五”规划核心课程精品教材

热学基础教程

（第二版）

宋　峰　编著

科学出版社
北　京

内 容 简 介

温度、气压、内能、热量、熵等宏观物理量与组成物质的微观分子和原子有密切关系，系统的能量、过程的方向满足一定的规律. 本书从热学最基础的概念出发，从微观和宏观两个方面讲述热学基本原理和定律. 本书共 8 章，主要包括分子动理论、气体系统的状态和气体的性质、热力学第一定律、热力学第二定律、固体和液体的性质、相变、弱耦合系统中的玻尔兹曼分布律与输运过程基础知识. 本书注重基本概念与原理的讲述和理解，穿插了与热学相关的小故事和科技进展，选用了近年来全国中学生物理竞赛、高校自主招生和强基计划题目，以及重点高校科学营试题，可读性强，概念清晰. 本书将拓展小视频、热学导语、每章小结、习题答案等资源以二维码的形式设置在书中相应位置，方便读者学习、观看. 另外，本书还配套出版了习题解答和电子教案.

本书可作为热学零基础的高中生(尤其是为备考竞赛和强基计划打基础的学生)学习热学的参考书，也可作为本科生的教材.

图书在版编目（CIP）数据

热学基础教程 / 宋峰编著. -- 2 版. -- 北京 ：科学出版社，2025. 7. (天津市级课程思政优秀教材)（南开大学“十四五”规划核心课程精品教材）. -- ISBN 978-7-03-082668-8

Ⅰ. O551

中国国家版本馆 CIP 数据核字第 2025W7G641 号

责任编辑：罗　吉　田轶静 / 责任校对：杨聪敏

责任印制：吴兆东 / 封面设计：有道文化

科学出版社 出版

北京东黄城根北街 16 号

邮政编码：100717

http://www.sciencep.com

北京中科印刷有限公司印刷

科学出版社发行　各地新华书店经销

*

2023 年 5 月第 一 版　开本：787×1092　1/16

2025 年 7 月第 二 版　印张：18 1/4

2026 年 1 月第四次印刷　字数：433 000

定价：69.00 元

第一版序

我们司空见惯的温度是什么？压强是什么？它们和组成物质的微观分子和原子有什么关系？内能是什么？热量是什么？熵是什么？系统的能量、过程的方向满足什么规律？这些概念和问题都离不开热学. 我们赖以生存的大气、给万物提供能量的太阳、做饭的炉火、建筑材料、保暖衣、电扇、空调、冰箱、汽车，这些涉及衣食住行等基本生活要素的物质、系统、产品，无一不跟热学相关. 在科学研究中，热学也非常重要，比如我所从事的激光技术中，很多能量将沉积为热量，分析热量随时间和空间的分布，了解热量的传递过程和途径，进行科学的热管理，对于提高激光效率，以及提升光束质量，是非常重要的.

热学是研究热物理的科学. 研究内容包括能量内涵、能量转换以及能量与物质间的相互作用，尤其专注于系统与环境间能量的相互作用，物质的特性也是其研究的内容. 热学还是结合工程、物理与化学的一门科学，很多学科与热力学联系密切，如传热学、流体力学、材料科学等.

热学既跟宏观现象有关，也跟微观分子运动有关. 热学概念较多，在学习过程中比较难以把握. 而由于多种原因，目前热学课时压缩，很多学生对于热学基本概念和应用的了解较为含糊.

该书作者是我的学生，在教学和科研上颇有成果. 他在多年的教学和科研工作中，以及对物理奥赛生的培养训练中，对热学有了深入了解. 该书融合了他在教学和科研上的部分成果. 我阅读该书后，很高兴为之作序. 该书有以下几个特点：通过现象归纳概念，用大量例题来帮助了解概念，强调热学理念；联系生活、生产与科研中的实例，注重热学的应用；通过引导思考、将宏观现象与微观运动之间紧密联系等方式，训练物理思维；通过介绍热学发展和科技应用实例、科学家的故事、我国科学家的贡献，培养学生的科学素养、科学精神与爱国情怀；从简单的热学知识到深入的应用，选用奥赛例题，做好大中知识的衔接.

该书文笔流畅，通俗易懂，阅读起来不枯燥，有趣味，很适合中学的初学者学习，也可用于大学生的热学教材和参考书.

姚建铨

中国科学院院士、天津大学教授

2023 年 3 月

第一版序

[illegible]

前　言

《热学基础教程》自 2023 年出版以来，得到了广大读者的关注和厚爱，并获评天津市课程思政优秀教材，在此对读者和有关部门表示诚挚的谢意.

第一版是按照全国中学生物理竞赛大纲来编排的，讲述的内容也主要是竞赛大纲中所提到的知识，随着竞赛水平的提升，以及高校使用教材的需求，我们对教材进行了修订，与第一版相比，第二版做了如下改进.

(1)新增“弱耦合系统的玻尔兹曼分布律”，作为第二版的第 7 章. 该章介绍了弱耦合系统的玻尔兹曼分布律，进而介绍了重力场中微粒按高度的分布、麦克斯韦速度及速度分量的分布律、麦克斯韦速率分布律及其应用等内容，该章是对第 1 章“分子动理论”的补充，对于第 1 章的一些结论做了推导或解释，方便读者更加深入地从微观角度了解热学.

(2)改写了第一版的第 7 章，原先第 7 章为全国中学生物理竞赛大纲的七、八、九部分内容，讲述了热平衡、热传递、热膨胀相关知识，第二版将该章改为输运过程，介绍了黏滞、扩散、热传导现象和宏观规律，同时保留了热传递中的对流与热辐射内容，以及热平衡和热膨胀的知识，重新编排了各节次序，增添了相关习题，并将该章作为第 8 章，之所以放在最后，是因为前七章考察的为平衡态下的状态和平衡态间的过程，第 8 章为非平衡态之间的变化，即输运过程.

(3)将习题答案和与教材内容相关的小视频，以二维码的形式插入在相关位置，方便读者扫码观看.

(4)尝试了数字技术赋能教材，利用笔者的数字人，选取了部分内容进行讲解，比如，每章结尾处的本章小结(用图标标记).

(5)配套出版了习题解答和电子教案.

(6)改正了第一版中的一些谬误.

第二版仍然保持了第一版中的注重物理图像建立、注重物理思维训练、注重与生活和科技前沿结合、注重科学素养与爱国情怀培养、注重大中学内容衔接、注重阅读趣味性等特点，内容更为全面，可以用于中学生竞赛、强基和先修课程学习，也可以用作大学的热学教材和参考书.

本次再版，得到了 2025 年中国物理奥林匹克国家队部分队员和他们教练的帮助，科学出版社罗吉编辑、窦京涛编辑、昌盛副总编辑给予了大力支持，编著中引用了很多文献资料，在此一并致谢！

由于作者水平有限，本书不妥之处在所难免，敬请广大读者批评指正！

热学导语

宋　峰

2025 年 6 月

第一版前言

日常生活中，有很多热现象，如冬冷夏热、热胀冷缩、水的加热、摩擦生热、内燃机做功等，都遵循一定的规律. 研究物质各种热现象和热运动规律的科学，称为热物理学，又称为热学或热力学，它是物理学的一个重要分支.

人类很早就对热有所认识，并加以应用，例如通过加热使得食物更加可口，利用高温冶炼青铜器，通过控制窑炉温度制造精美瓷器，加热岩石再泼冷水使之爆裂从而制造出石头工具. 但是直到 17 世纪末，在温度计制造技术成熟，可精密测量温度以后，热力学才得到定量的系统研究.

热学的早期研究工作有：1593 年，伽利略利用气体热胀冷缩的性质制造了第一支气体温度计；1662 年，玻意耳发现定温下定量气体的压力与体积成反比；1714 年和 1750 年，华氏和摄氏温标分别建立；1781 年，查理发现了定压下气体体积随着温度改变的规律；1802 年，盖吕萨克发现气体热膨胀定律.

在 17 世纪末到 19 世纪中叶，人们进行了大量的实验和观察，并成功地制造出了蒸汽机，提出了卡诺理论、热机理论(热力学第二定律的前身)和热功相当的原理(热力学第一定律的基础). 不过，这一阶段的热力学还只是停留在现象描述上，没有引进任何数学公式. 而且温度与热量的概念经常混淆，多数人以为物体的冷热程度代表着物体所含热的多少. 直到 1755 年左右，法国兰勃特、英国化学教授布拉克等将热量与温度的概念加以区别和澄清. 但关于“热”的本质则还是模糊不清，争论时间更久.

1843 年起，焦耳进行了大量的实验，证实了热是能量的另一种形式，并给出了热能与功两种单位换算的比值. 在此基础上，能量守恒与转换定律(热力学第一定律)被建立起来. 1850 年开尔文及克劳修斯指出热机输出的功一定少于输入的热能，这被称为热力学第二定律. 1906 年能斯特提出热力学第三定律. 后来在研究热平衡时，1939 年拉尔夫·霍华德·福勒爵士提出了热力学第零定律(该定律虽然提出时间较晚，其实更为基础，所以称为第零定律). 1850 年前后，焦耳及克劳修斯等人发展了气体动力学，研究了微观运动与宏观现象的联系，提出了熵的概念并用于表达热力学第二定律，建立了热学的微观基础. 这几个定律和气体动力学(分子动理论)构成了热学的基本架构.

党的二十大报告明确指出，要“加强基础学科、新兴学科、交叉学科建设，加快建设中国特色、世界一流的大学和优势学科”，热学作为基础学科——物理学中的一门重要课程，既有对宏观现象的归纳，也有微观解释，内容较繁杂，学习起来有一定难度. 而随着中学和大学教育的深化改革，热学的教学学时和教学内容都有所调整. 不同地区的学生的热学基础也不完全相同. 本书是根据目前的现状，在作者多年从事高校教学以及中学生物理竞赛培训积累的经验基础上完成的. 全书共分七章, 分别是分子动理论、气体系统的状态和气体的性质、热力学第一定律、热力学第二定律、固体和液体的性质、相变、热传递与热膨胀. 从微观和宏观量方面对热学基础知识做了讲述. 本书适合没有热学基础或者热学基础较弱的读者学习, 尤其适合打算参加强基计划和物理竞赛的中学生, 也可以作为大学生的教材或参考书.

在编排知识体系和内容时, 按照全国中学生物理竞赛大纲来编排, 方便读者循序渐进地学习. 每章前面有思维导图, 在阅读全章内容前, 读者可以通过思维导图了解本章的基本知识点以及结构和逻辑关系, 在学完一章后还可以通过思维导图进行复习. 在叙述风格上, 从现象入手, 总结出概念, 通过大量例题深化概念的理解, 再通过习题进行消化. 本书所选用的例题与习题, 很多源于历年中学生物理竞赛和高校强基计划以及科学营试题, 还有部分自编题. 例题的解题步骤规范, 逻辑清晰, 方便读者模仿和学习. 绝大多数习题均给出了答案.

本书注重突出物理图像的建立和物理概念的描述, 比如分子热运动、布朗运动的图景; 注重将宏观现象和微观分子热运动进行结合, 比如气体压强、温度、熵与微观分子的运动或分布的关系; 注重物理思维的训练, 比如通过分子线度和分子间距离的关系来了解分子间的作用; 注重与自然现象、日常生活、生产与科技的融合, 比如在讲述相关知识后提到海岸线、PM2.5、人体髋关节结构、温度计、气压计、高度计、饮水鸟、浮选法等; 注重科学素养、科学精神、爱国情怀的培养, 比如通过讲述麦克斯韦妖、信息熵、负温度等, 提高学生的科学素养, 通过简要介绍在热学发展中做出重要贡献的科学家, 以弘扬科学精神, 通过我国的制冷技术、原子弹、高铁等, 了解我国科学家的贡献; 注重大学与中学教学的融合, 比如知识讲授起点低, 尽可能拓宽深度, 选用中学生物理竞赛和强基计划的例题或习题; 注重阅读的趣味性, 比如, 用头顶气球的例子来讲述布朗运动, 还介绍了古希腊的希罗喷泉、温度计的历史、热气球的发明、老式爆米花机、火炕、烹调等.

本书章节和主要内容如下.

第 1 章为分子动理论. 从微观角度介绍气体分子热运动图景, 分子大小、间距等定量值; 进而阐述相关概念, 包括理想气体的概念, 气体分子的动能、势能、内能, 布朗运动, 分子运动速率、平均自由程, 能均分定理; 最后是宏观的气体压强、温度与分子微观运动的关系.

第 2 章为气体系统的状态和气体的性质. 从宏观角度阐述气体系统的相关现象和规律. 先介绍系统的定义, 状态参量的描述, 再介绍压强和温度两个重要参量以及温标; 接着通过气体的实验规律, (混合)理想气体的状态方程, 对气体系统中的状态参量的关系进行详细讲述; 最后介绍实际气体的状态方程, 以供感兴趣的读者阅读参考.

第 3 章为热力学第一定律. 首先介绍准静态过程及其分类; 接着介绍功、内能、热量的概念及计算, 对于过程量和状态量予以强调; 再描述热力学第一定律, 在此基础上, 强化热容的概念; 最后通过大量例题讲述热力学第一定律的应用, 以及循环过程和热机.

第 4 章为热力学第二定律. 先通过自然现象和科学实验，指出热力学过程的方向性，给出可逆过程的定义；接着介绍热力学第二定律的文字表述和卡诺定理；再引导读者跟着历史上科学家们的思维，学习是如何将热力学第二定律从文字表述，通过从热力学概率到熵的思维过程和定义上升到数学描述的；最后介绍了熵差的计算.

第 5 章为固体和液体的性质. 先介绍了物态；接着简要介绍晶体和非晶体及其相关知识；最后讲述液体的彻体和表面性质，主要是表面张力、附加压强、润湿、毛细现象等表面性质.

第 6 章为相变. 先介绍了物态变化和相变，重点是气-液-固三者之间相变时的相关概念和吸热或放热；接着通过三相图来加深对三种物态的理解.

第 7 章为热传递与热膨胀. 先介绍热平衡及热平衡方程(其实是热力学第一定律在特定条件下的具体表达式)；接着叙述热传递的三种方式：传导、对流和辐射，介绍相关定义和定律；最后讲述热膨胀现象和相关公式.

带*号的章节，对于希望用较短时间学到基础热学知识的读者，可以跳过或者略读.

本书贯彻“着力造就拔尖创新人才”的要求，注重强调热学理念、训练物理思维、介绍实际应用、提高科学素养、培养爱国情怀，并吸纳了教育部第二批新工科研究与实践项目、教育部高等教育司“中外高校教材比较研究”重点项目的部分研究成果，还得到了南开大学教材建设经费的支持. 在成书过程中，一些高校老师和中学物理奥赛教练提出了宝贵意见，2022 年暑期在南开大学培训的国家物理奥林匹克队的同学们帮助校对了书稿，编著过程中参考引用了大量资料，有的直接来源于网络，未能一一注明，在此一并致谢.

由于作者水平有限，本书定有不少缺点和疏漏，恳请广大读者批评指正.

编　者

2022 年 11 月

目　录

第 1 章　分子动理论

我们司空见惯的温度是什么？压强是什么？是怎么来的？物质是由大量的微观分子和原子组成的，这和热学有什么关系？本章将回答这些问题，通过介绍分子动理论的基本知识来了解热学的基本物理概念，建立基本的热物理图像.

气体分子的大小和间距决定了气体的性质，有关气态的基本物理图像将在 1.1、1.2 节介绍. 1.3 节介绍布朗运动，表明物质中的分子在做无规则的热运动，分子之间存在着相互作用力，1.4 节介绍分子间的势能模型和理想气体的概念. 分子运动的速率、分子间的碰撞满足一定的规律，具体见 1.5、1.6 节. 微观分子运动的动能和势能及内能的概念见 1.7 节，该节我们还将介绍能量均分定理. 1.8 节将给出压强和温度与微观运动的关系.

本章思维导图如下：

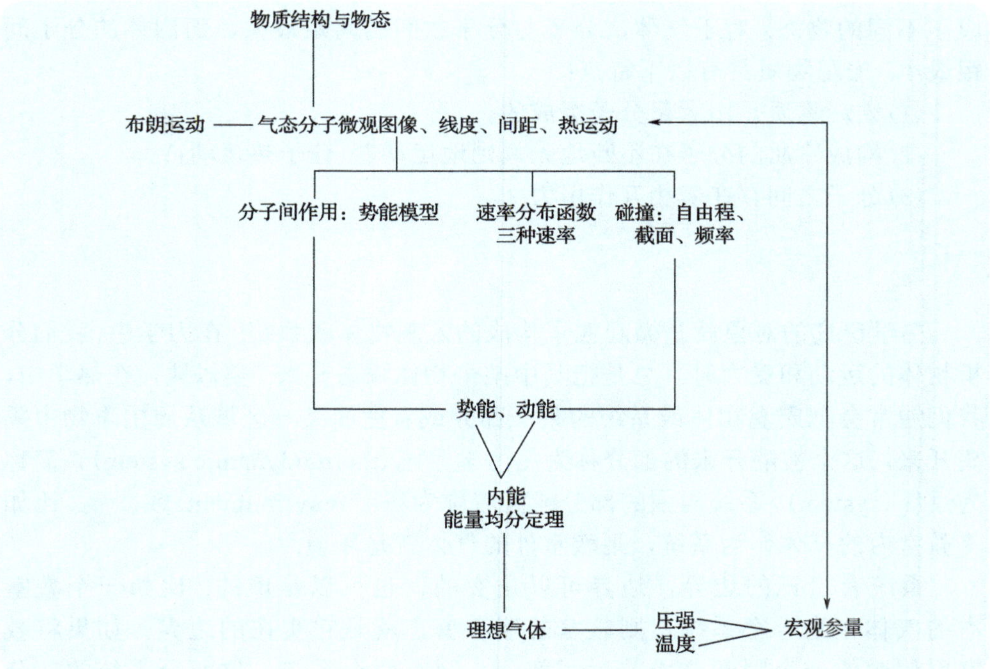

1.1　物质的基本结构和物态

1.1.1　物质的基本结构

物质是由大量的分子和原子等微观粒子组成的. 分子是物质保持其化

学性质的最小单位. 分子可以分解为原子，原子是构成元素的最小单位，元素是具有相同核电荷数(质子数)的一类原子的总称. 目前，人类发现的分子种类有几百万，而元素只有 100 多种. 原子由带正电的原子核和带负电的电子组成，原子核由带正电的质子和电中性的中子组成.

按照组成分子的原子数目的不同，分子可以分为单原子分子(如惰性气体分子、纯金属等)，双原子分子(如氧(O_2)、氮(N_2)、氢(H_2)、一氧化碳(CO)、氯化氢(HCl)等)和多原子分子(三个及三个以上原子组成的分子，如二氧化碳(CO_2)、水(H_2O)、乙醇(C_2H_6O)等).

描述分子的参量有摩尔质量、分子质量等. 摩尔质量(本书用 μ 表示)是 1 摩尔(mol，为七个基本国际单位之一) 物质的质量，其单位为 $kg \cdot mol^{-1}$，例如，水分子的摩尔质量为 $1.8\times10^{-2} kg \cdot mol^{-1}$，氧分子的摩尔质量为 $3.2\times10^{-2} kg \cdot mol^{-1}$；分子质量，指一个分子的质量.

1.1.2 物质的状态和特点

物质通常有固态、气态、液态三种状态(物态)，分子之间的间距不同形成了不同的物态. 对于气体，分子与分子之间的间距最大，而固体的分子间距最小. 宏观物质具有以下特点：

(1) 宏观物质是由大量分子组成的；

(2) 构成物质的分子在不断地无规则地运动着(分子热运动)；

(3) 分子之间存在着相互作用力.

1.1.3 热力学系统

热学研究的对象就是微观粒子构成的宏观物体或系统. 在力学中，我们分析物体的运动和受力时，总是把其中某个物体隔离开来. 类似地，在热学中，我们通常会把宏观物体或系统的某一部分或者空间某一区域从周围事物中隔离开来，这个被隔开来的部分称为热力学系统(thermodynamic system)，简称为系统(system)，系统周围的部分或区域称为环境(environment)或外界. 比如将教室内的气体作为系统，则教室外的气体就是环境.

系统有自己的边界，边界可以是实的，也可以是虚的. 比如一个教室内的气体作为一个系统，则教室的墙和窗户就是它实在的边界；如果将教室用假想的一个隔断分成前后两部分，则有两个系统，这两个系统的部分边界是虚的. 系统内有大量的微观粒子. 系统与外界之间有相互作用，包括能量交换和物质交换.

热力学系统可以用一些物理量来描述，如压强 p、温度 T、体积 V. 我们把压强 1atm(也就是 $1.013\times10^5 Pa$)、温度 0℃的状态称为标准状态(standard state)，或称为标况(standard condition).

1.2　气体分子的数量级

气体是热学中重点研究的对象，自 17 世纪以来，很多科学家就对气体进行了深入研究，得到了很多规律性的结论.

1.2.1　阿伏伽德罗定律

实验表明，1mol 任何气体(应该是理想气体，其概念在后面讲. 不做特殊说明，常温常压下的气体都可以近似看成是理想气体)在标准状态(1atm，0℃)下的体积和所含的分子数为

$$\begin{aligned} V_m &= 22.4\mathrm{L \cdot mol^{-1}} \\ N_A &= 6.02\times 10^{23}\mathrm{mol^{-1}} \end{aligned} \tag{1.2.1}$$

V_m 称为摩尔体积，即 1mol 气体所占据的体积；N_A 称为阿伏伽德罗常量. 这个规律称为阿伏伽德罗定律(Avogadro’s law).

阿伏伽德罗(A. Avogadro，1776～1856 年)，意大利物理学家、化学家. 阿伏伽德罗毕业于都灵大学法律系，后来对物理学产生了兴趣. 1811 年，阿伏伽德罗发表论文提出假说，认为同温同压下等体积气体含有相同的分子数，后来该理论被称为阿伏伽德罗定律. 他还根据这条定律详细研究了测定分子量和原子量的方法. 此后阿伏伽德罗一直致力于原子-分子学说的研究，于 1832 年出版了四大册理论物理学著作.

1.2.2　气体分子的特征参数

1. 气体的分子数密度——洛施密特常量

根据阿伏伽德罗定律，我们可以计算出标准状态下的理想气体在 $1\mathrm{m}^3$ 体积内的分子数(即分子数密度)为

$$n_0 = \frac{N_A}{V_m} = \frac{6.02\times 10^{23}}{22.4\times 10^{-3}} \approx 2.69\times 10^{25}(\mathrm{m^{-3}}) \tag{1.2.2}$$

这个数值是 1865 年奥地利物理学家洛施密特(J. J. Loschmidt，1821～1895 年)首先计算出来的，称为洛施密特常量.

2. 气体分子的间距

我们现在来估算气体分子之间的间距. 假设气体分子均匀分布，两个分子中心相距 L，或者说，每个分子都占据一个长度为 L 的立方体，即每个分子

占据的体积是 L^3，由于在 1m^3 内有 n_0 个分子，则由 $n_0L^3=1$，得到

$$L=3.34\times10^{-9}\text{m}$$

3. 气体分子的大小

每个分子的大小(线度)有多大呢？对于 1mol 气体，把分子和分子之间的空间挤压掉，使得它们相互靠近. 液体就是这样的情况，液体中的分子可以认为是相互靠近的. 实验测得 1mol 液态水的体积为 $1.8\times10^{-5}\text{m}^3$. 假设每个分子占据边长为 D 的空间，则

$$N_A\times D^3=1.8\times10^{-5}$$

可得到水分子的线度为

$$D=3.1\times10^{-10}\text{m}$$

对于氧气、氮气、氢气等常见的气体，其分子线度也在 10^{-10}m 这个数量级. 从上面的估算可以发现，一般的气体分子之间的间距要比气体分子本身的线度大一个数量级. 对于气体来说，假设将一个气体分子放大 10^{10} 倍，达到一个人的线度(1m)的话，那么其邻近的那个分子就在它 10m 开外了. 这么远的距离，二者之间的相互作用力是极小的.

【例 1.1】某气体分子的直径约为 $d=2\times10^{-10}\text{m}$，试估算标准状态下近邻气体分子间的平均距离 l 与分子直径 d 的比值(取 2 位有效数字). 已知光速 $c=3.0\times10^8\text{m}\cdot\text{s}^{-1}$，质子质量 $m_p=1.7\times10^{-27}\text{kg}$，$N_A=6.0\times10^{23}\text{mol}^{-1}$，$R=8.31\text{J}\cdot\text{mol}^{-1}\cdot\text{K}^{-1}$.(第 4 届全国中学生物理竞赛决赛第二题第 3 小题.)

【解】标准状态下，1mol 气体的体积为 $V_m=22.4\text{L}$，分子数为 $N_A=6.0\times10^{23}\text{mol}^{-1}$. 设近邻分子的平均距离为 l，每个分子平均占据的体积为 l^3，则

$$l=\sqrt[3]{\frac{V_m}{N_A}}$$

$$\frac{l}{d}\approx17$$

该题给出了几个物理常数，只有 N_A 能用得上.

【例 1.2】一滴水，直径为 $d=2\text{mm}$，试估计其中含有多少个水分子. 已知水分子的摩尔质量为 $\mu=18\text{g}\cdot\text{mol}^{-1}$，水的密度为 $\rho=10^3\text{kg}\cdot\text{m}^{-3}$.

【解】本题考查描述物质的基本物理参量，了解物质由大量微观分子组成.

该水滴的质量为

$$M=\rho V=\rho\frac{4}{3}\pi\left(\frac{d}{2}\right)^3\approx4.19\times10^{-6}\text{kg}$$

1mol 水的质量为 18g，共有 N_A 个分子，则一个水分子的质量为

$$m=\frac{\mu}{N_A}=\frac{18\times10^{-3}}{6.02\times10^{23}}\approx2.99\times10^{-26}(\text{kg})$$

那么总的分子数为

$$N=\frac{M}{m}=\frac{MN_A}{\mu}=1.402\times10^{20}$$

1.3 布朗运动

1.3.1 现象

在学习和生活中，我们总是会观察到各种各样的现象，有人因为司空见惯而视若无睹，也有人会认真思考深入钻研. 1827 年，布朗(R. Brown，1773～1858 年，英国植物学家，长期从事植物分类学研究，发现了细胞核和布朗运动)对平静水面上花粉的无规则运动现象进行了深入研究. 他在显微镜下，仔细观察了悬浮在水面上的花粉的无规则运动，并进行了分析. 事实上，花粉、尘埃等微粒在气体和液体中，由于受到浮力、吸引力、排斥力等多种力的作用，会做随机运动. 后人将这种悬浮微粒叫做布朗粒子，这种随机的无规运动叫做布朗运动(Brownian motion). 微粒越小，温度越高，则运动越剧烈.

1908 年，佩兰(J. B. Perrin，1870～1942 年，法国物理学家，获 1926 年诺贝尔物理学奖)通过显微镜观察了悬浮在水面上的三颗藤黄颗粒的无规则布朗运动(图 1.3.1). 一颗藤黄颗粒的半径约为 2.0×10^{-7}m，质量约为 3.0×10^{-17}kg，在 27℃时的热运动速率约为 $0.02\text{m}\cdot\text{s}^{-1}$.

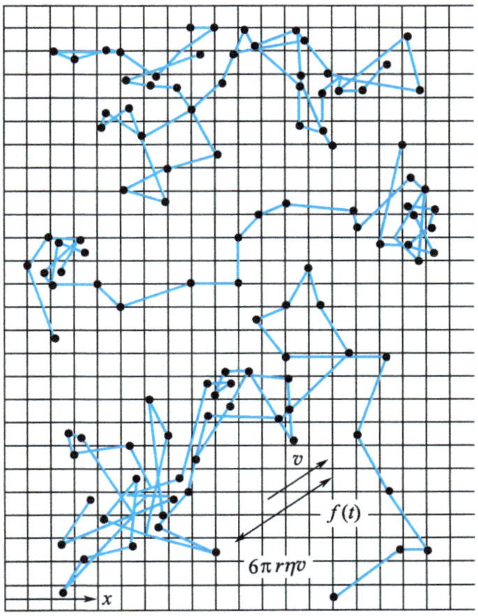

图 1.3.1　悬浮在水面的藤黄颗粒的布朗运动轨迹

1.3.2 定性解释

直到 1887 年，布朗运动的成因才由德尔索(Delsaux)指出：布朗运动归因于微粒受到了周围液体分子的碰撞，因为受力不平衡而产生了运动. 1904 年法国科学家庞加莱(H. Poincaré)进一步指出，较大的颗粒(线度大于 0.1mm)从各方向受到了运动着的水分子的冲击：这种冲击很频繁，导致最后的合力几乎为零，因而不会运动，但是小的微粒受到水分子冲击后，就可能随机地运动. 微粒的布朗运动揭示了液体分子的真实性和分子无序热运动的存在.

为了更好地理解，我们可以这么进行类比. 假设教室内一排排坐着的同学是水分子，虽然固定在座位上，但是可以随机地摇头晃脑、左右摇摆、抬手伸足，就相当于分子在平衡位置做无规则的热运动一样. 在同学们头上方，有一个大的气球，就相当于附在水面上的藤黄颗粒. 同学们的随机运动导致这个气球也无规则地运动. 所以，布朗运动实际上就是水分子的无规热运动所导致的. 空气中的微小灰尘、血液中的细胞等也无时无刻不在进行着布朗运动.

1.3.3 定量解释

布朗运动看似是无规则的、无序的运动，但是我们可以从无序中找到有序的规律. 实际上，物理学正是从大量看似复杂的甚至是无序的现象中找出规律的一门科学. 1905 年爱因斯坦(A. Einstein)和俄国数学家斯莫卢霍夫斯基(M. Smoluchowski)分别对此进行了定量分析. 其方法简述如下.

建立一个简单的一维模型. 假设布朗粒子从 $x=0$ 出发，向左和向右运动的概率均为 $p=q=1/2$，每次运动的步长均为 l. 在 t 时间内走了 N 步，离原点的距离为 x，只要 N 足够大，显然 x 趋于 0. 而 x^2 的平均值(期望值)为

$$\overline{x^2} = Nl^2 \tag{1.3.1}$$

这个模型称为无归行走模型，解释了悬浮颗粒做无规则运动的原因. 1908 年，法国物理学家朗之万(P. Langevin)给出了布朗粒子在水平方向上的运动方程，即朗之万方程，与无归行走模型得到的式(1.3.1)结论相同. 1908 年，法国物理学家佩兰的实验证实了该理论模型. 由于这个模型认为布朗运动是分子无规则的热运动引起的，也就是认同分子动理论，所以，佩兰的实验也就证明了分子动理论的正确性. 这使得一些怀疑分子运动论的科学家，比如当时被誉为物理化学之父的德国化学家奥斯特瓦尔德(W. Ostwald)也不得不予以承认.

【例 1.3】布朗运动体现了涨落，布朗粒子所在空间的气体或液体分子数越少，则涨落越明显，仪器越容易探测到. 某藤黄颗粒在水中占据的空间内，水分子数 N_0 小于 10^6 时，仪器可以检测到布朗运动. 水的摩尔体积为 $V_{\mathrm{m}} = 1.8\times 10^{-5}\mathrm{m^3\cdot mol^{-1}}$，试估算藤黄颗粒的线度.

【解】水的分子数密度为 $n=\dfrac{N_A}{V_m}$，N_0 个水分子占据体积为 $V=\dfrac{N_0}{n}=\dfrac{N_0V_m}{N_A}$.

设这个体积被一个半径为 r 的藤黄颗粒占据，则

$$V=\frac{4}{3}\pi r^3$$

由以上几式，计算得到

$$r=\sqrt[3]{\frac{3N_0V_m}{4\pi N_A}}=2.0\times10^{-8}\text{m}$$

图 1.3.1 中藤黄颗粒的线度约为 10^{-7}m，这也是光学显微镜的可测量范围，比例 1.3 中的估算大了一个数量级. 实际上，在进行观测时，有一个时间的积累效应. 图中是将一段时间(比如 20s)观测到的藤黄颗粒的位置连接起来后得到的图.

一个生物大分子如 DNA，其密度大约是 $10^3\text{kg}\cdot\text{m}^{-3}$，质量约为 10^{-21}kg，其线度约为 10^{-8}m. 这相当于例 1.3 中估算的水中的藤黄颗粒的线度，所以，可以认为大分子也是一种布朗粒子.

虽然一般认为布朗粒子的线度为 $10^{-8}\sim10^{-6}$m，但是布朗粒子与更小的微观分子、更大的尘埃等其实没有本质区别，更小线度的粒子，微观性质更明显；更大线度的粒子，宏观特性更明显. 比如悬浮在空气中的细颗粒物，也可以认为是布朗粒子. 后面讲到的能量均分定理、平均运动速率等都可以用于布朗粒子，只是质量需要采用布朗粒子的有效质量.

关于布朗运动的研究一直没有停止，比如分数布朗运动、旋性布朗运动，用密立根油滴仪测量布朗运动等. 海岸线、云朵、经络、血管、树叶等的形状称为分形，分形是非线性科学的研究热点之一，其原理就是分数布朗运动. 在天文领域，布朗运动理论可用于类星体光变研究；在金融领域，利用布朗运动模型可以模拟股票的涨落；在机械电子领域，利用布朗运动模型可以研究测量仪器的精度、高倍放大电路中的背景噪声；对流场中颗粒沉降物的运动、红细胞在血液中的运动等，都可以用布朗运动理论进行研究.

1.4　气体分子间的作用力　理想气体

1.4.1　分子之间的作用力

布朗运动揭示了物质是由大量分子组成的，而分子又是在运动着的.

对于固体，大量的热运动着的分子为什么不会四散而去从而使固体裂开？这说明分子之间有吸引力. 下面这个实验可以证明分子之间吸引力的存

在：取一个直径为 2cm 的铅柱，切成两块，再用不大的力挤压，就可以把两个断面对接起来，下面再挂上几千克的重物也不会使其分开. 这说明两个断面上的分子挤压到一定程度时，相互之间就产生了吸引力. 不过，我们还发现，两片碎玻璃通过挤压却很难拼起来，这是因为两块玻璃的分子之间的距离还比较远，如果将两块玻璃熔化，则分子间的间距变小，分子间的吸引力增大，因而就容易结合在一起了. 对于固体，分子的间距比较小，有吸引力；如果再进一步压缩则很难，这说明分子间距太小时，又会有斥力.

对于气体，在温度不变时，如果增大压强，分子间距会变小，形成凝结现象，这也表明了分子之间的作用力.

1.4.2 分子间的势能与几种模型

以上实验和大量事实表明，分子之间存在着相互作用力，这个作用力 F 与分子之间的间距 r 关系密切，但是这种关系很复杂.

在实验基础上，人们建立了关于分子间相互作用力的模型. 主要有力心点模型、苏则朗模型、刚球模型、质点模型这几种. 前三个模型认为分子具有一定的体积，而后一种模型认为分子是质点.

1. 力心点模型

1) 分子间的作用力

力心点模型认为，分子之间的作用力是有心力，力心就在分子的中心. 分子之间的相互作用力 F 与间距 r 之间的关系为

$$F=\frac{\lambda}{r^s}-\frac{\mu}{r^t} \tag{1.4.1}$$

式中，两个比例系数 λ、μ 为正数；系数 s 介于 9～15，t 介于 4～7. F-r 关系见图 1.4.1 (上图). 式 (1.4.1) 中的第一项是正的，代表分子间的排斥力；第二项是负的，代表吸引力. 由式 (1.4.1) 可见，在距离

$$r_0=\left(\frac{\mu}{\lambda}\right)^{\frac{1}{t-s}} \tag{1.4.2}$$

时，F=0，即引力等于斥力.

在 $r<r_0$ 时，分子间表现为斥力. 随着距离的接近，斥力急剧增大.

在 $r>r_0$ 时，分子间表现为引力. 距离增加，则引力增大，但是当距离增大到一定程度时，引力将逐渐减小，距离为无穷大时，则作用力为 0.

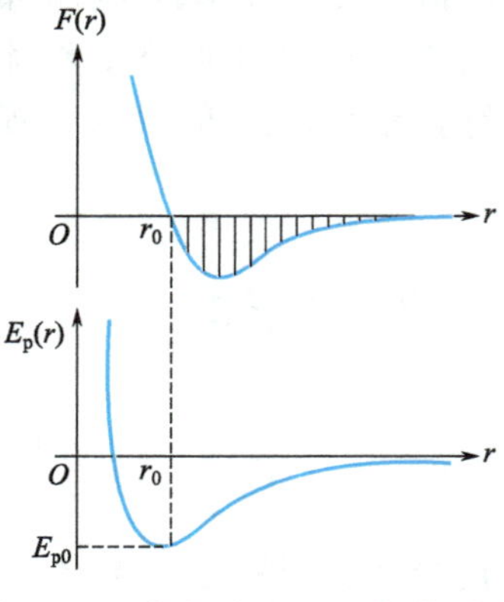

图 1.4.1 力与分子间距离的关系 (上图)， 分子间作用势能与分子间距离的关系 (下图)

2) 分子之间的作用势能

有心力一定是保守力，保守力做功等于势能 E_p 的减少量，即

$$\boldsymbol{F} \cdot \mathrm{d}\boldsymbol{r} = -\mathrm{d}E_p \tag{1.4.3}$$

这里 d$\boldsymbol{r}$ 表示一段元位移(大小接近于 0 的位移).

设 $r=\infty$ 处的势能为 0，则

$$E_p(r) = -\int_\infty^r \boldsymbol{F} \cdot \mathrm{d}\boldsymbol{r} = \frac{\lambda'}{r^{s-1}} - \frac{\mu'}{r^{t-1}} \tag{1.4.4}$$

式中，$\lambda' = \lambda/(s-1)$，$\mu' = \mu/(t-1)$. 这是米(Mie)提出的，又称为米势，见图 1.4.1(下图).

可见，当 $r=r_0$ 时，作用力为 0(即分子间的吸引力和排斥力大小相等，方向相反)，势能 E_p 最小；$r<r_0$ 时，$E_p(r)$ 的曲线斜率为负，此时分子间表现为相互排斥，曲线很陡，说明排斥力很大；$r>r_0$ 时，$E_p(r)$ 的曲线斜率为正，此时分子间表现为相互吸引.

3) 两个分子的碰撞

两个分子从相距很远到碰撞的过程中，开始时作用力可以忽略；当分子靠近，进入所谓的分子作用力程时，吸引力逐渐增大，相对动能增大、势能减小(势能绝对值加大)；当距离为 r_0 时，势能最小而动能最大；随着两个分子再靠近，分子之间开始排斥，势能增大而动能减小(速度变慢)，直到最后动能全部转化为势能，此时分子不再靠近，而且由于排斥力，分子必定会相互离开. 这就是分子碰撞的整个过程，这个过程中，始终是保守力在做功，没有能量耗散，是弹性碰撞.

2. 苏则朗模型

从图 1.4.1(上图)可以看出，当 $r<r_0$ 时曲线非常陡. 为简便起见，建立了苏则朗模型，认为分子是直径为 d 的刚性小球，碰撞时相互吸引，当二者的球心相距为 d 时，就不再靠近了，可以认为这一段的势能为无穷大，即

$$E_p = \begin{cases} \infty, & r \leqslant d \\ -\dfrac{\mu'}{r^{t-1}}, & r > d \end{cases} \tag{1.4.5}$$

图 1.4.2(a)给出了前述力心点模型，苏则朗模型的示意图见图 1.4.2(b).

3. 刚球模型

分子间的吸引力是很弱的，尤其是在气体中，吸引力非常小，因此式(1.4.5)可以近似写成

$$E_p = \begin{cases} \infty, & r \leqslant d \\ 0, & r > d \end{cases} \tag{1.4.6}$$

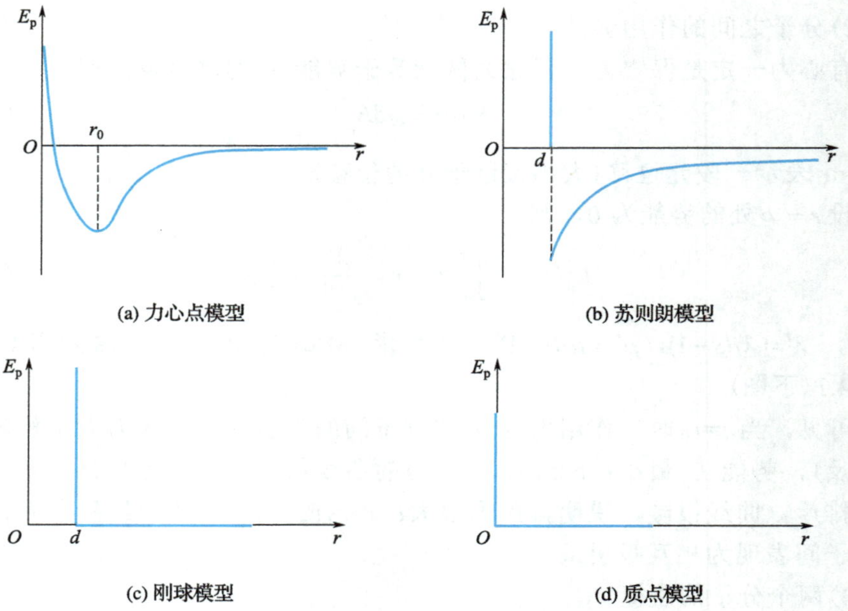

(a) 力心点模型　(b) 苏则朗模型

(c) 刚球模型　(d) 质点模型

图 1.4.2　分子作用势能模型

这个就是不考虑吸引力的刚球模型，见图 1.4.2(c). 分子就像是直径为 d 的刚性小球，相碰时作用势能为无穷大，分开时没有任何作用势能.

4. 质点模型

分子的线度 d 很小，尤其是当压强下降时，分子间距变大，分子线度跟分子间距相比，可以忽略不计，所以式(1.4.6)可以进一步简化成

$$E_p=\begin{cases}\infty, & r=0\\ 0, & r>0\end{cases} \tag{1.4.7}$$

其势能曲线如图 1.4.2(d)所示.

通常情况下，气体分子之间的平均间距为分子本身线度的十倍、数十倍甚至上百倍，远大于分子力的有效作用半径，因此可以忽略气体分子之间的相互作用力. 气体在容器中时，总是充满了整个容器，就是因为气体分子之间的相互作用力很小；当气体分子之间的平均间距接近或小于有效作用半径时，就需要考虑分子力对气体性质的影响，分子力会对气体分子的运动起到一定的束缚作用.

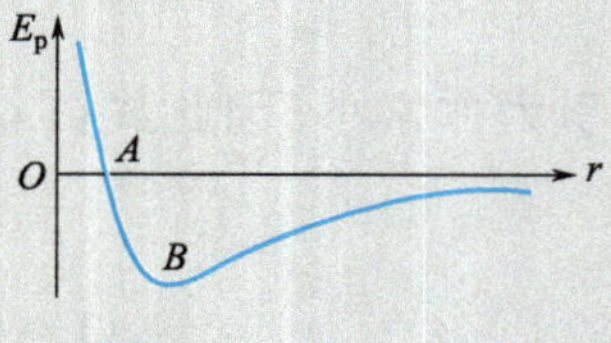

图 1.4.3　例 1.4 图

【例 1.4】图 1.4.3 所示双原子分子势能曲线中，A 为曲线与 r(原子间距)轴交点，B 为曲线最低点，则下列说法中错误的是(　　)（源自高校自招强基或科学营试题.）

(A) A 点处原子间受的是斥力

(B) A 点处分子的动能最小

(C) B 点处原子间作用力为 0

(D) 原子间引力最大时，原子间距大于 B 处的

【解】图 1.4.3 是势能随着分子间距变化的曲线. 将题图结合图 1.4.1 一起看，可以知道，A 点受到的是斥力，在 B 点引力与斥力大小相等，原子间引力最大时原子间距大于 B 处的. 所以 (A)、(C)、(D) 是正确的，而 (B) 则是错误的.

【例 1.5】某双原子分子中，两个原子 A 和 B 之间的相互作用力(径向)与原子中心间距 r 的关系为 $F=-\frac{a}{r^2}+\frac{b}{r^3}$，$F>0$ 代表斥力，$F<0$ 代表吸引力，a、b 为常数. 试求：(1) 原子 B 受力为 0 的平衡位置. (2) 将一个原子从平衡位置移动到两倍平衡位置处所需要做的功.

【解】本题考查分子的作用势能.

(1) B 处于受力平衡位置时，A、B 之间的距离为 r_0，所受的力 $F=0$，则

$$0=-\frac{a}{r_0^2}+\frac{b}{r_0^3}$$

即 $r_0=\frac{b}{a}$.

(2) 从平衡位置 r_0 移动到 $2r_0$ 所做的功为

$$W=E_\mathrm{p}(r)=-\int_{r_0}^{2r_0}F\mathrm{d}r=-\int_{r_0}^{2r_0}\left(-\frac{a}{r^2}+\frac{b}{r^3}\right)\mathrm{d}r=\frac{a}{2r_0}-\frac{3b}{8r_0^2}$$

1.4.3　理想气体模型

满足以下条件的气体模型，称为理想气体模型.

(1) 分子本身的线度比起分子间的距离小得多；

(2) 分子之间的相互作用力可以忽略不计，分子在两次碰撞之间做匀速运动；

(3) 分子间、分子与器壁间的碰撞是弹性碰撞.

实验表明，在常温常压下，甚至数个标准大气压的情况下，常见的气体如氧气、氮气、氢气、氦气等单、双原子分子气体都可以认为是理想气体.

如不做特殊说明，本书中的气体均指理想气体，或可认为是理想气体.

1.5　分子运动的速率分布

分子在不断地运动着. 同一时刻每个分子的运动速度(包括大小、方向)是不同的，同一个分子在不同时刻的运动速度也是不同的.

1.5.1 分子按速率的分布

设在一个气体系统中，总的气体分子数为 N，我们测量一下不同速率(不考虑方向，只考虑大小)区间的分子数. 甲同学以 $100\text{m}\cdot\text{s}^{-1}$ 为速率间隔，测量得到每 $100\text{m}\cdot\text{s}^{-1}$ 的速率区间内的分子数 ΔN 与总分子数 N 的比值，见表 1.5.1 第二行.

表 1.5.1 分子数 ΔN 与总分子数 N 的比值(速率间隔 $100\text{m}\cdot\text{s}^{-1}$)

速率/$(\text{m}\cdot\text{s}^{-1})$	0～100	100～200	200～300	300～400	400～500	500～600	600～700	>700
$\frac{\Delta N}{N}/\%$	1.1	7.9	15.2	19.8	20.6	17.3	10.1	8.0
$\frac{\Delta N}{N\Delta v}/(\%\cdot\text{s}\cdot\text{m}^{-1})$	0.011	0.079	0.152	0.198	0.206	0.173	0.101	0.080

以速率为横坐标、$\Delta N/N$ 为纵坐标，利用表格中第一、二行数据可作出图 1.5.1 的实线.

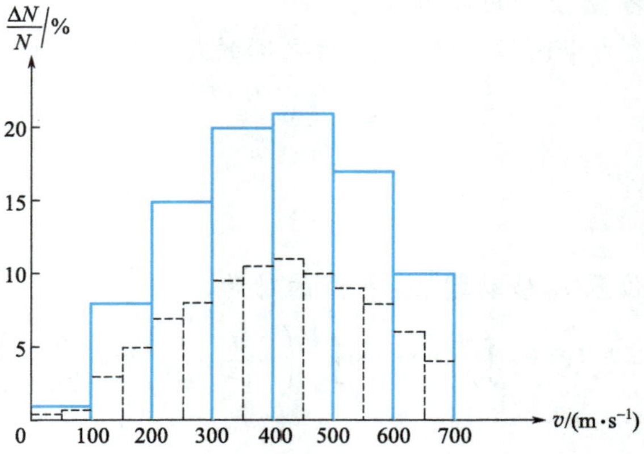

图 1.5.1 分子数 ΔN 与总分子数 N 的比值随着速率的变化

乙同学认为甲的测量太粗糙，改成每 $50\text{m}\cdot\text{s}^{-1}$ 的速率间隔来测量分子数 ΔN 与总分子数 N 的比值，见表 1.5.2 第二行和第五行.

表 1.5.2 分子数 ΔN 占总分子 N 的比率(速率间隔 $50\text{m}\cdot\text{s}^{-1}$)

速率/$(\text{m}\cdot\text{s}^{-1})$	0～50	50～100	100～150	150～200	200～250	250～300	300～350
$\frac{\Delta N}{N}/\%$	0.3	0.8	3.0	4.9	7.1	8.1	9.8
$\frac{\Delta N}{N\Delta v}/(\%\cdot\text{s}\cdot\text{m}^{-1})$	0.006	0.016	0.06	0.098	0.142	0.162	0.196
速率/$(\text{m}\cdot\text{s}^{-1})$	350～400	400～450	450～500	500～550	550～600	600～650	650～700
$\frac{\Delta N}{N}/\%$	10.0	10.5	10.1	9.3	8.0	5.9	4.2
$\frac{\Delta N}{N\Delta v}/(\%\cdot\text{s}\cdot\text{m}^{-1})$	0.200	0.210	0.202	0.186	0.160	0.118	0.084

还是以速率为横坐标、$\Delta N/N$ 为纵坐标，利用表格中第一、二行及第四、五行数据可作出图 1.5.1 中的虚线.

可以想象，如进一步缩小速率间隔，作类似的图的话，曲线将很逼近横坐标. 那么问题来了，同样的系统，为什么作出来的图不同呢？你会马上发现，这是因为选取的速率区间不同：速率区间小，则$\Delta N/N$也小. 如果将所选取的速率区间Δv考虑进纵坐标，即以$\Delta N/(N\Delta v)$为纵坐标，对上述两种情况来重新作图，则可以得到图 1.5.2. 可见这两种情况的曲线趋于一致了.

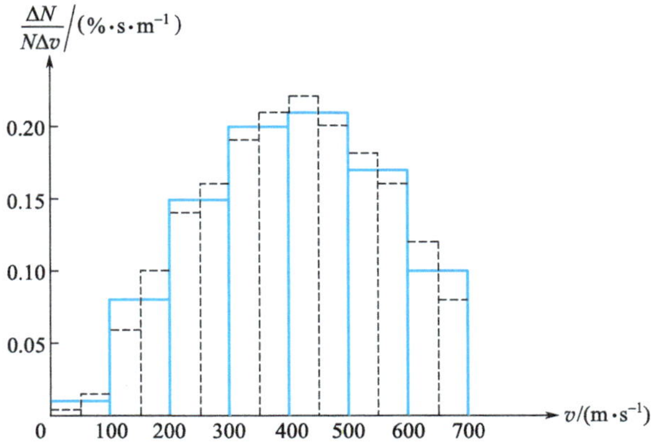

图 1.5.2　分子按速率的分布

1.5.2　速率分布函数

显而易见，当速率间隔取得足够小时，图 1.5.2 中的矩形会变得很窄很窄，其轮廓线将趋于一条光滑的曲线，如图 1.5.3 所示. 这条曲线就代表了速率 v 附近、单位速率间隔内的分子数比率 $\dfrac{\Delta N}{N\Delta v}$ 随速率 v 的变化情况，称之为速率分布曲线，其对应的函数记为

$$f(v)=\frac{\Delta N}{N\Delta v} \tag{1.5.1}$$

当速率间隔趋于 0 时，速率位于 $v\sim v+dv$ 区间的分子数为 dN，则速率分布函数为

$$f(v)=\frac{dN}{Ndv} \tag{1.5.2}$$

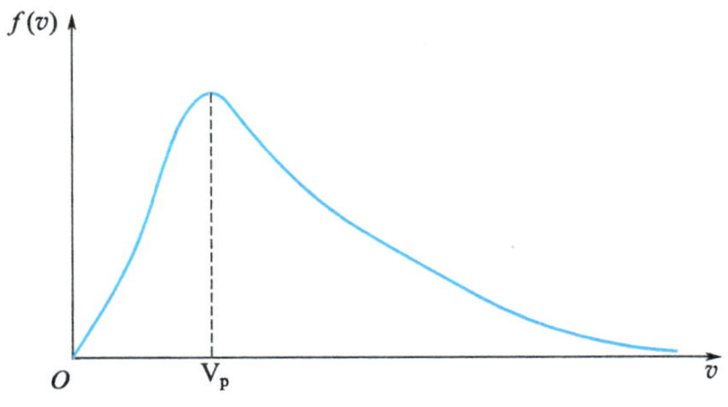

图 1.5.3　速率分布曲线

$f(v)$是单位速率区间内的概率(在 dv 间隔内的分子数 dN 占总分子数 N 的概率)，所以又称为概率密度分布函数.

当考虑分子运动的速度时，即不仅考虑大小，还考虑方向时，可以得到速度分布函数及其在三个方向上的速度分量的分布函数.

1.5.3 三种速率

某个年级有 10 个班，每个班的物理成绩有高有低，为了方便，我们经常用平均成绩来比较各班成绩. 为了进一步了解各班成绩分布情况，还要用方差和中位数等来进行比较. 类似地，对理想气体，分子做无规则运动，其速率分布函数满足麦克斯韦速率分布，如图 1.5.3 所示，我们经常用平均速率、最概然速率和方均根速率来大概地描述其分布情况.

(1) 平均速率 $\overline{v}$：对所有的速率求平均得到的速率.

$$\overline{v}=\sqrt{\frac{8kT}{\pi m}}=\sqrt{\frac{8RT}{\pi\mu}} \tag{1.5.3}$$

(2) 最概然速率 v_p：该速率附近，有一个最大的速率分布函数值，所谓“最概然”，就是说，速率在 v_p 附近的分子最多，或占总分子数的比率最大.

$$v_p=\sqrt{\frac{2kT}{m}}=\sqrt{\frac{2RT}{\mu}} \tag{1.5.4}$$

(3) 方均根速率：速率平方的平均值的平方根.

$$\sqrt{\overline{v^2}}=\sqrt{\frac{3kT}{m}}=\sqrt{\frac{3RT}{\mu}} \tag{1.5.5}$$

上述三式在弱耦合系统(分子作用力很弱以至于可以忽略，如理想气体系统)中成立. 式中，$k=1.38\times10^{-23}\,\mathrm{J\cdot K^{-1}}$ 为玻尔兹曼常量，$R=N_A k=8.31\,\mathrm{J\cdot mol^{-1}\cdot K^{-1}}$ 为普适气体常量(这两个常量是怎么来的，为什么是这两个数值，将在2.7节介绍). m 为分子质量(单位为kg)，μ为摩尔质量(单位为$\mathrm{kg\cdot mol^{-1}}$)，$T$为热力学温度(单位为开尔文，用符号 K 表示)，它与我们熟悉的摄氏度(℃)的关系是

$$T=t+273.15 \tag{1.5.6}$$

玻尔兹曼(L. E. Boltzmann，1844～1906 年)，奥地利物理学家、哲学家，热力学和统计物理学的奠基者之一. 在 19 世纪，热力学理论还没有得到广泛认同，玻尔兹曼通过原子的性质(原子量、电荷量、结构等)解释和预测了物质的黏性、热传导、扩散性质，推广了麦克斯韦的分子运动理论而得到有分子势能的麦克斯韦-玻尔兹曼分布定律，还在理论上证明了斯特藩的黑体辐射公式. 特别是他引进了玻尔兹曼常量 k，得出熵的公式 $S=k\ln W$(W 为热力学概率)，从统计角度对热力学第二定律进行了阐释. 玻尔兹曼为科学界接受热力学理论，尤其是热力学第二定律立下了汗马功劳.

开尔文勋爵(Lord Kelvin)，原名威廉·汤姆孙(William Thomson，1824～1907年)，英国数学家、物理学家、工程师. 曾担任格拉斯哥大学校长，英国皇家学会会长(1890～1895年). 开尔文勋爵研究范围广泛，在热学、电磁学、流体力学、光学、地球物理、数学、工程应用等方面都做出了贡献. 他一生发表论文600余篇，获得70种发明专利. 他发明了电像法，还研制出了镜式电流计、虹吸记录器等仪器，主持铺设大西洋海底电缆. 为此，他于1866年被英国政府封为爵士，1892年晋升为开尔文勋爵.

开尔文在热学上的贡献颇多，被称为热力学之父. 在1848年提出了(后于1854年做了进一步改进)绝对热力学温标(1954年国际会议确定这一标准温标)，是现在科学上的标准温标；阐述了热力学第二定律；预言了一种新的温差电效应；通过多孔塞实验研究了气体通过多孔塞后温度改变的现象. 这几项工作均以他的名字命名，分别是开尔文温标、热力学第二定律开尔文表述、汤姆孙效应、焦耳-汤姆孙效应(汤姆孙为开尔文勋爵的姓).

将式(1.5.3)～(1.5.5)做比较会发现，无论在什么温度下，都有

$$v_p:\overline{v}:\sqrt{\overline{v^2}}=1:1.128:1.224 \tag{1.5.7}$$

$$\overline{v}:\sqrt{\overline{v^2}}=1:1.085 \tag{1.5.8}$$

【例1.6】试计算氢分子和氧分子在0℃和100℃下的三种速率. 已知氢气和氧气的摩尔质量分别为$2\text{g}\cdot\text{mol}^{-1}$和$32\text{g}\cdot\text{mol}^{-1}$，普适气体常量$R=8.31\,\text{J}\cdot\text{mol}^{-1}\cdot\text{K}^{-1}$.

【解】0℃时，对于氢气

$$v_p=\sqrt{\frac{2RT}{\mu}}=\sqrt{\frac{2\times8.31\times273.15}{2\times10^{-3}}}\approx1506.61(\text{m}\cdot\text{s}^{-1})$$

$$\overline{v}=\sqrt{\frac{8RT}{\pi\mu}}=\sqrt{\frac{8\times8.31\times273.15}{3.14\times2\times10^{-3}}}\approx1700.46(\text{m}\cdot\text{s}^{-1})$$

$$\sqrt{\overline{v^2}}=\sqrt{\frac{3RT}{\mu}}=\sqrt{\frac{3\times8.31\times273.15}{2\times10^{-3}}}\approx1845.21(\text{m}\cdot\text{s}^{-1})$$

类似地，对于氧气，三种速率分别是$376.65\text{m}\cdot\text{s}^{-1}$、$425.01\text{m}\cdot\text{s}^{-1}$、$461.30\text{m}\cdot\text{s}^{-1}$.

100℃时，氢气的三种速率是$1760.93\text{m}\cdot\text{s}^{-1}$、$1987.50\text{m}\cdot\text{s}^{-1}$、$2156.69\text{m}\cdot\text{s}^{-1}$；氧气的三种速率是$440.23\text{m}\cdot\text{s}^{-1}$、$496.75\text{m}\cdot\text{s}^{-1}$、$539.17\text{m}\cdot\text{s}^{-1}$.

对于初学者来说，容易犯两个错误：①没有将温度换算成国际单位K(开

尔文)；②没有将摩尔质量的单位换算成 $kg \cdot mol^{-1}$. 这两个错误都是没有换成国际单位制.

此外，为了加快计算速度，可以先计算 $\sqrt{\frac{RT}{\mu}}$，因为三种速率都要用到这个量，没有必要一次次重复计算. 将数值代入公式计算是一种基本运算能力，本题训练了计算能力.

【例 1.7】在 T=300K 的某种液体中，测得液体分子的方均根速率为 $\sqrt{\overline{v^2}} = 1.4 \times 10^2 m \cdot s^{-1}$，已知普适气体常量 $R = 8.31 J \cdot mol^{-1} \cdot K^{-1}$，玻尔兹曼常量 k=$1.38 \times 10^{-23} J \cdot K^{-1}$. 试计算该液体的摩尔质量和分子质量.

【解】由

$$\sqrt{\overline{v^2}} = \sqrt{\frac{3RT}{\mu}} \quad ①$$

可计算出摩尔质量为

$$\mu = 0.3816 kg \cdot mol^{-1}$$

又由

$$\sqrt{\overline{v^2}} = \sqrt{\frac{3kT}{m}} \quad ②$$

可得到组成液体的每个分子质量 $m = 6.337 \times 10^{-25} kg$.

对于布朗粒子，上述三种速率公式也是适用的，只是需要将质量看作布朗粒子的有效质量. 如线度约为 10^{-4}m、质量为 10^{-9}kg 的沙粒，其平均速率约为 $3.5 \times 10^{-6} m \cdot s^{-1}$，它在 1s 内移动的位移远小于其线度，所以几乎看不到其做布朗运动.

1.6 分子间的碰撞　平均自由程

分子通过彼此碰撞，交换能量和动量，那么分子间的碰撞有什么规律呢？

1.6.1 分子碰撞截面

对于理想气体，不考虑分子之间的吸引力和斥力. 如图 1.6.1 所示，我们假设盯着一个分子 A，它沿直线做匀速运动，前进一段距离后碰上了另外一个分子 B. 这两个分子 A 和 B，其直径分别为 d_1 和 d_2，假设 B 分子不动，A 分子运动，显然 A 分子的质心在图 1.6.2 所示的虚线范围之内时，A 分子才可以与 B 分子相碰，考虑到三维情况，在一个半径为 $\frac{1}{2}(d_1 + d_2)$ 的圆柱内的 A 分子才能碰到 B 分子，这个圆柱的截面积为

$$\sigma = \frac{\pi}{4}(d_1 + d_2)^2 \tag{1.6.1}$$

该面积称为分子碰撞截面. 对于同种气体，分子直径为 d，碰撞截面为

$$\sigma = \pi d^2 \tag{1.6.2}$$

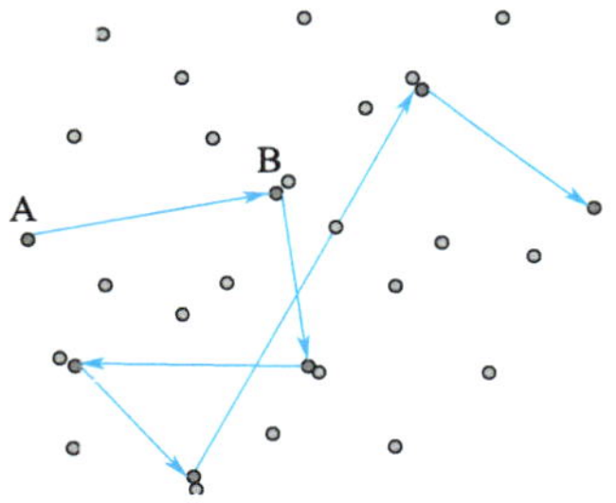

图 1.6.1　分子热运动

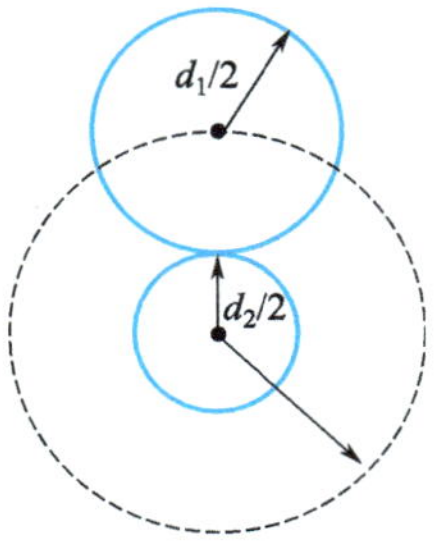

图 1.6.2　碰撞截面示意图

1.6.2　平均自由程　碰撞频率

一个分子碰上另外一个分子后，会改变方向继续前进，直到再碰上第三个分子. 分子在连续两次碰撞之间所自由行走的路程称为自由程(free path)，用λ表示. 在一段时间内，分子会不断运动，碰撞很多次，多次碰撞的自由程的平均值即平均自由程 $\bar{\lambda}$. 设分子的平均速率为 $\bar{v}$，碰撞频率(单位时间的碰撞次数，collision frequency)为 Z，则显然有

$$\bar{\lambda} = \frac{\bar{v}}{Z} \tag{1.6.3}$$

设分子数密度为 n，分子直径为 d，则碰撞频率(可通过建立模型推导出，这里我们直接给出)为

$$Z = \sqrt{2} n\sigma\bar{v} \tag{1.6.4}$$

平均自由程为

$$\bar{\lambda} = \frac{\bar{v}}{Z} = \frac{1}{\sqrt{2} n\sigma} \tag{1.6.5}$$

【例 1.8】氮分子有效直径为10^{-10}m，(1)求在标准状态下的碰撞频率；(2)温度不变，当压强降到1.33×10^{-4}Pa 时，碰撞频率变为多少？已知氮气摩尔质量为 $28\text{g}\cdot\text{mol}^{-1}$.

【解】本题考查分子碰撞的基本概念.

(1)由式(1.6.2)、(1.6.4)和式(1.2.2)、(1.5.3)，得

$$\overline{Z_1} = \sqrt{2}\pi d^2 n\bar{v} = \sqrt{2}\pi d^2 n\sqrt{\frac{8RT}{\pi\mu}} = 5.43\times10^8\text{s}^{-1}$$

(2)类似地

$$\overline{Z_2} = \sqrt{2} n\sigma\bar{v} = 0.71\text{s}^{-1}$$

【例 1.9】在标准状态下，某同学在教室里呼出了一个氦分子，试估算需要多少时间可以扩散到 1m 开外的地方. 氦分子与空气分子有效直径设为 10^{-10}m 数量级，氦分子摩尔质量为 $4\text{g}\cdot\text{mol}^{-1}$.

【解】分子碰撞的平均自由程与碰撞截面积为

$$\bar{\lambda}=\frac{1}{\sqrt{2}n\sigma},\quad \sigma=\frac{\pi}{4}(d_{\text{He}}^2+d_{\text{air}}^2)$$

平均速率为

$$\bar{v}=\sqrt{\frac{8RT}{\pi\mu}}$$

分子碰撞的平均时间

$$\tau=\frac{\bar{\lambda}}{\bar{v}}$$

这一次碰撞和下一次碰撞是互相独立且兼容的，相当于无归行走，满足布朗粒子的运动规律，即经过 N 次碰撞后，移动(扩散)距离 x 的平方 x^2 满足式(1.3.1)，即

$$\overline{x^2}=N\bar{\lambda}^2$$

代入标准状态下的分子数密度式(1.2.2)及相关数值，得

$$t=N\tau=\frac{\overline{x^2}}{\bar{\lambda}^2}\tau=10.0\times10^2\,\text{s}\approx16.6\text{min}$$

1.7 能量均分定理 分子热运动的动能与势能

1.7.1 能量均分定理

1. 分子的力学自由度

常见的气体分子由单原子、双原子、多原子组成，分别称为单原子分子气体、双原子分子气体、多原子分子气体，如 He、H_2、NH_4 等.

当把分子作为质点时，其运动只有平动(translation)，其力学自由度为 3，记为 t=3. 对于双原子分子，可以认为是两个原子用化学键连接，好似一根细棍或弹簧连接着两个小球，对于前者(细棍连接)称为刚性双原子分子，其力学自由度为平动自由度 t=3，加上转动(rotation)自由度 r=2；对于后者(弹簧连接)称为非刚性双原子分子，还需要再加上一个振动(vibration)自由度 v=1.

也就是说，力学自由度为 $s=t+r+v$，对于单原子分子(质点)，只有平动自

由度，所以 $s=t=3$；对于刚性双原子分子，有平动和转动，所以 $s=t+r=5$；对于非刚性双原子分子，有平动、转动和振动，所以 $s=t+r+v=6$.

2. 能量自由度

对于不断热运动着的气体分子，它具有运动动能 ε_{k}，包括平动的动能 ε_{t}、转动的动能 ε_{r} 以及振动的动能 ε_{v}. 则一个分子热运动的平均动能为

$$\overline{\varepsilon_{\mathrm{k}}}=\overline{\varepsilon_{\mathrm{t}}}+\overline{\varepsilon_{\mathrm{r}}}+\overline{\varepsilon_{\mathrm{v}}} \tag{1.7.1}$$

微波炉的工作原理

注意，这里的动能指的是分子热运动的动能，不包括分子作为气体系统中的一分子随着系统一起运动的动能.

平均平动能为

$$\overline{\varepsilon_{\mathrm{t}}}=\frac{1}{2}m\overline{v^2}=\frac{1}{2}m\overline{v_x^2}+\frac{1}{2}m\overline{v_y^2}+\frac{1}{2}m\overline{v_z^2} \tag{1.7.2}$$

式中，m 为分子质量；$\overline{v^2}$ 为速率平方的平均值；$\overline{v_x^2}$、$\overline{v_y^2}$、$\overline{v_z^2}$ 为 x、y、z 向速度分量平方的平均值. 由于分子热运动无择优方向，上式等号右边三项有相同的平均值，研究表明其值均等于 $kT/2$，即

$$\frac{1}{2}m\overline{v_x^2}=\frac{1}{2}m\overline{v_y^2}=\frac{1}{2}m\overline{v_z^2}=\frac{1}{2}kT \tag{1.7.3}$$

式中，k 为玻尔兹曼常量；T 为热力学温度. 所以

$$\overline{\varepsilon_{\mathrm{t}}}=\frac{t}{2}kT \tag{1.7.4}$$

对于转动，情况类似，即

$$\overline{\varepsilon_{\mathrm{r}}}=\frac{r}{2}kT \tag{1.7.5}$$

对于振动，能量包括振动动能和振动势能两部分，经计算，能量为

$$\overline{\varepsilon_{\mathrm{v}}}=\frac{2v}{2}kT \tag{1.7.6}$$

总之，一个分子在三维空间中的平均动能为

$$\overline{\varepsilon_{\mathrm{k}}}=\overline{\varepsilon_{\mathrm{t}}}+\overline{\varepsilon_{\mathrm{r}}}+\overline{\varepsilon_{\mathrm{v}}}=\frac{t}{2}kT+\frac{r}{2}kT+\frac{2v}{2}kT=\frac{1}{2}(t+r+2v)kT=\frac{i}{2}kT \tag{1.7.7}$$

式中

$$i=t+r+2v \tag{1.7.8}$$

称为能量自由度.

3. 能量均分定理

弱耦合经典系统在温度为 T 的平衡态下，无论平动、转动还是振动，粒子热运动能量平均分配在所有能量自由度上，每一能量自由度的平均能量都

是 $\frac{1}{2}kT$，这就是能量按能量自由度均分定理，简称能量均分定理(equipartition theorem)．能量均分定理可由玻尔兹曼分布律证明得到．

能量按自由度均分是统计平均的结果，个别分子某一瞬时的能量可能会与平均值有很大差异．

能量按自由度均分定理不仅适用于气体，也广泛应用于其他弱耦合系统．例如，晶体中原子的振动、固体比热、布朗粒子等．

【例 1.10】在什么温度下，氢分子的方均根速率等于地球表面的逃逸速率？在月球上呢？已知氢分子的摩尔质量为 $\mu = 2\text{g} \cdot \text{mol}^{-1}$，地球的半径为 $R_E = 6367\text{km}$，月球的半径为 $R_M = 1750\text{km}$，地球重力加速度为 $g = 9.8\text{m} \cdot \text{s}^{-2}$，月球重力加速度为 $g_M = 1.6\text{m} \cdot \text{s}^{-2}$．

【解】本题考查能量均分定理．

对于地球，逃逸速率为

$$v_E = \sqrt{2gR_E} = 11.2\text{km} \cdot \text{s}^{-1}$$

一个分子的平动能满足

$$\frac{1}{2}mv_E^2 = \frac{3}{2}kT_E$$

两边同乘以阿伏伽德罗常量 N_A，有

$$\frac{1}{2}\mu v_E^2 = \frac{3}{2}RT_E$$

则地球上的温度为

$$T_E = \frac{\mu v_E^2}{3R} = 10059\text{K}$$

实际上，地球上温度不超过 400K，所以空气逃逸不了．

对于月球，逃逸速率为

$$v_M = \sqrt{2g_M R_M} = 2.37\text{km} \cdot \text{s}^{-1}$$

同理，可以求出月球上的温度

$$T_M = \frac{\mu v_M^2}{3R} = 450\text{K}$$

实际上，月球表面最高温度约 160K，所以，月球表面几乎没有大气．

1.7.2 分子热运动的动能与势能

1. 分子热运动的动能

根据能量均分定理，分子热运动时的平均动能由式(1.7.7)表示．对于单原

子分子，可以将其看成是质点，只有平动，则动能为 $\frac{3}{2}kT$；对于刚性双原子分子，有平动和转动，则动能为 $\frac{5}{2}kT$；对于非刚性双原子分子，有平动、转动和振动，则动能为 $\frac{7}{2}kT$.

2. 分子的作用势能

如 1.4 节所述，分子之间有相互作用势能，势能与分子之间的距离有关，因而也就跟体积有关. 对于理想气体，分子作用势能可以忽略.

1.7.3 内能

所谓内能，就是系统内所有分子的动能和势能的总和. 一切物体都是由无规热运动的分子组成的，所以任何物体都有内能.

一个分子的平均内能为分子热运动的平均动能与平均势能之和

$$u = \overline{\varepsilon_k} + \overline{\varepsilon_p} \tag{1.7.9}$$

1mol 分子的内能为

$$U_m = N_A u \tag{1.7.10}$$

分子动能和温度有关，分子势能和体积有关，所以物体的内能与温度和体积有关. 当采用理想气体模型时，只有动能而忽略势能，所以理想气体的内能只跟温度有关，一个理想气体分子的平均内能为

$$u = \overline{\varepsilon_k} = \frac{i}{2}kT \tag{1.7.11}$$

其摩尔内能为

$$U_m = \frac{i}{2}RT \tag{1.7.12}$$

需要指出的是：当物体整体以某速度运动时，它具有动能；当物体处于某个高度时，它具有势能. 这个动能和势能不属于内能而是机械能. 对于一个装有气体的容器，容器静止于地面不动时(设地面为势能零点)，其机械能为零；但是，容器内的分子在不断做着热运动，气体分子具有内能.

再次强调，内能是分子的微观热运动和分子之间相互作用而具有的能量，不能和机械能相混淆.

【例 1.11】以速度 $60\text{km}\cdot\text{h}^{-1}$ 运动的卡车中装有氢气罐，温度为 20℃，试问每个氢分子的内能为多少？当卡车停止时，试问每个氢分子的内能又为多少？氢分子的摩尔质量为 $2\text{g}\cdot\text{mol}^{-1}$，设其能量自由度为 i=5.

【解】本题考查内能的概念.

一个分子的内能为

$$u_1 = \frac{i}{2}kT_1 = \frac{5}{2}\times 1.38\times 10^{-23}\times (20+273.15)\approx 1.011\times 10^{-20}(\text{J})$$

1 个氢分子的质量为

$$m = \frac{\mu}{N_A} = 3.322\times 10^{-27}\,\text{kg}$$

以单个分子为研究对象，其运动前后的能量为内能加上作为整体中的一分子的动能(机械能)，由能量守恒

$$\frac{1}{2}mv^2 + u_1 = 0 + u_2$$

计算得到

$$u_2 = 4.614\times 10^{-25} + 1.011\times 10^{-20} \approx 1.011\times 10^{-20}(\text{J})$$

1.8 压强与温度的微观解释

1.8.1 单位时间内碰在单位面积上的平均分子数

1. 简单模型

分子向四面八方运动，哪个分子碰上器壁、什么时候碰上器壁，都是随机的. 但是单位时间内碰在单位面积上的平均数是可以求出来的.

如图 1.8.1 所示，设容器内的分子数密度为 n，为简单起见，设分子向上下左右前后六个方向运动，则向右(设为 x 轴正向)运动的分子数密度为 $n/6$. 每一个分子的平均速率为 $\bar{v}$，在 Δt 时间内，能够碰到器壁上微元面积 ΔA (垂直于 x 轴)的分子，是在以 $\bar{v}\Delta t$ 为长度、ΔA 为底的柱面体中向右运动的分子，如图中的 a、b 分子可以碰到面元 ΔA；而在这个柱体左侧面左边的分子，如分子 c 虽然瞄着面元 ΔA 前进，但是在 Δt 时间内，到达不了右侧面 ΔA. 柱面

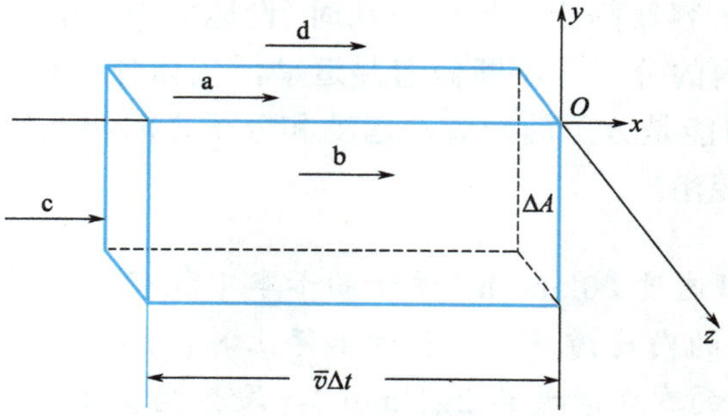

图 1.8.1 简单压强模型示意图

体外侧面的分子，如分子 d，也碰不到面元 ΔA. 所述柱体体积为 $\bar{v}\Delta t\cdot\Delta A$，碰到面元 ΔA 的分子总个数是

$$N=\frac{1}{6}n\times\bar{v}\Delta t\cdot\Delta A \tag{1.8.1}$$

因此，在单位时间内碰在单位面积上的平均分子数(也是碰壁次数)为

$$\Gamma=\frac{N}{\Delta t\cdot\Delta A}=\frac{1}{6}n\bar{v} \tag{1.8.2}$$

2. 较精确模型

上述模型中简单地将分子分成六队是不够精确的. 但是，虽然这种方法不够精确，物理思路却很清晰，计算简单，得出的结果也没有数量级的偏差，所以在不太严格的情况下，是可行的. 用较为严密的方法推导出的更为精确的结果(参见第 7 章)是

$$\Gamma=\frac{1}{4}n\bar{v} \tag{1.8.3}$$

还要说明的是，虽然我们的模型是一个柱体，但其实对于任何形状的容器，上述公式都是适用的.

【例 1.12】在标准状态下，设某种气体的平均速率为 $\bar{v}=400\mathrm{m\cdot s^{-1}}$，试计算在 1s 内碰到边长为 1nm 的面积上的分子数.

【解】本题考查碰撞次数的模型，以加深对分子运动图像的理解.

前面我们求过，标准状态下，分子数密度为 $n_0=2.69\times10^{25}\mathrm{m^{-3}}$. 采用 $\Gamma=\frac{1}{6}n\bar{v}$ 进行计算，得到总碰撞次数为

$$N=\frac{1}{6}n_0\bar{v}\times t\times S=1.793\times10^9$$

可见，分子运动很频繁，即使是 $1\mathrm{nm}^2$ 这么小的面积，都有这么多分子碰上.

1.8.2　计算气体压强的简单模型

上述计算平均分子碰壁数的模型中，分子碰壁后，弹性返回，则动量改变为 $2m\bar{v}$，m 为一个分子的质量. 由式(1.8.1)，在 Δt 时间内，碰上 ΔA 的总分子数为 $N=\frac{1}{6}n\bar{v}\Delta t\cdot\Delta A$，则总的动量改变量为 $2m\bar{v}N$.

根据冲量定理，有

$$F\Delta t=2m\bar{v}N=2m\bar{v}\times\frac{1}{6}n\bar{v}\Delta t\cdot\Delta A=\frac{1}{3}mn\bar{v}^2\Delta t\cdot\Delta A \tag{1.8.4}$$

式中，F 为 N 个分子碰上面积为 ΔA 的器壁的冲力，则压强为

$$p=\frac{F}{\Delta A}=\frac{1}{3}mn\overline{v}^2\approx\frac{1}{3}mn\overline{v^2} \tag{1.8.5}$$

上式中，我们用了近似式$\overline{v}^2\approx\overline{v^2}$，前者是平均速率的平方，后者是速率平方的平均值. 前面我们学过$\overline{v}\approx1.085\sqrt{\overline{v^2}}$或$\overline{v}^2\approx1.177\overline{v^2}$. 这个近似带来了一定的误差，它使得压强增大了；但是我们在前面也提过，采用$\frac{1}{6}n\overline{v}$也是有误差的，因为实际碰壁分子数大于此值，所以它使得压强变小了. 最后结果$p=\frac{1}{3}mn\overline{v^2}$是正确的(可由更精确的模型推导得到). 该公式不仅适用于器壁，也适用于容器内部的气体压强，或者说，器壁上的压强和气体内部的压强是相同的.

【例 1.13】一束电子以平均速率$v=8.0\times10^7\text{m}\cdot\text{s}^{-1}$沿$x$方向发射，若每秒有$N=1\times10^{15}$个电子打到$1\text{mm}^2$的面积上，并粘在表面，该面积上由于电子束入射而产生的压强是多少？已知电子质量$m_0=9.1\times10^{-31}\text{kg}$.

【解】本题考查压强的概念，以对宏观参量压强与分子微观运动之间的联系加深理解.

每个电子打在表面上的冲量为m_0v，则单位时间内N个电子对器壁的作用力为$F=Nm_0v$，压强$p=F/S=0.073\text{Pa}$.

注意：有同学喜欢直接套用式(1.8.5)，但是式(1.8.5)中的n是分子数密度，其运动方向是四面八方的，而这里的N是打在1mm^2面积上的；此外，式(1.8.4)中，粒子碰撞后弹回，而此题中电子碰壁后是粘在表面的. 所以，必须从根本上理解压强的微观模型后进行推算，而不是不管实际情况如何，机械地套用公式.

1.8.3 压强与温度的微观意义

1.7 节学过，分子的平动能为

$$\varepsilon_t=\frac{1}{2}m\overline{v^2}=\frac{3}{2}kT \tag{1.8.6}$$

由式(1.8.5)和式(1.8.6)，可以得到

$$p=\frac{2}{3}n\overline{\varepsilon_t} \tag{1.8.7}$$

由上述公式可见，分子热运动平均速率越大，则平动能越大，压强就越大；分子数密度越大，压强也越大. 这就是压强的微观解释.

由式(1.8.6)和式(1.8.7)，得到

$$p=nkT \tag{1.8.8}$$

该式是理想气体状态方程的一个表达式，我们在第 2 章还将深入学习.

由式(1.8.6)和式(1.8.8)，温度可写成

$$T=\frac{m}{3k}\overline{v^2} \tag{1.8.9}$$

可见，温度与分子的热运动有关，运动越剧烈，则温度越高. 这就是温度的微观解释.

【例 1.14】两个容器中分别盛有理想气体氧气和氮气，两者密度相同，分子平均平动能相等，则两种气体的(　　)(源自高校自招强基或科学营试题.)

(A)温度相同，氧气压强小于氮气压强

(B)温度不相同，压强不相同

(C)温度相同，氧气压强大于氮气压强

(D)温度相同，压强相同

【解】都是双原子分子，平均平动能相等，说明温度相同.

$$\rho=\frac{M}{V}=\frac{mN}{V}=mn$$

密度相同，氧气分子质量大于氮气的，所以氧气的分子数密度小于氮气的，由 $p=\frac{2}{3}n\overline{\varepsilon_t}$ 或 $p=nkT$，得到氧气压强小于氮气的.

结论(A)正确.

【例 1.15】在标准状态下，试求理想气体分子的平均平动能.

【解】本题考查压强概念和能量均分定理.

标准状态下压强 $p=1.013\times10^5\text{Pa}$，$T$=273.15K. 由 $p=nkT$，可知

$$n=\frac{p}{kT}=2.69\times10^{25}\text{m}^{-3}$$

而 $p=\frac{2}{3}n\overline{\varepsilon_t}$，所以

$$\overline{\varepsilon_t}=\frac{3p}{2n}=5.65\times10^{-21}\text{J}\quad 或者\quad \overline{\varepsilon_t}=\frac{3}{2}kT=5.65\times10^{-21}\text{J}$$

第 1 章小结

习　题

1.1　有一小块金刚石，体积为 $V=5.7\times10^{-8}\text{m}^3$，试问该金刚石中有多少个碳原子？其直径为多大？已知金刚石的密度为 $\rho=3.5\times10^3\text{kg}\cdot\text{m}^{-3}$，碳原子的摩尔质量为 $\mu=12\text{g}\cdot\text{mol}^{-1}$.(本题考查对描述物质的基本参量的熟练程度.)

1.2 实验室制作某种玻璃材料，其主要成分为 SiO_2，其中掺有 1%(质量比)的 Er_2O_3. 试问 $1cm^3$ 的玻璃中，有多少个 Er^{3+}? Er_2O_3 的摩尔质量为 $383g \cdot mol^{-1}$，玻璃的密度为 $2.21g \cdot cm^{-3}$.(本题考查对描述物质的基本参量的熟练程度.)

1.3 下列说法正确的是(　　)

(A)布朗运动是悬浮在液体中固体颗粒的分子无规则运动的反映

(B)悬浮在空气中的微小灰尘，做布朗运动

(C)布朗运动是随机的、无规的，无法得到其运动规律

(D)布朗运动是随机的、无规的，但是可以通过统计方法得到其运动规律

(本题考查布朗运动的概念.)

1.4 两个分子之间的势能与两个分子之间的距离 r 的关系如题 1.4 图所示，当 $r=r_0$ 时，分子间的引力等于斥力，当 r 很大时，E_p 趋于 0. 下列说法正确的是(　　)

(A)当 $r>r_0$ 时，E_p 随 r 的增大而增大

(B)当 $r<r_0$ 时，E_p 随 r 的减小而增大

(C)当 $r<r_0$ 时，E_p 不随 r 的变化而变化

(D)当 $r=r_0$ 时，$E_p=0$

(本题考查分子间的作用势能.)

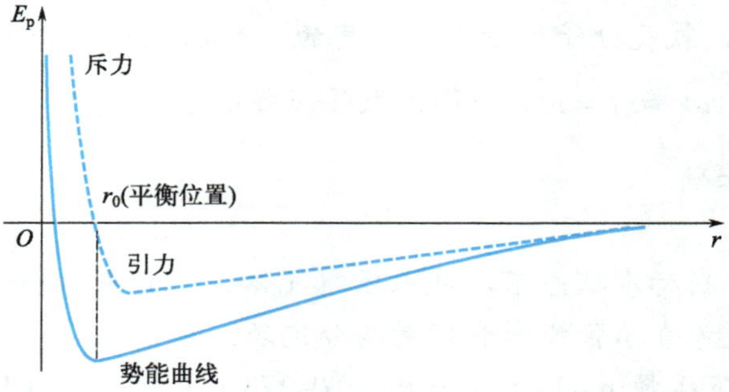

题 1.4 图

1.5 一容器中装有氧气，其压强为 $p=1atm$ ($1atm=1.01325\times10^5Pa$)，温度为 27℃，试求：(1)单位体积内的分子数；(2)氧气的密度；(3)分子间的平均距离；(4)分子的平均平动能.(本题考查有关分子参数的概念和计算.)

1.6 细颗粒物又称 PM2.5，是指环境空气中空气动力学当量直径小于等于 2.5μm 的颗粒物，主要由硫和氮的氧化物转化而成. 它能较长时间悬浮于空气中，可以看作是在做布朗运动. 一个细颗粒物以 $500m \cdot s^{-1}$ 的速度运动，每次移动的平均位移为 5μm，试问其行走 5m 所需要的时间是多少？一个细颗粒物中大概有多少个分子(估计数量级)？(本题考查布朗运动.)

1.7 在例 1.5 的情况中，势是米势吗？为什么?(本题考查分子间作用势能的知识.)

1.8 速率分布函数的量纲是什么？它的物理意义是什么？(本题考查速率分布函数的定义.)

1.9 试说明下列各式的物理意义：(1) $f(v)dv$；(2) $Nf(v)dv$；(3) $\int_{v_1}^{v_2} Nf(v)dv$；

(4) $\int_{v_1}^{v_2} vf(v)\mathrm{d}v$；(5) $\int_{v_1}^{v_2} Nvf(v)\mathrm{d}v$.(本题考查速率分布函数的相关概念.)

1.10　某星球是由氦原子均匀分布的气团构成的，当温度分别为 30K、300K、3000K 时，平均速率、最概然速率、方均根速率分别是多少？氦气的摩尔质量为 $4\mathrm{g \cdot mol^{-1}}$．(本题考查几种速率.)

1.11　已知金星的质量是地球质量的 0.82 倍，半径为地球的 0.952 倍，表面温度为 730K. 火星的质量是地球质量的 0.108 倍，半径为地球的 0.531 倍，表面温度为 240K. 木星的质量是地球质量的 318 倍，半径为地球的 11.22 倍，表面温度为 130K. 试计算这些行星表面的逃逸速率以及 CO_2、O_2、H_2 的方均根速率.(本题考查几种速率.)

1.12　无线电所用的真空管开始时的压强为 1atm，将之抽成真空度为 $1.33\times10^{-3}\mathrm{Pa}$，在 27℃时，试求两种压强下的(1)单位体积中的分子数，(2)分子平均自由程，(3)分子平均速率，(4)分子碰撞截面，(5)碰撞频率. 设分子的直径为 $3.0\times10^{-10}\mathrm{m}$，摩尔质量为 $29\mathrm{g \cdot mol^{-1}}$.(本题考查分子的碰撞.)

1.13　1mol 氦气分子热运动的总能量为 $3.95\times10^{3}\mathrm{J}$，求氦气的温度.(本题考查分子内能.)

1.14　说明下列各式的物理意义：(1) $\frac{1}{2}kT$；(2) $\frac{3}{2}kT$；(3) $\frac{i}{2}kT$；(4) $\frac{i}{2}RT$；(5) $\frac{3}{2}\nu RT$；(6) $\frac{i}{2}\nu RT$.(本题考查能量均分定理.)

1.15　在使两个分子间的距离由很远($r>10^{-9}\mathrm{m}$)到很难再靠近的过程中，关于分子间作用力的大小和分子势能的变化，正确的说法是(　　)

(A)分子间作用力先减小后增大；分子势能不断增大

(B)分子间作用力先增大后减小；分子势能不断减小

(C)分子间作用力先增大后减小再增大；分子势能先减小后增大

(D)分子间作用力先减小后增大再减小；分子势能先增大后减小

(本题考查分子作用力和作用势能，源自高校自招强基或科学营试题.)

1.16　温度为 T 的气体分别装在器壁温度为 T_1 和 T_2 的相同容器中，其中 $T_1<T<T_2$，问气体作用在哪个容器上的压力较大？(　　)

(A) T_1 处压力较大　(B) T_2 处压力较大　(C)一样大　(D)不能确定

(本题考查温度的微观解释，源自高校自招强基或科学营试题.)

1.17　一圆柱绝热容器中间有一无摩擦的活塞把容器分成体积相等的两部分. 先把活塞固定，左边充入氢气，右边充入氧气，它们的质量和温度都相同，然后把活塞放松，则活塞将(　　)

(A)向左运动　(B)向右运动　(C)不动　(D)在原位置左右振动

(本题考查压强的微观解释，源自高校自招强基或科学营试题.)

1.18　质量为 50.0g、温度为 18.00℃的氦气装在容积为 10.0L 的封闭容器内，容器以 $v=200\mathrm{m \cdot s^{-1}}$ 的速率做匀速直线运动. 若容器突然停止，定向运动的动能全部转化为分子热运动的动能，则平衡后氦气的温度和压强各增大到多少？(取绝对零度−273.15℃)(本题考查能量均分定理.)

1.19　重氢原子核气体中，核的平均动能至少为 0.72MeV 时，发生原子核聚合反应，试问重氢发生聚合反应所需要的温度是多少?(本题考查能量均分定理.)

1.20 如题 1.20 图所示，分子束的横截面积为 S，分子数密度为 n，其中分子以相同的速率 v 垂直射向容器壁，则容器壁上单位时间内受到多少分子的撞击？分子撞击时对器壁产生的压强为多大？已知分子质量为 m，分子与器壁的碰撞为弹性碰撞.(本题考查压强的微观解释.)

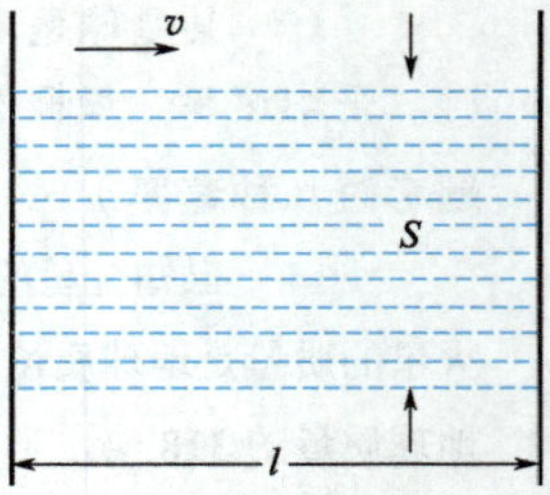

题 1.20 图

1.21 已知银原子具有动能 $E=10^{-17}\text{J}$，对器壁产生的压强为 $p=0.1\text{Pa}$，器壁的银分子将以多大的速率增长？已知银的原子质量为 $A=108$，密度为 $\rho=1.05\times10^4\text{kg}\cdot\text{m}^{-3}$.（本题考查压强的微观解释.)

1.22 在一个容器内，理想气体分子的速率提高为原先的 2 倍时，其温度和压强变为多少？(本题考查压强和温度的微观解释.)

1.23 在一个被抽空到压强为 p_1 的容器底部钻一个小孔，则空气以多大速率冲进容器？设空气的压强为 p_0，密度为ρ.(本题考查分子的碰撞.)

1.24 标准状态下 10g 氦气的内能是多少？已知氦的原子量为 4.(本题考查内能概念.)

1.25 如题 1.25 图所示的圆筒长为 l=20.0cm，分子进入圆筒的入口和出口的角位移为$\phi=5.0°$，当圆筒以多大的角速度转动时，速率为 v=300m · s^{-1} 的分子能经过此圆筒？相当于每分钟转多少圈？(本题考查分子运动概念.)

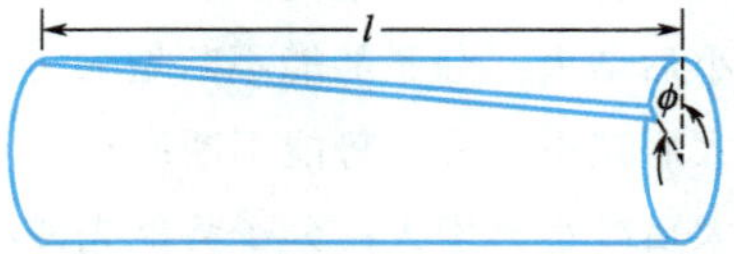

题 1.25 图

第 2 章　气体系统的状态和气体的性质

第 1 章我们学习了微观分子动理论知识，知道了正是微观分子的运动，才导致了宏观物体的性质. 在日常生产生活和科研中，我们会更多地关注和使用宏观物理参量，如压强、温度、能量等. 在力学中，我们需要先选定研究对象，再进行分析；在热学中，我们也需要先选定研究对象，即热力学系统(简称为系统). 热力学系统有不同的分类，可以采用物理参量来进行描述. 系统的平衡态是一个重要概念，它不同于稳定态. 这部分内容见本章 2.1、2.2 节. 本章 2.3～2.5 节将详述两个常用的重要宏观参量：压强、温度，引出热力学第零定律，介绍几种温标. 科学家们早就发现理想气体的宏观参量之间满足定量的关系式，2.6 节将给予介绍. 在此基础上，2.7 节将阐述理想气体的状态方程，这是热学课程中非常重要的内容. 最后在 2.8 节简要介绍实际气体的状态方程.

本章的思维导图如下：

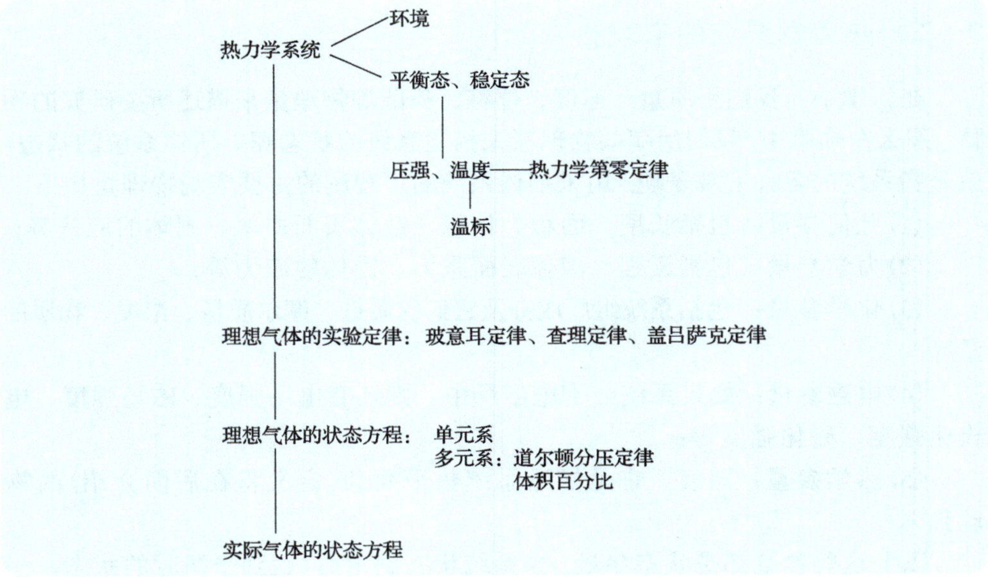

2.1　热力学系统与环境

第 1 章中我们简要学习了热力学系统(简称为系统)和环境(或外界)的概念. 系统与环境之间可能会有物质交换和能量传递，而能量传递又可以通过做功和传热两种方式(详见第 3 章).

系统和外界是相对的，它们之间又是互相联系的. 如图 2.1.1 所示为一个

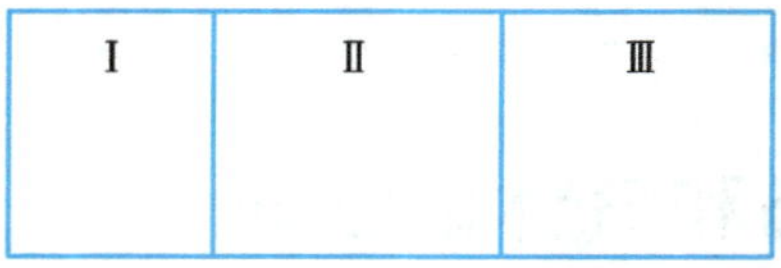

图 2.1.1 系统与外界

柱状容器，中间由两个隔板隔开，那么室Ⅰ是室Ⅱ的外界，室Ⅱ则是室Ⅰ和室Ⅲ的外界，室Ⅲ则是室Ⅱ的外界. 如果隔板是导热的，则平衡时各室的温度相同；如果隔板是可以滑动的，则平衡时各室的压强相同.

2.1.1 系统的分类

热力学系统按照与外界的物质与能量传递关系分类，可以分为开放系统和封闭系统. 如果既有物质交换也有能量交换，则是开放系统，简称开系；如果系统和外界无物质交换，则是封闭系统，简称闭系. 闭系若与外界无能量交换，则此系统与外界不存在相互作用，称之为孤立系统.

热力学系统按照系统内的物质成分来划分，有单元系和多元系. 系统内只有单一成分的物质，叫单元系，否则叫多元系，比如空气含有氧气、氮气等，是多元系.

热力学系统内只有单一的相，则称为单相系，否则称为多相系，如冰水汽混合物则为三相系.

2.1.2 热力学系统的宏观参量

在力学中，我们用质量、速度、位移、势能等物理量来描述所要研究的物体. 那么在热学中，我们用哪些物理量来描述系统的状态呢？所谓系统的状态，就是指系统的各种宏观表现. 用来描述系统的可观测的主要宏观物理量如下.

(1) 几何参量：包括长度、面积、体积、液体表面曲率、固体的应变等；

(2) 力学参量：包括压强、液体表面张力、固体的应力等；

(3) 化学参量：包括系统组成成分及它们的质量、摩尔质量、浓度、物质的量等；

(4) 电磁参量：如果系统处于电磁场中，则还有电场强度、磁场强度、电极化强度、磁化强度等；

(5) 热学参量：温度，它是描述系统热平衡(其定义将在后面介绍)的物理量.

以上这些参量都是状态参量. 当系统状态确定后(达到平衡时的状态，平衡态的概念将在后面讲到)，这些参量就确定了. 系统在变化的过程中，从一种状态变化到另外一种状态，其部分或全部状态参量会随之变化.

在热学中，经常使用的状态参量有体积、压强、温度、质量、摩尔质量、物质的量. 第 1 章已经接触了一些参量，这里再给予详细介绍.

(1) 体积(volume)：系统占据的空间. 常用字母 V 表示. 一般宏观物体的体积都会随着温度而变，气体体积随温度的变化更大. 体积的国际单位是立方米(m^3)，其他常用单位还有升(L)，$1L=10^{-3}m^3$. 标准状态下 1mol 理想气体的体积为 22.4L，即

$$V_m = 22.4L \cdot mol^{-1} \tag{2.1.1}$$

(2) 压强(pressure)：压强是单位面积上的力. 常用字母 p 表示. 大气压是大气产生的压强. 压强的国际单位制单位是帕斯卡(符号为 Pa)，即牛·米$^{-2}$($N \cdot m^{-2}$). 由于历史的原因，压强的单位很多，比如“巴”(bar)和“标准大气压”(atm).

$$1bar = 10^5 Pa$$

$$1atm = 101325Pa = 1.013 \times 10^5 Pa \tag{2.1.2}$$

1643 年 6 月，意大利人托里拆利(E. Torricelli, 1608～1647 年)通过实验(称为托里拆利实验)，测量了大气压强，并发明了水银气压计，给出了压强的计量单位：毫米汞柱(mmHg)，记为 1 托(Torr)

$$1Torr = 1mmHg = 1/760atm = 133.322Pa \tag{2.1.3}$$

上述这些压强单位在过去的书籍、资料中经常见到.

托里拆利实验：①准备一根长度超过 760mm 的一端开口的长玻璃管，用手握住其中部，将水银灌满管内，使得空气完全排出；然后用另一只手指紧紧堵住玻璃管的开口端，同时把玻璃管小心地倒插在水银槽里，待开口端全部浸入水银槽内，放开堵住开口端的手指，会发现管内水银下降. 保证玻璃管竖直固定，当管内水银液面停止下降时，水银液柱与水槽中水平液面的竖直高度差约为 760mm.

②逐渐倾斜玻璃管，管内水银柱的竖直高度不变.

③继续倾斜玻璃管，当倾斜到一定程度时，管内充满水银，说明管内确实没有空气.

④用内径、长短不同的各种玻璃管重复上述实验，发现水银柱的竖直高度不变. 说明大气压强与玻璃管的粗细、长短无关.

⑤这个 760mm 的水银柱，就是作用在水银槽液面上的大气压的作用结果. 通常人们把高 760mm 的汞柱所产生的压强称为 1 个标准大气压，符号为 1atm.

图 2.1.2 显示了托里拆利实验过程.

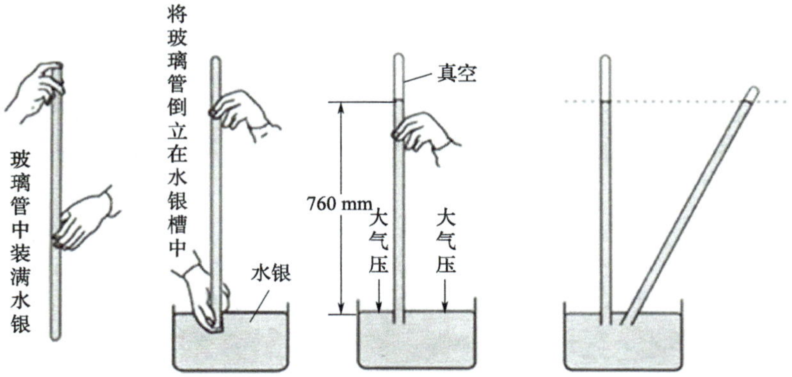

图 2.1.2　托里拆利实验

(3)温度(temperature)：表征互为平衡的热平衡系统的物理量，用 T 或 t 表示. 其国际单位为开尔文(K). 我们常用的摄氏度(℃)与 K 之间的关系为

$$T(\mathrm{K})=t(℃)+273.15 \tag{2.1.4}$$

1 atm 下，纯水的冰点是 0℃或 273.15K，汽点是 100℃或 373.15K，三相点是 0.01℃或 273.16K.

(4)标准状态：温度 T_0=273.15K，压强 p_0=1atm 的状态.

(5)分子数、分子数密度：所研究系统中的分子总个数为分子数(本书中用 N 表示)，单位体积中的分子数为分子数密度(本书中用 n 表示)，显然有

$$N=nV \tag{2.1.5}$$

分子数没有单位，分子数密度的单位为 m^{-3}.

(6)物质的量(amount of substance)、质量(mass)、摩尔质量(molar mass)：物质的量是衡量系统所含特定基本单元多少的物理量，其基本单位为摩尔(符号为 mol)，是国际单位制中七个基本物理量之一. 所研究系统中的气体的总质量常用 M 表示，其中系统中单个粒子(分子、原子、离子等)的质量用 m 表示，则有

$$M=Nm \tag{2.1.6}$$

质量的国际单位为千克(kg).

1mol 物质的质量称为摩尔质量，常用μ表示

$$\mu=N_{\mathrm{A}}m=M/\nu \tag{2.1.7}$$

ν为物质的量. 摩尔质量的单位为 $\mathrm{kg\cdot mol^{-1}}$.

(7)密度(density)：单位体积的质量，常用ρ表示

$$\rho=\frac{M}{V}=\frac{mN}{V}=mn \tag{2.1.8a}$$

$$\rho=\frac{mN}{V}=\frac{\dfrac{\mu}{N_{\mathrm{A}}}\nu N_{\mathrm{A}}}{V_{\mathrm{m}}\nu}=\frac{\mu}{V_{\mathrm{m}}} \tag{2.1.8b}$$

式中，$V_{\mathrm{m}}=V/\nu$ 为理想气体的摩尔体积. 密度的国际单位为 $\mathrm{kg\cdot m^{-3}}$.

(8)相对原子质量及相对分子质量：一个原子或分子等微粒的质量可以用克(g)或千克(kg)作单位，但是由于其数值太小，常用相对于 u 的数值来计量原子(分子)的质量，称为相对原子(分子)质量. 定义一个碳-12 原子的质量为 12u，则

$$1\mathrm{u}=1.66\times10^{-27}\,\mathrm{kg} \tag{2.1.9}$$

比如氧原子的相对原子质量为 16.0u；氧的相对分子质量为 32.0u.

2.1.3 广延量和强度量

热力学中的参量可以分为两类：广延量(extensive quantity)和强度量

(intensive quantity). 广延量是与系统的大小或系统中物质的多少成正比的，若系统的体积加倍，在粒子数密度或质量密度不变时，系统的质量也加倍；强度量则代表物质的内在性质，与系统中物质数量无关. 对广延量，其整体是部分之和，比如长度、质量、体积、物质的量、分子数、电量、磁矩、内能以及我们后面要学到的熵、焓等；对于强度量，其整体和部分相同，比如力、压强、温度、表面张力、磁场强度等. 通常用大写字母来表示广延量，小写字母表示强度量(不过，对于温度，为了区分摄氏温标的 t，常用 T 表示热力学温标).

2.2　系统的平衡态与稳定态

2.2.1　系统的平衡态与非平衡态

热力学系统的宏观状态分为平衡态与非平衡态两大类. 一个热力学系统在不受外界影响(外界对系统既不做功又不传热)的条件下，宏观性质不随时间变化的状态，叫做平衡态(equilibrium state). 而系统的宏观性质随着时间变化，就处于非平衡态.

例如，一封闭容器被隔板分成 A、B 两部分，A、B 中各储有一定量的气体，A 的压强大. 开始时 A、B 中气体处于均匀分布的状态，其各种宏观参量不随着时间而变化，处于平衡态. 然后将隔板抽去，A 中的分子会向 B 运动，在一段时间内，整个大容器中的气体密度是不均匀的，并有气体的流动，系统的状态在不断地变化着，其很多参量也是不稳定的. 但是经过足够长的时间后，容器内各处气体密度变得均匀一致，此后，其宏观状态不再发生任何变化，又重新达到一个新的平衡态. 前后两个平衡状态之间的时间称为弛豫时间.

2.2.2　平衡态与稳定态

受到外界影响的状态不是平衡态. 我们来看一个例子. 将一根金属杆的两端分别浸泡在沸水和冰水中，虽然金属杆上各处温度不同，但对于某一点来说，其温度是确定的，这时，金属杆的温度不随时间变化，是稳定的状态. 但是，热端持续从沸水中吸收热量，冷端持续向冰水中放出热量，热量不断地通过金属杆传递，金属杆是受到外界影响的，所以金属杆不处于平衡态. 这个例子表明：平衡态和稳定态(steady state)是不一样的. 平衡态一定是稳定态，但稳定态未必是平衡态，只有不受外界影响的稳定态才是平衡态，平衡时必定不存在能量传递和物质交流.

即使系统不受到外界影响，但是在系统内部如果存在能量传递或者物质输运，那么系统也肯定不处于平衡态，因为内部的能量与物质随时间变化，使得系统的状态随着时间而不断变化.

热力学系统在平衡态下，其宏观性质不随时间而变，但在空间上却不一定处处均匀一致. 例如在重力场中的大气，由于受到地球引力的作用，在平衡态时，低处的密度要比高处的大. 假如不同高度处的大气密度相等，则大气在竖直方向上会发生流动，不是平衡态.

所谓平衡态，是所有能观测到的宏观性质，包括力、热、电、光等物理参量，不随时间而变化. 但是，在微观上，组成系统的分子仍然在不停地无规则地热运动着，只是众多分子运动的宏观平均效果不随时间而变化. 因此，这种宏观的平衡蕴含着分子的微观运动，因此特称之为“热动平衡”(thermodynamic equilibrium).

“平衡态”是一个理想概念，实际上并不能做到使一个系统完全不受外界的影响，一个系统的宏观性质也不可能保持绝对不变. 不过，当一个实际系统受到外界的影响很弱，系统本身的状态参量相对稳定或接近于相对稳定时，就可以近似地认为系统处于平衡态. 这样，既抓住了系统在一定条件下状态基本平衡的主要特征，又使得问题变得简单而易于解决. 这正是物理学建模的思想.

有时候，一个大的系统处于非平衡态，但是将这个大系统分成很多小部分，每一小部分在微观上都足够大，微观上足够大的意思是：从宏观的角度来看，其体积足够小，但是这么微小的体积内又包含了足够多的粒子，可以利用热力学规律及统计物理方法来处理一些物理问题. 如果在一个微小范围内的热力学量如压强、化学成分、温度等参量处处相等且不与其他部分交换物质或热量，则可以认为这一微小部分处于平衡态. 也就是说，虽然整个大系统处于非平衡态，但是其中某些微小系统有可能是处于平衡态的. 比如，一个夏天开着空调敞开门窗的教室，整个教室因为和外界的热量交换，没有达到平衡，但是教室中间区域的小部分空间内，在一定的时间范围内，是可以认为达到平衡的.

系统的平衡可以分为力学平衡、化学平衡、电磁平衡、相平衡等，就是相应的力学、化学、电磁学等宏观参量不再变化，还有一个平衡就是热平衡，表征热平衡的参量是温度，也就是说热平衡时温度不再变化.

2.3 压 强

压强是单位面积上的力，第 1 章中我们利用简单模型，介绍了气体的压强和微观解释. 压强是热学中的一个重要参量，这里专门拿出一节来进行阐述. 热学中压强的定义和力学中的定义是一样的，即单位面积上的受力. 压强 p 的数学表达式为

$$p = F / S \tag{2.3.1}$$

式中，F 为面积 S 上的作用力的大小.

2.3.1 液体的压强

对于上下均匀的容器中的液体，容器截面积为 S，液体高度为 h，则液体

的重力为 $Mg=\rho Vg=\rho Shg$，ρ为液体的密度，那么液体产生的压强为

$$p=\frac{Mg}{S}=\rho gh \tag{2.3.2}$$

注意：这里的 h 是从液面往下量的高度.

对于水银柱，要达到 1atm，其高度 h 必须满足 $\rho_{Hg}gh=1.013\times10^5$Pa，可计算出 h=76cm. 对于水柱而言，要达到 1atm，则其高度为 h=10.334m.

【例 2.1】一个开口的圆柱形瓶子，装着高度为 H、密度为 ρ 的液体，离液体表面 $H/3$ 处的压强是多少？已知大气压强为 p_0.

【分析】本题考查压强的定义. 计算出某面积上的受力即可. 本题中，所受力为液体的重力. 此外还需要考虑到大气压强.

【解】设在 $H/3$ 处有一个假想的截面，其面积为 S，该截面上方液体的重力为

$$F=mg=\rho Vg=\rho SHg/3$$

则液体产生的压强为

$$p_1=\frac{F}{S}=\frac{\rho Hg}{3}$$

在离液体表面 $H/3$ 处的压强，除了液体产生的压强以外，还要加上大气压强，即

$$p=p_1+p_0=\frac{\rho Hg}{3}+p_0$$

【思考 1】当水深度 H 为多大时，在计算水下某点压强时可以忽略大气压强？

【思考 2】一个上大下小的锥形容器，其压强是怎样的？上小下大的容器的压强呢？

【例 2.2】如图 2.3.1 所示，一个上部为柱形下部为锥形的容器，里面装着掺有奶油的牛奶，其密度为ρ，经过足够长的时间，奶油(密度为ρ_1)上浮，高度为 H_1；牛奶(密度为ρ_2)沉淀，高度为 H_2. 假设液体的总体积保持不变，则底部的压强在分层前后分别是多少？是如何变化的？

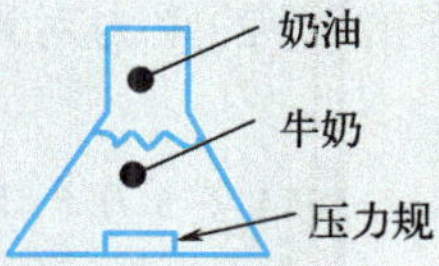

图 2.3.1　例 2.2 图

【分析】本题考查压强的定义. 要记住质量守恒定律，即在分层前后的总质量是不变的. 利用压强定义即可计算得到.

【解】设分层前，总高度为 H；沉淀分层后，奶油厚度为 H_1、体积为 V_1，牛奶高度为 H_2、体积为 V_2. 奶油密度为ρ_1，牛奶密度为ρ_2，混合物的密度为ρ，由于混合物的总体积不变，所以有 $V=V_1+V_2$，$H=H_1+H_2$.

分层前的压强为

$$p = \rho g(H_1 + H_2) \quad ①$$

分层后的压强为

$$p' = \rho_1 g H_1 + \rho_2 g H_2 \quad ②$$

分层前后的总质量是不变的

$$\rho V = \rho_1 V_1 + \rho_2 V_2 \quad 即 \quad \rho(V_1 + V_2) = \rho_1 V_1 + \rho_2 V_2 \quad ③$$

所以

$$(\rho_2 - \rho)V_2 = (\rho - \rho_1)V_1 \quad 即 \quad V_2 / V_1 = (\rho - \rho_1)/(\rho_2 - \rho) \quad ④$$

从瓶子的形状可知

$$\frac{V_2}{V_1} > \frac{H_2}{H_1} \quad ⑤$$

由式④、⑤有

$$(\rho - \rho_1)/(\rho_2 - \rho) > H_2 / H_1$$

计算得到

$$\rho_1 H_1 + \rho_2 H_2 < \rho(H_1 + H_2) \quad ⑥$$

结合式①、②、⑥，可见，$p' < p$，即底部压强减小了.

2.3.2 气体的压强

大气压强

第 1 章已经学习过，气体系统中，微观粒子持续不断地撞击某个表面就产生了压强. 而组成气体的微观粒子不断运动，其压强公式为

$$p = \frac{1}{3} mn\overline{v^2} \quad (2.3.3)$$

式中，m 为一个分子的质量；n 为分子数密度；$\overline{v^2}$ 为分子的速度平方的平均值.

大气压强是地球上的大气(或者其他行星上的大气，如果其他行星有大气层的话)的重力对地球(或其他星球)表面施加的压力.

1654 年 5 月 8 日，德国马德堡市长奥托 · 冯 · 盖利克在雷根斯堡进行了一项科学实验，称为“马德堡半球”实验，证明了大气压的存在. 当年进行实验的两个半球如今仍保存在慕尼黑的德意志博物馆中. 我们来看当时对实验的描述：“订做了两个直径为 3/4 马德堡肘的半铜球(实际上只有 67/100 肘，因为工匠们没有做得那么精确)，使两个半球能够完全吻合. 一个半球上装了活塞，通过这个活塞可以抽走里面的空气，并能阻止外面的空气进入. 此外，两个半球外面安装了四个环，环上有绳子，绳子缚在马鞍上……两个半球通过很大的力量被皮圈紧紧地黏附在一起，外面的空气将它们压得如此紧，以至于 16 匹马拼命挣扎也不能将其拉开. 当马费尽力气最后终于将两个半球拉开后，发出了巨大的放炮般的响声.”

【思考】马德堡肘是当时的计量单位，1 肘相当于 55cm. 由此可以估算出每个半球上

的压力为多少？如果一匹马正常拉货的质量为 80kg，则每边需要多少匹马能够拉动？(10000N，13 匹)

人体髋关节的结构和上面描述的“马德堡半球”是很像的，也是两个近似于半球的骨头紧密靠在一起，中间没有空气，即使将外面的皮肤和肌肉去掉，也很难将其分开.

1. 均匀大气模型

对于行星表面上一定高度范围内的大气，可以认为其是均匀的，设大气密度为ρ，重力加速度为g，大气层厚度为h. 为计算行星表面某点的压强p，选取该处一个截面积为S、高度为h的小圆柱，则这部分气体的质量为

$$M=\rho V=\rho Sh$$

总的重力为$F=Mg$，这部分大气对于行星表面的压强为

$$p=\frac{F}{S}=\rho gh \tag{2.3.4}$$

由于大气是均匀的，行星表面各处的压强都等于p.

【讨论】如果以整个行星上面包围着的气体作为研究对象(系统)，则总的气体体积为$V=4\pi r^2 h$，这里考虑到了$h\ll r$(地球半径). 这一层大气的总质量为$m=\rho V=4\pi r^2 h\rho$，面积$S=4\pi r^2$，则压强为$p=\dfrac{Mg}{S}=\rho gh$，与式(2.3.4)结果相同.

标准状态下地球表面的大气密度为$1.29\text{kg}\cdot\text{m}^{-3}$，压强为$p_0=1.013\times10^5\text{Pa}$，即 1 个标准大气压(1atm). 随着离地表距离的增高，大气将变得稀薄，压强将变小. 地球表面上方的大气分布是气体分子的重力和热运动共同作用的结果. 在热平衡时，其密度并不均匀，压强也不同. 如果将所有在 0℃时的大气压缩成压强为 1atm 的绕地球一圈的气体，则该气体圈的厚度(等效大气高度)约为 8km.

*2. 非均匀大气层

大气一方面受到重力影响，另一方面受到分子热运动的影响，结果是靠近地表的大气分子多，越往上则大气分子越少，因而其压强并不均匀. 大气温度也随着高度而变化. 再加上实际情况下大气存在十分复杂的流动，因而大气的压强变化很复杂.

但是我们可以建立简单的模型，得到大气的压强规律. 设大气是等温的且处于平衡态，重力加速度g不变，以地面为零点，建立垂直于地面的数轴. 可以推导得到高度z处的分子数密度为

$$n(z)=n_0 e^{-\frac{z}{H}} \tag{2.3.5}$$

进而由$p(z)=n(z)kT$可以得到在离地面高度为z处的大气压为

$$p(z)=p_0 e^{-\frac{z}{H}} \tag{2.3.6}$$

上两式中，n_0 为地表处的大气分子数密度，$p_0 = 1\text{atm}$ 为地面大气压，H 为等温大气标高，其表达式为

$$H = \frac{RT}{\mu g} = \frac{kT}{mg} \tag{2.3.7}$$

式中，R 为普适气体常量；μ 为大气摩尔质量；g 为重力加速度；k 为玻尔兹曼常量；m 为大气分子质量. 等温大气标高 H 表达式(2.3.7)中的分子 kT 与热运动能量有关，分母 mg 是一个大气分子的重力，可见 H 综合了分子的热运动和重力场这两个影响因素. 由式(2.3.6)可知，当 $z = H$ 时，大气压强为地面气压 p_0 的 $1/\text{e}$. 其物理意义就是：如果将大气层压缩为环绕星球表面一周的均匀大气层，并让其密度等于地面的大气密度，则这一假想大气层的高度就是 H.

【思考】一个上端无盖的圆柱形容器装满了水，水的容量可以装满 30 个玻璃杯，容器底部有一个水龙头. 拿一个玻璃杯在水龙头下面接水，半分钟后玻璃杯的水接满了. 试问，用同样的玻璃杯连续接 30 杯水，需要多少时间？忽略换杯时间.

这个题目看似简单，有的同学张口就答是 15 分钟. 但这是错误的. 为什么呢？

第一杯水接出来后，压强(等于大气压加上水压(水的重力产生的压强))变小了；第二杯水接完后，压强会更小. 伽利略的学生托里拆利给出了水龙头水的流速 v 的简单公式

$$v = \sqrt{2gh}$$

式中，g 为重力加速度；h 为容器中的水高度.

题中，当容器中水的高度只剩下原先的 1/4 时，水流速度只有第一杯时的一半，所以总的时间不是 15 分钟. 计算这个问题需要用到高等数学知识.

古希腊物理学家希罗设计了一个喷泉，由三个容器组成：上部一个无盖容器 a，中间和下面是两个封闭的球状容器 b、c，三根玻璃管将三个容器连接在一起. 如图 2.3.2(a)所示，当容器 a 中装有水，容器 b 装满水，容器 c 装满空气时，水沿玻璃管从 a 流到 c，c

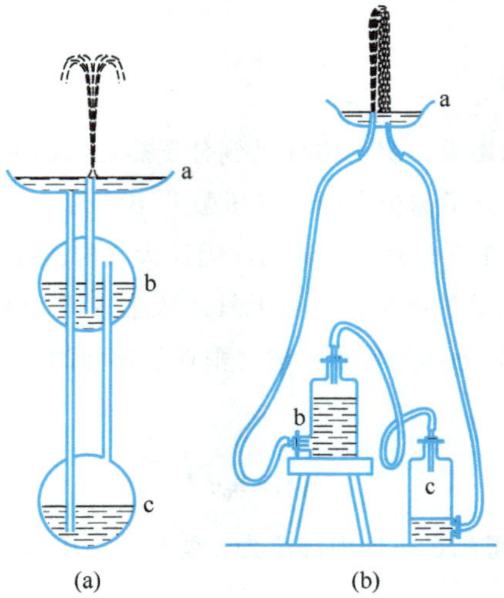

图 2.3.2 希罗喷泉(a)及其改进(b)示意图

中空气排到 b，b 中的水受到空气压力，沿着玻璃管向上流，形成喷泉，直到 b 中的水全部流完. 这个喷泉称为希罗喷泉. 后来，意大利的一位中学老师改进了希罗喷泉，用小玻璃瓶(如药瓶)代替球状容器，用橡胶管代替玻璃管，上面的容器不需要穿孔，只需要将橡胶管放在容器 a 中即可，如图 2.3.2(b)所示，你能分析其工作原理吗？ 还可以如何改进，使得喷泉喷得更高？

第 19 届全国中学生物理竞赛复赛第一题，就是一个“自动喷泉”的题目，详见下面的例 2.3.

【例 2.3】甲设计了 1 个如图 2.3.3 所示的“自动喷泉”装置，其中 A、B、C 为 3 个容器，D、E、F 为 3 根细管，管栓 K 是关闭的. A、B、C 及细管 D、E 中均盛有水. 容器水面的高度差分别为 h_1 和 h_2，如图所示. A、B、C 的截面半径为 12cm，D 的半径为 0.2cm. 甲向同伴乙说：“我若拧开管栓 K，会有水从细管口喷出.”乙认为不可能. 理由是：“低处的水自动走向高处，能量从哪儿来？”甲当即拧开 K，果然见到有水喷出，乙哑口无言，但不明白自己的错误所在. 甲又进一步演示. 在拧开管栓 K 前，先将喷管 D 的上端加长到足够长，然后拧开 K，管中水面即上升，最后水面静止于某个高度处.

(1)论证拧开 K 后水柱上升的原因；(2)当 D 管上端足够长时，求拧开 K 后 D 中静止水面与 A 中水面的高度差；(3)论证水柱上升所需能量的来源.(第 19 届全国中学生物理竞赛复赛第一题.)

【分析】液体中高度相等的地方压强相同，气体内部压强相等. 本题中，B、C 容器中的气体用细管 F 连通，所以 B、C 中气体压强相等. 对于 E 管，大气压加上 E 管内液体压强(高度为 h_1+h_2)，等于 C 中液体表面压强；K 关闭时，对于 D 管，容器 D 中气体压强与 D 管 h_1 高度的液体压强之和等于 B 中液面压强.

【解】(1)设大气压为 p_0，水的密度为 ρ. 拧开 K 前的情况如图 2.3.4(a)所示. B、C 通过吸管 F 相通，所以二者压强相同. B、C 中气体的压强为

$$p_B = p_C = p_0 + \rho g(h_1 + h_2) \quad ①$$

D 中被封住的气体的压强为

$$p_D = p_B - \rho g h_1 \quad ②$$

由式①、②可得

$$p_D = p_0 + \rho g h_2$$

即 $p_D > p_0$，K 关闭时，D 中气体压强足够大，压住了下方的水；当拧开 K 后，D 中气体压强降至 p_0，此时

$$p_B - p_0 > \rho g h_1 \quad ③$$

即D管中容器B水面以上的那一段水柱就会上升.

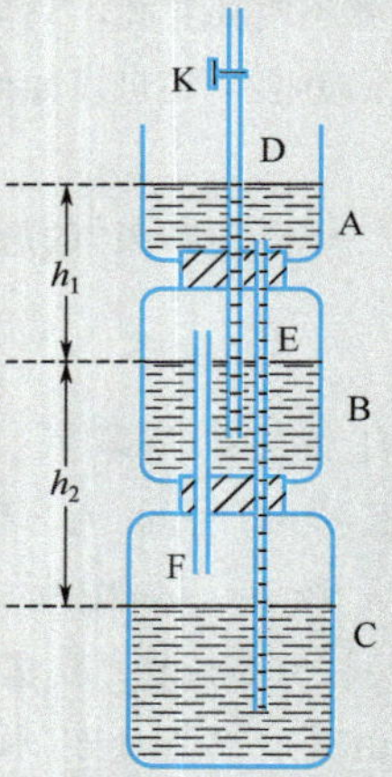

图 2.3.3 例 2.3 图

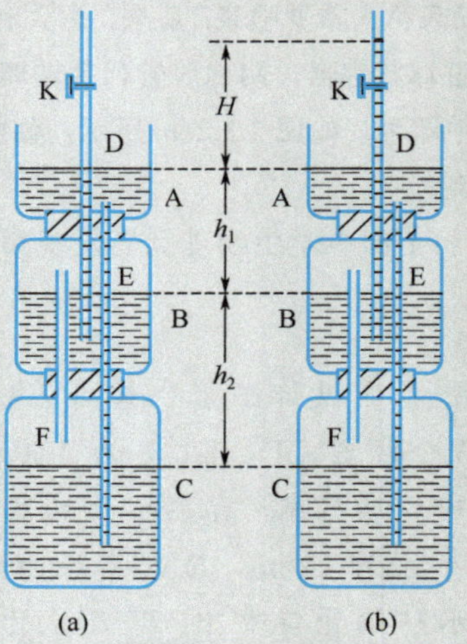

图 2.3.4 例 2.3 解图

(2)拧开K后，水柱上升，注意，这时已经将 D 管加长，D管上端已足够长，则水不会从管口喷出. D中的水上升，增加的水量的体积为 ΔV，则B中水减少的体积亦为 ΔV，其水面略有降低，因而B及C中气体的体积均略有增加，压强略有下降(等温时，压强与体积成反比)，A中的水将通过E管流入C中，当从A流入水量的体积等于 ΔV 时，B、C中气体压强恢复原值. 因为A、B、C的半径(12cm)为D管半径(0.2cm)的 60 倍，截面积为 3600 倍，故A、B、C中少量水的增减($\pm\Delta V$)引起的A、B、C中水面高度的变化可忽略不计，即 h_1 和 h_2 的数值保持不变.

设D中水面静止时与A中水面的高度差为 H，见图 2.3.4(b)，B、C中气体压强相等，则有

$$p_0+\rho g(H+h_1)=p_0+\rho g(h_1+h_2) \quad ④$$

由此可得

$$H=h_2 \quad ⑤$$

(3)将图 2.3.4(a)和(b)相比较可知，其差别在于体积为 ΔV 的水从A移至C中，另 ΔV 的水又由B移入D中，前者重力势能减少，而后者重力势能增加，前者的重力势能减少量为

$$\Delta E_1=\rho\Delta Vg(h_1+h_2) \quad ⑥$$

D中增加的水柱的重心离A中水面的高度为 $h_2/2$，故后者的重力势能增量为

$$\Delta E_2=\rho g\Delta V\left(h_1+\frac{1}{2}h_2\right) \quad ⑦$$

即

$$\Delta E_1>\Delta E_2$$

由此可知，体积为 ΔV 的水由 A 流入 C 中减少的势能的一部分转化为同体积的水由 B 进入 D 中所需的势能，其余部分则转化为水柱的动能，故发生上下振动，D 中水面静止处为平衡点. 由于水与管间有摩擦，动能逐步消耗，最后水面停留在距 A 中水面 h_2 处.

2.4　热力学第零定律　温度

“温度”是热学中最重要的物理量之一. 在日常生活中，我们天天关注天气预报中的温度，对温度有切身体会，比如冬季的某天温度为零下 10℃，我们觉得很冷，而夏季的某天温度达到 40℃，则感觉很热. 显然，我们关于温度的概念是建立在对冷热的主观感觉的基础上的. 不过，这种主观感觉有时候却并不可靠，例如，冬天左手摸一块木头，右手摸一块铁，主观感觉是铁更冷些. 铁的温度比木头的低吗？显然不是. 那么温度到底是怎么定义的呢？

2.4.1　热接触与热平衡

2.2 节中提到的平衡态，其中包含热平衡(thermal equilibrium). 热平衡是什么呢？又是如何达到的呢？

几个水池连通之后，水位高的水池中的水将会流向水位低的水池，直到最终水位一样，不再有水流动，我们可以说水池间的水位达到了平衡.

类似地，将一杯热水 A 和一杯冷水 B 这两个热力学系统相互接触，系统的这种热相互作用称为热接触(thermal contact)，经过足够长的时间，两杯水的冷热情况会达到一样，我们称之为达到热平衡. 以后我们学到热力学第一定律时将会知道是热水的热量传递给冷水了，直到两个系统达到热平衡，不再变化.

如果两个系统热接触后，双方的状态没有发生变化，这只能是因为这两个系统原本就达到了热平衡.

2.4.2　热平衡定律——热力学第零定律

上述两杯水达到热平衡后，如果另外有一杯水 C 与其中之一 A 热接触后，冷热状态没有发生任何变化，那么这第三杯水 C 其实本来就跟水 A 处于热平衡，由于 A 与 B 已经处于热平衡状态，那么 C 也必定与 B 处于热平衡.

也就是说，如果系统 A 与 B 热平衡，A 又与 C 热平衡，那么 B 与 C 一定是热平衡的. 这称为热平衡定律(thermal equilibrium law)，是由福勒(R. H. Fowler)于 1939 年提出的，在此之前，热力学第一、二、三定律都已确立，但热平衡问题更为基础，因此又将热平衡定律称为热力学第零定律(zeroth law of thermodynamics).

2.4.3 温度的定义

连通的几个水池达到平衡，可以用一个物理量，即水位高度，来表示这一特征. 那么互为热平衡的系统，也可以用一个物理量来表示其性质或特征，这个物理量就是温度. 一切互为热平衡的物体都具有相同的温度，具有相同温度的系统一定是热平衡的.

水位高度用尺子测量，单位有米、英尺等，那么温度呢？

2.5 温　　标

温标(temperature scale)是温度的数值表示法. 温标不是温度计，也不是温度计上的刻度，温标是一套用来标定温度数值的规则. 下面分经验温标、热力学温标和国际实用温标来进行介绍.

2.5.1 经验温标

1. 经验温标三要素

生活经验告诉我们，很多物体具有热胀冷缩的特点，即随着温度升降，体积会增加或减少. 事实上，任何系统的温度变化时，它的许多物理性质如压强、体积等参数都要随之变化. 这样，我们就可以适当选择与温度有关的这些物理量，由它们的变化来反映温度的变化，并使二者的变化一一对应. 这种度量温度的依据来源于实际生活经验，所以叫做经验温标. 建立一种经验温标需有三个要素：

(1) 选择某种物质(称为测温质)的某一属性(如体积、压强、电阻、电动势等)，作为测温属性. 这个测温属性必须随着温度做单调、显著的变化.

(2) 测温属性随温度变化的函数关系应该是简单且一一对应的. 最简单的函数关系是线性关系，即

$$t = aX + b \quad 或 \quad T = \alpha X \tag{2.5.1}$$

式中，X 代表测温属性，如压强、体积；t 或 T 代表温度，a、b 或 α 是待定系数.

(3) 选择温度固定点，如冰水混合物、水汽冰三相点，以确定上述函数式中的系数.

【例 2.4】古希腊的希罗，曾经制作了一个验温器(温度计的雏形，但是不能定量给出具体温度值). 一个密封球状玻璃容器内装有一些水，一根软管的一端插入水中，另外一端放在一个漏斗里，两端平齐. 当太阳光照射后，温度上升，水将通过软管流到漏斗里. 温度越高，水流越大. 这里涉及哪些热物理概念呢？

【解】首先是热平衡概念. 玻璃容器、水、容器内水面上方的空气，达到了热平衡，其温度相同. 其次是经验温标的概念. 水之所以流动，是因为受到了压力，压力来自水面上方的空气系统，日光照射后温度上升，压强

增加，从而压迫水流出，这里的测温质就是空气，测温属性就是压强. 实际上这个验温器也是个气压计，气温变化 1℃，相当于 2.5mmHg 的气压变化.

【例 2.5】1954 年之前的摄氏温标是这样定义的：测温属性 X 随温度 t 变化的函数关系为 $t=aX+b$，两个温度固定点为：冰点(1atm 时纯水和纯冰达到平衡时的温度，纯水中溶解有空气并达饱和)为 0℃，汽点(纯水同其饱和蒸气压为 1atm 时的水蒸气达到平衡时的温度)为 100℃. 现以某种液体(比如水银、酒精、甲苯等)的体积 V 为测温属性，将液体注入粗细均匀的玻璃管内，管中液面高度 h 的变化就标志着体积 V 的变化. 令 h_i、h_s 分别表示液柱在冰点、汽点温度下的高度，求出温度 t 与液面高度 h 的关系.

【分析】本题考查经验温标的概念. 通过做题牢固掌握温标三要素.

【解】由题意 $\begin{cases}0=ah_i+b\\100=ah_s+b\end{cases}$，解出

$$a=\frac{100}{h_s-h_i},\qquad b=\frac{-100}{h_s-h_i}\cdot h_i$$

则有

$$t\ (℃)=ah+b=\frac{h-h_i}{h_s-h_i}\times 100\ (℃)$$

这样，只要知道液柱的高度 h，便可由上式算出此时的温度值.

在制作温度计时，我们在玻璃管上刻下液柱高度为 h_s、h_i 时的液面位置，分别标以 100℃及 0℃，由于 h 随 t 线性变化，将这两刻度间分为 100 等份，标上 1℃到 99℃，就制成了一支液体摄氏温度计. 例 2.5 中涉及的饱和及饱和蒸气压的概念，将在第 6 章详细介绍.

在 1954 年之后，摄氏温标的定义就不是这样的了. 具体见下文.

2. 气体开尔文温标

气体开尔文温标以气体为测温质，测温属性 X 可以是一定量的等容气体的压强，或一定量的等压气体的容积，也可以是定量气体的压强、容积之乘积，其测温属性随温度的变化关系为

$$T=\alpha X$$

若 X 为一定量等容气体的压强 p，则上式为

$$T(p)=\alpha_p p \tag{2.5.2}$$

规定水的三相点为基本的温度固定点. 水的三相点(triple point)状态是指纯水的气、液、固三相平衡共存的状态，它有唯一确定的饱和蒸气压强(611.3Pa 或 4.581mmHg)，有唯一确定的平衡温度，规定这一温度为 273.16 开尔文(K)，记作 $T_{tr}=273.16\text{K}$.

【思考】其实，我们现在应该有个疑惑，为什么规定水的三相点的温度为 273.16K 而不是其他数值呢？这是因为我们规定了 1atm 下水的冰点为 0℃，即 273.15K，而实验测得其三相点的温度为 0.01℃，也就是 273.16K（参见 6.5 节）. 那为什么 0℃等于 273.15K 呢？这跟气体的膨胀有关，有关内容可见 8.8 节中的例 8.16.

现在来确定式(2.5.2)中的系数 α_p，把等容气体温度计的测温泡插入水三相(即冰水汽)共存的容器中，达到热平衡时，测温泡内气体的温度也为 T_{tr}，而压强为 p_{tr}，则有

$$T_{tr}=\alpha_p p_{tr} \tag{2.5.3}$$

所以

$$\alpha_p=\frac{T_{tr}}{p_{tr}}=\frac{273.16}{p_{tr}} \tag{2.5.4}$$

注意，上式中的 p_{tr} 不是水三相平衡共存时的压强(611.3Pa)，而是温度为 273.16K 时测温泡内气体的压强，对于一给定的等容气体温度计，测温泡中气体的种类、质量、体积都是固定的，那么 p_{tr} 也就是确定的，$273.16/p_{tr}$ 是常数.

由式(2.5.2)得到

$$T(p)=\frac{T_{tr}}{p_{tr}}p=273.16\frac{p}{p_{tr}} \tag{2.5.5}$$

式中温度的单位为开尔文，简称为开，符号为 K. 式(2.5.5)表明，若用温度计测量系统的温度，当温度计中的测温泡与温度为 T 的物体达到热平衡时，只要量出温度计中测温泡内气体的压强 p，就可由式(2.5.5)计算出 T 的数值，由于测温泡与待测系统处于平衡状态，测温泡的温度也就是系统的温度了. 这种温标，就是等容气体的开尔文温标. 可据此制成等容气体温度计.

如果改用一定量气体在等压条件下的体积 V 来做测温属性，则式(2.5.1)中的 $X=V$，有

$$T(V)=\alpha_V V \tag{2.5.6}$$

仍采用水三相点为温度的固定点，类似上述做法，可以得到

$$T(V)=273.16\frac{V}{V_{tr}} \tag{2.5.7}$$

式中，V_{tr} 为测温泡中等压气体在水三相点温度 273.16K 时的体积，而 V 则为该等压气体测温质在待测温度 T 时的体积. 这样建立的温标是等压气体开尔文温标，并可相应制成等压气体温度计.

3. 理想气体温标

无论是等容气体温度计，还是等压气体温度计，当测温泡中气体种类不同、质量不同时，对同一待测对象测温的结果之间总是有一些差异的.

(1) 气体温度计测量结果受测温质稀薄程度的影响.

来看一个实验：用三支等容气体温度计测量某种物质的沸点，三支温度计的测温泡中储有同种气体，但是稀薄程度不同，第一支的气体最多，第二支的气体较少，第三支的气体最稀薄. 三支温度计测量得到的 p_{tr} 分别是 50.00kPa、20.00kPa、10.00kPa，温度分别是 401.00K、400.73K、400.67K. 可见，测温泡气体越稀薄，温度会变得越低. 当 $p_{tr}\to 0$ 时，可得到待测温度的极限值 400.57K.

(2) 气体温度计测量结果受测温质种类的影响.

采用等压气体温度计也具有类似的结果. 在测温质压强趋于零时，不同气体的等压温标也趋于一个共同的极限，而且，等压温标与等容温标具有相同的极限.

(3) 理想气体温标的建立.

气体测温质压强趋于零的极限情况下的气体温标称作理想气体温标，用理想气体温标定出的温度 T 与用等容或等压气体温标定出的温度 $T(p)$ 或 $T(V)$ 之间的关系是

$$T = 273.16\times\lim_{p_{tr}\to 0}\frac{p}{p_{tr}} = 273.16\times\lim_{p\to 0}\frac{V}{V_{tr}} \qquad (2.5.8)$$

我们可以说，理想气体温标的测温质是理想气体. 所谓理想气体，就是气体分子之间的相互作用可以忽略，比如稀薄气体，其分子之间的作用就很弱. 事实上，在精度要求不太高的时候，常规压强的各类气体都可以认为是理想气体. 如不做特殊说明，本书中所说的气体都可看作是理想气体. 所以我们一般不区分气体开尔文温标和理想气体温标.

4. 根据理想气体温标重新定义摄氏温度

1954 年后，国际规定只能选用水的三相点为基本的温度固定点，这样，用一个固定点的数值，就无法确定早先摄氏温标中函数关系 $t=aX+b$ 的两个系数了. 为此，重新定义了摄氏温度 t 如下：

$$t = T - 273.15 \qquad (2.5.9)$$

式中，T 为理想气体温标，单位为 K. 摄氏温度 t 的单位为℃.

【例 2.6】定义温标 t^* 与测温属性 X 之间的关系为 $t^*=\ln(kX)$，式中 k 为常数，X 为等容稀薄气体的压强，在水的三相点有 $t^*=273.16$ 度，(1) 试确定温标 t^* 与气体开尔文温标 T 之间的关系；(2) 在温标 t^* 中，冰点和汽点各为多少度？(3) 在温标 t^* 中，是否存在 0 度？

【解】本题考查理想气体温标知识，通过做题掌握开尔文温标的定义.

(1) 根据气体开尔文温标 $T=273.16\dfrac{p}{p_{tr}}$，得到 $p=\dfrac{p_{tr}T}{273.16}$. 而由题目条件 $X=p$ 有

$$t^* = \ln(kp) = \ln\frac{kp_{tr}T}{273.16} \quad ①$$

由题意，在三相点时 t^*=273.16 度，T=273.16K 代入式①得

$$273.16 = \ln\frac{kp_{tr}\cdot 273.16}{273.16} = \ln(kp_{tr})$$

即 $kp_{tr} = e^{273.16}$. 代入式①得

$$t^* = \ln\frac{e^{273.16}T}{273.16} = 273.16 + \ln\frac{T}{273.16} \quad ②$$

(2)将气体开尔文温标中的冰点 T=273.15K 代入式②得

$$t^* = \ln\left(e^{273.16}\frac{273.15}{273.16}\right) = 273.16\text{度}$$

将汽点 T=373.15K 代入式②得

$$t^* = \ln\left(e^{373.16}\frac{373.15}{273.16}\right) = 273.47\text{度}$$

(3)若 $t^* = 0$，则有 $0 = \ln\left(e^{273.16}\frac{T}{273.16\text{K}}\right)$

$$e^{273.16}\frac{T}{273.16\text{K}} = 1$$

从数学上看，$T = \frac{273.16\text{K}}{e^{273.16}}$ 大于 0，说明 t^* 有 0 度存在，但实际上，$t^* = 0$ 所对应的 $T = \frac{273.16\text{K}}{e^{273.16}}$ 是一个接近于 0 的值，在如此低温下，稀薄气体已经液化了.

5. 华氏与摄氏温标换算

经验温标的种类很多，包括摄氏(Celsius)温标、华氏(Fahrenheit)温标、列氏温标等. 目前国际上主要使用摄氏温标，少数国家使用华氏温标(单位为°F)，这两种温标的换算关系为

$$t(°\text{F}) = 9/5t(℃) + 32 \quad (2.5.10a)$$

$$t(℃) = (t(°\text{F}) - 32)\times 5/9 \quad (2.5.10b)$$

图 2.5.1 为同时具有摄氏温标与华氏温标的温度计.

【例 2.7】在炎热的夏天，沙漠地区的温度达到 100.0°F，用摄氏温标和开尔文温标表示，分别是多少度？人的体温 37.0℃，用华氏温标和开尔文温标表示，分别是多少度？

【解】本题考查华氏度和摄氏度的关系. 直接套用公式即可.

根据式(2.5.9)和式(2.5.10)可以计算出：100.0°F 等于 37.78℃，310.93K；37.0℃等于 98.6°F，310.15K.

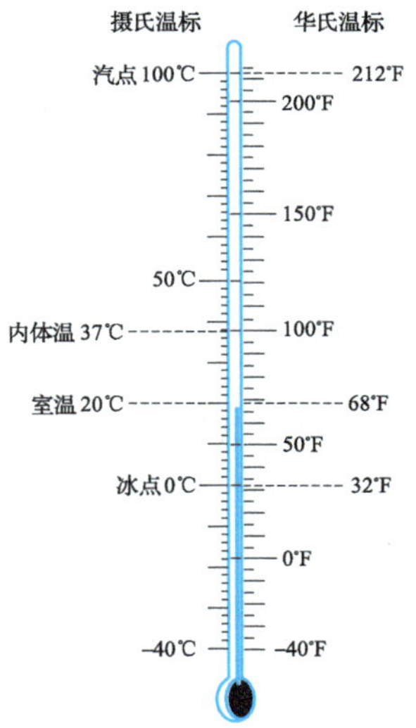

图 2.5.1　具有摄氏温标与华氏温标的温度计

*6. 温度计的历史

1593 年，伽利略制作了第一支温度计，以空气为测温物质，由玻璃泡内空气的热胀冷缩来指示温度. 1632 年，法国雷(J. Rey)将伽利略的温度计倒转过来，注入水，以水作为测温物质，利用水的热胀冷缩来表示温度高低. 但是所使用的管子是开口的，因而水会不断蒸发掉. 1657 年，意大利佛罗伦萨的西门图科学院的院士，改用酒精为测温物质，并将玻璃管的开口封闭上，制造出的温度计，避免了酒精的蒸发，也不受大气压力影响，同时选择了最高和最低的温度固定点.

1659 年，巴黎天文学家布利奥(O. Bouriaud)把西门图院士传到法国的温度计充以水银，制造出第一支水银温度计. 1702 年，阿蒙顿(G. Amontons)仿照伽利略的方法制作出一个装有水银的 U 形气体温度计，且与大气压力无关，与现今的标准气体温度计相近.

1714 年，荷兰气象学家华伦海特(D. G. Fahrenheit)制作出第一批刻度可靠的温度计(测温物质有水银，也有酒精). 选定的三个温度固定点是：①零度是冰水和氯化铵混合物的温度；②32 度是冰水混合物的温度；③96 度是人体的温度. 1724 年他测量水的沸点为 212 度，同时还证明了沸点会随大气压力变化，现代人把标准气压下水的冰点和沸点之间刻上 180 个刻度，这就是华氏温标.

1742 年，瑞典天文学家摄尔修斯(A. Celsius)把水的沸点定为 0 度、水的冰点定为 100 度，8 年后，其同事施特默尔(Stromer)把这两个温度值倒过来即成为后来所用的摄氏温标.

*2.5.2　热力学温标简介

上述经验温标都离不开测温质(对于理想气体温标，其测温质是理想气体). 开尔文在热力学第二定律的基础上建立了热力学温标，它完全不依赖于任何测温物质及其物理属性，是一种理想化的理论温标. 它定义严谨，被规定为基本温标. 热力学温标又有开尔文温标与摄氏温标之分，热力学开尔文温标被定义为基本温标，它的单位是“K”(开)，1K等于水三相点的热力学温标的$\frac{1}{273.16}$. 2018年11月16日，国际计量大会通过决议，1开尔文被定义为“对应玻尔兹曼常量为$1.380649\times10^{-23}\text{J}\cdot\text{K}^{-1}$的热力学温度”. 新标准于2019年5月20日起正式生效. 新标准不依赖于任何物质，但是新旧标准的数值是相同的. 热力学摄氏温标t由开尔文温标T导出，见式(2.5.9).

在理想气体温标能够确定的温度范围内，热力学温标与理想气体温标所确定的温度是相等的，从而使热力学温标通过理想气体温标有了现实意义.

*2.5.3 国际实用温标

各个国家从实用角度制定了本国的测温标准，相互之间有偏差. 为了统一标准，在1927年第七届国际计量大会上，通过了第一个国际温标(international temperature scale，简写为ITS). 此后又多次进行了修改，先后有1948年国际实用温标，即ITS-48；ITS-48的1960年修订版，即IPTS-48(60)；1968年国际实用温标及1975年修订版，即IPTS-68和IPTS-68(75)；1990年国际温标，即ITS-90. 我国于1991年7月1日开始施行ITS-90.

国际温标的基本内容分为三部分：①确定固定点；②规定在不同待测温度段使用的内插测温仪器；③给出为确定不同固定点之间的温度的内插公式.

【例2.8】一密闭容器中，盛有温度均匀的热水，在室温始终保持为20℃的环境中慢慢冷却. 测出不同时刻t时热水与室温的温度差ΔT，结果如下表所示：

t/min	0	30	60	90	120	150
ΔT/℃	64	32	16	8	4	2

试根据以上数据，找出温度差随时间变化的规律的公式，求出t=45min时水的温度.(第2届全国中学生物理竞赛预赛第18题.)

【分析】物理学是实验科学，通过实验数据总结规律，是物理学的重要研究方法. 本题通过测得的数据，分析规律，得出结论.

【解】由表格，t=0时温度差$\Delta T_0=64$℃，$\Delta t=30\text{min}$，每隔Δt时间，温度差ΔT减半. 根据测量数据，可得到t时刻时的温度差ΔT满足下式：

$$\frac{\Delta T}{\Delta T_0}=\left(\frac{1}{2}\right)^{t/\Delta t}$$

可求得t=45min时的温度差为

$$\Delta T=64\times\left(\frac{1}{2}\right)^{45/30}=22.6(℃)$$

室温始终保持为20℃，所以这时热水温度为42.6℃.

2.6　理想气体的实验定律

对于系统中一定量的气体，人们通过大量的实验总结出了压强、温度、体积等参量之间的关系.

2.6.1　玻意耳定律

1662 年玻意耳(R. Boyle)通过实验发现，对于一定质量的气体，在温度不变时，其压强 p 和体积 V 的乘积是一常数

$$pV = C_1 \tag{2.6.1}$$

常数 C_1 在不同温度下有不同的数值，称为玻意耳定律. 1679 年马里奥特(E. Mariotte)也独立地发现了这一规律.

2.6.2　盖吕萨克定律

当一定质量气体的压强保持不变时，其体积 V 随温度 T 作线性变化

$$V / T = C_2 \tag{2.6.2}$$

C_2 为常数. 此式称为盖吕萨克(Gay-Lussac)定律.

2.6.3　查理定律

当一定质量气体的体积保持不变时，其压强 p 随温度 T 作线性变化

$$p / T = C_3 \tag{2.6.3}$$

C_3 为常数. 此式称为查理(Charles)定律.

实验还发现，气体压强越小，以上三个定律符合得越好. 严格来说，对于理想气体，满足上述三个定律.

【例 2.9】常规大气压应该是 760mmHg 左右，但是某水银气压计的读数却为 740mm，因此怀疑有空气混入水银柱的上部空间，此空间长度为 6cm. 现将气压计开口端再向水银槽中插入一端距离，读数变为 730mm，水银柱上部空间变为 4cm，试问准确的大气压强为多少？

【分析】本题考查玻意耳定律. 以上部空间的气体(空气泡)为研究系统，写出两种状态(温度计插入水银槽前后)下的状态参量，进而列出方程，进行求解即可得到结果.

【背景知识】常用气压计有水银气压计及无液气压计. 水银气压计是基于托里拆利实验的原理. 不同的气压，对应着不同的水银柱高度，由 $p=\rho hg$ 计算出大气的压强. 托里拆利实验时，若上部不是真空，而是有少许空气，水银柱高度将变短，测量的气压偏小.

无液气压计最常见的是金属盒气压计，用弹性钢片向外拉着金属盒，以防盒盖被大气压所压扁. 大气压增加或减少，金属盒盖就会凹进或凸起一些. 通过传动机构将盒盖的变化传给指针，使指针偏转，根据指针偏转

程度就可以计算出大气压.

由于高度和气压满足一定的关系，将刻度值换算成高度，就是高度计.

【解】以上部空间的气体(空气泡)为研究系统，该系统的初始参量为(p_t，$V=6\times S$)．p_t 为空气泡的初始压强，S 为水银柱的截面积. 设大气压为 p_a，则气压计的初始读数 p_r(水银柱的高度 740mm)满足

$$p_a = p_t + p_r \tag{①}$$

上式气压以 mmHg 为单位. 当气压计插入水银槽一段距离后，系统的参量为(p_t'，$V'=4\times S$)，p_t' 为此时上方空气的压强. 设气压计读数为 p_r'(730mmHg)，则有

$$p_a = p_t' + p_r' \tag{②}$$

由玻意耳定律 $p_tV = p_t'V'$，得到

$$p_t = \frac{2}{3}p_t' \tag{③}$$

由式① ~ ③，解得

$$p_a=760\text{mmHg}$$

计算中，等式两边的物理量，因为单位一致可以消掉，所以不用换算成国际单位.

【例 2.10】一个内直径为 4.0cm 的气缸内装有气体，上面有一个可以自由无摩擦活动的活塞，活塞的质量 m=13.0kg. 将整个系统浸入一个温度可调节的水槽中，系统初始温度为 20℃，气体高度为 4.0cm. (1) 当水槽温度升高到 100℃时，计算此时活塞的高度. (2) 若在升温过程中，在活塞上放一重物，使得活塞保持不动，试求活塞上重物的质量.

【分析】本题考查盖吕萨克定律和查理定律. 选择气缸内的气体为研究系统，写出两种状态(浸入水槽前后)的压强、体积和温度参量，第(1)问是等压过程，利用盖吕萨克定律求解；第(2)问是等容过程，利用查理定律求解.

【解】(1) 初态：$p_1=p_0+mg/S$, $V_1=4.0\times S$, $T_1=(20+273.15)$ K，S 为截面积.

末态：$p_2=p_0+mg/S$, $V_2=h\times S$, $T_2=(100+273.15)$ K，S 为截面积.

这是一个等压过程，利用盖吕萨克定律，$\dfrac{V_1}{T_1}=\dfrac{V_2}{T_2}$，可得

$$h=5.09\text{cm}$$

(2) 初态：$p_1=p_0+mg/S$, $V_1=4.0\times S$, $T_1=(20+273.15)$ K.

末态：$p_3=p_0+(m+M)g/S$, $V_3=V_1$, $T_3=(100+273.15)$ K.

其中 M 为外加重物的质量. 这是一个等容过程，利用查理定律，$\dfrac{p_1}{T_1}=\dfrac{p_3}{T_3}$，可得

$$M=7.02\text{kg}$$

一般来说，系统与外界之间是有一定联系的．如例 2.9 中，用一段水银封住了一定长度的气体．那么这段气体就是系统，外面的大气就是它的环境．系统与环境之间的联系是：外界大气压加上水银柱的压强等于系统的压强．例 2.10 中，系统为容器中被活塞封住的气体，其压强等于大气压加上活塞的压强．

【例 2.11】有一内径均匀、两支管等长且大于 78cm 的、一端开口的 U 形管 ACDB．用水银将一定质量的理想气体封闭在 A 端后，将管竖直倒立．平衡时两支管中液面高度差为 2cm，此时闭端气柱的长度 L_0=38cm，如图 2.6.1 所示．已知大气压强相当于 h_0=76cm 水银柱高．若保持温度不变，不考虑水银与管壁的摩擦，当轻轻晃动一下 U 形管，使左端液面上升Δh（Δh 小于 2cm）时，将出现什么现象？试加以讨论并说明理由．（第 8 届全国中学生物理竞赛预赛第八题．）

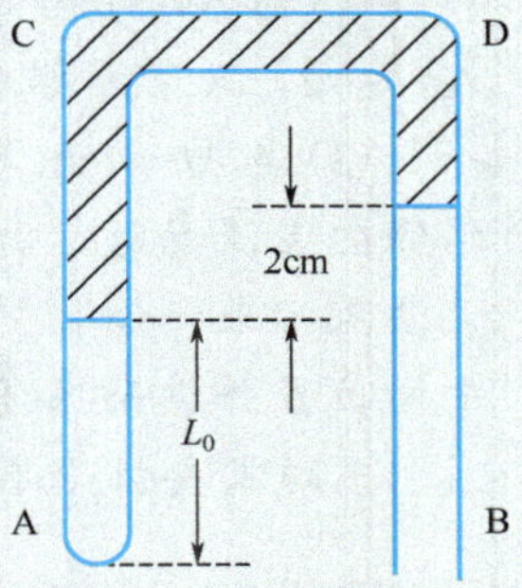

图 2.6.1　例 2.11 图

【分析】液体内，同一高度的压强是相同的．当水银液面上升或下降时，压强会变化，失去了平衡．通过计算压强差，可以知道哪边压强大．本题并没有给出上升高度的具体值，所以要进行分析．

【解】平衡时，A 管中空气的状态参量为(p_A，L_0S)，S 为截面，压强为

$$p_A = h_0 + 2 = 78\text{cmHg} \quad (\text{以 cmHg 为单位}) \qquad ①$$

当左端液面上升Δh（Δh 小于 2cm）时，U 形管两臂的高度差为$(2-2\Delta h)$，h=2cm 为平衡时两管水银柱之差．如图 2.6.2 所示．此时，状态参量为$(p'_A$，$(L_0+\Delta h)S)$．

A 管中空气满足玻意耳定律

$$p_A L_0 = p'_A (L_0 + \Delta h) \qquad ②$$

得到

$$p'_A = \frac{p_A L_0}{L_0 + \Delta h} \qquad ③$$

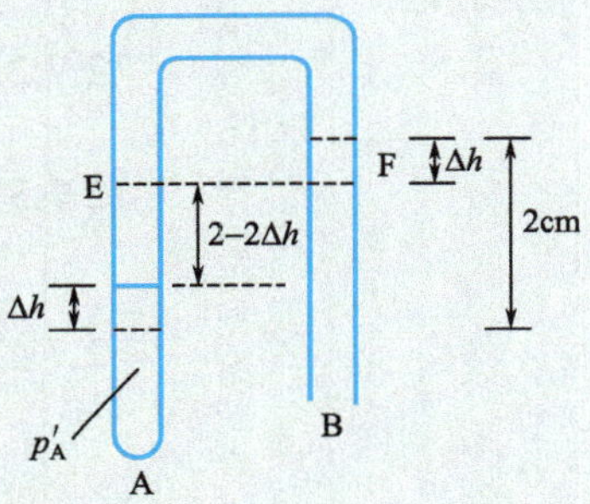

图 2.6.2　例 2.11 解图

在 U 形管的 CD 部分的中间，取一个截面，该截面水银柱受到左右两侧的压强差为

$$\Delta p = p_E - p_F = [p'_A - (2-2\Delta h)] - h_0 \qquad ④$$

由式①、③、④得

$$\Delta p = \frac{\Delta h(2\Delta h - 2)}{38 + \Delta h} \qquad ⑤$$

当 $\Delta h = 0$ 时，$\Delta p = 0$，即最初的平衡状态．

$\Delta h = 1\text{cm}$，$\Delta p = 0$，即新的平衡状态.

$\Delta p > 0$ 时，水银柱合力向右，A 管液面上升.

$\Delta p < 0$ 时，水银柱合力向左，A 管液面下降.

讨论：(1) 当 $0 < \Delta h < 1\text{cm}$ 时，$\Delta p < 0$，A 管液面下降，回到原先的平衡态. 但由于惯性，到达平衡态时，液面继续向下，下降到某一位置时，速度为 0，液面将再向上运动，结果水银柱在平衡位置附近振荡.

(2) 当 $\Delta h > 1\text{cm}$ 时，$\Delta p > 0$，A 管液面上升，不能回到平衡态. Δh 越大，Δp 越大，A 管水银将不断流向 B 管，最终流出 U 形管.

(3) 当 $\Delta h = 1\text{cm}$ 时，$\Delta p = 0$，达到新的平衡. 但这不是稳定平衡，因为水银向上流动时，由于惯性，稍微多流了一点，则立即成为 (2) 的状况，而无法流回来；如果少流了一点，则立即成为 (1) 的状况，会继续流向原先的平衡位置并进而振荡，无法流回来.

本题需要讨论不同情况，这有助于培养我们全面、严谨的思维能力.

2.7 理想气体的状态方程

平衡态下的一个均匀热力学系统，其状态参量与温度之间的函数关系称为该系统的状态方程. 对于化学成分单一的气体和简单的液体、固体系统，状态参量只需要用压强 p 和体积 V 两个参量就可以了，其方程可表示为

$$T = f(p, V) \tag{2.7.1}$$

对于非均匀系统，可以把它分成若干均匀的部分，每一局部均匀的部分都可以有自己的状态方程. 2.6 节讲述的三个实验规律，其实就是在某些物理参量不变时的状态方程.

2.7.1 理想气体状态方程的数学表达式

对于一定量的理想气体，在某个状态下的压强、体积和温度分别为 p、V、T，在标准状态下压强、体积和温度分别为 p_0、V_0、T_0.

根据玻意耳定律、盖吕萨克定律、查理定律，分别有

$$pV = p_0V_0 \tag{2.7.2}$$

$$\frac{V}{T} = \frac{V_0}{T_0} \tag{2.7.3}$$

$$\frac{p}{T} = \frac{p_0}{T_0} \tag{2.7.4}$$

以上三式相乘

$$\frac{pV}{T} = \frac{p_0V_0}{T_0} \tag{2.7.5}$$

根据阿伏伽德罗定律，由标准状态下 1mol 理想气体的压强（p_0=1atm）、温度（T_0=273.15K）和体积值（$V_0=V_m$=22.4L），可以计算得到，1mol 气体在标准状态下

$$\frac{p_0V_0}{T_0}=8.31\text{J}\cdot\text{mol}^{-1}\cdot\text{K}^{-1} \tag{2.7.6}$$

将这个数值记为

$$R=8.31\text{J}\cdot\text{mol}^{-1}\cdot\text{K}^{-1} \tag{2.7.7}$$

对于 ν mol 标准状态下的气体，其体积为 $V_0=\nu V_m$，所以 $\frac{p_0V_0}{T_0}=\nu R$．代入式(2.7.5)

$$\frac{pV}{T}=\nu R \tag{2.7.8}$$

或写成

$$pV=\nu RT \tag{2.7.9}$$

这就是 ν mol 理想气体在某个状态（p，V，T）下的方程，称为理想气体状态方程（ideal gas equation of state）．式中，p 为气体压强，单位为帕斯卡（Pa）；V 为气体体积，单位为立方米（m^3）；ν 为物质的量（摩尔数），单位为摩尔（mol）；T 为热力学温度，单位为开尔文（K）；R=8.31 $\text{J}\cdot\text{mol}^{-1}\cdot\text{K}^{-1}$，为普适气体常量．

2.7.2　普适气体常量与玻尔兹曼常量

式（2.7.7）给出：标准状态下 1mol 理想气体满足，$R=\frac{p_0V_0}{T_0}=8.31\text{J}\cdot\text{mol}^{-1}\cdot\text{K}^{-1}$，若压强和体积分别以 atm 和 L（升）为单位，则得 R=0.082atm · L · $\text{mol}^{-1}\cdot\text{K}^{-1}$．我们将常数 R 称为普适气体常量（universal gas constant）．令

$$k\equiv\frac{R}{N_A}=\frac{8.31}{6.02\times10^{23}}=1.38066\times10^{-23}(\text{J}\cdot\text{K}^{-1}) \tag{2.7.10}$$

则 k 称为玻尔兹曼常量（Boltzmann constant）．

2.7.3　理想气体状态方程的其他形式以及各参量之间的关系

设系统中理想气体的总质量为 M，其与摩尔质量 μ 和物质的量 ν 的关系为

$$M=\mu\nu \tag{2.7.11}$$

M 的单位为千克（kg）；μ 的单位为千克 • 摩尔$^{-1}$（kg · mol^{-1}）．根据式（2.7.11），式（2.7.9）可以写成

$$pV=\frac{M}{\mu}RT \tag{2.7.12}$$

因为气体的密度

$$\rho = \frac{M}{V} \tag{2.7.13}$$

由上两式可得

$$\rho = \frac{p\mu}{RT} \tag{2.7.14}$$

或

$$\frac{p}{\rho T} = \frac{R}{\mu} \tag{2.7.15}$$

由上式可见，在其他参数不变时，气体的密度和温度成反比. 在一个房间内，暖气片装在房屋下方，这是因为热空气的密度轻，会向上流动，通过对流(具体概念将在第 8 章介绍)，使得房屋暖和；而制冷空调一般装在房屋的上方，是因为冷空气密度大，会向下流动.

设气体系统的分子总数为 N，每个分子的质量为 m，则显然有

$$M = mN \tag{2.7.16}$$

那么，气体的密度也可以写成

$$\rho = \frac{M}{V} = \frac{Nm}{V} = nm \tag{2.7.17}$$

物质的量 ν 还满足

$$\nu = \frac{N}{N_A} \tag{2.7.18}$$

于是，理想气体状态方程(2.7.9)可以改写成

$$pV = \frac{N}{N_A}RT \tag{2.7.19}$$

利用式(2.7.10)，则上式写为

$$pV = NkT \tag{2.7.20}$$

又 $n=N/V$ 为分子数密度，所以由上式又可得到

$$p = nkT \tag{2.7.21}$$

该式和第 1 章中通过压强和温度的微观解释而得到的式(1.8.8)完全相同. 由此可见宏观参量和微观运动之间的联系.

图 2.7.1　马灯

在电灯广泛使用之前，人们一直使用马灯照明(图 2.7.1)，其用煤油点燃灯芯，然后用一个玻璃罩罩住. 这个玻璃罩有什么用呢？一方面挡住来自各方向的风以防熄灭，另一方面使得冷热空气有序流动带入氧气助燃. 灯芯燃烧时将周围的空气加热，温度升高，根据式(2.7.14)，周围空气密度减小，因

而将沿着灯罩上升，而外面的冷空气密度较大，将沿着灯罩下降，带来了更多的氧气，使得灯芯燃烧更加充分，火苗更旺. 玻璃罩越高，热空气柱和冷空气柱的重量差就会越大，新鲜空气就会更快地下沉. 工厂的烟囱之所以做得很高，也是因为这个原理. 当然，烟囱中的物理知识有很多，国际物理奥赛第 41 届第 2 题就专门针对“烟囱中的物理”出了一道题.

IPhO 第 2 题

2.7.4　理想气体状态方程的应用

当理想气体系统处于某种平衡状态(其主要状态参量分别为压强 p_1、体积 V_1、温度 T_1、物质的量 ν_1)时，其满足状态方程

$$p_1V_1 = \nu_1 RT_1$$

经过某种热力学过程达到另外一种平衡状态(其主要状态参量分别为压强 p_2、体积 V_2、温度 T_2、物质的量 ν_2)时，满足状态方程

$$p_2V_2 = \nu_2 RT_2$$

由上述两式，可得到

$$\frac{p_1V_1}{\nu_1T_1} = \frac{p_2V_2}{\nu_2T_2} \tag{2.7.22}$$

进一步地，若系统是密闭的，从一个状态到另一个状态，气体的物质的量不变，则有

$$\frac{p_1V_1}{T_1} = \frac{p_2V_2}{T_2} \tag{2.7.23}$$

对于一定量的气体，若两个状态的温度相同，则有

$$p_1V_1 = p_2V_2 \tag{2.7.24}$$

这就是玻意耳定律. 若两个状态的压强或体积相同，则分别有

$$\frac{V_1}{T_1} = \frac{V_2}{T_2} \tag{2.7.25}$$

$$\frac{p_1}{T_1} = \frac{p_2}{T_2} \tag{2.7.26}$$

即盖吕萨克定律和查理定律.

利用理想气体状态方程，可以求解很多气体问题.

【例 2.12】 估算在室温下，真空度达到 1.3×10^{-6}Pa 时，容器内空气分子间的平均距离(取 1 位有效数字即可). 已知 $R = 8.31\text{J}\cdot\text{mol}^{-1}\cdot\text{K}^{-1}$，$N_\text{A} = 6.0\times10^{23}\text{mol}^{-1}$. (第 2 届全国中学生物理竞赛预赛填空第 12 题.)

【解】 估算线度时，相邻分子之间的距离为 d，可以认为每个分子占据边长为 d 的立方体空间，N 个分子占据的体积为 V，即

$$V = Nd^3$$

由 $pV = \dfrac{N}{N_\text{A}}RT$，可知 $\dfrac{V}{N} = \dfrac{RT}{pN_\text{A}}$，室温下，$T = 300\text{K}$，$p = 1\text{atm}$，计算得到

$$d = \sqrt[3]{\frac{V}{N}} \approx 1\times10^{-5}\text{m}$$

【例 2.13】 潜水员为测量一湖的深度，测得湖面上温度 t=27℃，压强 $p=1.0\times10^5$Pa，并将一盛有空气的一端开口的短试管从湖面带下潜入湖底，整个过程管口始终向下，潜至湖底后水充满试管的一半，温度变为 t=7℃，则湖深约（　　）(源自高校自招强基或科学营试题.)

(A) 6m　　(B) 9m　　(C) 12m　　(D) 15m

【分析】以试管内的气体为研究系统，列出初态和末态时的状态参量，利用状态方程即可求解.

【解】在岸上时的状态为($p=1.0\times10^5$Pa，V，T=300K)，进入湖底的状态为(p'，$V/2$，T'=280K). 由状态方程 $\frac{pV}{T}=\frac{p'\frac{V}{2}}{T'}$，得到 $p'=1.87\times10^5$Pa，而 $p'=p+\rho gh$，得到 h=8.7m，选(B).

【例 2.14】1783 年 6 月 4 日，蒙哥尔费兄弟在里昂安诺内广场做了一场公开表演，它们让一个圆周为 110 英尺(1 英尺=3.048×10^{-1} 米)的模拟气球升起，持续飞行了 1.5 英里(1 英里=1.609 千米). 同年 9 月 19 日，在巴黎凡尔赛宫前，蒙哥尔费兄弟为国王、王后、宫廷大臣及 13 万巴黎市民进行了热气球的升空表演. 同年 11 月 21 日下午，蒙哥尔费兄弟又在巴黎穆埃特堡进行了世界上第一次载人空中航行，飞行了 25 分钟，在飞越半个巴黎之后降落在意大利广场附近. 这比莱特兄弟的飞机飞行整整早了 120 年. 现有一个球形热气球，总质量(包括隔热很好的球皮以及吊篮等装置)为 300kg. 已知球内外气体成分相同，球内气体压强稍高于大气压，大气温度为 27℃，压强为 1atm，标准状态下空气的密度为 $1.3\text{kg}\cdot\text{m}^{-3}$. 经加热后，气球膨胀到最大体积，其直径为 18m，试问热气球刚能上升时，球内空气的温度应为多少？

【分析】本题考查理想气体状态方程. 先分析有几个状态，然后列出方程.

热气球在加热后，球内的空气受热膨胀，体积变大，但球内气体的质量不变，根据公式 $\rho=M/V$，可知此时球内空气的密度变小. 热气球上升的原因是球内空气受热膨胀，体积变大，根据阿基米德原理，即 $F_{浮}=G_{排}=m_{排}g=\rho_{气}V_{排}g$，气球内温度上升后体积变大，即排开气体的体积变大，而气球外界空气密度不变，所以气球此时所受的浮力变大，当气球受到的浮力大于气球及内部重物的重力时，热气球就能上升.

【解】选择热气球内的空气为研究系统. 由题目可知，有三个状态：标准状态(状态 0)、气球在地面上的状态(状态 1)、气球刚离地上升时的状态(状态 2).

状态 0：在标准状态下的参量为 $p_0=1\text{atm}$、$T_0=273.15\text{K}$、$\rho_0=1.3\text{kg}\cdot\text{m}^{-3}$.

状态 1：气球在地面时(27℃即 300K 时)，状态参量为 $p_1=1\text{atm}$、$T_1=300.15\text{K}$、ρ_1，ρ_1是 T_1=300K 时的密度.

状态 2：气球被加热到最大直径，刚刚上升时的状态参量为 $p_2\approx1\text{atm}$、T_2、ρ_2，ρ_2是 T_2(未知)时的密度.

状态 0：$p_0\mu=\rho_0RT_0$；状态 1：$p_1\mu=\rho_1RT_1$；状态 2：$p_2\mu=\rho_2RT_2$，$p_1=p_2$. 所以，$\rho_0T_0=\rho_1T_1=\rho_2T_2$，即

$$\rho_1=\frac{T_0}{T_1}\rho_0=1.16\text{kg}\cdot\text{m}^{-3} \quad ①$$

$$\rho_2=\frac{T_0}{T_2}\rho_0 \quad ②$$

$$F_{浮}=\rho_1V_{排}g\text{，}\qquad V_{排}=\frac{4}{3}\pi r^3$$

当 $F_{浮}\geqslant M_2g+300g$ 时，气球升空. 式中，球皮、吊篮等装载的质量为 300kg，M_2 为气球内热空气的质量，即

$$\frac{4}{3}\pi r^3\rho_1\geqslant\frac{4}{3}\pi r^3\rho_2+300 \quad ③$$

由式①～③并代入数据，得到 $T_2=327\text{K}$.

【讨论】从题目中可以看出，利用气体状态方程，需要先选定气体系统，然后分析有几个状态，列出状态参数，写出状态方程，进行求解. 对于后面例题中的多个系统，系统之间还有关联.

【例 2.15】有一个装有空气的开口玻璃瓶，初始温度为 0℃，加热使得温度上升到 100℃，因为瓶口开着，失去了 ΔM =10g 的空气. 问瓶中原有空气多少克？

【分析】本题考查理想气体状态方程. 选取玻璃瓶所占据的空间中的气体（初末态体积不变）为研究系统，写出加热前后的状态参量，再列出状态方程，进行计算.

【解】选取玻璃瓶几何空间中的气体（体积 V_0 不变）为研究系统，初态时的参量为（p_1=p_0，V_0，T_1=273.15K，M）. 加热到 400K 后末态时的参量为（p_2=p_0，V_0，T_2=373.15K，$M-\Delta M$）. M 为原先的空气质量，ΔM =10^{-2}kg 为失去的空气质量，p_0 为大气压，V_0 为玻璃瓶的体积.

初态时的状态方程为

$$p_1V_0=\frac{M}{\mu}RT_1 \quad ①$$

末态时的状态方程为

$$p_2V_0=\frac{M-\Delta M}{\mu}RT_2 \quad ②$$

式中，μ为空气的摩尔质量. 由式①和②得到

$$MT_1=(M-\Delta M)T_2 \quad ③$$

计算得到 M=37.3g.

【另解】假设以开始时玻璃瓶内的气体（初末态质量为 M 不变）为研究系统，初态时的参量为（p_1=p_0，V_0，T_1=273.15K，M），M 为原先的空气质

量，p_0为大气压，V_0为玻璃瓶的体积；加热到400K后，部分气体(质量为$\Delta M=10^{-2}$kg)逸出，逸出气体的体积为ΔV，则末态时的(瓶内及逸出的气体)参量为($p_2=p_0$，$V=V_0+\Delta V$，T_2=373.15K，M).

初态时的状态方程为

$$p_1V_0=\frac{M}{\mu}RT_1 \tag{4}$$

末态时的状态方程为

$$p_2(V_0+\Delta V)=\frac{M}{\mu}RT_2 \tag{5}$$

式④除以式⑤得到

$$\frac{V_0}{V_0+\Delta V}=\frac{T_1}{T_2} \tag{6}$$

末态时，玻璃瓶内气体质量为

$$M-\Delta M=\rho_2V_0$$

总的气体(玻璃瓶内气体加上逸出气体)质量为$M=\rho_2(V_0+\Delta V)$，ρ_2为末态时的密度.

由上两式相除有

$$\frac{V_0}{V_0+\Delta V}=\frac{M-\Delta M}{M} \tag{7}$$

由式⑥和式⑦得

$$MT_1=(M-\Delta M)T_2$$

计算得到M=37.3g.

【讨论】从本题的两个解法可见，选择的气体系统不同，则列出的公式有区别，但是最终结果是一样的.

【例2.16】用容积为$A=4\times10^{-4}\text{m}^3$的打气筒给自行车的空轮胎打气，轮胎的容积为$V=2\times10^{-3}\text{m}^3$，骑车时加在这个轮胎上的质量为$m$=35kg，外界压强为$p_0=1\times10^5\text{Pa}$．试问：(1)温度不变时，要保证骑行时轮胎与地面的接触面积$S=5.7\times10^{-3}\text{m}^2$，应该打多少次气？(2)骑行时，轮胎内气体的温度由T_1=290K升高到T_2=310K，假设轮胎的容积不变，轮胎与路面的接触面积为多少？

【分析】骑行时，轮胎内部气体的压强p_1等于地面加在轮胎上的压强与外部空气的压强之和．而p_1则可以通过状态方程求出.

【解】(1)骑行时，加在轮胎上的重力引起的压强与外部空气的压强等于内部气体的压强p.

$$\frac{mg}{S}+p_0=p \quad ①$$

每打一次气，体积为 A、气压为 p_0(大气压)的气体就被输入到轮胎中，打了 n 次气，则有体积为 nA、气压为 p_0 的气体被输入到轮胎中．这部分气体的初态为 $(nA,\ p_0)$，末态为进入轮胎中的气体 $(V,\ p)$．所以

$$p_0 nA=pV \quad ②$$

计算得到 $n=8$.

(2)温度上升前后的状态为 $(p,\ T_1)$ 和 $(p_2,\ T_2)$，则

$$\frac{p}{T_1}=\frac{p_2}{T_2} \quad ③$$

$$\frac{mg}{S'}+p_0=p_2 \quad ④$$

由式②～④计算得到

$$S'=\frac{mg}{p_0\left(\dfrac{nAT_1}{VT_2}-1\right)}=7.0\times10^{-3}\text{m}^2$$

【例 2.17】如图 2.7.2 所示，左边试管由一段长 24.0cm 的水银柱封住一段高为 60.0cm、温度为 300.0K 的理想气体柱，上水银面与管侧面小孔(很小，可忽略其大小)相距 16.0cm，小孔右边用一软管连接一空的试管．一控温系统可持续升高或降低被封住的气体柱的温度，当气体温度升高到一定值时水银会从左边试管通过小孔流出到右边试管中．左边试管竖直放置，右边试管可上下移动，上移时可使右边试管中的水银回流到左边试管内，从而控制左边试管中水银柱的长度．大气压强为 76.0cmHg．(1)在左边试管中水银上表面与小孔平齐的条件下(水银还没有流出时)，求被封住的气体平衡态的温度 T 与水银柱长度 x 的关系式，以及该气体平衡态可能的最高温度；(2)已知被封住的气体处在温度为 384. 0K 的平衡状态，求左边试管中水银柱可能的长度．数值计算保留至一位小数．(第 35 届全国中学生物理竞赛预赛第 15 题.)

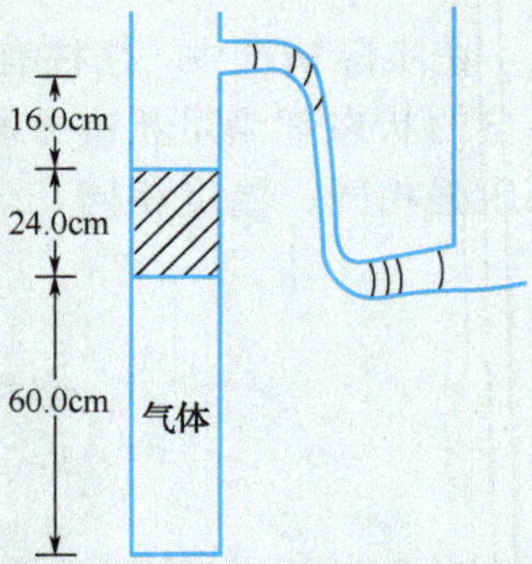

图 2.7.2　例 2.17 图

【分析】被封住的气体系统，有两个状态，分别列出状态参量，写出状态方程，求解即可．本题字数较多，需要有阅读理解能力．

【解】(1)以左边试管被封住的气体为研究对象．水银上表面与小孔平齐时的初态参量为 (p_1,V_1,T_1)

$$p_1=p_0+24=100\text{cmHg},\quad V_1=60.0S,\quad T_1=300.0\text{K} \quad ①$$

式中，S 为试管截面积．温度上升到 T，有水银从小孔溢出，还剩下水银长度为 x，此时的状态参量为 (p_2,V_2,T)

$$p_2 = p_0 + x = 76 + x \quad ②$$

$$V_2 = (60+24+16-x)S \quad ③$$

由状态方程

$$\frac{p_1V_1}{T_1} = \frac{p_2V_2}{T} \quad ④$$

$$\frac{100\times 60S}{300} = \frac{(76+x)\times(100-x)S}{T}$$

即

$$T = \frac{(76+x)\times(100-x)}{20} \quad ⑤$$

这就是 T 与 x 的关系式．这是一个开口向下的抛物线．由此式可得到，当 $x=12\text{cm}$ 时，具有最高的温度 $T_{max}=387.2\text{K}$．

(2) 由式⑤，当 T=384.0K 时，可得到 x=20.0cm，x=4.0cm．有两个可能的长度．

2.7.5 多系统时的状态方程

在实际情况中，往往有不止一个理想气体系统．在平衡状态下，每个系统各自的状态都满足状态方程，而且，系统之间的状态参量满足一定的关系，如压强相同、温度相同、体积之和不变等．

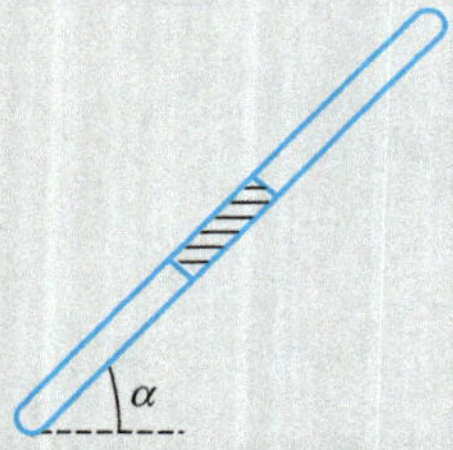

图 2.7.3 例 2.18 图

【例 2.18】如图 2.7.3 所示，两端封闭的均匀玻璃管内，有一段水银柱将管内气体分为两部分．玻璃管与水平面成 α 角不变，将玻璃管整体浸入较热的水中，重新达到平衡．试论证水银柱的位置是否变化．如果变化，如何变？（第 12 届全国中学生物理竞赛预赛第三题．）

【分析】有两个系统，设原来平衡温度为 T，后来平衡温度为 T'．假定水银柱不移动，即两个系统的体积均不变．

【解】初态时，上、下面气体的压强分别为 p_1、p_2．$p_1+\Delta p=p_2$，Δp 为水银柱的压强．

末态时，上、下面气体的压强分别为 p_1'、p_2'．

$$\frac{T'}{T}=\frac{p_1'}{p_1},\quad \frac{T'}{T}=\frac{p_2'}{p_2}$$

$$\frac{p_1'}{p_1}=\frac{p_2'}{p_2}=\frac{p_2'-p_1'}{p_2-p_1}=\frac{p_2'-p_1'}{\Delta p}$$

由题意，$\frac{T'}{T}>1$，所以，$p_2'-p_1'>\Delta p$.

由此可知，假如水银柱位置不变，则温度升高后，下、上气体压强之差必然大于水银柱产生的压强，故此水银柱不可能保持位置不变，它必然向上移动.

【例 2.19】一个密闭的圆柱形气缸竖直放在水平桌面上，缸内有一与底面平行的可上下滑动的活塞，上方盛有 1.5mol 氢气，下方盛有 1mol 氧气，如图 2.7.4 所示，它们的温度始终相同. 已知在温度为 320K 时，氢气的体积是氧气的 4 倍. 试问温度多少时，氢气的体积是氧气的 3 倍？（第 13 届全国中学生物理竞赛预赛第四题.）

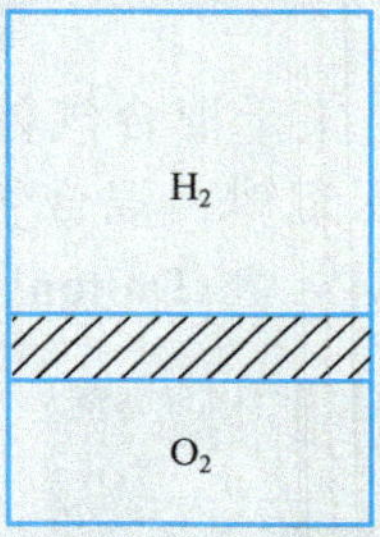

图 2.7.4　例 2.19 图

【分析】本题有两个系统：上面的 H_2 气体系统和下面的 O_2 气体系统. 初态时，氢气系统参量为 $(p_1,\ V_1,\ T,\ \nu_1)$，氧气系统参量为 $(p_2,\ V_2,\ T,\ \nu_2)$. 末态时，氢气系统参量为 $(p_1',\ V_1',\ T',\ \nu_1)$，氧气系统参量为 $(p_2',\ V_2',\ T',\ \nu_2)$. 对于多系统的题目，要注意系统间参量的关联. 本题中，无论初态还是末态，两个系统的体积之和是不变的；氢气的压强加上活塞的压强等于氧气的压强. 对初态、末态可以分别列出状态方程.

【解】初态温度 T=320K 时，氢气的体积是氧气的 4 倍，即

$$V_1=4V_2 \quad ①$$

氢气的压强 p_1、活塞的压强 p_0 与氧气的压强 p_2 满足

$$p_1+p_0=p_2 \quad ②$$

状态方程

$$p_1V_1=\nu_1RT \quad ③$$

$$p_2V_2=\nu_2RT \quad ④$$

末态温度为 T'时，氢气的体积为氧气的体积 V_2'的 3 倍，即

$$V_1'=3V_2' \quad ⑤$$

氢气的压强 p_1'、活塞的压强 p_0 与氧气压强 p_1' 满足

$$p_1'+p_0=p_2' \quad ⑥$$

状态方程

$$p_1'V_1'=\nu_1RT' \quad ⑦$$

$$p_2'V_2'=\nu_2RT' \quad ⑧$$

总体积不变

$$V_1+V_2=V_1'+V_2' \quad ⑨$$

根据题给数据和以上各式，可解得 $T'=500$K.

2.8 混合理想气体的状态方程

实际问题(如化工、热工、气象)中的气体往往是包含几种不同化学成分的混合气体，空气就是以氮、氧、氩为主要成分的混合气体.

2.8.1 道尔顿分压定律

关于混合气体的一条重要实验定律是道尔顿在 1801 年总结出的气体分压定律：混合气体的总压强等于各组分气体的分压强之和，称为道尔顿分压定律(Dalton's law of partial pressure).

道尔顿(J. Dalton，1766～1844 年)，英国化学家、物理学家，法国科学院通讯院士、英国皇家学会会员，原子论的提出者. 道尔顿患有色盲症，为此激发了研究该课题的兴趣，并发表了第一篇有关色盲的论文. 为了纪念他，又把色盲症叫作道尔顿症. 他自 1787 年开始连续观测气象，几十年如一日，从未间断，直到临终前几小时为止，共记下约 20 万字的气象日记. 1801 年提出了气体分压定律，即混合气体的总压强等于各组分气体的分压强之和. 他还测定了水的密度与温度的变化关系以及气体的热膨胀系数.

设由若干种气体混合后的气体系统体积为 V，压强为 p，温度为 T，共有 N 个气体分子，其中每种气体分子数为 $N_1, N_2, N_3, \cdots, N=N_1+N_2+N_3+\cdots$. 如果温度还是 T，只有第 i 种气体的 N_i 个分子占据了整个体积 V，它的压强 p_i 就是分压强. 所谓某一组分气体的分压强是指这种组分气体单独处在与混合气体相同的体积及温度下的压强，设以 $p_1, p_2,\cdots, p_i,\cdots, p_n$ 分别表示各组分的分压强，p 表示混合气体总压强. 由状态方程

$$p=\frac{NkT}{V}=\frac{(N_1+N_2+N_3+\cdots)kT}{V}=\frac{N_1kT}{V}+\frac{N_2kT}{V}+\frac{N_3kT}{V}+\cdots=p_1+p_2+p_3+\cdots$$

则

$$p=\sum_{i=1}^{n}p_i \tag{2.8.1}$$

这就是道尔顿分压定律的数学表达式. 道尔顿分压定律只在混合气体的压强较低时才能比较准确地成立，也就是说，理想气体满足道尔顿分压定律.

2.8.2 体积百分比

混合气体中各组分是均匀混合的，每种组分都占有整个容器的容积，这时混合气体的压强、体积、温度分别是 p、V、T. 我们假设混合气体中各种气体都集中在一起，其压强、温度不变，则第 i 种组分的气体所占据的体积 V_i

与总体积 V 之比 $\frac{V_i}{V}$，称为体积百分比. 在温度压强不变的情况下

$$V=\sum_i V_i \tag{2.8.2}$$

2.8.3　混合理想气体的状态方程

对于由若干种理想气体组成的混合气体，每种气体都是理想气体，因此各自都满足理想气体状态方程. 若已知 i 种组分的分压强 p_i，则

$$p_i V=\frac{M_i}{\mu_i}RT \tag{2.8.3}$$

式中，V、T 是混合理想气体的体积及温度；M_i、μ_i 是第 i 种组分气体的质量及摩尔质量. 将式(2.8.3)对所有组分求和，并利用式(2.8.1)，得到

$$\sum_{i=1}^{n} p_i V=pV=\sum_{i=1}^{n}\frac{M_i}{\mu_i}RT$$

即

$$pV=\sum_{i=1}^{n}\frac{M_i}{\mu_i}RT \tag{2.8.4}$$

这就是混合理想气体的状态方程. 式中 $\sum\limits_{i=1}^{n}\frac{M_i}{\mu_i}$ 是混合理想气体的总物质的量，记作 ν，定义混合理想气体的平均摩尔质量

$$\mu=\frac{M}{\nu}=\frac{M}{\sum\frac{M_i}{\mu_i}} \tag{2.8.5}$$

则式(2.8.4)可写作

$$pV=\frac{M}{\mu}RT \tag{2.8.6}$$

形式上，混合理想气体就好像是摩尔质量为 μ 的单一化学成分的理想气体.

若已知各组分的体积 V_i，则

$$pV_i=\frac{M_i}{\mu_i}RT \tag{2.8.7}$$

$$\sum_{i=1}^{n} pV_i=pV=\sum_{i=1}^{n}\frac{M_i}{\mu_i}RT \tag{2.8.8}$$

由上述分析可见，对于混合理想气体，可将混合气体作为一种气体，写出总的状态方程；对于混合理想气体中的每一组分，也可以单独写出各自的状态方程.

【例 2.20】容器中间用一个绝热隔板隔开，隔开后的两部分气体的初始体积、压强、温度分别为 V_a、V_b、p_a、p_b、T_a、T_b，现将隔板抽去，气体混合后，最终温度为 T_f，(1)若混合后气体的体积改变量忽略不计，试求混合后气体的压强.(2)假设混合后，气体体积稍有变化，增量为 V'，试求其压强.

【分析】本题考查混合理想气体的状态方程.混合前后气体总物质的量是不变的.混合前 a、b 两个系统中的物质的量可由状态方程给出.再由混合后的气体的状态方程可得到压强.

【解】混合前，a、b 中气体的物质的量分别是

$$\nu_a = \frac{p_a V_a}{RT_a} \quad 和 \quad \nu_b = \frac{p_b V_b}{RT_b} \tag{①}$$

(1)混合后，气体的物质的量为 $\nu_f = \nu_a + \nu_b$，体积为

$$V_f = V_a + V_b \tag{②}$$

混合后的气体满足状态方程

$$p_f V_f = \nu_f R T_f \tag{③}$$

由式①～③得到

$$p_f = \frac{p_a V_a T_f}{T_a (V_a + V_b)} + \frac{p_b V_b T_f}{T_b (V_a + V_b)} \tag{④}$$

(2)混合后，气体的物质的量为 $\nu_f = \nu_a + \nu_b$，体积为

$$V_f = V_a + V_b + V' \tag{⑤}$$

代入状态方程，得到

$$p_f = \frac{\nu_f R T_f}{V_f} = \frac{p_a V_a T_f}{T_a (V_a + V_b + V')} + \frac{p_b V_b T_f}{T_b (V_a + V_b + V')} \tag{⑥}$$

【例 2.21】已知空气中几种主要气体的体积百分比分别是：N_2 占 78%，O_2 占 21%，Ar 占 1%.试求：(1)空气的平均摩尔质量；(2)三种气体的质量百分比；(3)标准状态下各组分的分压强；(4)空气处于标准状态时三种气体的密度；(5)标准状态下空气的密度.已知 N_2、O_2、Ar 气体的摩尔质量为 $28\text{g}\cdot\text{mol}^{-1}$、$32\text{g}\cdot\text{mol}^{-1}$、$40\text{g}\cdot\text{mol}^{-1}$.

【解】本题考查混合理想气体的状态方程.利用道尔顿分压定律和体积百分比的概念.每种气体以及混合气体都满足状态方程.

【解】(1)体积为 V_i 的气体，满足 $pV_i = \frac{M_i}{\mu_i} RT$，即

$$p\mu_i V_i = M_i RT \tag{①}$$

式中，M_i 为第 i 种气体的质量；μ_i 为第 i 种气体的摩尔质量.i=1,2,3，分别

代表 N_2、O_2、Ar. 上式两边分别求和后，得到

$$p\sum_{i=1}^{3}\mu_i V_i = \sum_{1}^{3} M_i RT = MRT \quad ②$$

等式左边，分子分母同乘以 V，得到

$$pV\sum_{i=1}^{3}\frac{\mu_i V_i}{V} = MRT \quad ③$$

又因为，对于整个气体系统，有

$$pV = \frac{M}{\mu}RT \quad ④$$

上式中 μ 为平均摩尔质量. 比较上述两式

$$\mu = \sum_{i=1}^{3}\frac{\mu_i V_i}{V} = \mu_1\frac{V_1}{V} + \mu_2\frac{V_2}{V} + \mu_3\frac{V_3}{V} = 2.9\times10^{-2}\,\mathrm{kg\cdot mol^{-1}} \quad ⑤$$

(2) 体积为 V_i 的气体，满足

$$pV_i = \frac{M_i}{\mu_i}RT \quad ⑥$$

对于整个气体系统，满足

$$pV = \frac{M}{\mu}RT \quad ⑦$$

两式⑥、⑦相除 $\frac{V_i}{V} = \frac{M_i \mu}{M\mu_i}$，所以

$$\frac{M_i}{M} = \frac{V_i \mu_i}{V\mu} \quad ⑧$$

则三个质量百分比分别是 $\frac{M_1}{M} = 75.3\%$，$\frac{M_2}{M} = 23.2\%$，$\frac{M_3}{M} = 1.4\%$.

(3) 体积为 V_i 的气体，满足

$$pV_i = \frac{M_i}{\mu_i}RT \quad ⑨$$

压强为 p_i 的气体，满足

$$p_i V = \frac{M_i}{\mu_i}RT \quad ⑩$$

得到

$$p_i = \frac{V_i}{V}p$$

则 $p_1 = 0.78\mathrm{atm}$，$p_2 = 0.21\mathrm{atm}$，$p_3 = 0.01\mathrm{atm}$.

(4) 第 i 种气体的密度为 $\rho_i = \dfrac{p_i \mu_i}{RT}$，代入数据得到

$$\rho_1 = 0.976\text{kg}\cdot\text{m}^{-3}, \quad \rho_2 = 0.300\text{kg}\cdot\text{m}^{-3}, \quad \rho_3 = 0.018\text{kg}\cdot\text{m}^{-3}$$

(5) 空气的密度为 $\rho = \dfrac{p\mu}{RT} = \dfrac{(p_1 + p_2 + p_3)\mu}{RT} = 1.29\text{kg}\cdot\text{m}^{-3}$.

*2.9 实际气体的状态方程

我们前面一直将气体当作理想气体，理想气体分子本身的体积可以忽略，分子相互间的作用势能也被忽略了．实际上，分子总是有一定大小的，不同气体的分子大小也有所差别，分子间也是有作用力的．虽然将常温常压下的气体当成理想气体，误差很小，但是如果为了更加精确，则需要采用反映实际气体的压强、体积、温度关系的状态方程.

在考虑分子间的吸引力和分子本身占有一定容积的基础上，1873 年，荷兰人范德瓦耳斯(van der Waals)提出了第一个有实用意义的状态方程

$$p = \frac{RT}{V-b} - \frac{a}{V^2} \tag{2.9.1}$$

式中，a、b 是两个与气体种类有关的常数，可根据物质的 p、V、T 实验数据拟合而得，所以这是个半经验方程，在压力较低时才比较准确.该方程称为范德瓦耳斯方程，在实际气体中的应用最为广泛.

范德瓦耳斯方程的物理模型一直影响着实际气体状态方程的研究，后来的许多方程都是根据它衍生出来的，例如 1949 年由雷德利希-邝(Redlich-Kwong)提出的 R-K 方程

$$p = \frac{RT}{V-b} - \frac{a}{T^{0.5}V(V+b)} \tag{2.9.2}$$

1972 年，索阿韦(Soave)对该方程提出了修正式(SRK 方程)

$$p = \frac{RT}{V-b} - \frac{a(T)}{V(V+b)} \tag{2.9.3}$$

其中，系数 $a(T)$ 与温度 T 有关.

1976 年，R-K 方程的 Peng-Robinson 修正式(P-R 方程)又被提出

$$p = \frac{RT}{V-b} - \frac{a(T)}{V(V+b)+b(V-b)} \tag{2.9.4}$$

除了广泛使用的范德瓦耳斯方程(及其修正式)以外，还有其他一些实际气体的状态方程，如 1901 年，荷兰人卡末林-昂内斯(Kamerlingh-Onnes)提出了“位力方程”(virial equation)

$$Z = 1 + Bp + Cp^2 + Dp^3 + \cdots \tag{2.9.5}$$

式中，B、C、$D\cdots$称为第二、第三、第四$\cdots$位力系数．对于单元系，位力系数只是温度的

函数，例如，可以把 B 写为 $B=b_1+\frac{b_2}{T}+\frac{b_3}{T^2}+\frac{b_4}{T^3}+\cdots$. 而对于多元系，位力系数则是系统中物质成分的函数. 位力方程主要应用于计算气体在低压及中等压强下的状态.

第 2 章小结

习　题

2.1　如题 2.1 图所示，一圆柱形铝合金制成的气筒，中间用一个带有开孔的固定隔板分成相等的两部分，其中右半部有一个小孔与大气相通，左右两部分再用可自由滑动的活塞隔开，用一个刚度系数为 k 的轻弹簧将两个活塞连接起来. 长度均为 l_0，圆柱体横截面积为 S，最左室装有氧气，最右室装有空气和少量水，大气压强为 p_0. 试问：(1) 考查四个系统 a、b、c、d，分别指出各系统是开系闭系、单元系多元系，还是单相系多相系？哪个系统有虚边界？(2) 图中各系统达到平衡，此时温度为 T，弹簧压缩量为 x，试写出这四个系统的状态参量，如参量之间有关系，给出关系式. 这些状态参量中，有哪几个未知量？(本题考查热力学系统的概念，以及状态参量的确定.)

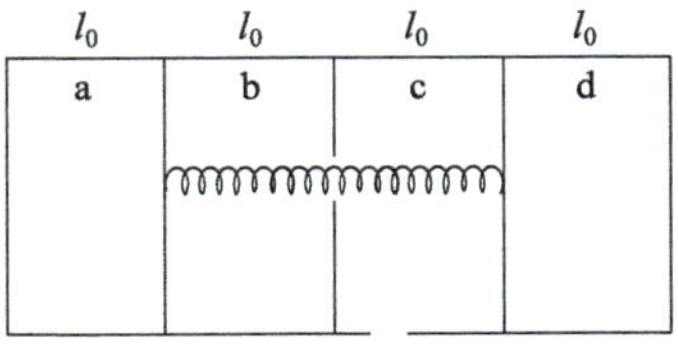

题 2.1 图

2.2　下面物理量属于广延量和强度量的分别是哪些：压强、体积、温度、长度、高度、电场强度. 你还能举出哪些属于广延量或强度量的物理量？(本题考查广延量和强度量的概念.)

2.3　有这几种现象：(A) 刚从热水瓶倒进水杯的热水；(B) 煤气灶上烧开的一直冒着热气的水壶；(C) 火星表面的大气；(D) 开着空调保持温度恒定的房间；(E) 在饭桌上放凉了的饭菜. 试问，以上现象中，平衡态的有哪几种？稳定态的呢？(本题考查平衡态的概念.)

2.4　游泳池的浅水区和深水区的深度分别为 1m 和 3m. 试问在水面处、浅水及深水区池底所受到的压强为多少？(本题考查压强的定义.)

2.5　我国的蛟龙号载人深潜器于 2002 年建造，2012 年 6 月 24 日，成功下潜 7020m，下潜深度位居世界前列；问该深度处的压强约为多少大气压？已知海水的密度在 (1.02～1.07) $\times10^3\mathrm{kg\cdot m^{-3}}$ 之间，在低温、高盐、深水压力大时密度大些，$g=9.8\mathrm{m\cdot s^{-2}}$. (本题考查压强的定义.)

2.6　两座冰山分别为四棱锥形和正三棱柱形，如题 2.6 图所示. 按图示方式竖直放入水中，四棱锥形露出水面的高度为 h，已知冰和水的密度之比为 k. 问：(1) H_1 的高度为多大？(2) 右侧柱体在水中做小振动的周期为多大？(本题考查压强的定义及振动，源自高校自招强基或科学营试题.)

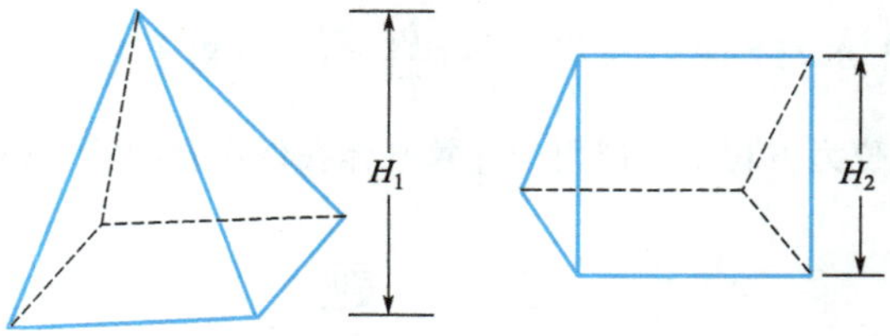

题 2.6 图

*2.7 对于单位面积、无限高的大气柱，其总分子数为多少？根据你的计算结果，说明如果将大气层压缩为环绕星球表面一周的均匀大气层，并让其密度等于地面的大气密度，则这一假想大气层的高度就是 H.（本题考查对地球大气的理解，大气是不均匀的. 计算时需要用到积分.）

*2.8 计算在−50℃、0℃、50℃时的地球等温大气标高为多少. 设空气的摩尔质量为 $29\mathrm{g \cdot mol^{-1}}$.（本题考查大气标高概念.）

*2.9 地球上的大气是不均匀的，越往上则大气越稀薄，压强越低. 已知泰山海拔为1532.7m，拉萨平均海拔约为3700m，珠穆朗玛峰海拔为8848.86m，试求三地在0℃时的大气压.（本题考查大气标高概念.）

2.10 关于热平衡，下列说法中正确的是（　　）

(A) 两个处于热平衡的系统一定发生热接触

(B) 一切达到热平衡的系统中每个分子都具有相同的温度

(C) 温度相同的系统一定互为热平衡

(D) 上述说法都正确

（本题考查热平衡概念.）

2.11 夏季的某一天，天津的气温为30℃，大气压为1atm；珠穆朗玛峰上的大气压约为0.3atm，温度为零下40℃. 试求：(1) 在该两地，大气作用在一个 $1\mathrm{m^2}$ 面积上的压力. (2) 两地氧气分子密度的比值.（本题考查大气压强知识.）

2.12 真空管内的体积为 $V=2.5\times10^{-5}\mathrm{m^3}$，其内部的灯丝是用长度为 $L=2.0\times10^{-2}\mathrm{m}$、半径 $r=2.0\times10^{-4}\mathrm{m}$ 的铂丝绕制成的，虽然是真空管，但是实际上其内部仍然有一部分空气分子，假设这些空气分子都吸附在灯丝上且只有一层，当灯丝的温度为100℃时，吸附的空气分子将散布在整个管内，空气分子的截面积为 $A=9\times10^{-20}\mathrm{m^2}$，试求此时真空管的压强.（本题考查压强计算.）

2.13 新疆吐鲁番的温度在七月某一周的星期一是37℃，星期二是42℃，星期三是43℃，星期四是45℃，星期五是43℃，星期六和星期日是41℃，分别以华氏温标和开尔文温标表示，这一周的平均温度是多少？选择一个温标，利用这些数据作图.（本题考查几种温标的关系.）

2.14 在1atm下，酒精的沸点和凝固点分别是78.5℃和−117℃，用(1)开尔文温标、(2)华氏温标表示，分别是多少度？（本题考查几种温标的联系.）

2.15 以下说法正确的是（　　）

(A) 热力学第零定律是在热力学第一定律之前发现的，所以命名为第零定律

(B) 1K 的间隔和 1℃的间隔是相等的，所以可以写成 1K = 1℃

(C) 作为常识，我们知道物体热胀冷缩，为了定量描述热胀冷缩的程度，定义了一个线膨胀系数，即单位长度的物体，每变化单位温度所变化的长度，比如铜的线膨胀系数为 $\alpha = 2\times10^{-5}\text{K}^{-1}$，如果用摄氏度表示，可以写为 $\alpha = 2\times10^{-5}\ ℃^{-1}$

(D) 物体的温度高，则其热量大

(E) 两个系统热平衡了，则它们的温度相同，否则温度不同

(F) 两个完全相同的容器，一个装有氧气，一个装有氢气，容器放置在不同的地方，测量到容器内的温度相同，则两个容器内气体系统达到热平衡

(本题考查热平衡的概念.)

2.16　等压气体温度计内的气体在水的三相点(273.16K)和汽点的温度下，其体积比 $\frac{V_{\text{tr}}}{V_s}$ 的极限值为 0.732038，试求汽点温度在理想气体温标下的值.(本题考查温标的概念.)

2.17　1968 年的国际实用温标规定：用于 13.81K(氢的三相点)到 630.74℃(在一个标准大气压下锑的凝固点)范围内的标准测温计是电阻温度计，在 t 和 0℃时铂电阻的比值为 $W(t)=\frac{R(t)}{R_0}$，在不同温度范围内，$W(t)$ 对 t 的函数关系是不同的，在 0～630.74℃时，有 $W(t)=1+At+Bt^2$．一个铂电阻在水的冰点、水的汽点、硫的沸点(444.67℃)的电阻值分别是 $R(0)=11.000\Omega$，$R(100)=15.247\Omega$，$R(444.67)=28.887\Omega$，试求出 $W(t)$ 关系式中的参数 A 和 B.(本题考查温标知识.)

2.18　某一等容气体温度计采用的是摄氏温标，在纯水的冰点和汽点，温度计内的气体压强分别为 40.53kPa、55.32kPa. 问：(1) 当气体的压强为 10.13kPa 时，温度为多少？(2) 当用该温度计测量沸腾的硫(硫的沸点为 444.67℃)时，其气体的压强为多少？(本题考查温标知识.)

2.19　由摩尔质量为 μ 的气体组成密度均匀的大气层，包围着半径为 r、质量为 M 的行星. 求行星表面上的大气温度. 大气层厚度为 $h \ll r$．(本题考查压强与温度的关系.)

2.20　一金属立方容器，每边长 20cm，其中储有 1.0atm、300K 的气体，当把气体加热到 400K 时，容器每个壁所受的压力为多大？(本题考查状态方程.)

2.21　绝热容器用活塞分为两个区域，装有同样种类的理想气体，初始时两区域的体积分别为 V_0 和 $2V_0$，压强相同，温度分别为 $2T_0$ 和 $3T_0$. 通过活塞传热且活塞移动之后，达到热平衡. 此时容器两部分的体积分别为多少？(本题考查状态方程，源自高校自招强基或科学营试题.)

2.22　有一右端封闭、左端开口的均匀 U 形管，右管内有一段水银分割出两段长度相等的气柱，如题 2.22 图所示，现向左管缓慢注入水银，设平衡后上段气体长为 l_1，下段气体长为 l_2，则 l_1 与 l_2 的关系为(　　)

(A) $l_1>l_2$　(B) $l_1<l_2$　(C) $l_1=l_2$

(D) 无法确定，需视注入水银的量而定

(本题考查状态方程，源自高校自招强基或科学营试题.)

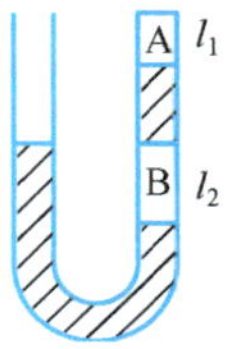

题 2.22 图

2.23　热气球由两部分组成：一个是吊篮及所带重物(包括气球本身材料重量)总质量为 M=180kg，另一个是由不可伸缩、柔软、理想材料制成的气球，体积 V=500m^3，通

过燃烧、点火，可使气球内部气压始终与外部大气相等. 外部大气情况：地面大气压强 $p_0=1.0\times10^5\text{Pa}$，温度 $T_0=280\text{K}$，大气密度为 $\rho_0=1.20\text{kg}\cdot\text{m}^{-3}$，气球中空气初始温度为 $T_0=280\text{K}$，且大气成分、温度不随高度改变. (1)当加热气球中空气使其从 280K 到 350K 的过程中，气球内空气质量改变了多少？(2)加热气球中空气使其到达 T_2 时，气球刚好上升，求出 T_2. (3)维持气球内部温度为 T_2，并且将总质量 M 下降至 18.0kg，气球缓缓上升，上升至某一高度时静止，求此高度处周围大气密度. (本题考查状态方程，源自高校自招强基或科学营试题.)

2.24 一端封闭的玻璃管长 $l=70.0\text{cm}$，储有空气，气体上面有一段长为 $h=20.0\text{cm}$ 的水银柱，将气柱封住，水银面与管口对齐，今将玻璃管的开口端用玻璃片盖住，轻轻倒转后再除去玻璃片，有一部分水银会漏出，试问留在管内的水银柱有多高？设大气压为 75.0cmHg，整个过程中温度不变. (本题考查状态方程.)

2.25 由于气压计的水银面上混进了少量空气，其读数变得不准确. 当准确气压计的读数分别为 755mmHg 和 740mmHg 时，它的读数分别为 748mmHg 和 736mmHg，那么，当大气压强为 760mmHg 时，不准气压计的读数为多少？(本题考查状态方程.)

2.26 2mol、温度为 27℃的理想气体，体积为 $3.0\times10^{-2}\text{m}^3$. 问：(1)其压强为多少？保持温度不变，压强改变了 0.667kPa，体积变化了多少？(2)保持体积不变，压强改变了 0.667kPa，温度变化了多少？(本题考查状态方程.)

2.27 如题 2.27 图，长度为 l 的试管内，用质量不计可以无摩擦沿着管壁活动的活塞封住压强为 p 的氢气，然后将之竖直插入水银槽中，管底插入的深度为 H，从而使活塞下移，问：(1)此时气体长度 h 为多少？(2)当 H 为多大时本题才有确定的解？已知大气压为 p_0，整个过程中温度不变. 水银密度为 ρ.(本题考查状态方程.)

2.28 如题 2.28 图，在高度 h 等于 30cm 的圆柱形容器里装入一半水银，然后用盖子将容器紧紧盖住，穿过盖子插进一个虹吸管，虹吸管里预先装满了水银，虹吸管的两臂长度相同，插进容器中的那个臂靠近容器底部，试问容器中的压强 p 为多大时，容器中的水银停止从虹吸管中流出？这时容器内水面降低的高度Δh 为多少？外界压强为 $p_0=1.013\times10^5\text{Pa}$.(本题考查状态方程.)

2.29 如题 2.29 图，在一长度为 $L=1\text{m}$ 的、一端封闭的均匀直玻璃管内，有一段长为 $l=0.2\text{m}$ 的水银柱封住了一部分空气. 当管口向上竖直放置时，空气长度为 $h_1=0.49\text{m}$，当管口向下竖直放置时，空气柱有多长？此时留在管内的水银柱是否还是 0.2m？为什么？已知外界压强为 $p_0=1.013\times10^5\text{Pa}$.(本题考查状态方程，需要判断水银是否会泄漏.)

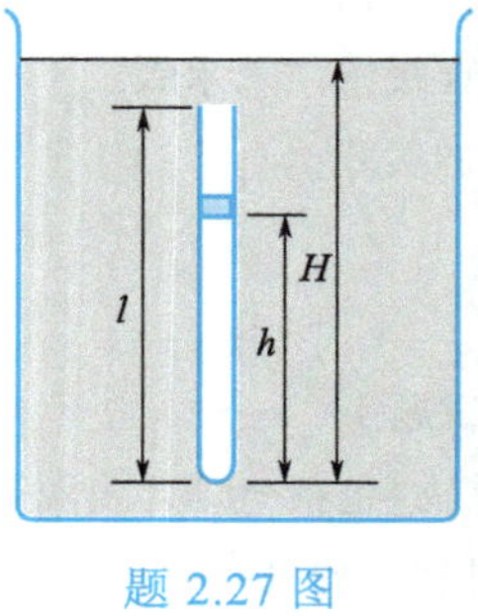

题 2.27 图

题 2.28 图

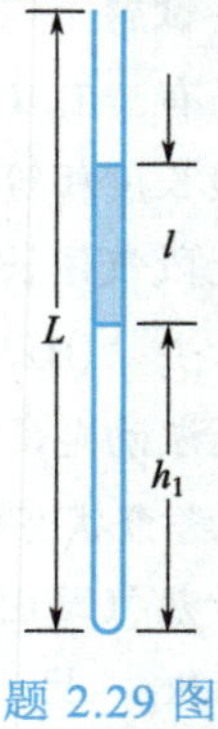

题 2.29 图

2.30　水平放置的一端开口的均匀直玻璃管中，有一段长为 0.25m 的水银柱恰好和管口相齐，水银柱封住的空气长度为 0.44m，问：(1)开口端竖直向上时管内空气柱有多长？(2)开口端向下，玻璃管和水平方向成 30° 角时，管内空气柱有多长？已知外界压强为 $p_0=1\times10^5\mathrm{Pa}$.(本题考查状态方程.)

2.31　如题 2.31 图所示，一个开口向上的圆柱形气缸放置在水平地面上，气缸底面积 S=40cm²、高 l_0=15cm，开口处两侧有挡板. 缸内有一可自由滑动的质量为 2kg 的活塞封闭了一定质量的理想气体，活塞通过一根不可伸长的细线，跨过两个定滑轮与质量为 10kg 的物体 A 相连. 开始时，气体温度 t_1=7℃，活塞到缸底的距离 l_1=10cm，物体 A 的底部离地 h_1=4cm，现对气缸内的气体加热，使活塞缓慢上升. 已知大气压 $p_0=1.0\times10^5\mathrm{Pa}$，试求：(1)物体 A 刚触地时，气体的温度；(2)活塞恰好到达气缸顶部时，气体的温度.(本题考查状态方程.)

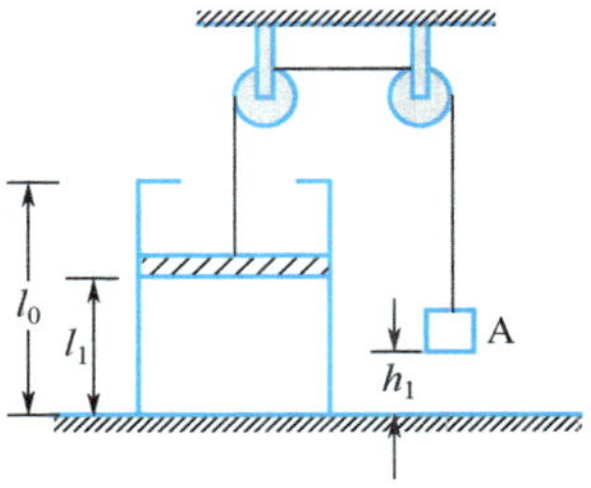

题 2.31 图

2.32　一抽气机转速为 $n=400\mathrm{rad\cdot min^{-1}}$，抽气机每分钟能抽出气体 V=20L，容器的容积为 V_0=2L. 经过多少时间后，才能使容器内的压强由 $p_0=10^5\mathrm{Pa}$ 降到 p_N=100Pa？(本题考查状态方程，多次使用方程，进行递推.)

2.33　真空室内初始压强为 10^{-5}atm，体积 V=11.2L 恒定. 现对其加热到 300K，压强变为 10^{-2}atm，则容器中释放的气体分子数的数量级为(　　)

(A) 10^{21}　(B) 10^{19}　(C) 10^{17}　(D) 10^{15}

(本题考查状态方程，在计算中要会合理估算数量级进行取舍，源自高校自招强基或科学营试题.)

2.34　一个可以自由膨胀的氢气球，保持气球内外压强相等. 随着气球不断升高，球外大气压强不断减小. 忽略大气的温度和摩尔质量随高度的变化，试问：(1)气球在上升过程中所受的浮力是否变化？(2)在标准状态下给氢气球充气后，体积 V_0= 566m³，球壳的体积可以忽略不计，球壳的质量 m=12.5kg，在 0℃的等温大气中，这个气球还可悬挂多重物体而不坠下?已知氢气的摩尔质量为 $2\mathrm{g\cdot mol^{-1}}$，空气的摩尔质量为 $28.9\mathrm{g\cdot mol^{-1}}$.(本题考查状态方程和受力平衡.)

2.35　某氧气瓶的容积为 V_1=32L，在温度 t_1=27℃时，瓶内压强为 p_1=15MPa. 根据规定，氧气压强在 t_2=17℃时低于 p_2=1MPa 时就应该重新充气，以免混入其他气体而降低氧气质量. 现在温度为 t_3=22℃，每天需要使用 $p_3=10^5\mathrm{Pa}$ 的氧气 V_3=439L，问一瓶氧气能够使用多少天？

2.36　如题 2.36 图所示，一个容器用两个可无摩擦自由滑动的活塞分成三部分，每一部分都充满理想气体，当温度均为 T_0 时，它们的体积比为 $V_1:V_2:V_3=1:2:3$，试问：(1)当温度均为 T 时，体积比为多少？(2)为使各部分体积相等，温度比为多少？(本题考查状态方程.)

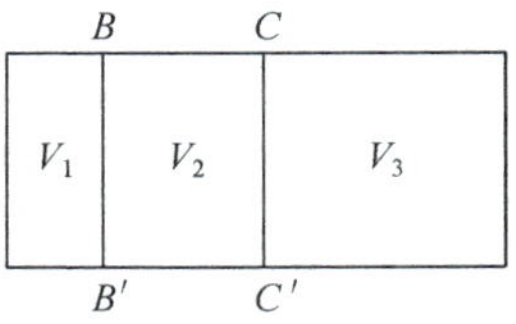

题 2.36 图

2.37　空气是由 76%的氮气、23%的氧气、1%的氩气组成

(质量百分比)的，其余气体很少，可忽略不计. 已知该三种气体的摩尔质量分别为 $28g\cdot mol^{-1}$、$32g\cdot mol^{-1}$、$40g\cdot mol^{-1}$. 求空气的平均分子质量及在标准状态下的密度. (本题考查混合气体的知识.)

2.38 某混合气体由 H_2、CO_2、CH_4、C_2H_4 组成，其摩尔质量分别是 $2g\cdot mol^{-1}$、$44g\cdot mol^{-1}$、$16g\cdot mol^{-1}$、$28g\cdot mol^{-1}$. 在 20℃时，上述四种气体对应的分压强分别是 200mmHg、150mmHg、320mmHg、105mmHg. (1)求混合气体的总压强；(2)求氢气所占的质量比. (本题考查混合气体状态方程.)

2.39 氧气压强大于 p_0 就会对人体有害，潜水员位于水下 50m 处，使用氦气与氧气的混合氧气瓶，求氦气与氧气的合适质量比. (本题考查混合气体状态方程，源自高校自招强基或科学营试题.)

***2.40** 一根长试管，上端开口下端闭合，置于大气中，气温为 T_0=100K，在闭合端加热到 T_1=1000K，温度沿管长方向均匀变化，开口端为 200K. (1)求漏出的空气质量占原先空气质量的比例？(2)现将开口端封闭，并使得金属管冷却到 T_3=100K，试计算此时管内气体压强(不计金属管的膨胀)是大气压强的多少倍. (本题考查状态方程，需要使用积分.)

***2.41** 如题 2.41 图所示，一薄壁钢筒竖直放在水平桌面上,桶内有一与底面平行并可上下移动的活塞 K，它将筒隔成 A、B 两部分，两部分的总容量 $V=8.31\times10^{-2}m^3$. 活塞导热性能良好，与桶壁无摩擦，不漏气. 筒的顶部轻轻放上一质量与活塞 K 相等的铅盒，盖与筒的上端边缘接触良好(无漏气缝隙). 当桶内温度 t=27℃时，活塞上方 A 中盛有 n_A=3.00mol 的理想气体，下方 B 中盛有 n_B=0.40mol 的理想气体，B 中气体中体积占总容积的 1/10. 现对桶内气体缓慢加热，把一定的热量传给气体，当达到平衡时，B 中气体体积变为占总容积的 1/9. 问桶内气体温度 t'是多少？已知桶外大气压强为 $p_0=1.04\times10^5Pa$，普适气体常量 $R=8.31J\cdot mol^{-1}\cdot K^{-1}$. (本题考查状态方程，有两个系统. 第 14 届全国中学生物理竞赛预赛第六题.)

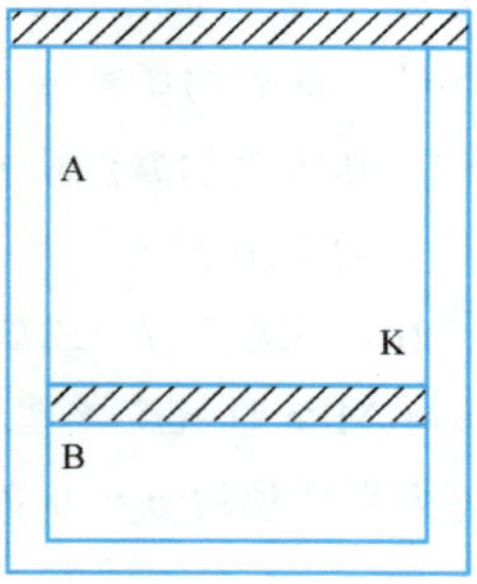

题 2.41 图

***2.42** 题 2.42 图中 M_1 和 M_2 是绝热气缸中的两个活塞，用轻质刚性细杆连接，活塞与气缸壁的接触是光滑的、不漏气的，M_1 是导热的，M_2 是绝热的，且 M_2 的横截面积是 M_1 的 2 倍. M_1 把一定质量的气体封闭在气缸的 L_1 部分，M_1 和 M_2 把一定质量的气体封闭在气缸的 L_2 部分，M_2 的右侧为大气，大气的压强 p_0 是恒定的. K 是加热 L_2 中气体用的电热丝. 初始时，两个活塞和气体都处在平衡状态，分别以 V_{10} 和 V_{20} 表示 L_1 和 L_2 中气体的体积. 现通过 K 对气体缓慢加

热一段时间后停止加热，让气体重新达到平衡态，这时，活塞未被气缸壁挡住. 加热后与加热前比，L_1 和 L_2 中气体的压强是增大了、减小了还是未变？要求进行定量论证.（注意哪些物理量不变，哪些物理量变化，各物理量之间的关系. 结果需要根据不同情况进行讨论. 本题考查状态方程，有两个系统. 第 26 届全国中学生物理竞赛预赛第 15 题.）

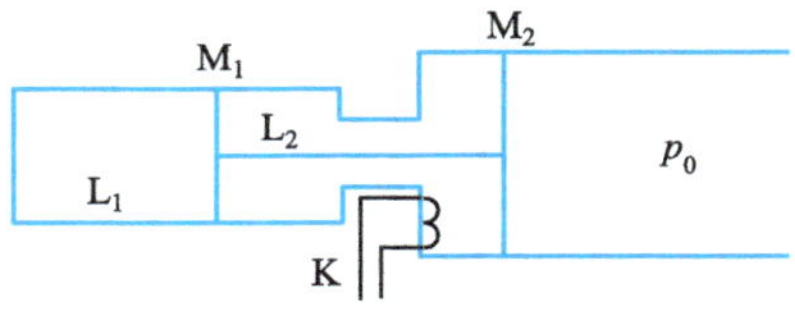

题 2.42 图

*2.43　如题 2.43 图，导热性能良好的气缸 A 和 B 高度均为 h(已除开活塞的厚度)，横截面积不同，竖直浸没在温度为 T_0 的恒温槽内，它们的底部由一细管连通(细管容积可忽略). 两气缸内各有一活塞，质量分别为 $m_A=2m$ 和 $m_B=m$，活塞与气缸之间无摩擦，两活塞的下方均有理想气体，上方为真空. 当两活塞下方气体处于平衡状态时，两活塞底面相对于气缸底的高度均为 $h/2$，现保持恒温槽温度不变，在两活塞上面同时各缓慢加上同样大小的压力，让压力从零缓慢增加，直至其大小等于 $2mg$(g 为重力加速度)为止，并一直保持两活塞上的压力不变；系统再次达到平衡后，缓慢升高恒温槽的高度，对气体加热，直至气缸 B 中活塞底面恰好回到高度为 $h/2$ 处. 求：(1) 两个活塞横截面积之比 $S_A:S_B$；(2) 气缸内气体的温度；(3) 在加热气体的过程中，气体对活塞做的总功.（本题考查状态方程. 有两个系统，注意物理量之间的关联. 第 32 届全国中学生物理竞赛预赛第 15 题.）

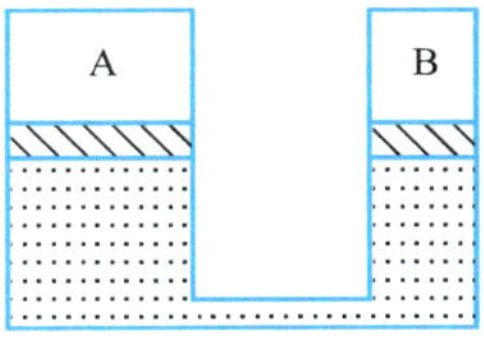

题 2.43 图

第 3 章　热力学第一定律

热力学第一定律是热学中的重要定律，推广到整个自然界，其实就是能量守恒与转换定律，其文字和数学表达式见 3.5 节. 热力学第一定律的数学表达式涉及三个物理量：内能、功和热量，其中内能在第 1 章学过，内能是一个状态量，只跟系统的状态有关. 本章我们在复习内能概念的基础上，学习焦耳定律，有关知识见 3.3 节. 而 3.2 节和 3.4 节则介绍功和热量，这里所说的功实际指的是系统对外界或外界对系统所做的功，热量则是指系统与外界之间传递的热量，它们与具体的热力学过程有关，称为过程量. 所谓的热力学过程(简称过程)，在本章 3.1 节予以介绍，并着重叙述四种特殊过程. 在热力学第一定律的基础上，3.6 节将学习焓、热容的概念，3.7 节则通过例题来学习热力学第一定律的应用，最后 3.8 节介绍热力学第一定律在实际生活中的应用：循环和热机.

本章的思维导图如下：

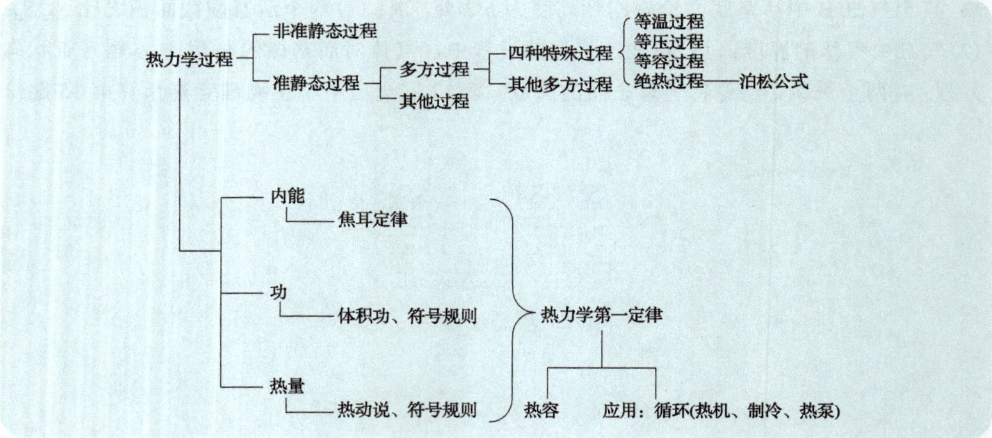

3.1　热力学过程

3.1.1　热力学过程的概念

在学习状态方程的时候，经常提到热力学系统的初态、中间态、末态等状态，系统从一个状态到另外一个状态，需要经历一个过程，这个所经历的过程，称为热力学过程(thermodynamic process)，简称为过程.

我们来看一个热力学过程的例子. 如图 3.1.1 所示，有一个带有活塞的气缸(气缸内的气体为一个热力学系统)，系统达到平衡时，其压强 p_1、体积 V_1、温度 T_1 等状态参量不再变化且处处相等. 现在给活塞一个力，使得气体压缩. 在压缩时，紧靠着活塞的那部分气体的压强会增加，接着带动附近气体的压强增加. 在这个过程中，整个系统的压强、体积处于非平衡状态，各处的压强、温度等参数是不一样的. 再经过一段时间，整个系统的压强、温度达到一致，系统的压强、温度和体积等状态参量不再变化，分别为 p_2、V_2、T_2，这时气体重新达到平衡.

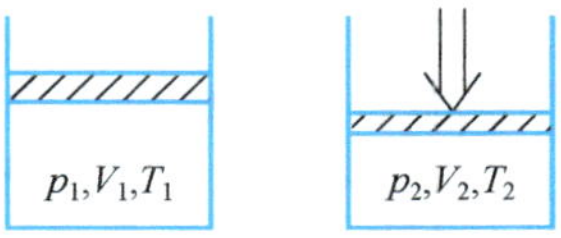

图 3.1.1　压缩气体

3.1.2　非静态过程

从非平衡态到平衡态的时间叫做弛豫时间. 在这段时间里，系统的状态参量一直在改变，系统处于非平衡状态，这个系统状态参量变化的过程称为非静态过程. 非静态过程中，系统内部或系统与外界之间未达到平衡(力学平衡或热平衡或化学平衡等)，系统的许多物理量都在变化，因而无法用确定的压强温度等参数来描述这个系统.

3.1.3　准静态过程

1. 准静态过程的模型

为了描述热力学过程中各个物理量的变化规律以及它们之间的相互联系，我们可以假设系统从一个平衡态到另外一个平衡态的过程是一个进行得非常缓慢的过程. 对于图 3.1.1 所述的变化过程，我们可以建立一个模型，假设过程进行得非常缓慢，比如，每次在活塞上面放一粒沙子，系统的状态可以认为是不变的，接着再放一粒沙子，如此持续，如图 3.1.2 所示. 可以想见，在过程中的每一时刻，整个系统都近乎处于平衡状态，这样的过程称为准静态过程(quasi-static process).

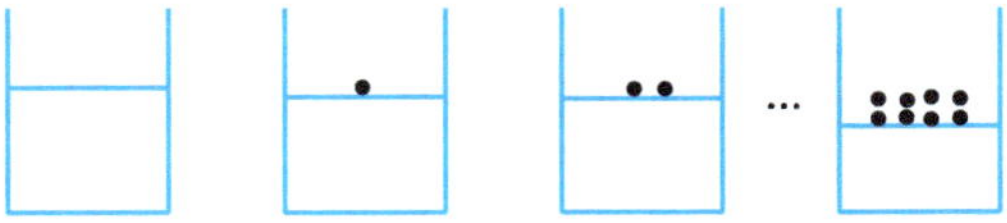
图 3.1.2　准静态过程

2. p-V 图

由状态方程可知，对于一定量的理想气体，压强 p、温度 T、体积 V 互为函数关系. 其中两个参数确定后，第三个参数就确定了. 以 p 为纵坐标，V 为横坐标，作出 p-V 关系图，称为 p-V 图. 在 p-V 图上，从一个初始状态，经过准静态过程，到达终了状态，准静态过程中的任一个状态都可以用一点代表，这样，整个过程就可以用一条曲线(或直线)表示. p-V 图是热力学中最常用的图，此外还有 p-T 图、V-T 图，但是由于 p、V、T 满足状态方程，所以这三个图只要一个确定了，另外两个也就确定了. 在看图的时候，要留意坐标轴. 对于非准静态过程，因为无法确定具体的参数值，因而无法在 p-V 图或另外几个图上画出. 如后面章节中要讲到的绝热自由膨胀就是典型的非准静态过程，无法在 p-V 图上描述.

3. 准静态过程的特点

准静态过程有以下特点.

(1) 过程进行中的每一时刻都可以用确定的状态参量来描述系统的状态. 如图 3.1.3 所示，在 p-V 图上，点 a 和 b 表示气体系统的两个平衡态. 从 a 到 b，连成的一条曲线或直线，代表着由一个平衡态 a 到另一个平衡态 b 的连续变化，是一个准静态过程. 用来描述这条过程曲线或直线的方程称为过程方程.

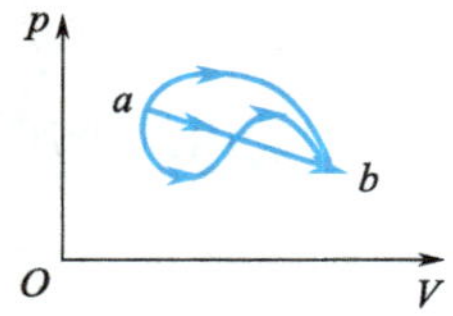

图 3.1.3　状态 a、b 之间的过程

(2) 准静态过程中，外界条件在缓慢地变化着，过程中的每一个状态都与外界保持相应的平衡，系统与外界状态是一一对应的. 因此，准静态过程中的每一个状态都可以用外界条件来唯一地确定.

(3) 准静态过程是一个假想的过程，它要求在过程进行的每时每刻都处于平衡态，实际上这是根本不可能的. 准静态过程只是一个理想模型，就像质点、理想气体模型一样，不能真正达到，但可无限趋近. 之所以建立这样一个模型，是为了在每时每刻都可以用状态参量来描述系统.

3.1.4　四种特殊的准静态过程

从一种状态(初态)到另外一种状态(末态)，可以通过无数个热力学过程，其中有几种特殊的准静态热力学过程.

(1) 等压过程(或称为定压过程，isobaric process). 从初态到末态，压强不变，可以用 p-V 图上的一条平行于 V 轴的直线来表示，该直线的方程为 $p=a$，这里 a 为常数. 等压过程分为等压膨胀(体积膨胀)和等压压缩(体积减小)两种，如图 3.1.4(a)所示.

(2) 等容过程(或称为定容过程、等体过程，isochoric process). 从初态到末态，体积不变，可以用 p-V 图上的一条平行于 p 轴的直线来表示，该直线的方程为 $V=a$，这里 a 为常数. 等容过程分为等容升压和等容降压两种，如图 3.1.4(b)所示.

(3) 等温过程(isothermal process). 从初态到末态，温度不变，可以用 p-V 图上的一条双曲线来表示，该双曲线的方程为 $pV=a$，这里 a 为常数，a 越大，表明温度越高. 等温过程分为等温膨胀降压和等温压缩升压两种，如图 3.1.4(c)所示.

(4) 绝热过程(adiabatic process). 从初态到末态，系统与外界没有热量的交换(3.4 节将详细叙述热量)，可以用 p-V 图上的一条曲线来表示，该曲线的方程为 $pV^{\gamma}=a$，这里 a 为常数，γ为绝热指数(与气体有关). 绝热过程可以分为绝热升压(压缩升温)和绝热降压(膨胀降温)两种. 绝热升压时，体积压缩，温度上升；绝热降压时，体积膨胀，温度下降，如图 3.1.4(d)所示. 绝热过程比等温过程的曲线更加“陡”一点. 为作比较，图 3.1.5 画出了绝热线和等温线.

薄板共振消除噪声

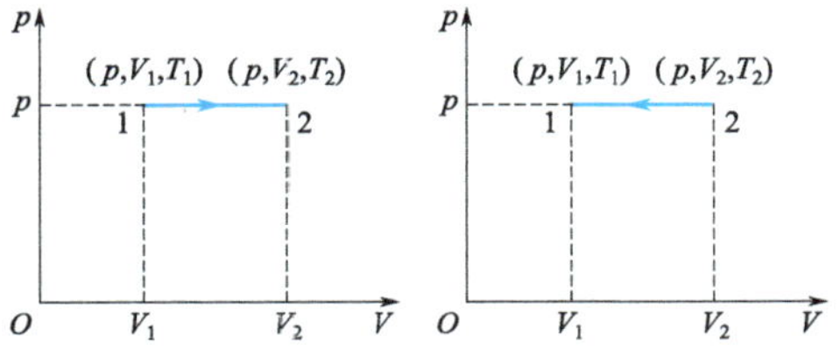

(a) 等压膨胀过程(左)和等压压缩过程(右)

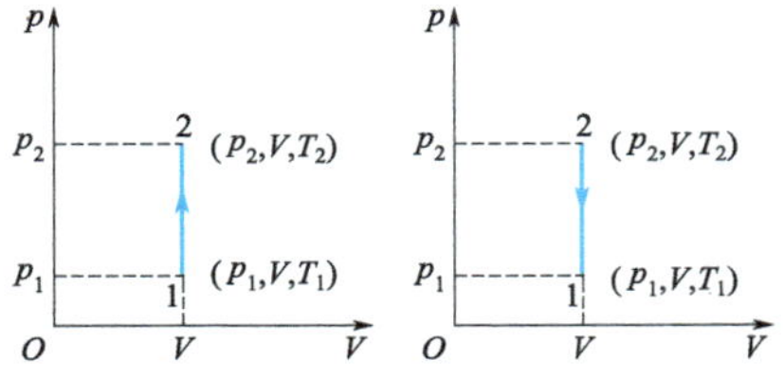

(b) 等容升压过程(左)和等容降压过程(右)

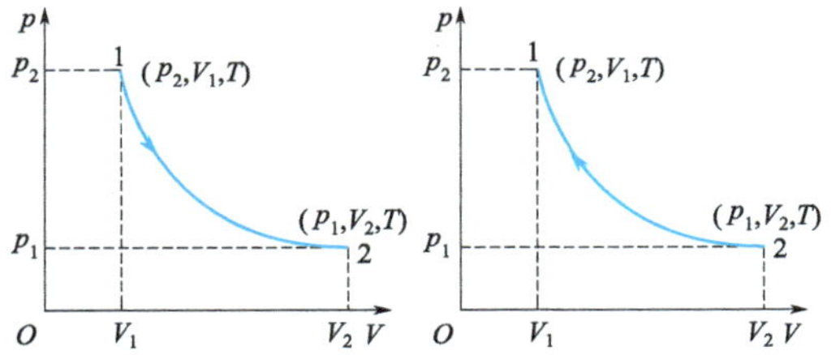

(c) 等温膨胀过程(左)和等温压缩过程(右)

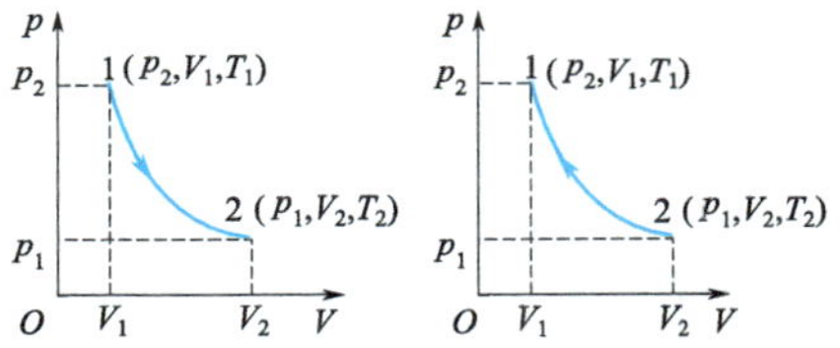

(d) 绝热膨胀过程(左)和绝热压缩过程(右)

图 3.1.4　常见的几种特殊热力学过程

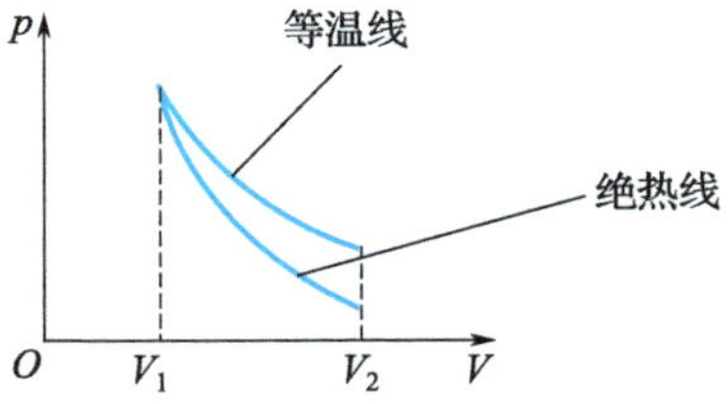

图 3.1.5　绝热线和等温线的比较

3.1.5　泊松公式

气体绝热过程的过程方程又称为泊松公式(Poisson formula). 泊松公式可以写成三种形式

$$
\begin{aligned}
pV^{\gamma} &= a_1 \\
V^{\gamma-1}T &= a_2 \\
\frac{p^{\gamma-1}}{T^{\gamma}} &= a_3
\end{aligned}
\tag{3.1.1}
$$

式中，a_1、a_2、a_3 为常数；γ 为绝热指数，取决于气体的种类. 对于单原子分子理想气体、刚性双原子分子理想气体，γ 分别等于 5/3、7/5. 上述三个公式，可以利用状态方程互相推导得到.

爆米花

【例 3.1】图 3.1.6 为老式爆米花机，将玉米(或大米、蚕豆、黄米等谷物)放入容器内，密封好，在火上加热，可以看到压强表上的示数在增大，当压强达到 4 ~ 5atm 时，打开密封盖，随着“嘭”的一声巨响，一团白烟升腾而起，热腾腾、香喷喷的爆米花便爆出来了. 试分析这里面的热力学过程，容器内气体的各物理参量(温度、压强、体积)是如何变化的.

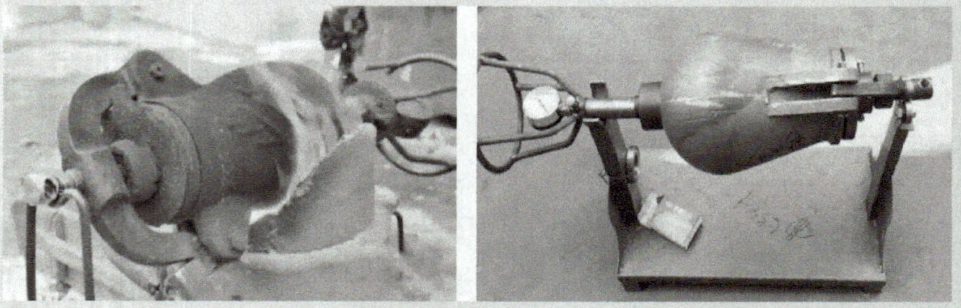

图 3.1.6　老式爆米花机

【解】最初是等容升压过程，此阶段，体积不变、温度上升、压强增大. 打开密封盖，体积在短时间内急剧膨胀，压强下降，温度下降，可近似看作是一个绝热过程.

【例 3.2】已知状态 I 的压强、体积和温度分别为 p_1、V_1、T_0，经过绝热膨胀过程到达状态 II，其状态参量为压强 p_0、体积 V_2、温度 T_1，再通过等容过程到达状态 III，相应的状态参量为压强 p_2、体积 V_2、温度 T_0，试在 p-V 图上作图表示相应的过程曲线，并比较 T_0 和 T_1 的大小.

【解】本题需要掌握几种特殊热力学过程在 p-V 图上的过程曲线.

状态 I 到状态 II 是一个绝热膨胀过程，先作出一条绝热曲线；状态 II 到达状态 III，容积不变，是一条等容直线(垂直于 V 轴)，注意到状态 I 和状态 III 的温度相同，所以这两个状态在同一等温线上(图中虚线所示). 作出的图如图 3.1.7 所示. 由状态方程，可知 $T_0>T_1$.

【思考】我们学习了绝热过程，那么也应该有吸热过程和放热过程，本题中从状态 II 到达状态 III 就是吸热过程，为什么这个过程是吸热的呢？我们在后面学完了热力学第一定律就可以回答这个问题了.

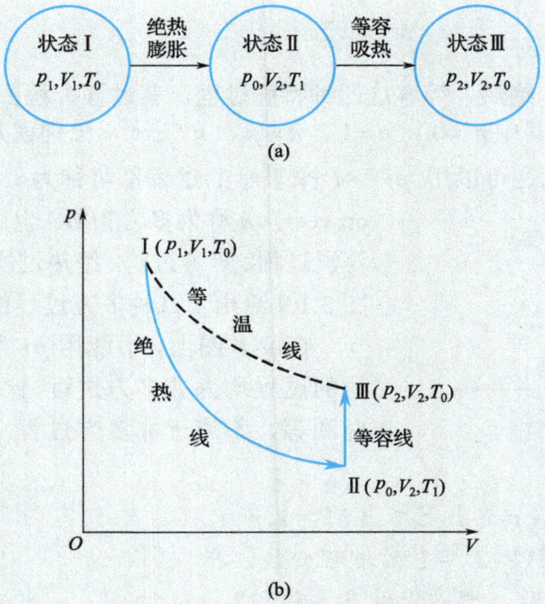

图 3.1.7 例 3.2 图

【例 3.3】在突破国外技术封锁，克服重重困难后，我国于 1964 年 10 月 16 日成功爆炸了第一颗原子弹. 图 3.1.8 为爆炸时的照片. 原子弹在爆炸后 0.1s 所出现的“火球”可近似看作是一个半径为 15m、温度为 3.0×10^5K 的气体球，试估算温度变为 3.0×10^3K 时的气体球的半径. 已知空气的绝热指数为 $\gamma=\dfrac{7}{5}$.

图 3.1.8 例 3.3 图

【分析】本题考查绝热过程的泊松公式. 原子弹爆炸的时间极短，热量来不及散发出去，可以认为是绝热过程. 本题已知温度和体积，所以采用关于温度与体积的泊松公式.

【解】绝热泊松公式

$$T_1V_1^{\gamma-1}=T_2V_2^{\gamma-1}$$

已知

$$T_1=3.0\times10^5\text{K}，\quad V_1=\frac{4}{3}\pi r_1^3，\quad r_1=15\text{m}$$

空气可以看作是双原子分子

$$\gamma=\frac{7}{5}，\quad T_2=3.0\times10^3\text{K}，\quad V_2=\frac{4}{3}\pi r_2^3$$

计算得到 r_2=696.2m.

3.1.6 多方过程与非多方过程

等压、等温、绝热、等容这四种特殊过程，其过程方程都可以用 $pV^n=a$（a 为常数）来表示，其中 $n=0$、$n=1$、$n=\gamma$、$n=\pm\infty$，分别就是等压、等温、绝热、等容过程. 凡是可以用 $pV^n=a$ 来表示的过程都可称为多方过程(polytropic process)，n 称为多方指数. 也就是说，等压过程、等温过程、等容过程、绝热过程都属于多方过程. 图 3.1.9 给出了几种多方过程的示意图.

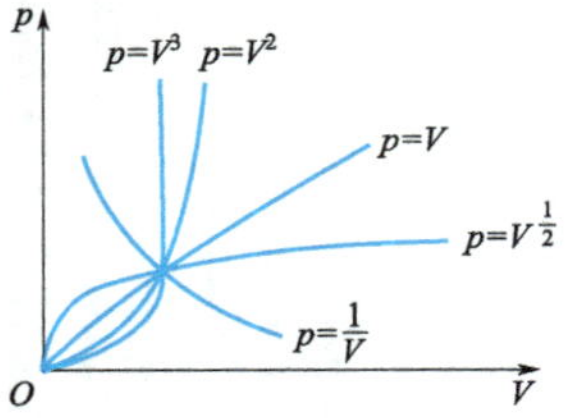

图 3.1.9 几种多方过程

在 p-V 图上，不能用 $pV^n=a$ 这种函数来表达的过程均为非多方过程，比如 p-V 图上的圆、椭圆等，都属于非多方过程.

【例 3.4】试在 p-V 图上画出 $pV^2=1$, $p=V$, $p=V+1$, $(p-2)^2+(V-2)^2=1$ 的过程曲线，指出哪些是多方过程，哪些是非多方过程？

【解】本题考查多方过程的概念，复习数学中的幂函数.

如图 3.1.10 所示，$pV^2=1$，$p=V$ 为多方过程. $p=V+1$，$(p-2)^2+(V-2)^2=1$ 为非多方过程.

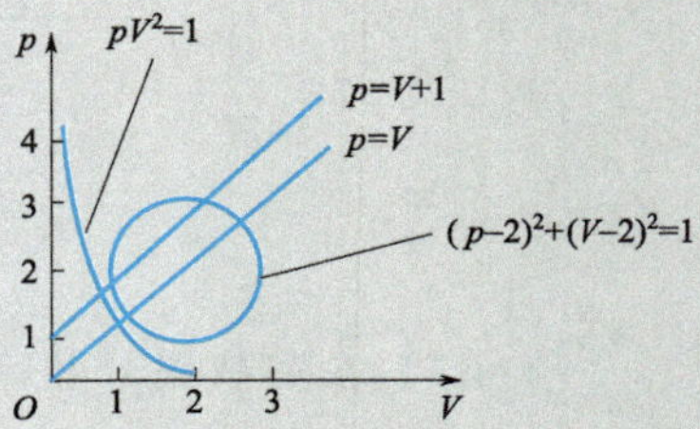

图 3.1.10 例 3.4 图

3.1.7 热力学过程中的温度变化

根据 p-V 图的过程曲线，可以很方便地看出压强和体积的大小，那么对于温度呢？是否可以很方便地"看"出来呢？

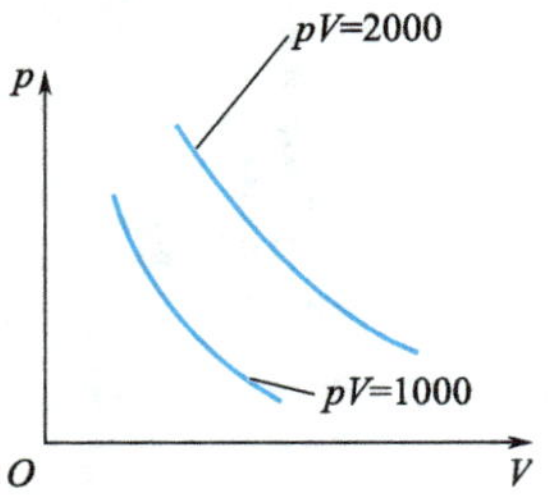

图 3.1.11 两条等温线

我们知道，等温过程可以用双曲线表示，如图 3.1.11 所示，对于某气体系统，分别经历了两个过程，其过程方程为 $pV=1000$，$pV=2000$. 根据状态方程 $pV=\nu RT$，有 $\nu RT=1000$，$\nu RT=2000$. 可见，对于物质的量相同的系统，显然前者的温度低，后者的温度高.

可见，p-V 图上的等温线就是一系列双曲线，双曲线上各点的温度均相同，离原点远的双曲线，其温度高一些. 这样，对于等压膨胀过程，随着体积的增大，其温度也在不断升高；对于等容降压过程，温度在逐渐降低；从同一点出发的绝热膨胀过程和等温膨胀过程到达相同压强时，绝热过程的温度要低一些.

【例 3.5】一个密封容器中的气体，完成了如图 3.1.12 所示的以圆表征的热力学过程，试问其温度如何变化？

【分析】本题考查热力学过程的温度变化. 对于各点的状态参量，要用到状态方程知识. 等温线是 p-V 图上的一系列双曲线，据此可以判断温度大小.

【解】先考查 a 点，满足状态方程：$2p_0\times V_0=\nu RT_a$

b 点满足状态方程：$3p_0\times 2V_0=\nu RT_b$；

c 点满足状态方程：$2p_0\times 3V_0=\nu RT_c$；

d 点满足状态方程：$p_0\times 2V_0=\nu RT_d$.

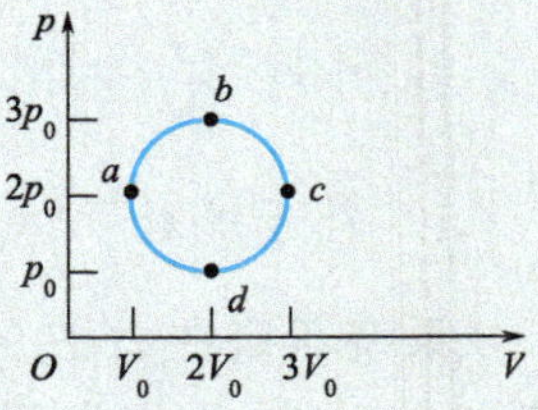

图 3.1.12　例 3.5 图

由上述状态方程可以发现，$T_a=T_d$ 即 a 和 d 点的温度是相同的，$T_b=T_c=3T_a$，即 b 和 c 点的温度是相同的且是 a 点温度的 3 倍.

等温线是一系列双曲线，可以作一系列等温曲线帮助分析温度的变化. 系统从 a 点，温度逐渐升高，到达 b 点时，温度是 a 点的 3 倍，而后，温度继续升高，在 bc 圆弧的中点，温度达到最高；随后温度持续下降，到达 c 点，温度等于 b 点温度，之后温度继续下降，到了 d 点，温度与 a 点的温度相同；随后温度再度下降，直到 da 圆弧的中点，温度最低，然后温度转为上升，回到 a 点.

【例 3.6】0.1mol 的理想气体，经历如图 3.1.13 所示的 A—B—C—A 过程，问在此过程中气体所能达到的最高温度是多少？已知 $R=8.31\text{J}\cdot\text{mol}^{-1}\cdot\text{K}^{-1}$.

（源自高校自招强基或科学营试题.）

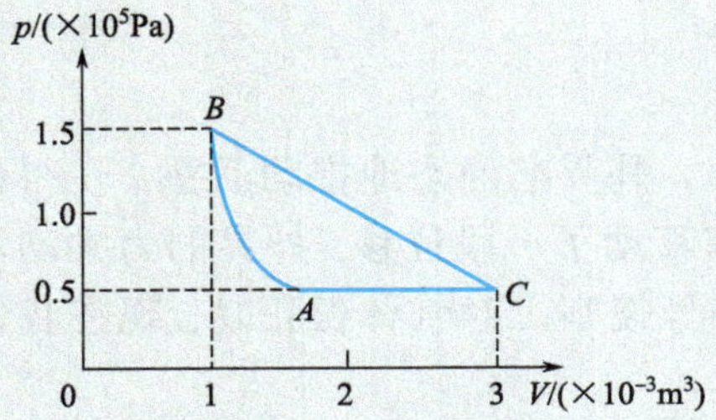

图 3.1.13　例 3.6 图

【分析】本题考查热力学过程和状态方程，在计算中需要注意物理量的单位. 在整个过程中，CAB 段处在 BC 段的下方（离原点更近），根据等温线，可以判断出最高温度出现在 BC 段，为 BC 上的某一点.

【解】由图 3.1.13 中数据，可得 BC 段的直线方程为

$$p=2.0-0.5V\ (\,p\ \text{以}\ 10^5\text{Pa}\ \text{为单位，}V\ \text{以}\ 10^{-3}\text{m}^3\ \text{为单位}) \quad ①$$

或

$$p=2.0\times10^{-5}-5.0\times10^{7}V\ (p\ \text{以 Pa 为单位，}V\ \text{以}\ \text{m}^3\ \text{为单位}) \quad ②$$

理想气体状态方程为

$$pV=\nu RT \quad ③$$

由式②、③得

$$T=\frac{pV}{\nu R}=\frac{(2.0\times10^5-5.0\times10^7V)V}{0.1\times8.31}$$

这是一个二次函数，由数学知识可知，当 $V=2\times10^{-3}\text{m}^3$ 时，有最大温度 $T_{\max}=240.67\text{K}$.

【思考】尝试一下，如果以式①进行计算，应该是怎样的？

3.2 热力学过程中的体积功

3.2.1 体积功的概念

1. 符号规则

系统活塞在力 $\boldsymbol{F}$ 的作用下，移动了一定位移 $\mathrm{d}\boldsymbol{l}$，则力对物体做了功，其值 $A=\boldsymbol{F}\cdot\mathrm{d}\boldsymbol{l}$. 为了方便，我们设定一个符号规则(symbol rule)，即外力对系统做功(外力压缩活塞，使得系统体积变小)为正；反之，系统对外界做功(气体体积膨胀推动活塞向外做功，系统体积变大)为负，如图 3.2.1 所示. 注意不同书上的符号规则可能会不同.

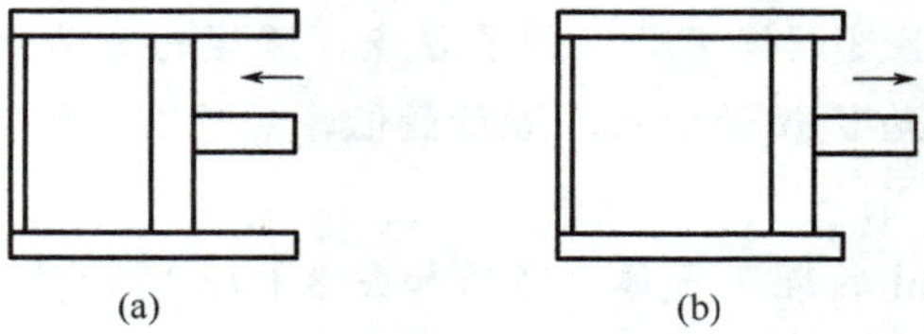

图 3.2.1 (a)外界推动活塞压缩气体，功为正；(b)气体膨胀推动活塞，功为负

2. 体积功

如图 3.2.1 所示，气体的初始体积为 V_i，外界准静态地推动活塞，使得体积缩小到末态的 V_f，在这个过程中，活塞移动了一段位移. 外界的力推动活塞，对气体做功，考虑我们刚才设定的符号规则，对气体做正功. 现在我们来计算这个功.

根据功的定义，已知位移 x，我们只要再知道作用在系统上的力就可以了. 有人说，作用在活塞上的力为 pS，S 为活塞面积. 那么功就是 pSx 了，是这样吗？且慢，因为在活塞作用过程中，由状态方程就可以知道，压强可能是变化的(比如等温情况下，压强肯定随着体积的减小而增大). 也就是在位移过程中，力可能在变化. 那么怎么办呢？很简单，采用微分的观点就可以解决这个问题了. 我们取整个位移 x 中的一段微位移 $\mathrm{d}x$，$\mathrm{d}x$ 趋于无穷小，如图 3.2.2 所示，注意，图中为了看起来方便，将 $\mathrm{d}x$ 画得很长，实际上是趋于 0 的一个微元. 在这段微位移内，可以认为压强 p 维持不变，则这一微位移内，气体对活塞做的功为

$$đA=-pS\mathrm{d}x \tag{3.2.1}$$

这里，已经考虑了符号规则，所以有一个负号. 而 $S\mathrm{d}x=\mathrm{d}V$ 为体积的变化量. 则移动微小位移 $\mathrm{d}x$ 所做的元功为

$$đA=-p\mathrm{d}V \tag{3.2.2}$$

我们来考查一下符号规则. 图 3.2.2 示意的压缩气体做功, $dV<0$, 根据式(3.2.2)可以得到, 做功 $đA>0$. 我们再看一下, 如果是气体对外界做功, 根据符号规则, 应该是负功. 式(3.2.2)还适用吗? 气体膨胀, $dV>0$, 根据式(3.2.2)可以得到, 做功 $đA<0$, 功是负的! 也就是说, 式(3.2.2)无论对于体积膨胀做负功还是体积压缩做正功, 都是正确的.

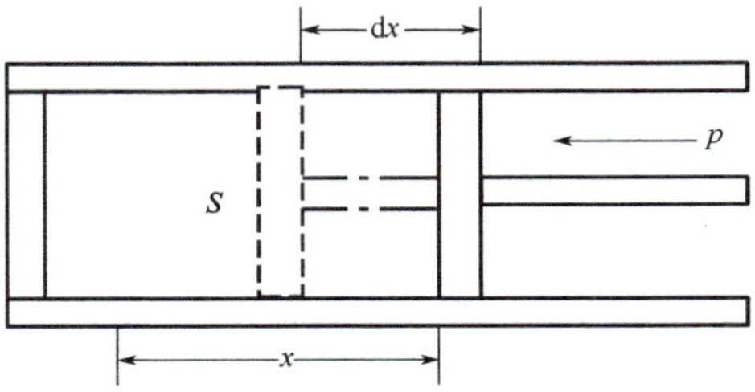

图 3.2.2　压缩气体做功示意图

在气体体积由初态体积 V_i 变化为末态体积 V_f 的热力学过程中, 所做的功通过积分求得

$$A=-\int_{V_i}^{V_f} p\mathrm{d}V \tag{3.2.3}$$

如果知道 p 是 V 的函数(比如通过状态方程), 那么上式就可以积分得到具体的值了.

在上面的例子中, 气缸形状是规则的, 其实对于任意形状的容器, 只要在准静态过程中所做的功是通过体积变化而实现的, 则式(3.2.3)都适用.

做功过程中伴随着体积的膨胀或压缩, 功与体积的变化有关, 所以我们形象地称之为体积功(volume work). 气体体积膨胀, 做负功; 气体体积压缩, 做正功.

3. 体积功的几何意义

如图 3.2.3 所示, 这是一个 p-V 图, 从几何图形上来看, 取 $V\sim V+dV$ 这么一个微体积元, 计算体积变化了 dV 时所做的功, 然后再积分, 就得到整个过程的功. 积分就是将每一个微面积加起来, 得到总的面积. 所以, 做功的大

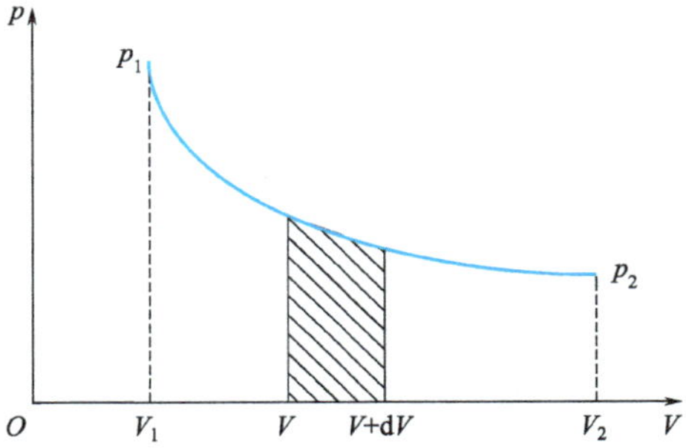

图 3.2.3　体积功的几何意义

小就等于过程曲线与 V 轴构成的几何图形的面积. 在某些场合，这给我们提供了一个简便的计算功的方法. 比如，对于用一条直线表示的过程，则直接计算该直线与 V 轴所包围的面积，即可计算出体积功.

3.2.2 几种特殊热力学过程的功

1. 等容过程的体积功

如果系统的体积不变，则功显然为 $A=0$. 也就是说，体积不变时，体积功为 0.

2. 等压过程的体积功

当压强不变时，即等压过程下，由式(3.2.3)得到

$$A=-\int_{V_i}^{V_f} p\mathrm{d}V=-p\int_{V_i}^{V_f}\mathrm{d}V=-p(V_f-V_i) \tag{3.2.4}$$

3. 等温过程的体积功

等温过程的过程方程为 $pV=a$，a 为常量，过程曲线为 p-V 图上的双曲线. 由状态方程 $pV=\nu RT$，有 $p=\dfrac{\nu RT}{V}$，代入体积功的公式(3.2.3)，得到

$$A=-\int_{V_i}^{V_f} p\mathrm{d}V=-\int_{V_i}^{V_f}\frac{\nu RT}{V}\mathrm{d}V=-\nu RT\int_{V_i}^{V_f}\frac{\mathrm{d}V}{V}=-\nu RT\ln\frac{V_f}{V_i} \tag{3.2.5}$$

还可用状态方程及过程方程将上式改写成其他形式

$$A=\nu RT\ln\frac{p_f}{p_i}=pV\ln\frac{p_f}{p_i} \tag{3.2.6}$$

式中，p_i、p_f 为初、末态压强.

4. 绝热过程的体积功

由绝热过程的过程方程(泊松公式) $p_iV_i^\gamma=pV^\gamma$，得到 $p=\dfrac{p_iV_i^\gamma}{V^\gamma}$，代入体积功的公式，可以得到

$$A=\frac{1}{\gamma-1}(p_fV_f-p_iV_i) \tag{3.2.7}$$

【例 3.7】在 p-V 图上，一条双曲线方程为 pV=1000，试求从曲线上一点(p_1=1atm)沿着曲线到另外一点(p_2=2atm)所做的功.

【解】本题考查等温过程的做功.

这是一个等温过程，做功为

$$A=-\int_{V_1}^{V_2} p\mathrm{d}V=-\int_{V_1}^{V_2}\frac{\nu RT}{V}\mathrm{d}V=-\nu RT\ln\frac{V_2}{V_1}$$

$$=\nu RT\ln\frac{p_2}{p_1}=pV\ln\frac{p_2}{p_1}=1000\times\ln\frac{2}{1}=1000\ln 2=693.1(\mathrm{J})$$

【例 3.8】如图 3.2.4 所示的 $abcd$ 四点的状态参量分别是 $a(V_a=1\text{L}, p_a=2\text{atm})$、$b(V_b=2\text{L}, p_b=2\text{atm})$、$c(V_c=2\text{L}, p_c=1\text{atm})$、$d(V_d=1\text{L}, p_d=1\text{atm})$. 现有 2mol 的理想气体，(1)分别经过 ab 路径和 ba 路径，所做的体积功分别是多少？二者相同吗？(2)分别经过 abc 路径和 adc 路径到达状态 c，所做的体积功分别是多少？二者相同吗？(3)分别通过直线 ac 和等温线 ac 由状态 a 到 c，所做的体积功分别是多少？二者相同吗？(4)通过 $abcda$ 和 $adcba$ 路径，做功分别为多少？

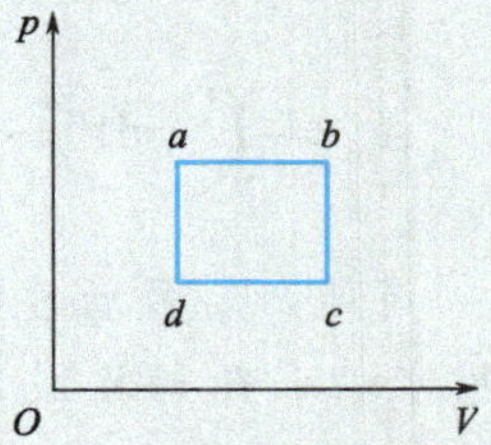

图 3.2.4　例 3.8 图

【分析】本题考查几种特殊的热力学过程的做功的计算，直接套用体积功的公式进行计算即可，这是基本能力，必须牢牢掌握. 功是过程量，跟具体的热力学过程有关，计算中要注意物理量的单位，可能还需要用到积分知识.

【解】(1) ab 路径是等压过程，由式(3.2.4)，做功为

$$A_{ab}=-p_a(V_b-V_a)=-2\times1.013\times10^5\times(2-1)\times10^{-3}=-202.6(\text{J})$$

ba 路径是等压过程，由式(3.2.4)，做功为

$$A_{ba}=-p_b(V_a-V_b)=-2\times1.013\times10^5\times(1-2)\times10^{-3}=202.6(\text{J})$$

二者做功的数值相同，但是符号不同. 根据符号规则，ab 路径，体积膨胀，系统对外界做功，是负值；ba 路径，体积缩小，外界对系统做功，是正值.

我们再来计算一下直线 ab 与 V 轴所包围的面积，其大小为 202.6J，和所做的功的数值是相同的. 所以，我们也可以通过计算面积得到功的大小，再利用体积膨胀或压缩，判断做功的正负.

(2) bc 路径是等容过程，做功 $A_{bc}=0$；(1)中已经讲过，ab 路径是等压过程，做功 $A_{ab}=-202.6\text{J}$. 所以 abc 路径，总的做功为

$$A_{abc}=A_{ab}+A_{bc}=-202.6\text{J}$$

ad 路径是等容过程，做功 $A_{ad}=0$；dc 路径是等压过程，做功

$$A_{dc}=-p_d(V_c-V_d)=-1\times1.013\times10^5\times(2-1)\times10^{-3}=-101.3(\text{J})$$

所以 adc 路径，总的做功为

$$A_{adc}=A_{ad}+A_{dc}=-101.3\text{J}$$

可见，两个过程中，体积膨胀，对外做功，所以功是负的，但是做功的大小并不相同.

根据几何法，得到的结果也是一样的.

(3)直线 ac 的方程是 $p=-V+3$，注意，这里 p 的单位是 atm，V 的单位是 L. 方程 $p=-V+3$ 中，V 前面的系数-1，是有单位的，单位是 $\text{atm}\cdot\text{L}^{-1}$，方程式中的数 3，其单位是 atm.

由体积功的公式

$$A_{ac}=-\int_{V_a}^{V_c}p\mathrm{d}V=-\int_{V_a}^{V_c}(-V+3)\mathrm{d}V=-\left(-\frac{V^2}{2}+3V\right)\Bigg|_{V_a}^{V_c}=-1.5\mathrm{atm}\cdot\mathrm{L}\approx-152.0\mathrm{J}$$

【注意】最后要将单位换算成国际单位制. 在求 p 与 V 的函数关系时，也可以一开始换成国际单位制. 采用国际单位时，压强与体积并不满足 $p=-V+3$ 的关系式，而是另外的表达式，读者可以自行计算.

通过几何法，计算 ac 直线与 V 轴构成的梯形面积，也可以得到同样的结果.

对于状态 a 和状态 c，满足 $p_aV_a=\nu RT_a$，$p_cV_c=\nu RT_c$，可见 $T_a=T_c$.

对于等温过程 ac，$A_{ac}=-\int_{V_a}^{V_c}p\mathrm{d}V=-\nu RT\ln\frac{V_c}{V_a}=-p_aV_a\ln\frac{V_c}{V_a}=-140.5\mathrm{J}$.

(4)通过 $abcda$ 路径，做功为

$$A_{abcda}=A_{ab}+A_{bc}+A_{cd}+A_{da}=-202.6+0+101.3+0=-101.3(\mathrm{J})$$

通过 $adcba$，做功为

$$A_{adcba}=A_{ad}+A_{dc}+A_{cb}+A_{ba}=0-101.3+0+202.6=101.3(\mathrm{J})$$

可见二者做功数值相同，但是符号不同，因为一个是系统对外界做功，一个是外界对系统做功.

我们再来计算一下矩形 $abcd$ 的面积，可见其大小就是体积功.

从上面的计算中可以看出，过程曲线与 V 轴所包围的面积，其数值就等于所做的功. 闭合过程曲线所包围的面积就是整个过程所做的净功，即正功和负功的代数和.

通过该例题可见：

(1)体积功与过程有关，其正负值与体积膨胀或压缩有关；

(2)体积功的大小就是过程曲线(或直线)与 V 轴所包围的面积；

(3)过程的总净功是几个过程所做功的代数和，也是几条过程线与 V 轴围成面积的代数和. 如果是闭合过程，则是几条过程曲线所包围的面积；

(4)计算中，要注意正确处理物理量的单位.

3.3 热力学系统的内能

3.3.1 分子动理论中内能的定义

我们在第 1 章学过，热学系统中有大量的分子(或其他微观粒子，如离子、原子等，为方便起见，下文都统一写为分子)，这些分子在永不停息地做着无规则的热运动，所以分子具有动能；分子之间也有相互作用，所有分子也具有势能.

对于气体来说，一般认为，分子无规则运动的动能(平动能、转动能及振动能)和分子间的势能之和，称为内能(internal energy)，常用 U 来表示，而用 U_m 表示 1mol 物质的内能，即摩尔内能，显然 $U=\nu U_m$，ν 为物质的量.

能量均分定理告诉我们，分子在每个能量自由度上的平均动能相等，均等于 $kT/2$，即分子的动能与温度有关. 势能则跟分子之间的距离有关，分子间的距离不同则系统的体积不同，所以势能跟体积有关. 因此，一定量物质的系统内能跟温度和体积有关，即 $U=U(T,V)$，且是状态量 T、V 的单值函数. 状态确定了，则内能就确定了. 因此，内能是状态量.

3.3.2　焦耳定律　理想气体的定义

1. 焦耳定律

焦耳通过大量的实验得出一个规律：气体(其实应该是理想气体)的内能与体积无关，这个规律叫做焦耳定律(Joule's law).

2. 理想气体的定义

前面已经学过理想气体，那么理想气体到底是如何定义的呢?热力学系统中的内能是跟状态有关的，而状态参量包括温度、体积、压强等. 不过，在分子动理论中，我们又提到理想气体的内能仅仅是温度的函数.

焦耳定律告诉我们：气体的内能与体积无关. 进一步的更加精确的实验表明：气体压强越低，其内能随体积的变化程度就越低，在压强趋于零的极限情况下，内能与体积的变化无关. 这就是说，焦耳定律是在气体压强趋于零的极限情况下才准确成立的.

焦耳定律与玻意耳定律、阿伏伽德罗定律及道尔顿分压定律相同，都是在气体压强趋于零的极限情况下才准确成立. 理想气体就是在气体压强趋于零的极限情况下没有分子作用势能的气体，是一种理想情况.

一般情况下的气体，不做特殊说明，可以近似认为是理想气体.

3.3.3　理想气体的内能及内能变化

1. 理想气体的内能

对于理想气体分子，分子之间没有相互作用力，也就是说理想气体分子间的势能为零，所以，理想气体的内能仅仅是其所有分子热运动的动能，因而，内能仅仅是温度的函数. 所以，在第 1 章我们说，理想气体的内能就是气体热运动的动能. 焦耳实验也证明了这一点.

第 1 章中我们已给出了一个理想气体分子的平均动能为 $\varepsilon=\frac{i}{2}kT$，其中 i 为分子的能量自由度. 对于理想气体，内能就等于平均动能，一个分子的平均内能是

$$u = \frac{i}{2}kT \tag{3.3.1}$$

要说明的是，内能是大量分子在一段观测时间内的平均值，所谓一个分子的平均内能，严格来说是没有意义的，或者从数学上说，它是大量分子内能除以分子数得到的平均值.

1mol 理想气体分子的平均内能为

$$U_{\mathrm{m}} = N_{\mathrm{A}}u = \frac{i}{2}N_{\mathrm{A}}kT = \frac{i}{2}RT \tag{3.3.2}$$

ν mol 理想气体分子的平均内能是

$$U = \nu U_{\mathrm{m}} = \frac{i}{2}\nu RT = \frac{i}{2}pV \tag{3.3.3}$$

对于单原子分子，可以将之视为质点，其能量自由度为 i=3，所以，摩尔内能为 $U_{\mathrm{m}} = \frac{3}{2}RT$；对于刚性双原子分子，其能量自由度为 i=5，所以，摩尔内能为 $U_{\mathrm{m}} = \frac{5}{2}RT$；对于非刚性双原子分子，其能量自由度为 i=7，所以，摩尔内能为 $U_{\mathrm{m}} = \frac{7}{2}RT$.

2. 理想气体内能的变化

某个热力学过程，从初态 i 到末态 f，理想气体的内能变化只跟初态内能和末态内能有关，即

$$\Delta U = U_{\mathrm{f}} - U_{\mathrm{i}} = \frac{i}{2}\nu RT_{\mathrm{f}} - \frac{i}{2}\nu RT_{\mathrm{i}} = \frac{i}{2}p_{\mathrm{f}}V_{\mathrm{f}} - \frac{i}{2}p_{\mathrm{i}}V_{\mathrm{i}} \tag{3.3.4}$$

可见，内能变化量只跟初态和末态有关，而跟具体是什么过程没有任何关系.

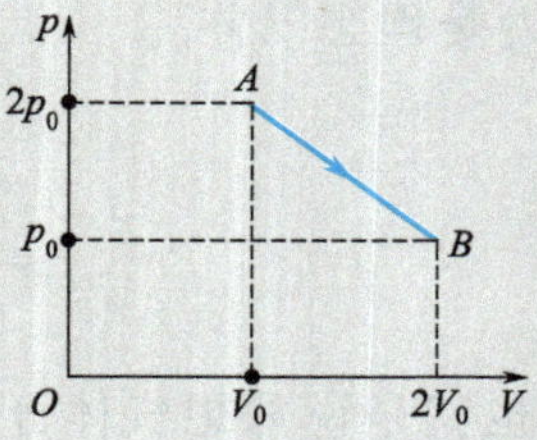

图 3.3.1 例 3.9 图

【例 3.9】有一定量的单原子气体，初态 A 的压强和体积为 $2p_0$、V_0，经过某一热力学过程到达末态(图 3.3.1)，末态 B 的压强和体积分别为 p_0、$2V_0$，试问：(1) A、B 的内能是多少？(2)从 A 经过等温过程到达 B，则内能变化量为多少？(3)从 A 先经过等压过程到达某状态(压强和体积分别为 $2p_0$、$2V_0$)，再经等容过程到达 B，则内能变化量为多少？(4)从 A 经过图示直线到达 B，则内能变化量为多少？(5)在(4)所述过程中，内能是怎样变化的？

【分析】本题考查内能概念，需要用到内能定义式、状态方程. 内能是状态的函数，与具体过程无关. 通过本题，可以知道在 p-V 图上的直线过程(非多方准静态过程)，其温度变化以及内能变化的趋势.

【解】(1) $U_A=\frac{3}{2}\nu RT_A$，$p_AV_A=\nu RT_A$，$T_A=\frac{p_AV_A}{\nu R}=\frac{2p_0V_0}{\nu R}$，所以

$$U_A=\frac{3}{2}\nu R\frac{2p_0V_0}{\nu R}=3p_0V_0$$

$U_B=\frac{3}{2}\nu RT_B$，$p_BV_B=\nu RT_B$，$T_B=\frac{p_BV_B}{\nu R}=\frac{2p_0V_0}{\nu R}$，所以

$$U_B=3p_0V_0$$

(2)～(4)因为内能的变化量只跟初末态内能有关，而与具体过程无关，所以，这三种情况的内能变化均为

$$\Delta U=U_B-U_A=0$$

读者可以针对不同过程，逐一计算出 U_A、U_B，得出上述结果.

(5)在 AB 直线过程中，温度增加，内能增大，而后温度减小，内能随之减小.

由图可得到 AB 直线方程为

$$p=-\frac{p_0}{V_0}V+3p_0$$

温度变化为

$$T=\frac{pV}{\nu R}=\frac{1}{\nu R}\left(-\frac{p_0}{V_0}V^2+3p_0V\right)$$

从 A 到 AB 直线上的任一点，内能变化为

$$\Delta U=U-U_A=\frac{3}{2}\nu RT-\frac{3}{2}\nu RT_A=\frac{3}{2}\left(-\frac{p_0}{V_0}V^2+3p_0V\right)-3p_0V_0$$

$$=-\frac{3p_0}{2V_0}V^2+\frac{9p_0}{2}V-3p_0V_0$$

其随体积 V 的变化是一个抛物线.

当 $V=\frac{3}{2}V_0$ 时(直线上温度最高点)，有最大的内能变化量 $\Delta U=\frac{3}{8}p_0V_0$.

3.4 热力学过程的热量

天津有个石家大院，建于清朝. 为了冬天御寒，在房间石板地砖下面设计了烟火道，如图 3.4.1(a)所示. 北方居民家的火炕，以及目前很多家庭装修时采用的地暖，也是类似的结构，见图 3.4.1(b). 冬天将门窗关闭，则室内相当于一个热力学系统，在火道内烧火(或地板下方的管道中通热水)，将能量传递给了低温的室内空气，这种由于存在温度差(不是通过做功)而传递的能量，叫做**热量**(heat)，又称为热能，经常简称为热. 热量可以从一个系统通过某个热力学过程传递给另外一个系统(或者环境)，热量

的传递跟做功一样是过程量，不是状态量. 必须通过一个热力学过程，才能有热量的传递，我们不能简单地说在某个状态下的系统具有热量. 热量的传递方式有热传导、热对流、热辐射，具体内容将在第 8 章讲述.

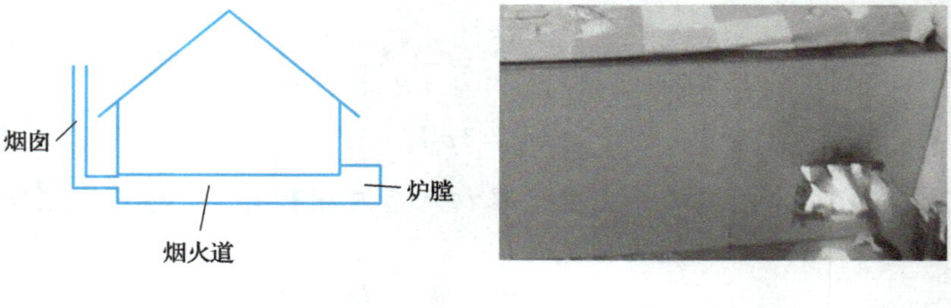

图 3.4.1　房屋内的加热

3.4.1　热量的本质

1. 热动说与热质说

历史上，关于热量的本质有过长期的争论. 概括起来，主要有热动说(mechanical theory of heat)和热质说(caloric theory of heat)两种假说.

(1)热动说. 19 世纪以前，培根(F. Bacon)、玻意耳(R. Boyle)、胡克(R. Hooke)和牛顿(I. Newton)等著名的科学家都认为热是物质微粒运动的表现形式，这称为“热动说”.

(2)热质说. 随着量热术的发展，温度、比热等概念的确立，“热质说”被提出来了. 热质说认为：热是一种看不见、无重量、可渗入一切物体之中的流质，称之为“热质”或“热素”；冷物体的热质少，热物体的热质多；热质是守恒的，不能产生也不能消失，只能从较热的物体流到较冷的物体. 热质说可以用来解释很多量热实验结果，但有些神秘虚幻，关键是无法解释常见的“摩擦生热”现象，这是“热质说”的一大软肋.

热质说自从被拉瓦锡(A.-L. de Lavoisier，1743～1794 年)在 1783 年提出后，由于拉瓦锡的影响力，以及卡诺(N. L. S. Carnot，1796～1832 年)1824 年用热质说对热机工作原理的解释，一直是热学领域的主导性理论.

2. 热功当量

兵工厂技师伦福德(C. Rumford，1753～1814 年)对炮筒进行镗孔时发现，钻头越钝，切削出的金属碎屑就越少，但是产生的热量反而越多，这显然违背了热质说的理论. 他认为，钻孔过程中的热量不是来自金属的热质，而只能来自钻头克服金属工件摩擦力所做的机械功. 次年，戴维(H. Davy，1778～1829 年)根据两块冰互相摩擦而完全熔化的实验，指出冰的熔化热显然是摩擦所供给的，并无什么“热质”. 此后，从 1840 年到 1879 年，英国物理学家焦耳进行了大量实验，实验表明：在绝热条件下(系统之间没有任何热量交换)，对系统所做的功(称为绝热功)完全由系统的初末态决定，与做功的方式和做功的过程无关，并得到了功和热量之间具有确定的当量关系：1J=4.18cal. 这称为热功当量. 热功当量关系中的 cal，中文翻译为卡路里或卡.

cal 在历史上是这么定义的：将标准大气压下 1g 纯水由 14.5℃升温到 15.5℃所需的热量定义为热量的单位“15℃卡”，记作 cal_{15}，$1cal_{15}$=4.1855J；国际上还沿用热化学卡 cal_{th} 及国际蒸气表卡 cal_{IT}. 热量 $1cal_{th}$=4.1840J 及 $1cal_{IT}$= 4.1868J；此外，在工程上以“千瓦·时”(kW · h)为功的单位时，1 千瓦·时=860 千卡(工程).

自 1948 年起，国际上规定功和热量统一采用 J(焦耳)为单位.

热功当量的实验表明“热质说”是错误的. 实验表明，热是微观粒子无规则运动的表现形式.

*3.4.2 焦耳的贡献

焦耳对于人们理解热量，以及能量守恒与转换定律的发现与确立，做出了重要的贡献.

焦耳(J. P. Joule，1818 ~ 1889 年)，英国物理学家，英国皇家学会会员. 他在研究热的本质时，发现了热和功之间的转换关系，并由此意识到了能量守恒，最终与迈耶、亥姆霍兹等一起发展出热力学第一定律. 由于焦耳在热学、热力学和电学方面的贡献，皇家学会授予他代表最高荣誉的科普利奖章(Copley Medal). 为了纪念焦耳，现在的能量和功的单位就是以他的姓命名的.

在研究中，焦耳认识到，在蒸汽机烧 1 磅(磅，英制单位，1 磅 ≈ 0.45 千克)煤所产生的热量是在格罗夫电池(Grove cell)(一种早期的电池)里消耗 1 磅锌所发出热量的 5 倍. 1843 年，焦耳设计了一个实验：将一个小线圈绕在铁芯上，用电流计测量感生电流，把线圈放在装水的容器中，测量水温以计算热量. 这个电路是完全封闭的，没有外界电源供电，水温的升高只是机械能转化为电能，电能又转化为热的结果，整个过程不存在热质的转移. 这一实验结果完全否定了热质说. 1843 年 8 月 21 日在英国学术会上，焦耳报告了论文《论电磁的热效应和热的机械值》，他根据 13 组实验数据取平均值得出如下结果：“能使 1 磅的水温升高一华氏度的热量等于(可转化为)把 838 磅重物提升 1 英尺的机械功.”他得到的热功当量为 4.511 焦耳/卡(现代公认值为 4.187 焦耳/卡). 但是，他的报告没有得到什么支持和引起太多的反响.

1847 年，焦耳做了设计思想极为巧妙的实验：他在量热器里装了水，中间安上带有叶片的转轴，然后让下降的重物带动叶片旋转，由于叶片和水的摩擦，水和量热器都变热了. 实验装置如图 3.4.2 所示.

根据重物下落的高度，可以算出转化的机械功；而根据量热器内水温的升高，可以计算水的内能增大值. 把这两个数值进行比较，就可以求出热功当量的准确值，当时得到的

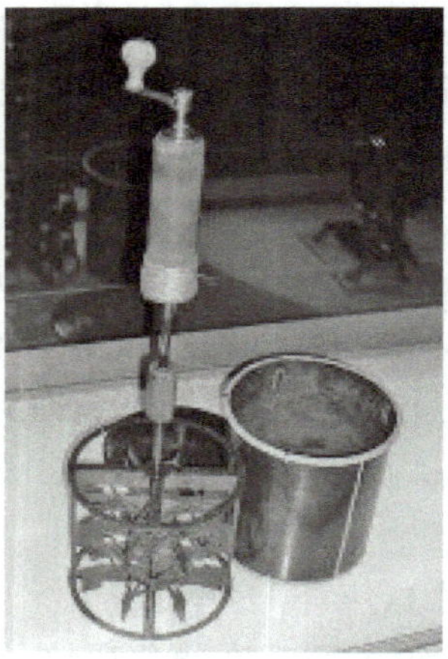

图 3.4.2　1847 年焦耳的实验装置

平均值为 423.9kg·m·kcal^{-1}. 直到 1878 年，几十年中，焦耳不断改进实验方法，用各种方法进行了四百多次的实验.

当焦耳在 1847 年的英国科学学会的学术会议上再次公布自己的研究成果时，他还是没有得到支持，很多科学家都怀疑他的结论，认为各种形式的能之间的转化是不可能的. 直到 1850 年，其他一些科学家用不同的方法进行了能量守恒定律和能量转化定律的实验，他们的结论和焦耳的相同，如此焦耳的工作才得到认可. 焦耳一辈子献身于科研事业，数十年如一日，不断改进实验，精益求精，为能量守恒与转换定律的建立做出了巨大的贡献.

3.4.3　热、功和内能的转化

从炮膛镗孔、冰摩擦熔化、焦耳的实验，以及我们在日常生活和各种生产活动中都可以发现做功可以产生热，做功也能够导致温度变化(内能与温度有关)；而温度改变，可能与热量传递(吸热或放热)有关，也可能与做功有关. 做功和传热都是能量交换的方式，通过做功和传热这两种方式所传递的能量与系统的内能之间是可以相互转化的；当温度不变时，功和热量也可以相互转化.

一个热力学过程的能量传递是通过做功的方式还是通过传热的方式进行，与系统的选取有关. 比如，在水中插入电加热器，若将水看成一个系统，加热器通电后，其温度比水的高，通过传热的方式将加热器的热量传递给了水，从而使得水温升高；若将水与电阻加热器合起来看成是一个系统，则是因为外电源做了功而使得水温升高.

从微观角度看，做功是使系统中的微观粒子整体做规则运动的能量向粒子无规则热运动能量转化的过程. 而传热仅发生在有温差的情况下，是微观粒子热运动能量通过粒子间的杂乱碰撞而由高温处向低温处的传输.

可见，热、功、内能是可以互相转化的. 进一步的定量研究表明，转化的具体值必须守恒.

3.4.4　过程量与状态量

一个处于平衡态的系统具有确定的状态，此状态可以用一些物理参量来描述，比如压强、温度、体积、内能，这些物理量称为状态量(state quantity/variable). 当系统被压缩或膨胀，外界向系统或系统向外界做功或/和传递热量(即吸热和放热)时，系统的平衡态被打破了，经过一段时间(弛豫时间)后，会再次达到平衡. 在两个平衡过程中，外界对系统做了功(或者系统对外界做了功)，和/或系统从外界吸热(或向外界放热). 这里，做的功和吸收(或放出)的热量，都是在过程中体现的，是过程量(process quantity/variable).

我们经常简单地说功和热是过程量，实际上指的是做功过程和传热过程.

我们再次强调：内能是状态量，做功和(传递)热量是过程量. 一个系统的状态确定了，则它就具有了确定的内能，但是不能说它有确定的功和热；做的功和传的热不是系统的状态函数，它们是过程量，是系统状态变化中伴随发生的两种不同的能量传递形式，仅仅在状态变化中才有意义，做功和传热的多少都与系统状态变化所经历的具体过程有关；而内能的变化则跟具体过程无关，只跟初末两个状态有关.

3.5　热力学第一定律

*3.5.1　历史溯源

19 世纪初，由于蒸汽机的广泛应用，迫切需要研究热和功的关系，从理论上弄清蒸汽机的热与机械功的相互转化.

埃瓦特(P. Ewart，1767 ~ 1842 年)将燃烧煤产生的热量和由此提供的“机械动力”建立了定量联系. 丹麦工程师和物理学家柯尔丁(L. Colding，1815 ~ 1888 年)通过摩擦生热对热、功之间的关系做了研究. 俄国的赫斯(G. H. Hess，1802 ~ 1850 年)在化学反应中发现放出的热总是恒定的. 法国工程师卡诺也早在 1830 年就确立了功热相当的思想，并给出了热功当量的数值.

德国的迈耶(又译：迈尔)、亥姆霍兹(又译：赫姆霍兹)和英国的焦耳都明确地认为能量是守恒的.

迈耶通过研究，明确指出：“力(即能量)是不灭的、可转化的、不可称量的客体”，“无不能生有，有不能变无”，“永远处于循环转化的过程之中. 任何地方，没有一个过程不是力的形式变化！”他也计算出了热功当量的数值，还推导出了等压热容和等容热容之间的关系式(称为迈耶公式). 迈耶关于能量转化与守恒的叙述是最早的完整表述.

迈耶(J. R. von Mayer，1814 ~ 1878 年)，德国医生、物理学家. 他对万事总要问个为什么，而且必亲自研究. 1840 年，他在给病人治病时，想到人之所以能保持体温，是因为食物，而所有食物又都来源于植物，植物是靠太阳生长的，最后归结到一点：能量是如何转化(转移)的？他测得热功当量为 365kg · m · kcal^{-1}，撰写了论文《论无机界的力》，并投到《物理年鉴》，却被拒绝录用，最后只好发表在一本名不见经传的医学杂志上. 他到处演说“你们看，太阳挥洒着光与热，地球上的植物吸收了它们，并生出化学物质……”，可是，因为思想的超前和不合时宜，迈耶曾备受折磨. 其著作在发表的几年内，不仅没有得到人们的重视，反而受到了一些著名物理学家的反对，甚至受到一些人的诽谤和讥笑. 他因此在精神上受到很大刺激，曾一度被关进精神病院. 直到 1858 年，他的贡献才得到认可，此后又先后获得了英国皇家学会的科普利奖章，蒂宾根大学的荣誉哲学博士、巴伐利亚和意大利都灵科学院院士的称号. 这个例子再次表明，人类的认知不是一蹴而就的，而是螺旋式上升的.

焦耳采用不同的方法，进行了数百次的热学实验，精确测量了热和功的相当性，使得能量转化与守恒定律的实验基础更加牢靠.

亥姆霍兹从多方面论证了能量转化与守恒定律. 他总结了许多人的工作，把能量概念从机械运动推广到了所有的变化过程，并证明了普遍的能量守恒定律. 通过能量守恒定律人们可以更深入地理解自然界的统一性.

亥姆霍兹(H. von Helmholtz，1821～1894年)，德国物理学家、数学家、生理学家. 亥姆霍兹发展了迈耶、焦耳等的工作，讨论了已知的力学、热学、电学、化学的各种科学成果，严谨地论证了各种运动中的能量守恒定律. 1847年他在德国物理学会发表了“关于力的守恒”的演讲，第一次以数学方式提出能量守恒定律. 他还研究了流体力学的涡流、热力学、电磁学，发明了共鸣器(称亥姆霍兹共鸣器)以分离并加强声音的谐音，提出了吉布斯-亥姆霍兹方程. 他通过一系列演讲，使得麦克斯韦的电磁理论得到欧洲物理学家的注意，在电磁波研究中取得巨大成就的赫兹就是他的学生. 他出版了专著《力之守恒》、《生理学手册》第一卷、《音调的生理基础》. 亥姆霍兹不仅对医学、生理学和物理学有重大贡献，还一直致力于哲学认识论. 他认为：世界是物质的，而物质必定守恒.

3.5.2 热力学第一定律的表述形式

能量守恒与转换定律(law of conservation and conversion of energy)指出：能量既不会凭空产生，也不会凭空消失，它只会从一种形式转化为另一种形式，或者从一个物体转移到其他物体，而能量的总量保持不变. 它是自然界普遍的基本定律之一. 如果涉及热量，则可以表述如下.

能量可以从一个系统(物体)传递给另一个系统(物体)，能量的相互传递和转换可以通过做功和/或传热的方式，在传递和转换过程中，能量的总值不变. 这就是**热力学第一定律**(first law of thermodynamics)的表述.

3.5.3 热力学第一定律的数学表达式

1. 数学表达式

热力学第一定律的数学表达式为

$$\Delta U = A + Q \tag{3.5.1}$$

式中，ΔU 是从初态到末态(均为平衡态)的内能变化；A 为初态到末态过程中外界对系统或系统对外界所做的功；Q 为初态到末态的过程中系统与外界之间传递的热量.

2. 符号规则

热力学过程中，从初态到末态是外界对系统做功，还是系统对外界所做的功，可以通过正负号来区分. 从初态到末态，系统向外界传递热量(即系统放热)，还是外界给系统传递热量(即系统吸热)，也是通过正负号来区分的.

前面我们给出过规定：若 $A>0$，是外界对系统做功，反之，$A<0$ 为系统对外界做功；对于热量，若 $Q>0$，是系统从外界吸热，反之，$Q<0$ 为外界对系统吸热.

注意，不同的教材中，所规定的符号规则是不一样的，这导致了热力学第一定律的数学表达式也不同.

3. *适用范围*

式(3.5.1)表明，从初态到末态，无论经历了怎样的过程，在过程中所做的功与传递的热二者的总和是相同的. 对于任何热力学过程，其初、末状态是平衡态，不管过程的具体性质如何，都可以使用式(3.5.1).

即使系统在总体上并未达到平衡，但是如果系统内局部达到平衡态，分别有态函数 $U_1,U_2,\cdots$，仍可定义系统总内能的改变量为

$$\Delta U=\Delta U_1+\Delta U_2+\cdots$$

对于一无限小的元过程，式(3.5.1)则写为

$$\mathrm{d}U=\text{đ}A+\text{đ}Q \tag{3.5.2}$$

这里，我们将无限小过程中传递的热量记为 $\text{đ}Q$，所做的功记为 $\text{đ}A$，微分符号 d 上的一横是为了明确表明传递的热量和做的功不是状态函数，而是过程量. 不带小横的微分量如 $\mathrm{d}U$，则表明是状态量.

对于热力学第一定律，如果将功推广为广义功(包括表面张力的功、电磁场的功等)，将能量考虑为内能和其他能量(如电磁能、机械能、化学能等)之和，则热力学第一定律就是能量守恒与转换定律，适用于整个自然界.

热力学第一定律阐述了能量的守恒与转化，但是，功与热的转变是有方向的，功可以完全转变为热而不产生其他影响，但热不可以完全转变为功而不产生其他影响. 热力学第一定律未能解决功热转变方向性这个问题. 这将由热力学第二定律来予以解决.

3.5.4　举例

我们用热力学第一定律来解释两个生活中的例子.

1. *房间的空调和冬天的暖气*

夏天，房间门窗紧闭，打开空调，这时屋内空气体积不变，做功为 0，但是温度下降，内能减小，空调将室内的热量排到室外. 根据热力学第一定律，排出的热量等于屋内空气内能的变化量. 类似地，冬天屋内装有暖气管或空调(制热空调，又称为热泵)，屋内空气体积不变，吸收了热量后，由热力学第一定律可知，其内能增加，从而温度上升.

2. 烹饪

以煮肉为例. 所谓的"肉", 其主要成分是水、蛋白质和脂肪. 它们都会因加热而发生变化. 吸收热量后, 肉的原有规则性结构会被打乱, 体积就会收缩. 我们可以粗略地进行建模: 在这个过程中, 系统(这里的系统为固态的肉)吸热, 体积缩小, 同时温度上升. 吸收的热量用来对系统做功, 同时使得系统温度上升, 总的能量是守恒的. 当然, 严格来说, 系统中液体的流出以及可能产生的化学反应也是需要能量的, 但是总体上来说, 能量一定是守恒的.

牛肉中的肌球蛋白在约 50℃时就开始发生变性, 但这时的牛肉, 总体上近似于生肉时的状态, 这种熟度被称为"一成熟"(rare); 60℃时肌球蛋白进一步变性, 同时牛肉中的骨胶原也发生变性, 牛肉开始收缩, 表面开始有肉汁渗出, 但肉内部仍留有许多肉汁, 因此吃起来有多汁的感觉, 且有弹性、有嚼劲, 此时为"五成熟"(medium); 继续加热, 肌球蛋白和骨胶原会进一步变性, 牛肉变硬, 鲜味肉汁大量流失, 吃起来比较干, 此时为"全熟"(well done).

对于气体系统, 利用热力学第一定律进行定性和定量分析, 将在 3.7 节专门叙述.

*3.5.5 第一类永动机

自从人类发明了机器后, 就一直想着提高其效率, 甚至希望出现永动机(perpetual motion machine), 就是说, 幻想"既要马儿好, 又要马儿不吃草". 有文字记载的最早的永动机的思想起源于印度, 公元 1200 年前后, 又从印度传到了中东, 再传到了西方. 13 世纪, 法国亨内考提出来一种带有轮子的永动机, 但是实际上轮子不会持续转动下去而对外做功, 只会摆动几下, 便停下来. 文艺复兴时期意大利的达·芬奇也造了一个类似的装置, 也没有能够实现"永动". 他敏锐地由此得出结论: 永动机是不可能实现的. 他写道: "永恒运动的幻想家们! 你们的探索何等徒劳无功! 还是去做淘金者吧!" 斯蒂文也于 1568 年写了一本《静力学基础》, 明确地提出了永动机不可能实现的观点.

不过, 制造永动机的步伐并没有停止, 约在 1570 年, 意大利的泰斯尼尔斯教授提出用磁石的吸力实现永动机. 16 世纪 70 年代, 意大利的机械师斯特尔提出了水轮永动机, 1681 年, 英国一位著名的医生弗拉德提出自动水轮机, 并带动了研究永动机的热潮. 比如, 17 世纪英国有一个犯人, 做了一台可以转动的"永动机", 向英国国王查理一世表演. 国王看了很是高兴, 就特赦了他. 其实这台机器是靠惯性来维持短时运动的.

此外, 人们还提出过利用轮子的惯性、细管子的毛细作用、电磁力等获得有效动力的种种永动机设计方案, 如表面张力永动机、浮力永动机、永磁永动机、自动洗衣机等. 当时欧洲很多人都在设计和制造永动机, 宫廷里聚集了企图以发明永动机来挣钱的有学识的和无学识的人, 他们提出了种种方案, 但是, 所有方案都无一例外地以失败告终.

1775 年, 法国科学院郑重通过了一项决议, 拒绝审理有关永动机的论文和专利. 《法国科学院的历史》一书中写道"这一年科学院通过决议, 决定拒绝审理有关下列问题的解答：倍立方，三等分角，求与圆等面积的正方形，以及表现永恒运动的任何机器”，并且解释说“永动机的建造是绝对不可能的，即使中间的摩擦和阻力不致最终破坏原来的动力，这个动力也不能产生等于原因的效果；再如设想动力可以连续起作用，其效果在一定时间之内也会是无限小. 如果摩擦和阻力减小，初始的运动往往得以继续，但它不能与其他物体作用，在这种假设(自然界不可能存在)中，唯一可能的永恒运动对实现永动机建造者的目的将毫无用处. 这些研究的缺点是费用极度昂贵，不只毁了一个家庭，本来可以为公众提供大量服务的技师们，也往往为此浪费了他们的工具、时间和聪明才智”.

1861 年，英国工程师德尔克斯收集了大量资料，写成一本名为《17、18 世纪的永动机》的书，告诫人们，“切勿妄想从永恒运动的赐予中获取名声和好运”.

通过不断的实践和尝试，人们逐渐认识到：任何机器对外界做功都要消耗能量. 不消耗能量，机器是无法做功的. 在这种背景下，科学家们开始研究热、功、能的转化，并于 19 世纪中叶提出了伟大的能量守恒和转化定律，该定律的建立引发了工业革命，极大地改变了人类社会，提高了人们的生活质量.

能量守恒与转化定律为辩证唯物主义提供了更精确、更丰富的科学基础. 有力地打击了那些认为物质运动可以随意创造和消灭的唯心主义观点.

由于此后人们还进行了另外一类永动机(符合热力学第一定律但是不符合热力学第二定律)的研制，所以将这一时期提出来的不符合热力学第一定律的“永动机”称为第一类永动机，将后者称为第二类永动机.

下面我们从热力学定律出发，来证明第一类“永动机”是不可能的. 若要系统对外做功，则要求 $A<0$，为了使得系统再次对外做功，在系统对外做功后就必须回到原态，这样 $\Delta U=0$，根据式(3.5.1)，则需要 $Q>0$，即需要系统吸收热量. 因此，不消耗内能、也不吸收热量，却能对外不断做功的机器是不可能存在的.

不过，遗憾的是，还是有人制作永动机，如 19 世纪末美国宾州有人想用磁铁代替钟摆的锤，企图用磁力做功代替发条，认为有可能无需发条而能自动维持摆动. 进入 20 世纪，有人想利用水中的“分子吸引力”制造“自动”泵，有人想单纯靠永久磁铁做成发电机. 看来科普工作任重道远.

3.6 热　容

3.6.1 热容的定义

系统升高(或降低)单位温度时与外界交换的热量称为物体的热容量(简称为热容，heat capacity). 其数学表达式为

$$C=\frac{\Delta Q}{\Delta T} \tag{3.6.1a}$$

或者，更严谨点，有

$$C=\lim_{\Delta T\to 0}\frac{\Delta Q}{\Delta T}=\frac{đQ}{\mathrm{d}T} \tag{3.6.1b}$$

热容的单位是 $\mathrm{J\cdot K^{-1}}$. 需要说明的是，式(3.6.1)中热量 Q 之前用了一个Δ，表示热量的变化，只有数学上的意义，在物理上，用不用这个代表变化的Δ都没有关系，因为传递的热量都是过程中才有的，是过程量.

热容与物质本身的属性有关，在相同条件下不同物质的热容可以有很大的差别；热容还与温度有关，也就是说热容是温度的函数，温度变化范围不是很大时，可以认为热容是不随温度变化的常数；热容还与具体的热力学过程有关，也就是说热容是一个过程量.

3.6.2 等容过程的热容

1. 等容热容

(1) 等容热容的定义.

等容过程中的热容，记为 C_V，下标 V 表示体积不变的等容过程. 对于理想气体，等容过程中，体积功为 0，根据热力学第一定律，有

$$\Delta Q=\Delta U \quad 或 \quad \mathrm{d}U=đQ$$

那么，由式(3.6.1)，可知

$$C_V=\frac{\Delta U}{\Delta T} \quad 或 \quad C_V=\lim_{\Delta T\to 0}\frac{\Delta U}{\Delta T}=\frac{\mathrm{d}U}{\mathrm{d}T} \tag{3.6.2}$$

(2) 等容摩尔热容.

对于 1mol 气体的等容热容，称为等容摩尔热容，记为 $C_{V,\mathrm{m}}$，其单位是 $\mathrm{J\cdot mol^{-1}\cdot K^{-1}}$.

$$C_{V,\mathrm{m}}=\frac{\mathrm{d}U_\mathrm{m}}{\mathrm{d}T}=\frac{C_V}{\nu} \tag{3.6.3}$$

式中，U_m 为摩尔内能(1mol 气体的内能)，ν 为物质的量.

(3) 等容比热容.

还有一个常用的物理量叫做比热容(specific heat capacity，简称为比热，常用小写字母 c 表示)，等容比热容(简称等容比热)就是等容条件下单位质量物质的热容

$$c_V=C_V/M \tag{3.6.4}$$

式中，M 为系统的质量. 比热的单位是 $\mathrm{J\cdot kg^{-1}\cdot K^{-1}}$. 比热一般随着温度而变化. 不过在一段不太大的温度区间内，比热可以看成常数.

(4) 等容过程中几种热容的关系.

我们来总结一下. 等容热容是体积不变时的热容，等容摩尔热容是单位摩尔物质的等容热容，等容比热容是单位质量物质的等容热容. 它们之间是互相关联的. 对于一个质量为 M、物质的量为 ν、摩尔质量为 μ 的系统，等容热容 C_V、等容摩尔热容 $C_{V,\mathrm{m}}$、等容比热容 c_V 满足如下关系：

$$C_V = \nu C_{V,\mathrm{m}}, \qquad C_V = Mc_V \tag{3.6.5}$$

$$\nu C_{V,\mathrm{m}} = Mc_V, \qquad C_{V,\mathrm{m}} = \frac{M}{\nu}c_V = \mu c_V \tag{3.6.6}$$

2. 理想气体的摩尔内能和等容摩尔热容

对于理想气体，摩尔内能为 $U_\mathrm{m} = \frac{i}{2}RT$，$i$ 为能量自由度，对于单原子分子气体，如 He 气，$i=3$；对于刚性双原子分子气体，如 H_2，$i=5$；如果双原子分子气体采用非刚性模型，则 $i=7$.

再由式(3.6.3)，可以得到理想气体的等容摩尔热容

$$C_{V,\mathrm{m}} = \frac{i}{2}R \tag{3.6.7}$$

具体地，对于单原子分子理想气体

$$C_{V,\mathrm{m}} = \frac{3}{2}R \approx 12.47\mathrm{J\cdot mol^{-1}\cdot K^{-1}} \tag{3.6.8a}$$

对于刚体双原子分子理想气体

$$C_{V,\mathrm{m}} = \frac{5}{2}R \approx 20.79\mathrm{J\cdot mol^{-1}\cdot K^{-1}} \tag{3.6.8b}$$

对于非刚性双原子分子理想气体

$$C_{V,\mathrm{m}} = \frac{7}{2}R \approx 29.10\mathrm{J\cdot mol^{-1}\cdot K^{-1}} \tag{3.6.8c}$$

3.6.3　焓　等压过程的热容量

1. 焓

对于理想气体，系统在恒压 p 下，由初态体积 V_i 变化到末态体积 V_f 时，外界对系统做功为 $A_p = -p(V_\mathrm{f} - V_\mathrm{i})$，根据热力学第一定律，有

$$Q_p = U_\mathrm{f} - U_\mathrm{i} + p(V_\mathrm{f} - V_\mathrm{i}) = (U_\mathrm{f} + pV_\mathrm{f}) - (U_\mathrm{i} + pV_\mathrm{i})$$

令

$$H = U + pV \tag{3.6.9}$$

则

$$Q_p = H_\mathrm{f} - H_\mathrm{i} = \Delta H \tag{3.6.10}$$

H 称为焓(enthalpy)，其单位为 J，它是一个状态函数. 焓的物理意义由上式可知：等压过程中吸收(或放出)的热量等于焓的增量. 单位质量的焓称为比焓

$$h = \frac{H}{M} \tag{3.6.11a}$$

式中，M 为系统的质量，比焓的单位是 $\mathrm{J \cdot kg^{-1}}$. 对于一些重要物质，不同温度下的比焓(单位质量的焓)已经制成表格，以方便应用.

1mol 气体的焓称为摩尔焓

$$H_{\mathrm{m}} = \frac{H}{\nu} \tag{3.6.11b}$$

式中，ν为物质的量，摩尔焓的单位是 $\mathrm{J \cdot mol^{-1}}$.

2. 等压热容

等压过程中的热容，记为 C_p，下标 p 表示压强不变的等压过程.

(1)等压热容.

由式(3.6.1)、式(3.6.10)，可知等压过程中的热容为

$$C_p = \frac{\Delta H}{\Delta T} \quad 或 \quad C_p = \frac{\mathrm{d}H}{\mathrm{d}T} \tag{3.6.12}$$

(2)等压摩尔热容.

对于 1mol 气体的等压热容，称为等压摩尔热容，记为 $C_{p,\mathrm{m}}$，其单位是 $\mathrm{J \cdot mol^{-1} \cdot K^{-1}}$.

$$C_{p,\mathrm{m}} = \frac{\mathrm{d}H_{\mathrm{m}}}{\mathrm{d}T} = \frac{C_p}{\nu} \tag{3.6.13}$$

(3)等压比热容.

等压比热容(简称等压比热)就是单位质量物质的等压热容

$$c_p = \frac{C_p}{M} \tag{3.6.14}$$

式中，M 为系统的质量. 比热的单位是 $\mathrm{J \cdot kg^{-1} \cdot K^{-1}}$.

等压比热也随着温度而变化，在一段不太大的区间内，比热可以看成是常数. 比如水，在 0～100℃内的相对变化只有 1/100. 因此在计算时水的等压比热可以取为常数 $4.184\,\mathrm{J \cdot kg^{-1} \cdot K^{-1}}$.

根据式(3.6.10)、(3.6.12)可知，等压条件下，系统从温度 T_{i} 变化到 T_{f}，传递的热量为

$$Q = \int_{T_{\mathrm{i}}}^{T_{\mathrm{f}}} C_p \mathrm{d}T = \int_{T_{\mathrm{i}}}^{T_{\mathrm{f}}} \mathrm{d}H \tag{3.6.15}$$

地球表面上的大气压为 1atm，所以很多地球上的系统的物态变化和化学反应都是在等压条件下完成的. 因此焓和等压热容比内能和等容热容更有实际应用价值.

(4)等压过程中几种热容的关系.

现在来总结一下等压过程中几种热容的关系. 等压热容是压强不变时的

热容，等压摩尔热容是单位摩尔物质的等压热容，等压比热容是单位质量物质的等压热容. 它们之间是互相关联的. 对于一个质量为 M、物质的量为ν、摩尔质量为μ的系统，等压热容C_p、等压摩尔热容$C_{p,\mathrm{m}}$、等压比热容c_p满足如下关系：

$$C_p = \nu C_{p,\mathrm{m}}, \qquad C_p = Mc_p \tag{3.6.16}$$

$$\nu C_{p,\mathrm{m}} = Mc_p, \qquad C_{p,\mathrm{m}} = \frac{M}{\nu}c_p = \mu c_p \tag{3.6.17}$$

3.6.4　等容热容与等压热容的关系

1. 迈耶公式

对于理想气体，其等压摩尔热容和等容摩尔热容具有非常简单的关系

$$C_{p,\mathrm{m}} = C_{V,\mathrm{m}} + R \tag{3.6.18}$$

该式称为迈耶公式(Mayer's formula)，它表明理想气体等压摩尔热容与等容摩尔热容之间相差一普适气体常量 R. 当年迈耶根据这一公式推算出了热功当量.

2. 比热容比(绝热指数)

等压比热容与等容比热容之比，也即等压热容与等容热容之比，也就是等压摩尔热容与等容摩尔热容之比，是一个重要的物理参数，称为比热容比或比热比(specific heat ratio)，或热容比.

$$\gamma = \frac{C_p}{C_V} = \frac{C_{p,\mathrm{m}}}{C_{V,\mathrm{m}}} = \frac{c_p}{c_V} \tag{3.6.19}$$

将上式做些变换，并利用迈耶公式，有

$$C_V = \frac{\nu R}{\gamma - 1} \quad 或 \quad C_{V,\mathrm{m}} = \frac{R}{\gamma - 1} \tag{3.6.20}$$

$$C_p = \gamma C_V = \frac{\gamma \nu R}{\gamma - 1} \quad 或 \quad C_{p,\mathrm{m}} = \gamma C_{V,\mathrm{m}} = \frac{\gamma R}{\gamma - 1} \tag{3.6.21}$$

比热容比也称为绝热指数.

【例 3.10】$\nu = 1\mathrm{mol}$ 理想气体(摩尔质量为μ)的准静态方程为 $p=kV$(k 为常数)，已知等容摩尔热容 $C_{V,\mathrm{m}}$ 和普适气体常量 R，求该过程的热容 C 及比热 c.(源自高校自招强基或科学营试题.)

【解】设理想气体从体积 V_1 变到 V_2，则 $p_1 = kV_1$，$p_2 = kV_2$.

由 $pV=RT$ 得到对应的温度

$$T_1 = \frac{kV_1^2}{R}, \qquad T_2 = \frac{kV_2^2}{R} \tag{①}$$

相应的内能增量

$$\Delta U = \nu C_{V,\mathrm{m}}(T_2 - T_1) \tag{2}$$

由 p-V 图线得对外做功

$$A = -\frac{p_1 + p_2}{2}(V_2 - V_1) \tag{3}$$

此过程吸热

$$Q = \Delta U - A \tag{4}$$

由式①～④得

$$Q = \left(\frac{C_{V,\mathrm{m}}}{R} + \frac{1}{2}\right)k(V_2^2 - V_1^2) = \left(C_{V,\mathrm{m}} + \frac{R}{2}\right)(T_2 - T_1) \tag{5}$$

该过程的热容

$$C = \frac{Q}{\Delta T} = C_{V,\mathrm{m}} + \frac{R}{2} \tag{6}$$

比热

$$c = \frac{C}{M} = \frac{C}{\mu\nu} = \frac{C}{\mu} \tag{7}$$

3.7 热力学第一定律的应用

3.7.1 四种特殊热力学过程的定性分析

根据热力学第一定律，我们可以分析理想气体系统的四种特殊过程(等温、等压、等容、绝热)的状态参量 p、V、T 的变化趋势以及 ΔU、A、Q 的正负. 分析时可参考图 3.1.4.

等压膨胀：压强不变，体积增大，温度上升. 由于温度上升，内能增大；由于体积增大，系统做功为负. 由热力学第一定律 $Q = \Delta U - A$，因为 $\Delta U > 0$，$A < 0$，所以热量 Q 必须为正，系统是吸热过程.

等压压缩：压强不变，体积缩小，温度减小. 由于温度下降，内能减小；由于体积缩小，系统做功为正. 由热力学第一定律可知，热量必须为负，系统是放热过程.

等容升压：压强增大，体积不变，温度上升. 由于温度上升，内能增大；由于体积不变，系统做功为零. 由热力学第一定律可知，热量必须为正，系统是吸热过程.

等容降压：压强减小，体积不变，温度下降. 由于温度下降，内能减小；由于体积不变，系统做功为零. 由热力学第一定律可知，热量必须为负，系统是放热过程.

等温膨胀：压强减小，体积增大，温度不变. 由于温度不变，内能不变；由于体积增大，系统做功为负. 由热力学第一定律可知，热量必须为正，系统是吸热过程.

等温压缩：压强增大，体积减小，温度不变. 由于温度不变，内能不变；由于体积缩小，系统做功为正. 由热力学第一定律可知，热量必须为负，系统是放热过程.

绝热膨胀：压强减小，体积增大，温度减小. 由于温度减小，内能减小；由于体积增大，系统做功为负；由于绝热，热量为零.

绝热压缩：压强增大，体积缩小，温度增大. 由于温度增大，内能增大；由于体积减小，系统做功为正；由于绝热，热量为零.

我们将上述几种情况列于表 3.7.1.

表 3.7.1　几种特殊的热力学过程的物理量

	p	V	T	ΔU	A	Q
等压膨胀	–	↑	↑	>0	<0	>0
等压压缩	–	↓	↓	<0	>0	<0
等容升压	↑	–	↑	>0	0	>0
等容降压	↓	–	↓	<0	0	<0
等温膨胀	↓	↑	–	0	<0	>0
等温压缩	↑	↓	–	0	>0	<0
绝热膨胀	↓	↑	↓	<0	<0	0
绝热压缩	↑	↓	↑	>0	>0	0

注：↑表示增加，↓表示减小，–表示不变.

从上面的分析可以看出，体积膨胀时做负功(气体系统对外做功)，体积压缩时做正功(外界对气体系统做功)；温度上升时内能增加，温度下降时内能减小. 三种过程吸热，即等压膨胀、等容升压、等温膨胀过程；三种过程放热，即等压压缩、等容降压、等温压缩过程.

现在，我们回到例 3.2，为什么从状态Ⅱ到状态Ⅲ是吸热过程？因为这是一个等容升压过程，体积不变，做功为 0，根据热力学第一定律，热量等于内能变化量 ΔU，而温度升高，所以 $\Delta U>0$，因此 $Q>0$，是一个吸热过程.

【例 3.11】如图 3.7.1 所示，曲线 1→3 为绝热线，理想气体经历过程 1→2→3，则其内能变化 ΔU，温度变化 ΔT，体系对外做功 A 和吸收的热量 Q 是(　　)(源自高校自招强基或科学营试题.)

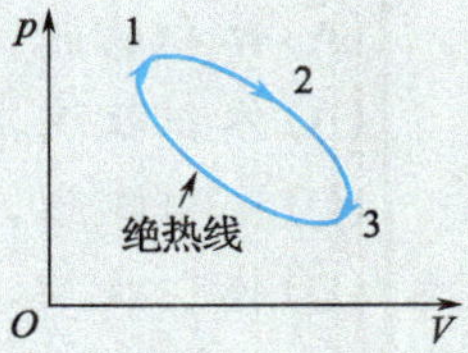

图 3.7.1　例 3.11 图

(A) $\Delta T<0$，$\Delta U<0$，$A<0$，$Q>0$

(B) $\Delta T<0$，$\Delta U<0$，$A>0$，$Q<0$

(C) $\Delta T>0$，$\Delta U>0$，$A>0$，$Q>0$

(D) $\Delta T>0$，$\Delta U>0$，$A<0$，$Q<0$

【解】1→3 是绝热线，所以 $T_1>T_3$，即 $\Delta T<0$，内能变化量 $\Delta U<0$；体积膨胀，对外做功，$A<0$；由题目知道，吸热，即 $Q>0$. 则(A)正确.

【例 3.12】一定量的理想气体经历图 3.7.2 所示的 $abca$ 过程，其中 ab 过程温度不变，bc 过程绝热，ca 过程等压，下列说法正确的是(　　)(源自高校自招强基或科学营试题.)

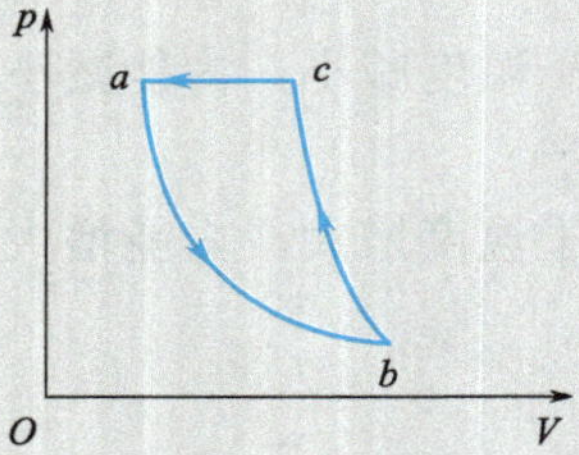

图 3.7.2　例 3.12 图

(A) ab 过程对外做功 A_1，吸热 Q_1，满足 $|A_1|=|Q_1|$

(B) bc 过程外界对气体做功

(C) ca 过程外界对气体做功 A_2，放热 Q_2，满足 $|A_2|<|Q_2|$

(D) $bcab$ 过程中 $|Q_1|=|Q_2|$

【分析】本题考查热力学第一定律中三个物理量相互之间的定性关系. 对于理想气体，系统体积变化，对应着做正功或负功；温度变化对应着内能变化.

【解】(A)对于 ab 过程，体积膨胀，对外做功. 等温，内能不变. 由热力学第一定律 $Q_1=\Delta U_1-A_1$，吸热. 所以正确.

(B)对于 bc 过程，体积缩小，外界对气体做功. 所以正确.

(C)对于 ca 过程，等压压缩，外界对气体做功；温度下降，内能减小，由热力学第一定律，放热，且 $|A_2|<|Q_2|$. 所以正确.

(D)对于整个 $bcab$ 过程，用热力学第一定律，内能变化为 0，对气体做功，吸热=放热+做功(取绝对值). 所以不正确.

所以，本题(A)、(B)、(C)是正确的.

【例 3.13】在研究大气现象时可把温度、压强相同的一部分气体作为研究对象，称之为气团. 气团直径可达几千米，其边缘部分与外界的热交换相对于整个气团的内能来说非常小，可忽略不计. 气团从地面上升到高空后温度可降低到−50℃. 关于气团上升过程，下列说法中正确的是(　　)(源自高校自招强基或科学营试题.)

(A)体积膨胀，对外做功，内能不变

(B)体积收缩，外界对气团做功，内能减小

(C)体积膨胀，对外做功，内能减少

(D)体积收缩，外界对气团做功，同时放热

【解】本题考查热力学第一定律中三个物理量相互之间的定性关系. 对于理想气体，内能变化取决于温度变化；体积变化对应着做功.

气团上升过程温度降低，则气团内能减少，即 $\Delta U<0$；气团边缘部分与外界的热交换可以忽略不计，即 $Q=0$；根据热力学第一定律 $\Delta U=Q+A$，得到 $A<0$，所以气团体积膨胀，对外做功. 因此只有选项(C)是正确的.

【例 3.14】一用钉鞘锁定的导热活塞将导热气缸分成体积相等的左右两室，

左右两边压强之比为 p_1: p_2=5:3，拔出钉鞘后活塞移动，直至达到稳定状态，设外界温度恒定，则正确选项是(　　)(源自高校自招强基或科学营试题.)

(A) 左室气体吸热

(B) 右室气体吸热

(C) 左室气体对右室气体做功

(D) 稳定后左右两室体积比为 5:3

【解】本题考查热力学第一定律中三个物理量相互之间的定性关系以及状态方程.

两个系统在初态时的压强和体积分别为：左室 (p_1, V)，右室 (p_2, V). 末态的压强和体积分别为：左室 (p', V_1')，右室 (p', V_2'). 由玻意耳定律

$$p_1V = p'V_1', \qquad p_2V = p'V_2'$$

二者相除 $V_1':V_2' = p_1 : p_2 = 5:3$. 可见，左室膨胀，右室压缩，左室对右室气体做功.

对左室：$Q_1 = \Delta U_1 - A_1$，温度恒定，即 $\Delta U_1 = 0$；气体膨胀，$A_1 < 0$，所以 $Q_1 > 0$，吸热.

对右室：$Q_2 = \Delta U_2 - A_2$，温度恒定，即 $\Delta U_2 = 0$；气体压缩，$A_2 > 0$，所以 $Q_2 < 0$，放热.

答案为 (A)、(C)、(D).

3.7.2　四种特殊热力学过程的定量分析

定量分析中，这几个公式会经常用到：热力学第一定律 $\Delta U = A + Q$；系统做的体积功 $A = -\int_{V_i}^{V_f} p\mathrm{d}V$（下标 i、f 分别代表初、末态）；内能的变化 $\Delta U = \int_{T_i}^{T_f} \nu C_{V,\mathrm{m}} \mathrm{d}T$；等压过程中 $Q = \Delta H = \int_{T_i}^{T_f} \nu C_{p,\mathrm{m}} \mathrm{d}T$. 下面，我们对理想气体的等容、等压、等温、绝热四个特殊过程的功、热量、内能变化进行分析，给出具体计算公式. 在分析中，我们假设系统是密闭的，且过程中气体无泄漏.

1. 等容过程

(1) 等容过程的做功.

系统的容积或体积不变，则显然有 A=0. 也就是说，体积不变时，体积功为 0.

(2) 等容过程的内能变化.

根据理想气体内能变化的计算公式，可以得到

$$\Delta U = \nu C_{V,\mathrm{m}} \Delta T = C_{V,\mathrm{m}} (p_\mathrm{f} - p_\mathrm{i}) V / R \tag{3.7.1}$$

第二个等式是代入理想气体状态方程后得到的.

(3) 等容过程的热量.

由热力学第一定律

$$Q = \Delta U - A = \Delta U = \nu C_{V,\mathrm{m}} \Delta T = C_{V,\mathrm{m}} (p_\mathrm{f} - p_\mathrm{i}) V / R \tag{3.7.2}$$

2. 等压过程

(1)等压过程的做功.

由式(3.2.4)，等压过程的做功为

$$A = -p(V_f - V_i) \tag{3.7.3}$$

由状态方程，上式可改写为

$$A = -\nu R(T_f - T_i) \tag{3.7.4}$$

(2)等压过程的热量.

等压时，初末态的焓变就是热量. 根据等压热容公式，可以计算出热量

$$Q = \Delta H = \nu C_{p,m}\Delta T = \nu C_{p,m}(T_f - T_i) = C_{p,m}p(V_f - V_i)/R \tag{3.7.5}$$

如果先计算出内能的变化量，再通过热力学第一定律计算热量，得到的结果是一样的.

(3)等压过程的内能变化.

内能是状态量，与具体过程无关，可以利用 $C_{V,m}$ 定义式计算

$$\Delta U = \nu C_{V,m}\Delta T = \nu C_{V,m}(T_f - T_i) \tag{3.7.6}$$

在已经求出功和热量后，也可以用热力学第一定律求出内能变化量，其结果和用内能公式得到的结果是一样的.

$$\Delta U = Q + A = \nu C_{p,m}(T_f - T_i) - \nu R(T_f - T_i) = \nu(C_{p,m} - R)(T_f - T_i) = \nu C_{V,m}(T_f - T_i)$$

内能是状态函数，理想气体又服从焦耳定律，因此只要知道任何热力学过程的初、末态温度，就可由其等容热容量及初、末态温差按式(3.7.6)求出内能变化. 换个角度看，总可以经由一等温过程再接一等容过程而实现任何两态 i、f 间的转变，如图 3.7.3 所示. 图上过 i、m 两状态的是一条等温线，过 m、f 两状态的是一条等容线，有

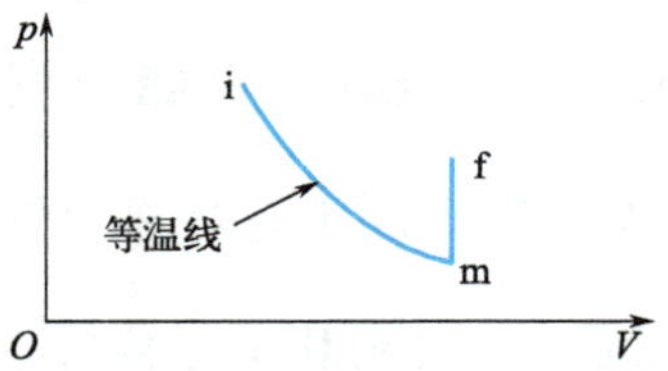

图 3.7.3 内能是状态函数示意图

$$\begin{aligned} U_f - U_i &= (U_f - U_m) + (U_m - U_i) \\ &= \nu C_{V,m}(T_f - T_m) + 0 = \nu C_{V,m}(T_f - T_i) \end{aligned}$$

3. 等温过程

(1)等温过程的做功.

式(3.2.5)、式(3.2.6)给出了等温过程的功

$$A = -\int_{V_i}^{V_f} p\mathrm{d}V = -\nu RT\int_{V_i}^{V_f} \frac{\mathrm{d}V}{V} = -\nu RT\ln\frac{V_f}{V_i} \tag{3.7.7}$$

$$A = -p_iV_i\ln\frac{V_f}{V_i} = -p_fV_f\ln\frac{V_f}{V_i} = -\nu RT\ln\frac{p_i}{p_f} \tag{3.7.8}$$

(2)等温过程的内能.

由于过程中无温度变化，$\Delta T = 0$，因此内能变化量为 0，即

$$\Delta U = 0 \tag{3.7.9}$$

(3) 等温过程的热量.

由热力学第一定律，可知

$$Q = -A \tag{3.7.10}$$

4. 绝热过程

(1) 绝热过程的热量.

因为是绝热，所以热量是 $Q=0$.

(2) 绝热过程中的功.

式(3.2.7)给出了绝热过程的功，还可以利用状态方程和泊松公式把该式改写成其他形式，例如有

$$A = \frac{p_{\mathrm{i}}V_{\mathrm{i}}}{\gamma - 1}\left[\left(\frac{V_{\mathrm{i}}}{V_{\mathrm{f}}}\right)^{\gamma-1} - 1\right] \tag{3.7.11}$$

$$A = \frac{p_{\mathrm{i}}V_{\mathrm{i}}}{\gamma - 1}\left[\left(\frac{p_{\mathrm{f}}}{p_{\mathrm{i}}}\right)^{\frac{\gamma-1}{\gamma}} - 1\right] \tag{3.7.12}$$

也可以先求出内能变化量，再由热力学第一定律计算出所做的功.

(3) 绝热过程的内能变化.

内能是状态量，可以用内能的定义式直接计算出内能的变化

$$\Delta U = \nu C_{V,\mathrm{m}}\Delta T = \nu C_{V,\mathrm{m}}(T_{\mathrm{f}} - T_{\mathrm{i}}) \tag{3.7.13}$$

我们也可以根据热力学第一定律来计算内能的变化. 对于绝热过程，内能变化量在数值上等于所做的功，即

$$\Delta U = A = \frac{p_{\mathrm{i}}V_{\mathrm{i}}}{\gamma - 1}\left[\left(\frac{p_{\mathrm{f}}}{p_{\mathrm{i}}}\right)^{\frac{\gamma-1}{\gamma}} - 1\right] \tag{3.7.14}$$

利用状态方程，可以证明，式(3.7.14)与式(3.7.13)是等价的.

【思考】假如气体系统不是密封的，如何计算功、热和内能？

【例 3.15】分别通过下列过程，把标准状态下 0.14kg 的氮气压缩为原体积的一半：(1) 等温过程，(2) 绝热过程，(3) 等压过程. 试分别求出在这些过程中气体内能的变化、传递的热量和外界对气体做的功. 已知氮气的 $C_{V,\mathrm{m}}=5R/2$，摩尔质量 $\mu=28\mathrm{g\cdot mol^{-1}}$.

【分析】本题考查几种特殊热力学过程中热力学第一定律的计算. 等温过程则内能不变，绝热过程则热量为 0，等压过程则传递的热量在数值上等于焓变.

【解】 $\nu = \dfrac{M}{\mu} = 5\mathrm{mol}$，$V_2 = \dfrac{V_1}{2}$，$p_1=1\mathrm{atm}$，$T_1=273\mathrm{K}$，$\gamma = \dfrac{C_{p,\mathrm{m}}}{C_{V,\mathrm{m}}} = \dfrac{7}{5}$

(1) 等温过程，$\Delta T=0$，$\Delta U=0$，做功 $A=-\nu RT\ln\dfrac{V_2}{V_1}=7862\text{J}$．$Q=-A=-7862\text{J}$ 是放热过程.

(2) 绝热过程，Q=0

$$\Delta U=\nu C_{V,\text{m}}(T_2-T_1)$$

由 $T_1V_1^{\gamma-1}=T_2V_2^{\gamma-1}$，得到 $T_2=T_1\left(\dfrac{V_1}{V_2}\right)^{\gamma-1}$，所以

$$\Delta U=\nu C_{V,\text{m}}\left[T_1\left(\frac{V_1}{V_2}\right)^{\gamma-1}-T_1\right]=9061\text{J}，\quad A=\Delta U=9061\text{J}$$

(3) 等压过程

$$\frac{V_1}{T_1}=\frac{V_2}{T_2}$$

$$T_2=\frac{V_2}{V_1}T_1=\frac{T_1}{2}$$

$$Q=\nu C_{p,\text{m}}(T_2-T_1)=-1.97\times10^4\,\text{J}$$

$$\Delta U=\nu C_{V,\text{m}}(T_2-T_1)=-1.41\times10^4\,\text{J}$$

$$A=\Delta U-Q=5.6\times10^3\,\text{J}$$

【例 3.16】将 500J 的热量传给标准状态下的 2mol 氢气．已知 $C_{V,\text{m}}=\dfrac{5}{2}R$，(1) 若体积不变，这些热量变为什么？氢气的温度和压强各变为多少？(2) 若温度不变，这些热量变为什么？氢气的压强和体积各变为多少？(3) 若压强不变，这些热量变为什么？氢气的温度和体积各变为多少？

【分析】本题考查几种特殊热力学过程中的热力学第一定律的计算．根据不同过程的特点，先写出最容易得到的物理量(内能、功或热)，继而用热力学第一定律求解其他物理量．在计算过程中，状态参量之间满足状态方程.

【解】(1) 体积不变，则做功为 0，因此由热力学第一定律

$$Q=\Delta U=\nu C_{V,\text{m}}\Delta T \qquad ①$$

也就是说，热量导致了内能增加，进而使得温度上升.

将 Q=500J、$\nu=2\text{mol}$、$C_{V,\text{m}}=\dfrac{5}{2}R$ 代入式①，得到 $\Delta T=\dfrac{100}{R}=12.03\text{K}$，则

$$T=T_0+\Delta T=285.18\text{K}$$

由 $\dfrac{p_0}{T_0}=\dfrac{p}{T}$，得到 $p=\dfrac{p_0}{T_0}T=1.04\text{atm}$.

(2)温度不变，则内能变化为 0，由热力学第一定律

$$Q=-A=\nu RT_0\ln\frac{V}{V_0} \tag{②}$$

热量变为对外界做功，导致体积膨胀.

将 Q=500J、$\nu=2\text{mol}$、$T_0=273.15\text{K}$，$V_0=\nu V_{\text{m}}=44.8\text{L}$ 代入式②，得到 V=50.0L.

由 $p_0V_0=pV$，得到

$$p=0.90\text{atm}$$

(3)压强不变，有

$$Q=\Delta H=\nu C_{p,\text{m}}\Delta T \tag{③}$$

热量导致温度升高，从而内能增加，同时根据 $Q=\Delta U-A$，可知还要做功，具体是系统对外界做功还是外界对系统做功，需要通过计算得到.

将 Q=500J、$\nu=2\text{mol}$，$C_{p,\text{m}}=C_{V,\text{m}}+R=\frac{7}{2}R$ 代入式③，得到 $\Delta T=8.6\text{K}$，则

$$T=T_0+\Delta T=281.75\text{K}$$

由 $\frac{V_0}{T_0}=\frac{V}{T}$，得到

$$V=\frac{V_0}{T_0}T=46.2\text{L}$$

结果表明体积膨胀，系统对外界做功.

【例 3.17】直立的不传热的刚性封闭圆桶，高度为 $2h$，被一水平透热隔板 C 分成体积皆为 V 的 A、B 两部分，A 中充有 1mol 较轻的理想气体，其密度为 ρ_{A}，B 中充有 1mol 较重的理想气体，其密度为 ρ_{B}. 现将隔板抽开，使 A、B 两部分气体在短时间内均匀混合. 若 A、B 中气体的等容摩尔热容皆为 $\frac{3}{2}R$，R 为普适气体常量，则两部分气体完全混合后的温度 T_2 与混合前的温度 T_1 之差为多少？(第 3 届全国中学生物理竞赛预赛第 11 题.)

【分析】从抽开隔板到气体完全混合，气体克服重力做功. 整个过程是绝热过程，所以只能通过内能的减小，将能量提供给气体，使得气体克服重力做功.

【解】
$$\Delta U=\Delta U_{\text{A}}+\Delta U_{\text{B}}=2C_{V,\text{m}}(T_2-T_1) \tag{①}$$

气体克服重力做功为

$$W=-\rho_B Vg\frac{h}{2}+\rho_A Vg\frac{h}{2} \quad ②$$

由热力学第一定律 $\Delta U=W$，则

$$2C_{V,m}(T_2-T_1)=-\rho_B Vg\frac{h}{2}+\rho_A Vg\frac{h}{2} \quad ③$$

$$T_2-T_1=-\frac{\rho_B Vg\frac{h}{2}-\rho_A Vg\frac{h}{2}}{2C_{V,m}}=-\frac{(\rho_B-\rho_A)Vgh}{6R} \quad ④$$

说明：本题中，A 表示容器，所以解题时用 W 表示做功.

【例 3.18】如图 3.7.4 所示，在一具有绝热壁的刚性圆柱形封闭气缸内，有一装有小阀门 L 的绝热活塞. 在气缸的 A 端装有电热器 H，可用于加热气体. 起初活塞紧贴气缸 B 端的内壁，小阀门 L 关闭，整个气缸内盛有一定质量的某种理想气体，其温度为 T_0(K)，活塞与气缸壁之间的摩擦可以忽略. 现设法把活塞压至气缸中央，并用销钉 F 把活塞固定，从而把气缸分成体积相等的左右两室. 在上述压缩气体的过程中，设对气体做功 W，气体的温度上升到 T(K). 现开启小阀门，经过足够长的时间，将它关闭. 然后拔出销钉(让活塞可以自由移动)，并用电热器加热气体. 加热完毕并经过一定时间后，得知左室内气体的压强变为加热前的 1.5 倍，右室的体积变为原来的 $\frac{3}{4}$. 求电热器传给气体的热量. (第 3 届全国中学生物理竞赛复赛第 3 题.)

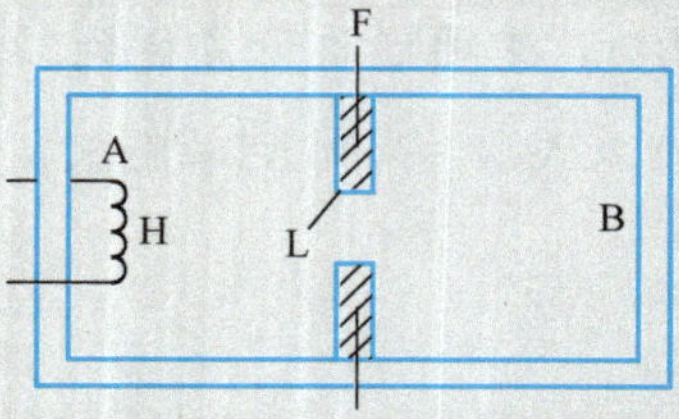

图 3.7.4　例 3.18 图

【分析】本题要求热量，可由热力学第一定律求出.

开始时绝热压缩，而后分为左室和右室两个系统，加热后左室升压膨胀，右室压缩. 左室膨胀做功和右室压缩做功，大小相等，一正一负，互相抵消. 所以热量全部用来改变内能. 所以本题归结为求出两室的内能变化量，则只需要求出两室温度的变化. 初态温度已知，需要求出末态温度，这由状态方程可以得到. 此外，还需要知道等容摩尔热容，这可以由第一个气体绝热压缩过程通过热力学第一定律得到. 要注意，左室气体和右室气体的物质的量均为最初总气体物质的量的一半.

【解】第一个过程：气体绝热压缩，初态为(p_0, V_0, T_0)，末态为$(p', 0.5V_0, T)$. 由热力学第一定律

$$W=\Delta U=\nu C_{V,m}(T-T_0) \quad ①$$

(题目中 A 表示容器的一端，W 表示做功.)

$$C_{V,\mathrm{m}}=\frac{1}{\nu}\frac{W}{T-T_0} \tag{②}$$

拔出销钉后，分为左室和右室两个系统. 物质的量相同，压强相同，体积相同. 温度相同，均为 T，这里气体从左边进入右边真空，是绝热自由膨胀过程，其末温仍然为 T. 关于绝热自由膨胀，参见 4.1 节.

左室：气体加热，初态为 $(p,\ V,\ T)$，末态为 $(1.5p,\ 1.25V,\ T_{\mathrm{A}})$，由状态方程

$$\frac{pV}{T}=\frac{1.5p\times1.25V}{T_{\mathrm{A}}} \tag{③}$$

得到

$$T_{\mathrm{A}}=\frac{15}{8}T \tag{④}$$

根据热力学第一定律

$$\Delta U_{\mathrm{A}}=\frac{1}{2}\nu C_{V,\mathrm{m}}(T_{\mathrm{A}}-T)=\frac{7}{16}\frac{WT}{T-T_0} \tag{⑤}$$

右室：初态为 $(p,\ V,\ T)$，末态为 $(1.5p,\ 0.75V,\ T_{\mathrm{B}})$，由状态方程

$$\frac{pV}{T}=\frac{1.5p\times0.75V}{T_{\mathrm{B}}} \tag{⑥}$$

得到骑缝

$$T_{\mathrm{B}}=\frac{9}{8}T \tag{⑦}$$

$$\Delta U_{\mathrm{B}}=\frac{1}{2}\nu C_{V,\mathrm{m}}(T_{\mathrm{B}}-T)=\frac{1}{16}\frac{WT}{T-T_0} \tag{⑧}$$

由热力学第一定律

$$Q=\Delta U=\Delta U_{\mathrm{A}}+\Delta U_{\mathrm{B}}=\frac{1}{2}\frac{WT}{T-T_0} \tag{⑨}$$

【例 3.19】 如图 3.7.5 所示，两根位于同一水平面内的平行的长直金属导轨处于恒定磁场中，磁场方向与导轨所在平面垂直. 一质量为 m 的均匀导体细杆放在导轨上，并与导轨垂直，可沿导轨无摩擦地滑动，细杆与导轨的电阻均可忽略不计. 导轨的左端与一根阻值为 R_0 的电阻丝相连，电阻丝置于一绝热容器中，电阻丝的热容量不计. 容器与一水平放置的开口细管相通，细管内有一截面为 S 的小液柱(质量不计)，液柱将 1mol 气体(可视为理想气体)封闭在容器中. 已知温度升高 1K 时，该气体的内能增加量为 $5R/2$ (R 为普适气体常量)，大气压强为 p_0，现令细杆沿导轨方向以初速 v_0 向右运动，试求达到平衡时细管中液柱的位移. (第 22 届全国中学生物理竞赛预赛第六题.)

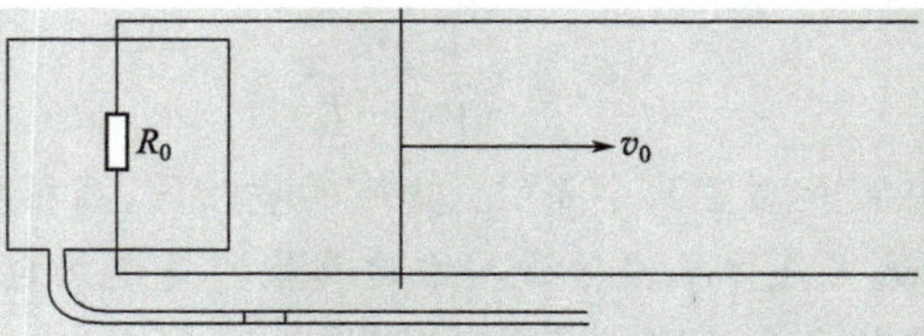

图 3.7.5 例 3.19 图

【分析】导体细杆运动时，切割磁感应线，在回路中产生感应电动势与感应电流，细杆将受到安培力的作用，安培力的方向与细杆的运动方向相反，使细杆减速，随着速度的减小，感应电流和安培力也减小，最后杆将停止运动，感应电流消失. 在运动过程中，电阻丝上产生的焦耳热全部被容器中的气体吸收.

【解】由能量守恒定律，杆从 v_0 减速至停止运动这一过程中，电阻丝上的焦耳热 Q 等于杆的初动能，即

$$Q=\frac{1}{2}mv_0^2 \tag{1}$$

容器中的气体吸收此热量后，温度升高、体积膨胀，推动液柱克服大气压力做功. 设温度升高为ΔT，则内能的增加量为

$$\Delta U=\frac{5}{2}R\Delta T \tag{2}$$

设液柱的位移为 Δl，则气体对外做功

$$A=-p_0S\Delta l \tag{3}$$

$$\Delta V=S\Delta l \tag{4}$$

理想气体状态方程

$$pV=RT \tag{5}$$

注意到气体的压强始终等于大气压 p_0，所以

$$p_0\Delta V=R\Delta T \tag{6}$$

由热力学第一定律

$$Q=\Delta U-A \tag{7}$$

由以上各式可解得

$$\Delta l=\frac{mv_0^2}{7p_0S} \tag{8}$$

【例 3.20】如图 3.7.6 所示，一端开口的玻璃管竖直放置，开口朝上，玻璃管总长为 l=75.0cm，截面积为 S=10.0cm^2，玻璃管内用水银封闭一段理想气体，水银和理想气体之间有一无限薄的光滑活塞，封闭气体长度与水银柱长度均为 h=25.0cm，假定大气压强为 p_0=75cmHg，气体初始温度为 T_0=400K，重力加速度为 g=9.80m · s^{-2}，水银密度为 ρ=1.36×10^{4}kg · m^{-3}，该理想气体等容摩尔热容 $C_{V,\mathrm{m}}$=5R/2. (1) 过程一：对封闭气体缓慢加热，

使得水银上液面恰好到达玻璃管开口处，求封闭气体对外做的功.(2)过程二：继续对封闭气体缓慢加热，直到水银恰好全部流出，通过计算说明该过程能否缓慢稳定地发生？(3)计算过程二中封闭气体的吸热量.假设封闭气体质量可忽略，计算结果保留两位有效数字.(源自高校自招强基或科学营试题.)

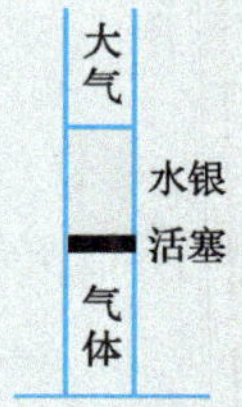

图 3.7.6　例 3.20 图

【分析】本题考查热力学过程中的热力学第一定律的计算.需要先分析具体的热力学过程，写出内能、热量、功三个量中容易得到的物理量，再利用热力学第一定律进行计算.计算中，某个状态的压强、体积、温度等物理量满足状态方程.

【解】(1)气体做等压变化，则

$$\frac{hS}{T_0}=\frac{(l-h)S}{T_1} \quad ①$$

代入数据，得 T_1=800K.

过程一中，吸热，气体对外做功，内能变化.整个过程是等压过程，压强为 $p=p_0+\rho gh$，初态体积为 $V_0=hS$，末态体积为 $V_1=2hS$.

利用做功公式可得

$$A_1=-p(V_1-V_0) \quad ②$$

代入相关参数，得到

$$A_1=-33\text{J}$$

(2)水银开始溢出后，在水银长度为 x 时的状态参数为 p_0+x、$(l-x)S$、T，注意单位分别为 cmHg、cm^3、K，由状态方程

$$\frac{(p_0+h)\cdot hS}{T_0}=\frac{(p_0+x)(l-x)S}{T} \quad ③$$

换成国际单位，上式改写为

$$\frac{(p_0+\rho gh)\cdot hS}{T_0}=\frac{(p_0+\rho gx)(l-x)S}{T}$$

$$\frac{p_0h+\rho gh^2}{T_0}=\frac{p_0l+(\rho gl-p_0)x-\rho gx^2}{T}$$

$$T=\frac{T_0}{p_0h+\rho gh^2}[-\rho gx^2+(\rho gl-p_0)x+p_0l] \quad ④$$

当 $x=\frac{\rho gl-p_0}{2\rho g}=0$ 时，有最大温度

$$T_{max}=9.0\times10^2\text{K} \quad ⑤$$

也就是说，加热过程中，温度一直在缓慢上升，直到最终，温度最高时水银全部逸出，该过程能缓慢稳定地发生.

(3)在过程二中，体积膨胀做负功，温度上升，内能增大，由热力学第一定律可知，过程吸热.

该过程不是等压过程，不是等容过程，也不是等温过程或绝热过程.

$$A_2 = -\int_{2hS}^{3hS} (p_0 + \rho g x) \mathrm{d}V \quad ⑥$$

$$V = (l - x)S, \quad \mathrm{d}V = -S\mathrm{d}x \quad ⑦$$

所以

$$A_2 = \int_h^0 (p_0 + \rho g x) S\mathrm{d}x = -p_0 Sh - \rho g S \frac{h^2}{2} = -29.165\mathrm{J}$$

$$\Delta U_2 = \nu C_{V,\mathrm{m}} (T_{\max} - T_1) \quad ⑧$$

末态：$p_0 lS = \nu R T_{\max}$，得到 $\nu R = \frac{p_0 lS}{T_{\max}} = \frac{75}{900}$，因此

$$\Delta U_2 = 20.833\mathrm{J} \quad ⑨$$

$$Q_2 = \Delta U_2 - A_2 = 50\mathrm{J} \quad ⑩$$

3.8 循环过程

我们知道，热力学系统经历等压过程、等容过程、等温过程、绝热过程，以及其他各种过程，可以从一个状态变化到另外一个状态. 如图 3.8.1 所示，从最初的某一个状态 a，经过若干过程，又回到最初的状态 a，我们称这个过程为循环过程(cyclic processes). 若循环是从状态 a 经状态 b、c、d 再回到 a，循环方向是顺时针的，称为正循环(positive cycle)；若循环是从状态 a 经状态 d、c、b 再回到 a，循环方向是逆时针的，则称为逆循环(inverted cycle)或冷循环. 在正循环时，abc 过程系统对外做功，cda 过程外界对系统做功，整个过程中内能不变，根据热力学第一定律，系统吸热. 在逆循环时，adc 过程系统对外做功，cba 过程外界对系统做功，整个过程中内能不变，根据热力学第一定律，系统放热. 正循环是热机工作的原理，逆循环是制冷机和热泵的工作原理.

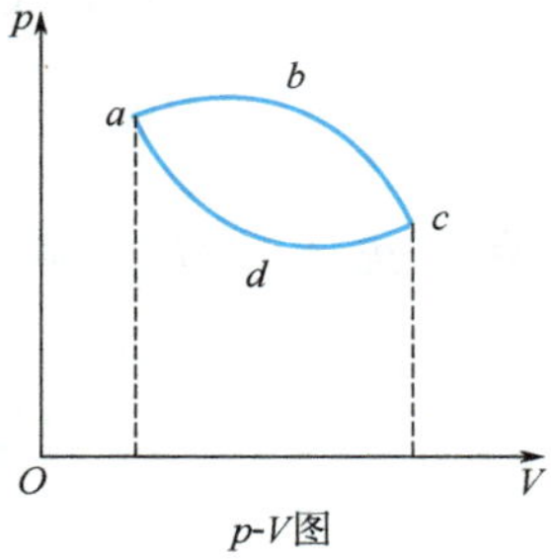

图 3.8.1 热力学循环

3.8.1 正循环与热机

我们以卡诺循环为例来说明热机的工作原理. 卡诺循环是一个重要的循环，它包含有两个等温过程和两个绝热过程.

如图 3.8.2 所示，一个卡诺循环中，两个等温过程的温度分别是 T_1 和 T_2，$T_1 > T_2$，循环过程从(p_1，V_1，T_1)状态开始，先等温膨胀到(p_3，V_3，T_1)状态，这个过程中，对外做功 A_1，而内能不变，根据热力学第一定律可知，系统吸热 Q_1；接着，通过绝热膨胀过程到达(p_2，V_2，T_2)状态，这个过程中，对外

做功 A_2，温度减小，因而内能变小，不吸热不放热；再接着，通过等温压缩到达 (p_4, V_4, T_2) 状态，这个过程中，外界对气体做功 A_3，内能不变，根据热力学第一定律可知，系统放热 Q_2；最后，通过绝热压缩过程回到最初的 (p_1, V_1, T_1) 状态，这个过程中，外界对系统做功 A_4，温度变大因而内能变大，不吸热不放热. 整个循环过程中，系统从高温热源吸取热量后，对外做净功，并向低温热源放出其余的热量.

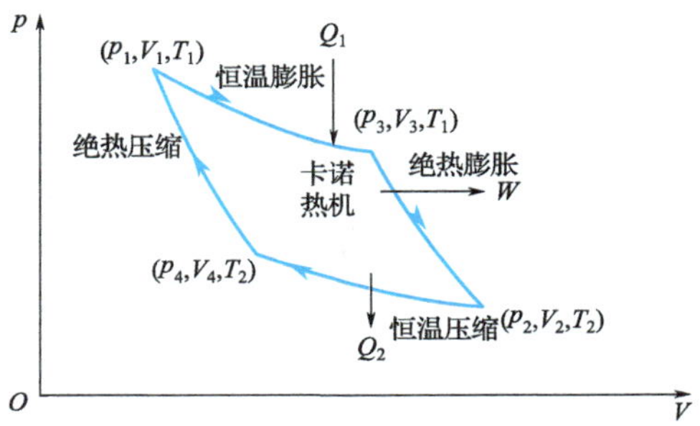

图 3.8.2　卡诺循环

整个循环中，气体对外做功的大小为 $|A_1 + A_2|$，外界对气体做功的大小为 $|A_3 + A_4|$，气体对外做的功要大于外界对气体做的功，总的来说，气体对外界所做的净功为

$$|A| = |A_1 + A_2| - |A_3 + A_4| \tag{3.8.1}$$

整个循环中，气体吸热的大小为 $|Q_1|$，气体放热的大小为 $|Q_2|$.

循环一周，内能变化量为 $\Delta U = 0$，根据热力学第一定律 $\Delta U = Q + A$，所以

$$-A = Q_1 + Q_2 \tag{3.8.2}$$

式 (3.8.2) 考虑了符号规则，如果只考虑大小不考虑正负，则

$$|A| = |Q_1| - |Q_2| \tag{3.8.3}$$

对于任何其他正循环，式 (3.8.3) 都是成立的.

式 (3.8.3) 的物理意义就是：系统吸收了热量 Q_1，其中一部分 Q_2 放出去了，剩余的部分用来对外做净功 A. 这个正是热机的工作原理. 定义热机的效率为

$$\eta = \left|\frac{A}{Q_1}\right| = \left|\frac{Q_1 - Q_2}{Q_1}\right| = 1 - \left|\frac{Q_2}{Q_1}\right| \tag{3.8.4}$$

在热机中，由于历史的原因，做功和吸放热都采用绝对值. 为了简便，在书写时常常省略绝对值符号，即

$$\eta = 1 - \frac{Q_2}{Q_1} \tag{3.8.5}$$

从式 (3.8.4) 或式 (3.8.5) 可见，当 $Q_2 = 0$ 时，热机的效率可以达到 100%，能够达到 100% 的热机，意味着吸收的热量全部用来做功，这种热机称为第二类永动机，它不违背热力学第一定律，但是实际上也是不可能实现的，因为

它违背了热力学第二定律，在第 4 章中我们将讨论这个问题.

3.8.2 逆循环

以消耗一定的功为代价，从低温热源吸取热量，向高温热源放热，这样，低温热源的温度变得更低，实现这种制冷目的的装置叫做制冷机，如冰箱、夏季的制冷空调；从另外一方面看，高温系统的温度更高，这称为热泵，如冬季的制热空调. 制冷机和热泵其工作机制都是逆循环.

空调的工作原理

还是以图 3.8.2 所示的卡诺循环为例. 现在考虑逆循环，系统从(p_1, V_1, T_1)状态起，先绝热膨胀到达(p_4, V_4, T_2)状态，这个过程中，气体系统对外界做功，内能减小；接着，等温膨胀到达(p_2, V_2, T_2)状态，这个过程中，系统对外做功，内能不变，系统吸热；再接着，绝热压缩到(p_3, V_3, T_1)状态，这个过程中，外界对系统做功，内能增加；最后，等温压缩回到最初的(p_1, V_1, T_1)状态，这个过程中，外界对系统做功，内能不变，系统放热. 整个过程表现为：外界对系统做净功，或者说，系统通过外界做功，从低温热源吸热，并向高温热源放热. 这正是制冷机和热泵的工作原理. 以冰箱为例，电力对系统做功，系统从低温热源(冰箱内部)吸热，向高温热源(大气)放热，实现了冰箱内部制冷的目的；对于热泵，以冬天工作的制热空调为例，电力对空调系统做功，系统从低温热源(室外大气)吸热，向高温热源(室内大气)放热，实现了室内制热的目的.

【例 3.21】如图 3.8.3 所示的准静态循环，由两个绝热过程 ab 和 cd、一个等容过程 bc、一个等压过程 da 构成，试求该循环热机的效率. 已知四个状态的温度分别为 T_a、T_b、T_c、T_d，气体的绝热指数为γ.

【分析】本题中包含一个等容吸热过程和一个等压放热过程，计算出这两个过程的热量，即可以计算出热机效率.

【解】bc 是等容吸热过程

$$Q_{吸} = \Delta U = C_V(T_c - T_b)$$

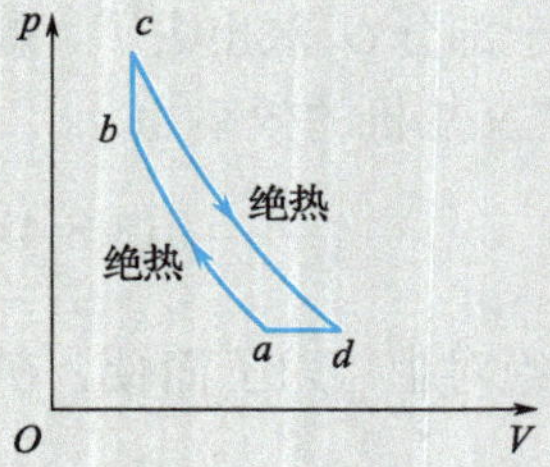

图 3.8.3 例 3.21 图

da 是等压放热过程

$$Q_{放} = C_p(T_d - T_a)$$

$$\eta = 1 - \left|\frac{Q_{放}}{Q_{吸}}\right| = 1 - \frac{C_p(T_d - T_a)}{C_V(T_c - T_b)} = 1 - \frac{\gamma(T_d - T_a)}{T_c - T_b}$$

*3.8.3 蒸汽机简介

18 世纪出现的热机标志着第一次工业革命的出现. 工业革命大大促进了人类社会的发展和进步，为今天人类的幸福生活做出了巨大贡献. 经过一百多年的发展，热机从蒸汽机、蒸汽轮机，发展到内燃机、喷气发动机、火箭发动机，已经广泛应用于各行各业. 本节和 3.8.4 节将介绍曾经和现在使用最广泛的蒸汽机和内燃机.

1. 蒸汽机的发展历史

蒸汽机(steam engine)是最早出现的热机，是将蒸汽的能量转换为机械功的往复式动力机械. 蒸汽机引发了18 世纪的第一次工业革命. 可以说，人类如今的现代化生活是从蒸汽机开始的. 直到 20 世纪初，蒸汽机仍然是世界上最重要的热机，后来才逐渐让位于内燃机和汽轮机等.

1679 年左右，法国物理学家帕潘在观察蒸汽从锅中逸出的现象后，于 1690 年发表论文提出第一台蒸汽机的工作模型. 1698 年萨弗里和 1712 年纽科门各自制造了早期的工业蒸汽机. 不过由于蒸汽机的能量转化效率太低，并没有能够实用.

从 1765 年到 1790 年，瓦特对蒸汽机做了大量改进，他发明了分离式冷凝器、汽缸外设置绝热层、用油润滑活塞、行星式齿轮、平行运动连杆机构、离心式调速器、节气阀、压力计等一系列器件，使得蒸汽机的效率提高到原先的 3 倍多. 为了纪念瓦特的贡献，功率的单位就是以瓦特命名的.

瓦特创造性的改良工作使得蒸汽机在冶炼、纺织、机器制造等行业中得到了迅速推广和应用，因为使用了蒸汽机，英国的纺织品产量在 20 多年内(从 1766 年到 1789 年)增长了 5 倍.

1776 年，在船舶上采用了蒸汽机作为推进动力. 1807 年，美国的富尔顿制成了第一艘实用的汽机船“克莱蒙特”号. 1800 年，英国的特里维西克(R. Trevithick)设计了可安装在较大车体上的高压蒸汽机，并于 1803 年用它来推动一辆机车，在一条环形轨道上行驶. 英国的乔治 • 斯蒂芬森和罗伯特 • 斯蒂芬森不断地对机车进行改进，于 1829 年创造了“火箭号”蒸汽机车，可载 30 位乘客，时速达 46km，从此开创了铁路时代的新纪元. 1804 年 2 月 21 日，特里维西克在南威尔士展示了世界上第一列蒸汽机火车. 图 3.8.4 是一列蒸汽机火车头的照片.

图 3.8.4　蒸汽机火车头

19 世纪末，随着电力应用的兴起，蒸汽机曾一度作为电站中的主要动力机械. 1900 年，美国纽约曾有单机功率达 5MW 的蒸汽机电站. 到了 20 世纪初，蒸汽机已具有恒扭矩、可变速、可逆转、运行可靠、制造和维修方便等优点，被广泛用于电站、工厂、交通等各个领域中，特别在军舰上成了当时唯一的动力机械. 蒸汽机总的能量转换效率也从瓦特初期的不到3%，提高到1840年的8%，再到20世纪的20%以上.

2. 蒸汽机的工作原理

使用木头、煤、石油、天然气、可燃垃圾等燃料提供能量，使锅炉内的水沸腾产生高压蒸汽，蒸汽膨胀推动活塞做功，这个过程中，水蒸气的一部分内能转化为机械能. 做功完成后，活塞回到原先位置，再度膨胀做功，如此反复. 这就是蒸汽机的工作原理，采用了热力学正循环.

3. 蒸汽机的基本构造

蒸汽机主要由汽缸、底座、活塞、曲轴连杆机构、滑阀配汽机构、调速机构和飞轮等部分组成. 汽缸和底座是静止部分. 此外还需要产生蒸汽的锅炉，如图3.8.5所示.

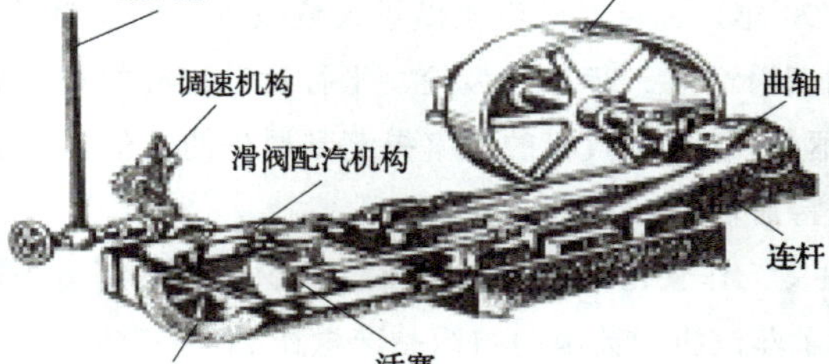

图 3.8.5　蒸汽机结构图

在锅炉中，通过燃烧使得水沸腾为蒸汽. 蒸汽通过管道被送到汽缸. 阀门控制蒸汽到达汽缸的时间，蒸汽经主汽阀和节流阀进入滑阀室，受滑阀控制交替地进入汽缸的左侧或右侧，推动活塞运动. 蒸汽在汽缸内推动活塞做功，根据需要，可以通过机械装置将活塞的上下运动转化为前后运动或旋转运动. 冷却的蒸汽通过管道被引入冷凝器重新凝结为水. 这个过程在蒸汽机运动时不断重复. 一般的蒸汽机由三个汽缸组成一个组.

4. 蒸汽机的分类

蒸汽机可以按照不同方式进行分类. 按汽缸布置方式分类，有立式和卧式；按蒸汽在汽缸中的流向来分类，有回流式和单流式；按蒸汽是在一个汽缸中膨胀或依次连续在多个汽缸中膨胀来分类，有单胀式和多胀式；按排汽方式和排汽压力来分类，有凝汽式、大汽式和背压式.

5. 蒸汽机的社会意义

蒸汽机的出现和改进极大地促进了社会经济的发展，解决了大机器生产中最关键的问题，推动了交通运输的空前进步，引发了第一次工业革命.

但是蒸汽机的弱点也很明显：首先需要庞大笨重的锅炉；其次为了安全，蒸汽压力和温度不能过高，排气压力不能过低，这使得热效率难以进一步提高；再次，往复式运动的惯性限制了转速的提高，蒸汽的流量受到限制使得功率难以提高.

随着汽轮机和内燃机的发展，蒸汽机因存在不可克服的弱点而逐渐被淘汰，目前只有很少的地方还在使用蒸汽机，如旅游景点的蒸汽火车.

*3.8.4 内燃机

内燃机(internal combustion engine)是使燃料在机器内部燃烧，并将其放出的热量直接转换为动力的热力发动机. 相对于需要在外部有一个锅炉的蒸汽机(外燃机)，内燃机的燃料直接在气缸内燃烧，所以称为内燃机.

1. 内燃机的发展历史

起初，荷兰物理学家惠更斯在用火药爆炸获取动力的研究中提出过内燃机的设想，1794 年，英国人斯特里特提出从燃料的燃烧中获取动力，并首次提出了燃料与空气混合的概念. 1833 年，英国人赖特提出了直接利用燃烧压力推动活塞做功的设计.

19 世纪中期，通过燃烧煤气、汽油和柴油等产生的热转化力机械动力的理论得到了进一步完善. 在此基础上，19 世纪 60 年代活塞式内燃机问世了. 1860 年，法国的勒努瓦模仿蒸汽机的结构，设计制造出第一台实用的煤气机，效率为 4%左右. 1862 年，法国科学家罗沙对内燃机热力过程进行理论分析之后，提出四冲程工作循环可以提高内燃机的效率. 1876 年，德国发明家奥托(Otto)运用罗沙的原理，创制成功第一台往复活塞式、单缸、3.2 千瓦(4.4 马力)的四冲程内燃机，运转平稳，效率达到 14%，到 1897 年提高到 20%～26%.

1883 年，德国的戴姆勒(Daimler)以汽油为燃料，建成第一台立式汽油机，质量轻、速度高，特别适应于交通运输机械的要求，极大地推动了汽车业的发展. 1897 年，德国工程师狄塞尔(Diesel)受面粉厂粉尘爆炸的启发，研制成功了压缩点火式内燃机，这种内燃机被命名为狄塞尔引擎，大多用柴油为燃料，故又称为柴油机. 1913 年第一台以柴油机为动力的内燃机车制成，1920 年左右开始用于汽车和农业机械.

1957 年研制出旋转活塞式发动机，被称为汪克尔(Wankel)发动机(以纪念联邦德国工程师汪克尔解决了关键的密封问题). 它按奥托循环工作，具有功率高、体积小、振动小、运转平稳、结构简单、维修方便等特点. 但由于其燃料经济性较差、低速扭矩低、排气性能不太好，所以只在一些轿车上使用.

2. 内燃机的工作原理

广义上的内燃机不仅包括往复活塞式内燃机、旋转活塞式发动机和自由活塞式发动机，也包括旋转叶轮式的喷气式发动机，但通常所说的内燃机是指活塞式内燃机.

活塞式内燃机以往复活塞式最为普遍. 活塞式内燃机的工作原理是：将比例合适的燃料和空气供入内燃机的气缸内，点火使之在气缸内燃烧，释放出的热能使气缸内产生高温高压的燃气，燃气膨胀推动活塞做功，再通过曲柄连杆机构或其他机构将机械功输出，驱动从动机械工作.

内燃机的工作循环由进气、压缩、燃烧、膨胀、排气等过程组成. 这些过程中只有膨胀过程是对外做功的过程，其他过程都是为更好地实现做功而需要的过程. 内燃机的循环是热力学正循环.

3. 内燃机的基本结构

内燃机是一种由许多机构和系统组成的复杂机器. 主要部件包括：曲柄连杆机构(是实现

发动机

工作循环，完成能量转换的主要运动零件）、配气机构（定时开启和关闭进气门和排气门，实现换气过程）、燃料供给系统（配制出一定数量和浓度的混合气，供入气缸，并将燃烧后的废气从气缸内排出到大气中去）、润滑系统（减小摩擦阻力，减轻机件的磨损，清洗和冷却零件表面）、冷却系统（使得受热部件降温，保证在最适宜的温度状态下工作）、点火系统（使燃料燃烧，柴油机不需要点火系统）、启动系统（最开始需要用外力转动发动机的曲轴，使活塞做往复运动，此后工作循环才能自动进行. 曲轴在外力作用下开始转动到发动机开始自动地怠速运转的全过程，称为启动）.

4. 内燃机的分类

内燃机可以按照不同的方式进行分类. 按所用燃料，可分为汽油机、柴油机、天然气发动机（CNG）、乙醇发动机，还有双燃料发动机（如乙醇和汽油）等；按缸内着火方式，可分为点燃式、压燃式；按冲程数，可分为二冲程、四冲程（活塞在气缸内向上或向下移动一次叫做内燃机的一个冲程，比如四冲程内燃机包含吸气冲程、压缩冲程、做功冲程、排气冲程）；按活塞运动方式，可分为往复式、旋转式；按气缸冷却方式，可分为水冷式、风冷式；按气缸数目可分为单缸机、多缸机；按内燃机转速可分为低速（$<300\mathrm{r}\cdot\mathrm{min}^{-1}$）、中速（$300\sim1000\mathrm{r}\cdot\mathrm{min}^{-1}$）、高速（$>1000\mathrm{r}\cdot\mathrm{min}^{-1}$）；按进气方式可分为自然吸气式、增压式；按气缸排列方式可分为直列式、斜置式、对置式、V 形和 W 形等.

5. 内燃机的特点和应用

内燃机和外燃机（如蒸汽机）相比较，具有很多优点：效率高，如增压柴油机的最高热效率可接近 50%，而蒸汽机不到 20%；功率范围广，从小于 1 千瓦到数万千瓦；结构紧凑、重量轻、体积小；操作方便、启动快；配套方便，可以在各种场合配套使用. 因此，内燃机获得了广泛应用. 目前，全世界各种类型的汽车、农业和工程机械、小型电站、轮船、坦克装甲车，甚至小型飞机等基本上都是以内燃机为动力的.

第 3 章小结

当然，内燃机也有缺点，主要是：燃料要求较高、环境的污染也越来越严重.

习　题

3.1　下列说法正确的是（　　）

(A) 准静态过程在实际生活中并不存在，但是可以用抓住主要矛盾的方法，构建准静态过程模型

(B) 准静态过程可以在 p-V 图上用一条曲线（或直线）表征出来，描写这条曲线（或直线）的方程称为过程方程

(C) 等温、等容、等压、绝热过程属于多方过程，其他过程则不属于多方过程

(D) 非多方过程一定不是准静态过程

（本题考查准静态过程的概念.）

3.2　题 3.2 图中，属于多方过程的有（　　）（本题考查多方过程的概念.）

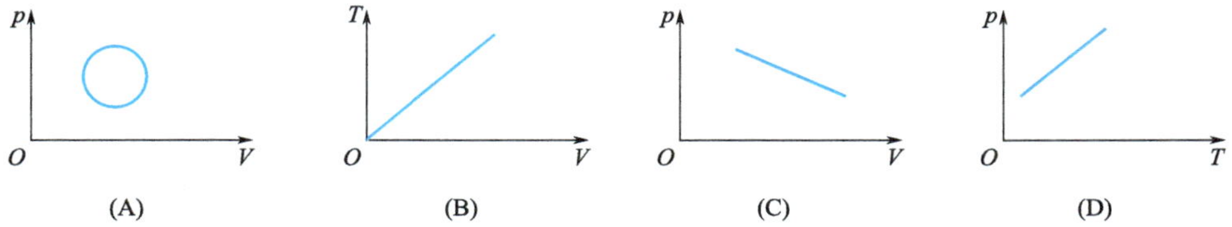

题 3.2 图

3.3　对于题 3.3 图所示的几种过程，回答整个过程中温度的变化情况.（本题考查热力学过程中温度的变化情况.）

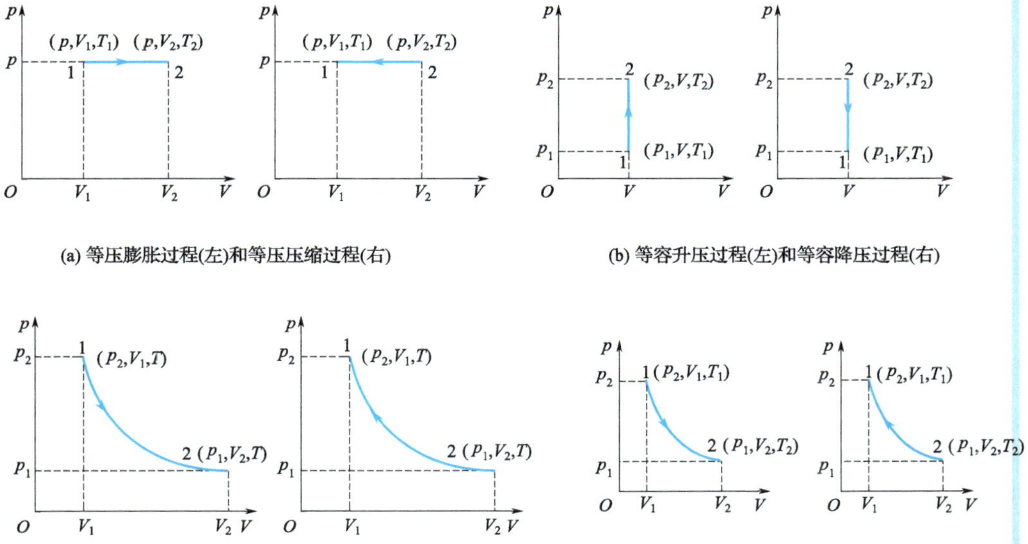

(a) 等压膨胀过程(左)和等压压缩过程(右)　　(b) 等容升压过程(左)和等容降压过程(右)

(c) 等温膨胀过程(左)和等温压缩过程(右)　　(d) 绝热膨胀过程(左)和绝热压缩过程(右)

题 3.3 图

3.4　对于题 3.2 图，回答整个过程中温度的变化情况.（本题考查 p-V 图中状态变化.）

***3.5**　对于例 3.5，已知圆心处对应的温度为 T_0，(1) 计算最高温度和最低温度；(2) 计算整个过程中温度随着体积变化的关系式.（本题考查状态方程及数学运算.）

3.6　下列说法正确的是（　　）

(A) 气体加热后，分子运动更加剧烈，平均速率提高，所以温度一定提高

(B) 绝热过程中，温度一定不变

(C) 盖好锅盖，待高压锅内的水沸腾后，关火，锅内水蒸气通过排气阀向外泄漏，在逐渐变凉的过程中，锅内压强和温度都降低

(D) 烧水过程中，系统吸热，温度上升. 据此可以说，吸热过程中，温度一定上升

（本题考查热力学过程中物理量的变化规律.）

3.7　对于式 (3.1.1)，试由第一个公式推导出另外两个公式.（本题考查泊松公式和状态方程.）

3.8　已知状态 I 的压强、体积和温度分别为 p_1、V_1、T_0，经过绝热压缩过程到达状态

Ⅱ，其参量为压强 p_0、体积 V_2、温度 T_1，再通过等压过程到达状态Ⅲ，相应的参量为压强 p_0、体积 V_3、温度 T_0，试在 p-V 图上作图表示相应的过程曲线. 并比较 T_0 和 T_1 的大小.（本题考查 p-V 图与热力学过程的对应关系.）

3.9 对于题 3.9 图所示过程，试分析从 a 点出发，经 $bcde$ 回到点 a，其温度变化情况. 其中 ab 过程为等温过程，bc 过程为等压过程，cd 过程的延长线通过原点，de 过程为等容过程，ea 过程为绝热过程.（本题考查理想气体状态方程的定性应用.）

3.10 水蒸气分解成同温度的氢气和氧气，内能变化量百分比为多少？（本题考查内能的知识.）

3.11 对于 3.9 题，定性分析每个过程的内能变化、做功和热量的正负.（本题考查热力学第一定律的定性分析.）

3.12 题 3.12 图为一理想气体几种状态变化过程的 p-V 图，其中 MT 为等温线，MQ 为绝热线，在 AM、BM、CM 三种准静态过程中：

(1)温度降低的是________过程； (2)气体放热的是________过程.（本题考查几种过程中热力学第一定律的定性分析.）

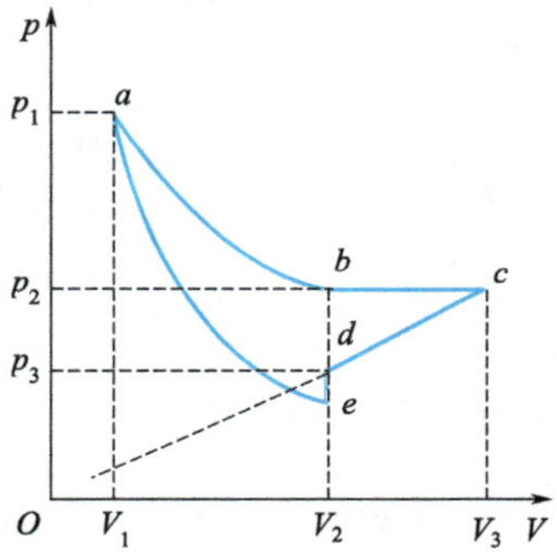

题 3.9 图

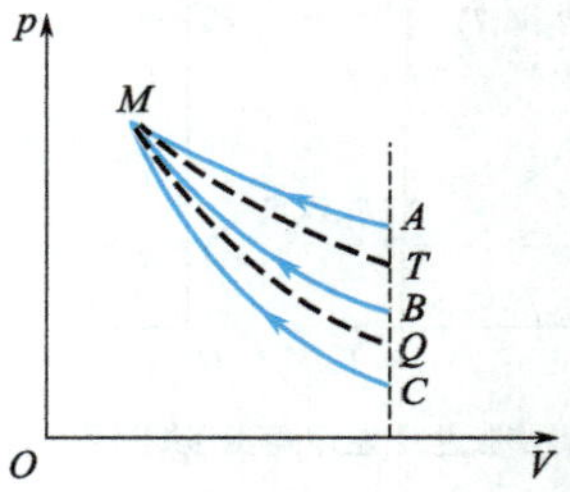

题 3.12 图

3.13 如题 3.13 图所示，一团理想气体经过了一个准静态过程的循环，$A \to B$ 是等温过程，$B \to C$ 是等容过程，$C \to A$ 是绝过程. 下面说法正确的有（　　）

(A) A、B 状态气体的内能相等

(B)整个循环过程外界对气体做功为正

(C) $C \to A$ 过程体系内能增加，外界对体系做功为正

(D)若气体为单原子分子理想气体，则 $A \to C$ 过程满足 $pV^{7/5}$ 为常数

（本题考查内能、功、绝热指数等基本概念. 第 36 届全国中学生物理竞赛预赛第 3 题.）

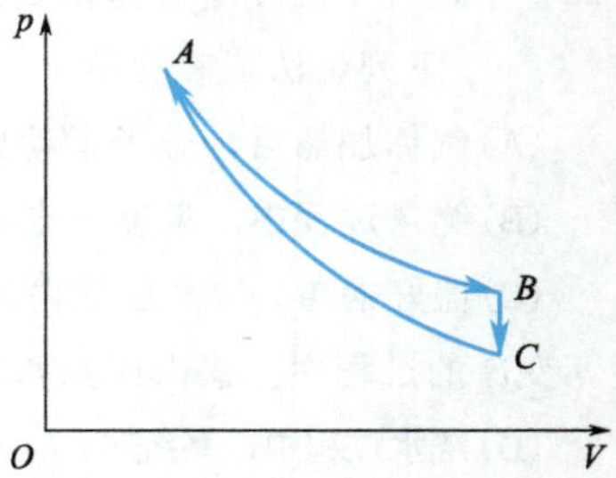

题 3.13 图

3.14 如题 3.14 图所示，一定质量的理想气体，沿箭头所示方向发生状态变化，(1)从状态 c 到状态 d，气体的压强是否在增大？(2)从状态 d 到状态 b，做功和热量的正负？二者的关系？(3)从状态 a 到状态 c，气体分子平均动能变大还是变小？(4) a、b、c、

d 四个状态相比，气体在哪个状态时的压强最大？(本题考查热力学第一定律的定性应用，源自高校自招强基或科学营试题.)

3.15　如题 3.15 图，绝热隔板 K 把绝热气缸分隔成体积相等的 a 和 b 两部分，隔板可自由滑动且不漏气，两部分中分别盛有等质量、同温度的同种理想气体，现通过电热丝对气体加热一段时间后，各自达到新的平衡状态(气缸的形变不计)，则正确的是(　　)

(A) 气体 b 的温度变高

(B) 气体 a 的压强变小

(C) 气体 a 和气体 b 增加的内能相等

(D) 气体 a 增加的内能大于气体 b 增加的内能

(本题考查热力学第一定律的定性应用，源自高校自招强基或科学营试题.)

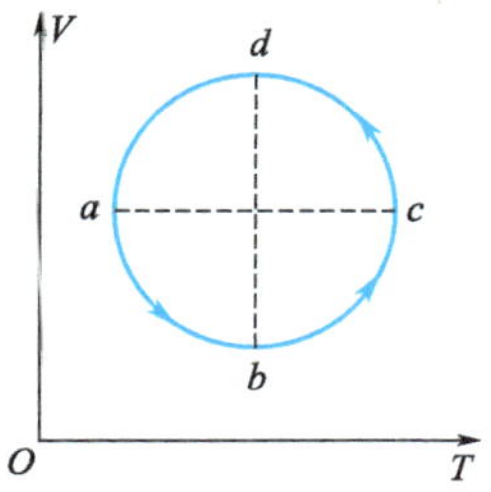

题 3.14 图

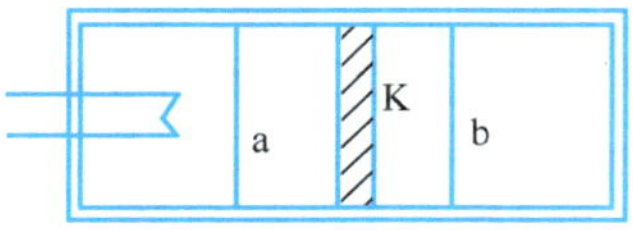

题 3.15 图

3.16　如题 3.16 图所示，a 和 b 是绝热气缸内的两个活塞，它们把气缸分成甲和乙两个部分，两部分中都封有等量的理想气体，a 是导热的，其热容量可以忽略不计，与气缸固连. 而 b 是绝热的，可在气缸内无摩擦滑动，但不漏气，其右方为大气. 图中 k 为加热用的电炉丝. 开始时，系统处于平衡态，两部分中气体的温度和压强皆相同. 现接通电源，缓慢加热一段时间后停止加热，系统又达到新的平衡. 则正确的是(　　)

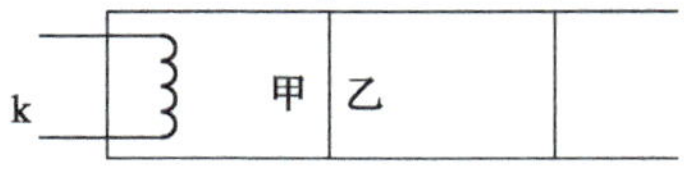

题 3.16 图

(A) 甲、乙中气体的温度有可能不变

(B) 甲、乙中气体的压强都增加了

(C) 甲、乙中气体的内能增量相等

(D) 电炉丝放出的总热量等于甲、乙中气体增加内能的总和

(本题考查热力学第一定律的定性分析. 第 24 届全国中学生物理竞赛预赛第三题.)

3.17　以例 3.1 的老式爆米花机为背景，编写一道利用热力学第一定律求解的计算题并给出求解过程.

3.18　试证明式(3.6.20)、(3.6.21). (本题考查热容知识.)

3.19　试证明式(3.7.13)与式(3.7.14)是等价的(本题考查绝热过程、功的计算.)

3.20　一封闭绝热气室，有一导热薄板将其分为左右体积比为 1:3 的两部分，各自充满同种理想气体，左侧气体压强为 3atm，右侧气体压强为 1atm. 左、右两部分气体的温度比为 2∶1，现将薄板抽走，则平衡以后气体的压强为多少？(本题考查热力学第一定律和状态方程的计算，源自高校自招强基或科学营试题.)

3.21　0.020kg 的氦气由 170℃升为 270℃. 若在升温过程中，(1) 体积保持不变；(2) 压强保持不变；(3)不与外界交换热量. 试求气体内能的改变，吸收的热量，外界对气体做的功. 设氦气可以看成理想气体.(本题考查热力学第一定律的计算.)

3.22 1mol 单原子理想气体，由状态 $a(p_1, V_1)$ 先等压加热至体积增大一倍(状态 b)，再等容加热至压强增大一倍(状态 c)，最后经绝热膨胀到达状态 d，使其温度降至初始温度. 试求：(1)状态 d 的体积；(2)整个过程对外做的功；(3)整个过程的吸热.(本题考查热力学第一定律的应用.)

3.23 对于第 3.10 题，已知各点的状态量均在图中标出，气体为双原子分子，请分别计算各个过程的内能变化、功和热量.(本题考查热力学第一定律的应用.)

3.24 如题 3.24 图所示，有一个竖直放置的导热气缸，用一个轻质绝热活塞密封，活塞可以自由上下移动，面积为 S_0，初态气缸内封有体积为 V_0、压强等于大气压 p_0、温度和环境温度相同的单原子理想气体，缓慢地在活塞上面堆放细沙(每次堆上的细沙都放在活塞所在的位置)，结果活塞下降，使得密封的气体体积变小到 xV_0，重力加速度为 g，求出细沙的质量 m_0=________；把导热气缸换成绝热气缸，其他条件不变，求出这个过程中活塞对体系做功 A_0=________；普适气体常量为 R，单原子理想气体的定容摩尔热容量为 $C_{V,\mathrm{m}}=\dfrac{3}{2}R$.(本题考查热力学第一定律的应用. 第 36 届全国中学生物理竞赛预赛第 9 题.)

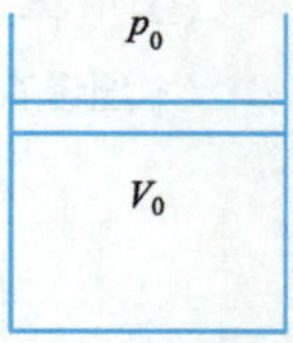

题 3.24 图

3.25 气缸用活塞封闭了 M=7g 的氮气，其定容摩尔热容为 $C_{V,\mathrm{m}}=20.9\mathrm{J\cdot mol^{-1}\cdot K^{-1}}$，在下面两种情况下，将气体由初温 T_1=283K 加热到 T_2=298K 时所需要的热量是多少？(1)气体的体积保持不变；(2)活塞上放有一定质量的物体. 氮气摩尔质量为 $\mu=28\mathrm{g\cdot mol^{-1}}$.(本题考查热力学第一定律的计算.)

3.26 温度 27℃下，8×10^{-3}kg 的氧气体积为 0.41L，如果经过(1)绝热膨胀，使得体积增大到十倍；(2)先经过等温过程再经过等容过程，达到和(1)一样的末态. 试分别求出上述两种过程中外界对气体做的功. 设氧气可看作理想气体，$C_{V,\mathrm{m}}=\dfrac{5}{2}R$，摩尔质量为 $32\mathrm{g\cdot mol^{-1}}$，取绝对零度为−273℃.(本题考查热力学第一定律的计算.)

3.27 如题 3.27 图所示，一个气筒，除底部外其余部分绝热，被一位置固定的导热板隔成相等的两部分 A 和 B，其中各盛有 1mol 理想气体氮，其热容为 $C_{V,\mathrm{m}}=\dfrac{5}{2}R$. 今将 334.4J 的热量缓缓地由底部供给气体，设活塞上的压强始终保持在 1.0atm，求 A 和 B 温度的改变以及各自吸收的热量(导热板的热容可以忽略). 若将位置固定的导热隔板换成可以自由滑动的绝热隔板，重复上述讨论.(本题考查热力学第一定律的计算.)

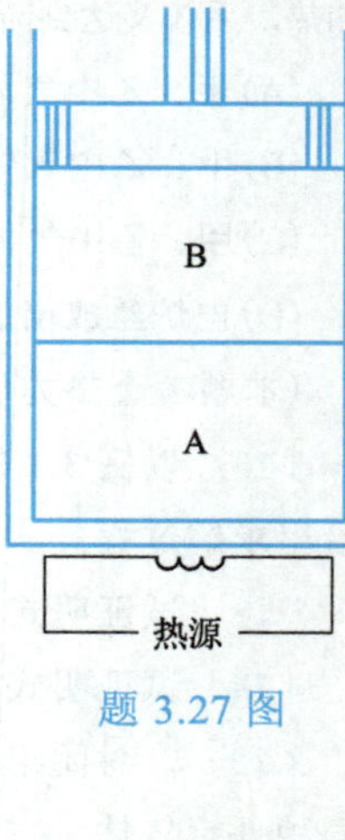

题 3.27 图

3.28 如题 3.28 图所示，一个圆柱形绝热容器，中间用两个绝热隔板隔开，左隔板固定，右隔板可无摩擦滑动. 左边有 8g 氦气，右边有 16g 氧气，中间和大气相通且长度足够长. 现在对左右两室加热，两室温度均上升了 100K，试问：(1) 左右两室的热容和比热容分别为多少？

(2) 两室的内能变化、热量和做功分别是多少？已知氦气和氧气的摩尔质量分别为 $4\,\mathrm{g\cdot mol^{-1}}$ 和 $32\,\mathrm{g\cdot mol^{-1}}$，单原子和双原子分子气体的定压热容分别为 $\frac{3}{2}R$ 和 $\frac{5}{2}R$，R 为普适气体常量.（本题考查热力学第一定律的计算.）

3.29 如题 3.29 图所示，A、B 两个气缸，在大气压为 p_0 的环境下，A、B 中各用一个质量为 m 的活塞，封闭 1mol 的理想气体，B 中面积为 S 的活塞连接着一根刚度系数为 k 的弹簧. 初时弹簧处在自然长度，A、B 气缸内的初始温度均为 T_0. 现使 A、B 两气缸内的气体均降低相同温度，结果 B 内的活塞降低到原来高度的一半. 求在该过程中 A、B 两气缸内放热量 Q_A 与 Q_B 之差.（本题考查热力学第一定律的计算，源自高校自招强基或科学营试题.）

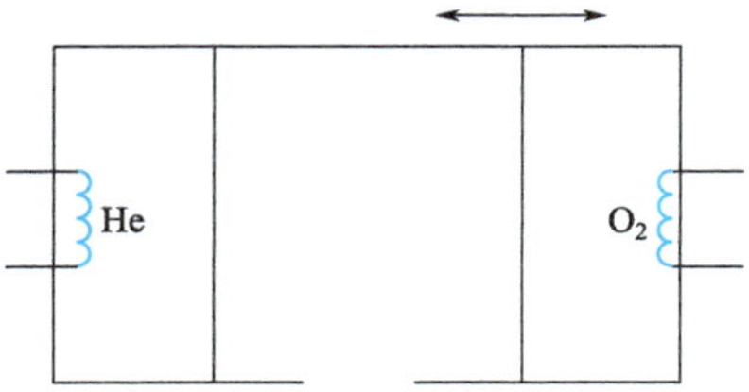

题 3.28 图

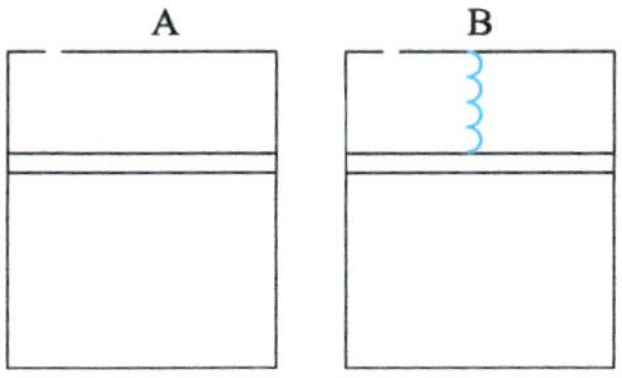

题 3.29 图

3.30 试证明例 3.5 中的过程，热容不是常数.（本题考查热容知识和循环概念.）

3.31 如题 3.31 图所示，顶部开口、横截面积为 S 的绝热圆柱形容器放在水平地面上. 容器内有一质量为 m 的匀质绝热挡板在下，另一个质量可忽略的绝热活塞在上，活塞与容器顶端相距甚远. 挡板下方容器为 V_0 的区域内，盛有摩尔质量为 μ_1、物质的量为 ν_1 的单原子分子气体. 挡板和活塞之间的容积为 V_0 的区域内，盛有摩尔质量为 μ_2、物质的量为 ν_2 的双原子分子气体. 挡板和活塞与容器内壁之间无间隙，且都可以无摩擦地上下滑动. 设两种气体均已处于平衡态，而后将挡板非常缓慢、绝热且无漏气地从容器壁朝外抽出，最终形成的混合气体达到热平衡态. 设整个过程中双原子分子的振动自由度始终未被激发. 将大气压强记为 p_0，设 $m=p_0S/g$，将 μ_1、ν_1、μ_2、ν_2、p_0、V_0 处理为已知量. (1) 将末态混合气体内的单原子分子气体和双原子分子气体密度分别记为 ρ_1 和 ρ_2，试求 ρ_1 和 ρ_2. (2) 再求混合气体的体积 V.（本题考查混合气体的状态方程和热力学第一定律，源自高校自招强基或科学营试题.）

3.32 如题 3.32 图所示，两个截面相同的圆柱形容器，右边容器高为 H，上端封闭，左边容器上端是一个可以在容器内无摩擦滑动的活塞. 两容器由装有阀门的极细管道相连通，容器、活塞和细管都是绝热的. 开始时阀门关闭，左边容器中装有热力学温度为 T_0 的单原子理想气体，平衡时活塞到容器底的距离为 H，右边容器内为真空. 现将阀门缓慢打开，活塞便缓慢下降，直至系统达到平衡. 求此时左边容器中活塞的高度和缸内气体的温度. 提示：1mol 单原子理想气体的内能为 $\frac{3}{2}RT$，其中 R 为普适气体常量，T 为气体的热力学温度.（本题考查热力学第一定律、状态方程. 第 16 届全国中学生物理竞赛预赛第三题.）

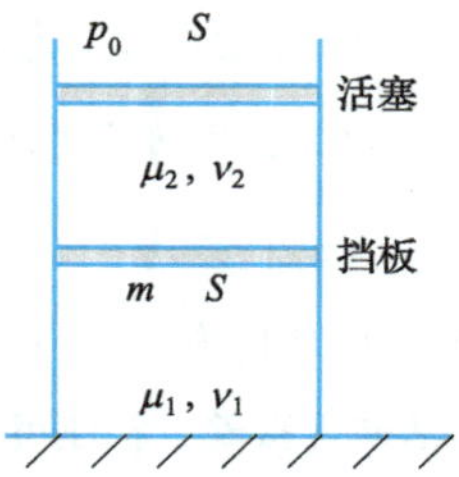

题 3.31 图

题 3.32 图

*3.33 绝热容器 A 经一阀门与另一容积比 A 的容积大很多的绝热容器 B 相连. 开始时阀门关闭，两容器中盛有同种理想气体，温度均为 30℃，B 中气体的压强为 A 中的 2 倍. 现将阀门缓慢打开，直至压强相等时关闭. 问此时容器 A 中气体的温度为多少？假设从打开到关闭阀门的过程中，处在 A 中的气体与处在 B 中的气体之间无热交换. 已知每摩尔该气体的内能为 $U=\frac{5}{2}RT$，式中 R 为普适气体常量，T 为热力学温度. (本题考查热力学第一定律、状态方程. 第 17 届全国中学生物理竞赛预赛第六题.)

3.34 如题 3.34 图所示，1mol 理想气体，由压强与体积关系的 p-V 图中的状态 A 出发，经过一缓慢的直线过程到达状态 B，已知状态 B 的压强与状态 A 的压强之比为 $\frac{1}{2}$，若要使整个过程的最终结果是气体从外界吸收了热量，则状态 B 与状态 A 的体积之比应满足什么条件?已知此理想气体每摩尔的内能为 $\frac{3}{2}RT$，R 为普适气体常量，T 为热力学温度. (本题考查热力学第一定律、状态方程. 第 30 届全国中学生物理竞赛预赛第 14 题.)

3.35 如题 3.35 图所示，绝热活塞 S 把一定质量的稀薄气体(可视为理想气体)密封在水平放置的绝热气缸内. 活塞可在气缸内无摩擦地滑动. 气缸左端的电热丝可通以弱电流对气缸内气体十分缓慢地加热. 气缸处在大气中，大气压强为 p_0. 初始时，气体的体积为 V_0、压强为 p_0. 已知 1mol 该气体体积不变、温度升高 1K 时其内能的增量为一已知恒量. 求以下两种过程中电热丝传给气体的热量 Q_1 与 Q_2 之比. (1)从初始状态出发，保持活塞 S 位置固定，在电热丝中通以弱电流，并持续一段时间，然后停止通电，待气体达到热平衡时，测得气体的压强为 p_1. (2)仍从初始状态出发，让活塞处在自由状态，在电热丝中通以弱电流，也持续一段时间，然后停止通电，最后测得气体的体积为 V_2. (本题考查热力学第一定律、状态方程. 第 24 届全国中学生物理竞赛预赛第三题.)

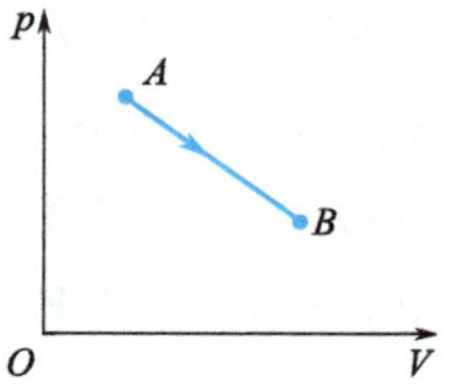

题 3.34 图

题 3.35 图

*3.36 如题 3.36 图所示，三个绝热的、容积相同的球状容器 A、B、C，用带有阀门

K_1、K_2 的绝热细管连通，相邻两球球心的高度差 $h=1.00\,\text{m}$．初始时，阀门是关闭的，A 中装有 1mol 的氦(He)，B 中装有 1mol 的氪(Kr)，C 中装有 1mol 的氙(Xe)，三者的温度和压强都相同．气体均可视为理想气体．现打开阀门 K_1、K_2，三种气体相互混合，最终每一种气体在整个容器中均匀分布，三个容器中气体的温度相同．求气体温度的改变量．已知三种气体的摩尔质量分别为

$$\mu_{\text{He}}=4.003\times10^{-3}\text{kg}\cdot\text{mol}^{-1}$$
$$\mu_{\text{Kr}}=8.38\times10^{-2}\text{kg}\cdot\text{mol}^{-1}$$
$$\mu_{\text{Xe}}=1.313\times10^{-1}\text{kg}\cdot\text{mol}^{-1}$$

在体积不变时，这三种气体中的任何一种每摩尔温度升高 1K，所吸收的热量均为 $3R/2$，R 为普适气体常量.（本题考查热力学第一定律. 第 19 届全国中学生物理竞赛预赛第四题.）

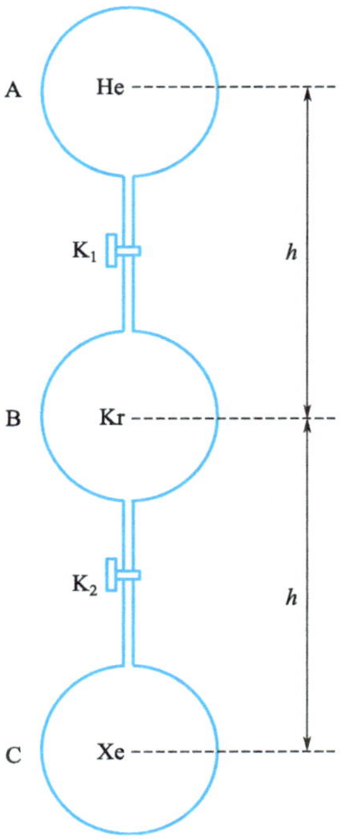

题 3.36 图

*3.37　1mol 氧气经历一个如题 3.37 图所示的循环过程：AB 为等温过程，BC 为等压过程，CA 为等容过程．已知 p_A=1atm、V_A=1L、V_B=2L，氧气可看成刚性双原子分子理想气体，试求此循环的效率.（本题考查热力学第一定律、循环.）

*3.38　1mol 理想气体经历了如题 3.38 图所示的 1—2—3 循环过程，其中过程 1—2 的方程为 $T=2T_1\left(1-\dfrac{1}{2}\beta V\right)\beta V$，过程 2—3 为经过原点的一条直线，过程 3—1 的方程为 $T=T_1\beta^2V^2$，式中 β 为常量，状态 1 和 2 时的热力学温度分别为 T_1 和 $\dfrac{3}{4}T_1$．求该气体在循环过程中做的功.（本题考查热力学第一定律，注意这是一个 T-V 图.）

*3.39　An ideal gas with stable constant volume heat capacity $C_{V,\text{m}}$ goes through the two cycle processes $A_1B_1C_1A_1$ and $A_2B_2C_2A_2$ on p-V plane, as shown in the graph .The corresponding efficiencies are η_1 and η_2 respectively, please compare η_1 and η_2 .(Note that the efficiency of a cycle process $\eta=W/Q$ where W means the work exported by the gas; Q means the heat absorbed).（本题考查热力学第一定律、循环. 源自高校自招强基或科学营试题.）

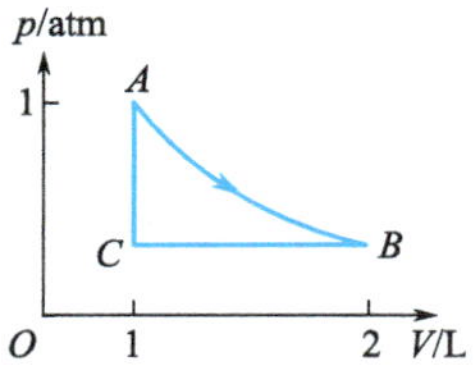

题 3.37 图

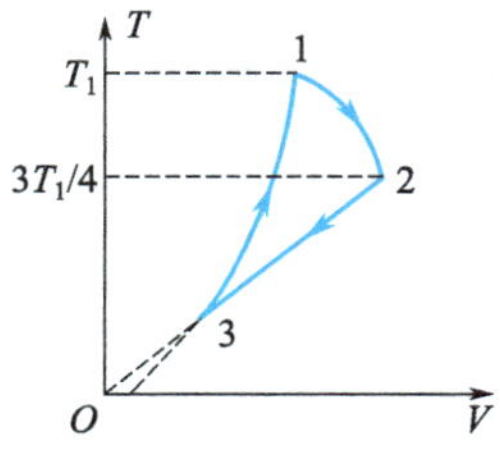

题 3.38 图

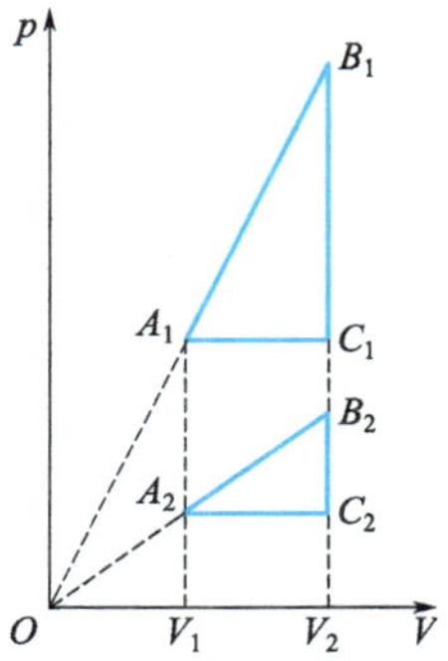

题 3.39 图

第 4 章　热力学第二定律

热力学第一定律告诉我们，热力学过程中，能量是守恒的. 以热力学循环为理论基础的热机，如果吸收的热量完全变为对外做的功，是符合能量守恒的，此时的热机效率为 100%；但是，实际中从来没有实现过效率为 100%的热机. 这是损耗的原因还是深层次的原理上的原因呢？此外，在生活中，我们见到热量可以从高温物体自发地传递给低温物体，反之却不能从低温物体自发地传递给高温物体. 这又是什么原因呢？诸如此类现象，启发人们去深入思考.

焦耳设计了一个绝热自由膨胀的实验，阐释了自然过程的方向性，也就是说所有的热力学过程都是有方向的，是不可逆的过程，4.1 节介绍这方面的内容. 不过，在一定限定条件下，忽略次要矛盾，仍然可以将很多热力学过程看成是可逆的. 4.2 节介绍可逆过程的物理模型和概念. 人们将发现的一些重要规律做了归纳，并用文字进行了描述，其中主要两条分别称为克劳修斯表述和开尔文表述，前者从高低温系统热量传递的角度论述了热力学过程的不可逆；后者从热机做功的角度论述了功和热转换的不可逆. 后人将这两种描述热力学不可逆的表述称为热力学第二定律的文字表述，并进一步论证得到，所有不可逆过程都是相互关联的，从一种热力学过程的不可逆可以推导得到另外一种热力学过程的不可逆. 这部分内容见 4.3 节. 在热力学第二定律的发现过程中，卡诺及其提出的卡诺定理对于人们认识热力学过程起到了重要作用. 根据卡诺定理得到的热力学温标不依赖于任何物质，是热学中的重要单位，也是国际单位中七个基本单位之一，有关内容见 4.4 节，该节中还包括热力学第三定律. 热力学第二定律的文字表述虽然阐述了热力学过程的不可逆，但是热力学过程为什么有方向性？可以用什么物理量来表征呢？4.5 节对此予以阐述，定义热力学概率，说明其物理意义. 热力学概率将系统的宏观性质和微观状态(微观粒子在几何空间和速度空间的分布)结合起来了. 在此基础上，4.6 节介绍熵的定义式，并给出熵增加原理，由此可知，可以通过熵这一物理量来描述热力学过程的方向：一个孤立系统的熵永不减小，即熵增加原理. 4.7 节给出热力学第二定律的数学表达式及熵差的计算.

本章的思维导图如下：

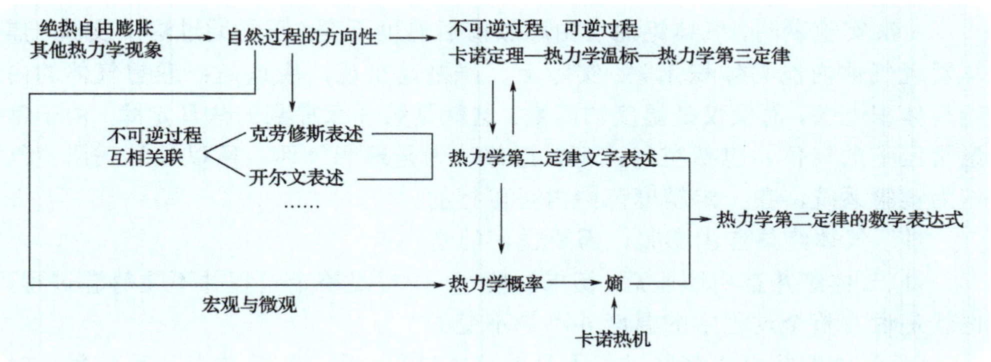

4.1 自然过程

4.1.1 理想气体的绝热自由膨胀

对于一个理想气体系统，从某个状态 (p_1,V_1,T_1) 膨胀到另外一个状态 (p_2,V_2,T_2)，膨胀过程中，有 $V_2>V_1$. 满足体积膨胀的过程有很多，如绝热过程、等温过程、等压过程等. 这些过程都是准静态过程.

还有一类特殊的膨胀过程，称为绝热自由膨胀(adiabatic free expansion). 该过程绝热且初末态温度相同，即内能不变. 根据热力学第一定律，则不做功. 但是气体膨胀，不是要对外做功吗？此外，在 p-V 图上，既要等温，又要绝热，怎么画出这个过程曲线呢？

这种绝热自由膨胀过程，到底存在不存在？在历史上，焦耳首先于 1843 年进行了绝热自由膨胀的实验. 这个实验在科学史上很著名，几乎耗费了焦耳毕生的精力.

如图 4.1.1 所示，将带有活栓 S 的金属管连通的两个金属容器 A 和 B 放入水量热器中，量热器外包有绝热层，以保证与外界绝热，在量热器中插入一支精密温度计(精确至 0.01℃)以测量水温. 实验中，金属容器的容积变化是极其微小的，可以忽略.

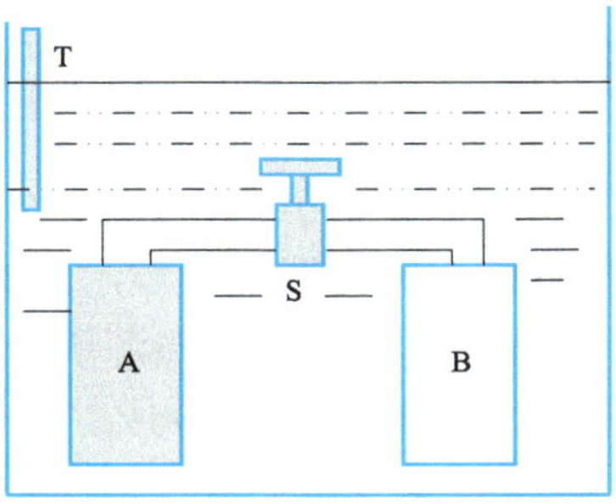

图 4.1.1　绝热自由膨胀实验

实验过程如下：①起初，容器 A 和 B 内储存有一定量的气体，然后将活栓 S 关闭；②把容器 B 抽成真空；③当量热器内达到热平衡时，读出温度计示数，即容器 A 内气体的温度；④打开活栓 S，A 中的气体迅速向 B 膨胀，由于 A 中的气体膨胀时不受阻力，速度很快，气体来不及与水交换热量，这个膨胀过程称为绝热自由膨胀. 在膨胀过程中，先进入 B 中的气体将阻止后来的气体而做功，但这是 A 中气体内部之间的功，并非气体外界做功；⑤气体绝热自由膨胀后，经过一段时间，量热器内部将达到新的热平衡，再测量温度，发现温度没有任何变化.

多次实验表明，气体绝热自由膨胀前后温度不变. 正是通过这个实验，焦耳发现气体内能与体积无关. 实际上，严格地来说，应该是：理想气体的内能与体积无关，而仅仅是温度的函数. 这就是第 3 章提到的焦耳定律. 由于常温常压下的气体，包括空气，可以近似认为是理想气体，所以焦耳采用空气作为实验系统，在一定精度范围内是可行的.

对于气体绝热自由膨胀，需要说明的是：

(1) 气体绝热自由膨胀后，初末温度相同，但是整个过程并不是等温过程，也就是说，整个过程中的温度并不是不变的.

(2) 气体绝热自由膨胀过程不是准静态过程，除初、末态外，系统每一时刻都处于非平衡态，所以是一个非准静态过程.

(3) 对于实际气体，末态温度一般不会和初始温度相同(有一点微小差别). 只有对理想气体，末态温度才会和初始温度相同.

(4) 到了末态后，我们可用一个活塞将气体等温地压回到 A 室，使气体回到初始状态. 但是，这样做，外界必须对气体做功，所做的功转化为气体向外界传出的热量. 无法做到原过程自由膨胀时不与外界产生热交换(绝热).

4.1.2 自然过程的方向

在气体绝热自由膨胀实验中，打开活栓后，气体能够自发地从 A 室自由膨胀到 B 室，但是要气体再回到 A 室，则无法自发进行. 这说明该热学过程是有方向的.

实际上，所有的自然过程都是有方向的. 比如，一杯热水放在桌上，经过一段时间后，水的温度和水杯附近桌子、空气的温度会相同. 但是反过来，却无法自发地让杯子中的水变得更热. 有反驳意见说，可以通过电加热或者摩擦杯子使水温升高，但这不是自然过程，因为外加干预行为了.

人们发现热力学过程具有方向性，并在研究蒸汽机效率的过程中，最终归纳总结出了热力学第二定律. 19 世纪，随着蒸汽机的推广和广泛使用，提高蒸汽机的效率成为重要的工作，从能量守恒角度来看，完全可以将热机的效率提高到 100%，即将从高温热源所吸收的热量完全用于做功. 但是，无论如何努力，热机效率都不能达到 100%，也就是说，吸收的热量总有一部分必须向低温热源放热. 为此科学家们进行了深入研究，通过对发生在人们周围的大量事件进行认真观察、归纳和总结，发现自然过程的进行总是有方向的.

4.2 可逆过程与不可逆过程

4.2.1 可逆过程

虽然自然界的一切过程都是有方向的，这些过程反过来则无法自然或自发地发生，也就是说该过程是不可逆的. 但是，为了深入细致地研究各种现象，我们需要抓住主要矛盾，建立物理模型. 现在我们来建立“可逆过程”这个模型.

假设有一个系统，从初始状态 a 出发，经某一过程到达末态 b. 在这个过程中，系统状态变化了，对外界可能造成了一些影响(如体积变化、吸热等). 现在，让该系统由状态 b 沿原过程的反方向返回到初始状态 a，若在这个反向过程中，系统及外界的状态都复原正向过程的状态，那么，这个过程就称为可逆过程(reversible process). 注意：可逆过程在反向进行时，一定要把正向进行时系统状态的变化以及对外界的影响统统消除掉，系统及外界同时回复原先状态. 反之，如果无论采用何种办法都不能使系统和外界完全复原，则原来的过程称为不可逆过程(irreversible process).

不可逆过程不是不能逆(反)向进行，而是当过程逆(反)向进行时，逆过程在外界留下的痕迹不能将原来正过程的痕迹完全消除，即不能自发地回到原先状态而不产生任何影响.

狭义的可逆过程，其每一步都能逆着原过程而反向进行. 对于广义的可逆过程，系统由一个状态经某一过程达到另一状态，如果存在另一个过程(并不是逆着原过程的每一步)，使系统和外界完全复原(即系统回到原来状态，同时消除原过程对外界引起的一切影响). 也就是说，系统和外界的状态量(如温度、压强、体积、内能等)必须回到原状态；而且，系统和外界之间的热和功也要回复，如果原过程系统对外界做功 A，则逆过程需要外界对系统做同样的功 A；原过程中系统从外界吸收热量 Q，则逆过程中外界需要向系统放出同样的热量 Q；反之亦然.

我们来看图 4.2.1 中 p-V 平面上任意无摩擦的准静态过程 a1b2c，它所造成的系统状态变化、对外做的功和吸的热，既可以由直接反向过程 c2b1a 完全抵消(狭义定义)，也可以选择另一过程 c3b4a 使之抵消(广义定义). 这二者都可认为是可逆过程.

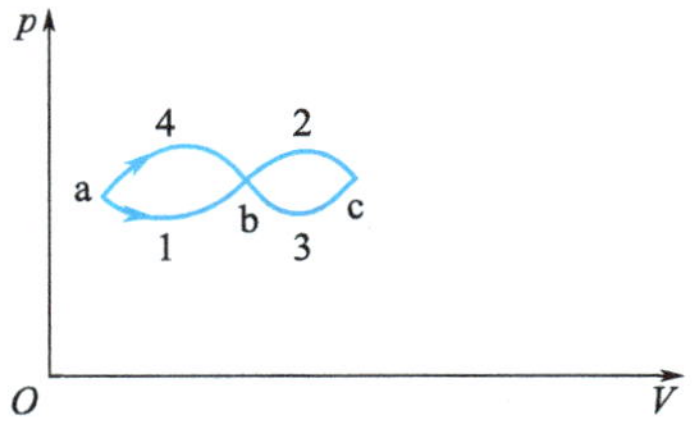

图 4.2.1　a1b2c 与 c3b4a 过程的效果相抵

4.2.2　自然界的实际过程都是不可逆的

事实表明，自然界中一切与热现象有关的实际宏观过程，都是按照一定方向进行的，都是不可逆的. 例如，爆炸、时间的流逝.

可逆过程是一种理想的极限，只能接近，而绝不能真正达到. 因为实际过程都是以有限的速度进行的，且其中包含摩擦等耗散因素，因此必然是不可逆的. 所谓耗散，是指摩擦、非弹性碰撞、黏滞、电阻和磁滞等，在原过程中，会消耗掉能量，这些耗散能量在逆过程中无法得到弥补，还需要继续消耗能量，从而导致无法恢复到原先的初态. 比如，气缸中的活塞，如果与汽缸壁有摩擦，当用外力向内压活塞时，外力做的功，既使得气体压缩，又导致摩擦而生热. 当撤去外力后，气体膨胀做功，推动活塞移动，同时还会引起摩擦生热. 系统在整个过程中都存在摩擦耗散，所以无法回到原先的状态.

但是在分析问题的时候，为了抓住主要矛盾，如果耗散可以忽略或者通过某种方式予以补偿，而补偿方式在研究问题时可以暂时不予考虑(比如内燃机中活塞往复运动，会有摩擦引起的耗散，这种耗散可以通过其他能量给予补充，使得活塞每次都能够进和退到原位置. 在研究气缸运动时，可以只考虑气缸内气体系统本身，而不考虑其他)，则可以将系统的热力学过程看成是可逆过程.

4.2.3 可逆过程和准静态过程

非准静态过程一定不是可逆过程，比如上面介绍的绝热自由膨胀过程. 有耗散的准静态过程也一定不是可逆过程，比如气缸中的活塞往复运动，因为摩擦耗散，活塞运动的位移会越来越小.

没有耗散的准静态过程，才可以认为是可逆过程. 在实际分析问题的时候，为了简单，我们往往忽略微小的耗散这一次要因素，建立可逆过程模型. 比如，认为容器壁是光滑的，以致活塞与容器壁之间没有摩擦. 但是，有些热现象，则是无法采用可逆过程模型的，比如热传导过程是不可逆的，因为热量总是自动地由高温物体传向低温物体，从而使两物体温度相同，达到热平衡；从未发现其反过程，使两物体温差自动地增大. 又如，绝热自由膨胀也是不可逆的，气体扩散后建立了新的平衡，但是却无法由这个平衡态自发地回到原先的状态.

再次强调，在科学研究中，我们需要建立模型，正如力学中建立的质点模型一样，可逆过程也是一种模型. 利用这个模型，可以分析很多物理问题.

4.3 热力学第二定律的两种文字表述

为了描述热力学过程进行的方向，科学家们提出了不同的表述，最著名的就是 1850 年克劳修斯从热量传递的角度提出的表述和 1851 年开尔文从热功转换的角度提出的另外一种表述. 我们现在将这两种表述，即克劳修斯表述和开尔文表述，称为热力学第二定律的文字表述.

4.3.1 克劳修斯表述

克劳修斯表述(Clausius formulation)指出热传导过程是不可逆的. 其表述为：热量不可能自发地从低温物体传向高温物体.

克劳修斯表述是一个否定句，而不是陈述句．尤其是要注意其中“自发”这两个字．言外之意就是：①热量可以自发地从高温物体传递到低温物体．例如热水变凉，又例如冬天敞开窗户，高温的室内会将热量自发地传给低温的室外，直到室内外达到热平衡，温度相同．②热量也是可以从低温物体传到高温物体的，但不是自发的，是需要额外提供能量的．例如，冬天使用的热泵空调，就是从低温的室外吸取热量，传给高温的室内的，但是这个过程并不是自发的，而是额外提供了电能才实现的．

克劳修斯(R. J. E. Clausius，1822 ~ 1888 年)，德国物理学家和数学家，热力学的主要奠基人之一．克劳修斯主要从事分子物理、蒸汽机理论、理论力学、数学等方面的研究，是历史上第一个精确表示热力学定律的科学家．1850 年与兰金(W. J. M. Rankine，1820 ~ 1872 年)各自独立地表述了热与机械功的普遍关系，即热力学第一定律，并且提出蒸汽机的理想热力学循环(兰金 - 克劳修斯循环)；他重新陈述了卡诺定理，并在卡诺定理的基础上研究了能量的转换和传递方向问题，提出了热力学第二定律的克劳修斯表述．

4.3.2　开尔文表述

事实表明，功可以完全变热，但是，要把热完全变为功而不产生其他影响是不可能的．开尔文表述(Kelvin formulation)指出了功变热过程的不可逆，其表述为：系统不可能从单一热源吸热使之完全变为功，而不产生其他影响．或者说：第二类永动机是不可能实现的．

所谓第二类永动机，是指从单一热源吸热使之完全变为有用功而不产生其他影响的热机，或者说是热机效率为 100% 的热机．如果系统吸收的热量都变为功，则效率为 100%，也就不需要有第二个热源用于排放热量了．与第一类永动机违背能量守恒定律不同，第二类永动机并不违背能量守恒定律，但也是不可能实现的．

开尔文表述采用的也是否定句，其注意要点是：①单一热源，系统只有一个热源；②不产生其他影响，其他影响包括状态变化、做功或吸放热．或者说，要想使得热完全变为功，必须有两个热源，并且必须有其他影响．

开尔文表述实质上指出了这样一个事实：热不能自发地完全变为有用功，也就是说要使热量完全转化为功，肯定会发生其他变化．换言之，在有其他变化时，热量是可以完全转变为功的．以等温膨胀为例，在等温膨胀过程中，气体将从外界吸取的热量全部变为有用功，推动活塞工作．这一过程中发生了其他变化，即气体体积、压强变化了．热力学第二定律并不限制这种过程的发生．

在热机循环中，除了热变功外，还必定有部分热量从高温热源传给低温热源，即产生了其他效果. 所以，效率为 100% 的第二类永动机是违背热力学第二定律的，是不可能存在的.

*4.3.3 第二类永动机

虽然制造第一类永动机的一切尝试都失败了，有科学素养的人不再幻想建造第一类永动机了，但是人类对永动机的追求之梦似乎并没有完全破灭. 以热力学第一定律为基础的蒸汽机出现后，人们又试图制作另外一类永动机，可以将吸收的热量完全变为有用的功，它不违反热力学第一定律.

我们知道，对于热机，需要从一个热源(高温热源)吸取热量，用来对外做功，同时将剩余的热量排放到另外一个热源(低温热源)，根据能量守恒：吸热=做功+放热. 用所做的功除以从高温热源吸收的热量，就是热机的效率.

为了提高热机效率，希望排放的热量越小越好，如果排放热量为 0，则热机效率为 100%. 也就是说，如果能够从热源吸热，完全用来做功，则热机效率为 100%，此时，不需要第二个热源了，因为不需要排放热量了. 这类热机称为第二类永动机.

1. 首个成型的第二类永动机——“零耗”发动机

历史上首个成型的第二类永动机装置是 1881 年美国人詹吉(J. Gamgee)为美国海军设计的“零耗”发动机(zeromotor)，它利用海水的热量将气缸中的液氨汽化，推动活塞运动. 也就是说，只需要从海水一个热源中吸取热量. 但是这一装置无法持续运转，因为汽化后的液氨蒸气需要 33℃才能液化，然后再从海水中吸热使之汽化，而将氨气液化是需要消耗能量的.

2. 麦克斯韦妖

提出电磁学麦克斯韦方程组的大名鼎鼎的麦克斯韦(J. C. Maxwell)，1873 年曾经设计了一个思想实验，试图找出热力学第二定律的错误，后人称之为麦克斯韦佯谬. “佯谬”是这样的，有一个绝热盒子，盒子内的气体处于平衡态. 当然，从微观上看，各个气体分子的运动速率是不同的. 在盒子中间插入一个绝热隔板，隔板上有一个小门，由一个精灵(后来称为“麦克斯韦妖”(Maxwell’s demon))控制小门的开启与关闭. 有从左边来的气体分子，如果是快速的，就允许它穿过小门到右边，否则就不准通过；有从右边来的气体分子，则只允许慢速的分子跑到左边去. 经过一段时间，左边都是慢速运动的气体分子，右边都是快速运动的气体分子，如图 4.3.1 所示. 我们已经学过，热运动速率慢的分子，其温度低，热运动速率快的分子则温度高，这样两侧就实现了温度差.

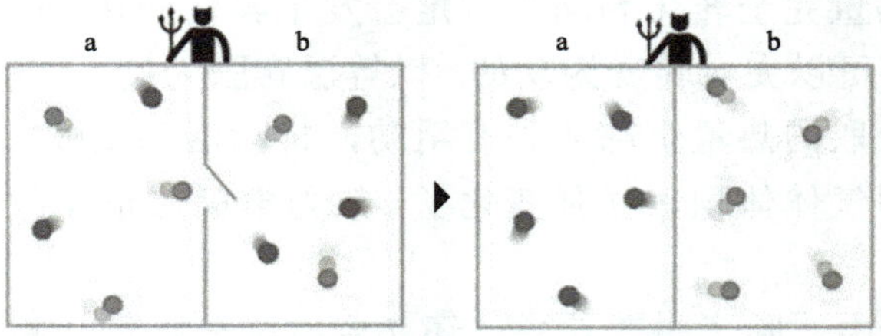

图 4.3.1 麦克斯韦妖的示意图

麦克斯韦设想的妖精非常小，门也是非常轻，只需要开一个很小很小的缝，分子就可以通过，因此做功可以忽略不计. 麦克斯韦妖能够让一个容器内运动快的热分子和运动慢的冷分子分别占据两边，从而产生温度差. 在它们之间放置一个热机，热机就可以利用温度差对外做功. 也就是说，不怎么做功就可以实现温度差，进而对外做功. 热力学第二定律居然被推翻了？

麦克斯韦提出这个设想的初衷，是想证明：热力学第二定律只是针对一大群分子作为一个整体的统计性的定律，该定律不会因为个体的涨落现象而被违背. 但是，如果只考虑单个或少数分子，则热力学第二定律就不成立了. 这个佯谬是麦克斯韦提出的针对热力学第二定律的质疑，被提出来以后，在相当长的时间内，物理学家们没有给出一个很满意的解释.

事实是否如此呢？显然不是. 虽然麦克斯韦假设妖精很小、门很轻，但是小妖要得知每个分子的运动速率，它还要控制挡板的开关，这些都是需要消耗能量的. 即使这些消耗的能量可以忽略不计，那么还有需要消耗能量的地方. 1929 年匈牙利物理学家西拉德(L. Szilard)引入了信息的概念，他设计了一个单分子热机，认为分子的状态(在容器左边还是右边)是一个信息，而获取信息并进行记录是需要消耗能量的. 如果把获取信息消耗的能量考虑进去，就不违背热力学第二定律了，麦克斯韦妖佯谬也就解决了.

不过，西拉德的解释在当时并没有被广泛接受. 1948 年，著名数学家香农(C. E. Shannon)证明了信息是可以被量化的. 1961 年，IBM 华生研究所的物理学家朗道尔(R. Landauer)指出：改变 1 比特(信息的计量单位)的信息，将会导致 $kT\ln 2$ 的热量耗散(k 为玻尔兹曼常量，T 为热力学温度)，这被称为朗道原理. 1982 年，朗道与同事本内特(C. H. Bennett)利用朗道原理从理论上解决了麦克斯韦妖佯谬. 简单来说就是，如果在左边的高速分子到了右边，那么高速分子在左边这一信息被擦除，这是需要消耗能量的，而能量值是可以计算出来的.

3. 记忆合金魔轮

记忆合金是一种特殊材料，能够记住自身的形状，不论发生怎样的形变，稍微加热就会恢复如初. 如图 4.3.2 所示，安装在转轮上的记忆合金弹簧在高于其“转变温度”的热水中缩短，在室温空气中伸长. 这就使得弹簧组对转轮中心的力矩不为零，在此力矩的作用下，转轮便转动起来.

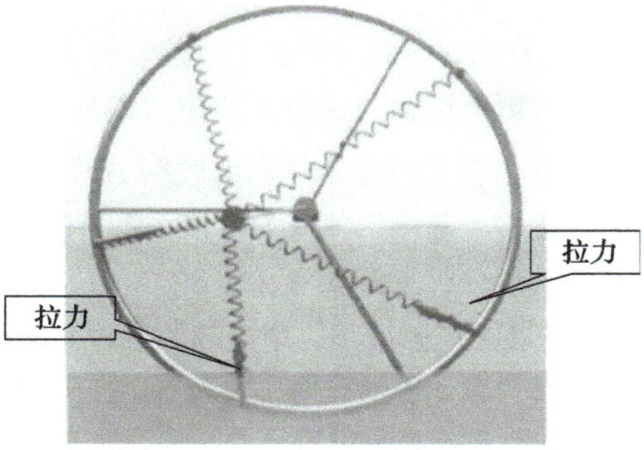

图 4.3.2　记忆合金魔轮示意图

记忆合金

记忆合金看上去只是从热水中吸收热量，然后做功使得轮子转起来，这之间只有一个热源. 但是，实际上，还有一个热源，就是环境大气. 吸收的热量并没有完全做功，而是有一部分散给了大气. 也就是说，该装置并不是只从单一热源吸收热量，还有一个低温热源——大气. 如果将此装置放入一个绝热罩内，随着热水中的热量经记忆合金不断散入大气中，当两者温度平衡时，转轮就停止运动了，所以，也不是永动机.

4. 饮水鸟

有一种叫饮水鸟的玩具，如图 4.3.3(a)所示，它的身体是一根玻璃管，管的上端是一个小球，也就是鸟头，鸟头上有一个吸嘴，是用吸水性材料制成的；管的下端是一个大球，也就是鸟的尾部，里面装有一定量的液体. 头部和尾部的两个球用一个空心管相连，为了逼真，可以粘一些装饰材料(如羽毛). 将之放在一个支点上，鸟头慢慢下降，饮到放在前面水杯中的水(实际上是一种易挥发的液体)，而后立起来，到了一定位置后，鸟再度向下，再次饮水，如此周而复始. 这看上去是一个永动机.

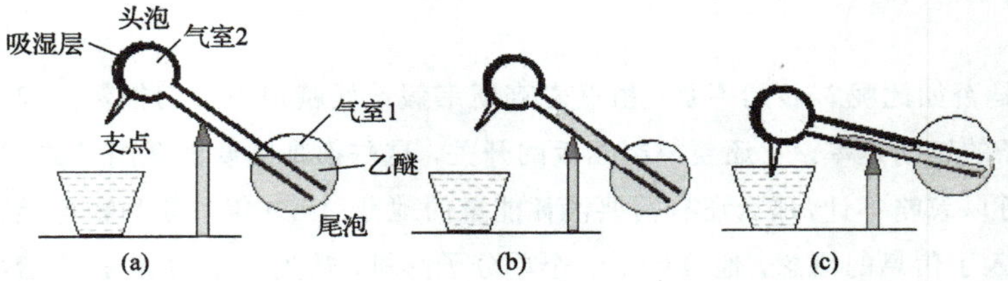

图 4.3.3　饮水鸟饮水示意图

据说，饮水鸟曾经让爱因斯坦惊叹不已. 那么它到底是不是永动机呢？其工作原理是什么呢？

为了理解原理，我们需要先介绍饱和现象和饱和蒸气压的概念. 任何液体在任何温度下都会蒸发，使得液态成为气态，比如任何温度的水都会蒸发，成为水蒸气. 当液态和气态共存时，称为饱和现象，饱和时的气体压强称为饱和蒸气压. 在相同温度下，容易挥发的液体饱和蒸气压较高. 例如，20℃时，水、酒精和乙醚的饱和蒸气压分别为 2.3kPa、5.9kPa 和 63.0kPa. 饱和蒸气压还与温度有关，温度越高，饱和蒸气压越大. 详细的知识，将在第 6 章中进行介绍.

“饮水鸟”尾部小球中装的液体，其实是乙醚这类易蒸发的液体. 温度高一点，就更容易蒸发，而液体的饱和蒸气压又会随温度的改变而剧烈改变. 我们来分析“饮水鸟”饮“水”的过程.

(1)首先，向处于平衡位置的鸟嘴上喷一些液体(乙醚等挥发性液体). 若鸟嘴中的液体蒸发，就会吸热，使得周边空气温度降低(夏天河面上比较凉快，也是这个原因)，进而导致鸟头的小球中气体温度降低，同时因为温度降低，鸟头小球中的气体处于过饱和状态，将有一部分气体变为液体，气体的物质的量就减小了，所以，压强减小(想一想为什么，具体分析见第 6 章).

(2)鸟头压强减小，则尾部的液体向压强变小的头部流去. 这样头部重量增加，尾部重量减轻，重心位置改变，当重心超过脚架支点而移向头部时，鸟就俯下身越过平衡位置，如图 4.3.3(b)所示.

(3)头部继续降低，直到鸟嘴浸到液体，鸟嘴再次被打湿，如图 4.3.3(c)所示，同时上下两球的气体区域连通，气体混合，两球中气压相同，失去气体压力支持的液体将在自身重力的作用下倒流回下球，饮水鸟的重心再次下移，于是渐渐直立起来，回到初始状态.

(4) 鸟嘴的液体蒸发，回到过程(1).

原来，“饮水鸟”头部液体不断蒸发，吸收的周围空气的热量就是这奇妙的“饮水鸟”能够活动的原动力. 正是因为它使用的是周围察觉不到的能源，所以才会被人误认为是永动机. 要注意的是，从空气中吸收的热量，并没有全部用来做功，使得饮水鸟不断运动，而是有一部分热量又排放到大气中了. 如果将饮水鸟的整个装置放在绝热容器里，就会发现，经过一段时间后，饮水鸟将会停止饮水.

5. 永动机的现状

热力学第一定律、第二定律的相继发现和建立，意味着无论是第一类还是第二类永动机都是违背科学规律的. 18 世纪法国科学院宣布不再审理永动机的论文和专利后，1917 年美国专利局也决定不再受理永动机专利的申请.

尽管如此，永动机的发明者仍然前赴后继. “顽强”地探索着. 英国历史上第一个永动机专利出现在 1635 年，据统计，在 1617 年到 1903 年期间英国专利局共收到约 600 项永动机的专利申请. 而美国在 1917 年之后，仍有不少一时看不出奥妙的永动机方案被专利局受理.

在中国，也仍然有人在研究所谓的永动机，并去申请专利，或去行骗. 据报载，某公司原总工程师李某某，声称发明了永动机. 2008 年 2 月，记者张某采访后，在其所供职的报纸刊登文章，同年 4 月，该报再次刊登《李某某可望今年拿出 2 台永动机样机》的文章. 之后，李某某认识了汤某，汤某看了某报的报道后，深信不疑，与李某某签订了《合作开发动力技术合同》，此后两个月内，汤某分五次付给李某某 100 万元. 百万巨款出去了，“永动机”却压根没实现. 而李某某申请的永动机发明专利，分别于 2009 年 12 月、2010 年 1 月被国家知识产权局驳回. 汤某到公安机关报案，经调查取证，法院判决李某某诈骗罪成立.

4.3.4　两种表述的关系

克劳修斯表述和开尔文表述虽然文字内容不同，描述的角度不同，但其实都描述了热力学过程是不可逆的这一事实，它们实际上是等效的. 若违反一种表述，则必定违反另一种表述！我们可以用反证法来证明这一点.

1. 违反开尔文表述，就会导致违反克劳修斯表述

如图 4.3.4(a) 所示，有两个热源：高温热源(温度为 T_1)和低温热源(温度为 T_2)，两个热源之间有热机 a 和制冷机 b，假设热机 a 违反开尔文表述，能够将从单一 T_1 热源吸收的热量 Q_1 完全用来对外做功，做功大小为 A_a. 在这一等温(温度为 T_1)过程下，由热力学第一定律，有(注意，这里我们根据工程上处理热机问题的习惯，只考虑数值，不考虑符号，可以认为公式中的字母都是绝对值，下同)

$$Q_1 = A_a \tag{4.3.1}$$

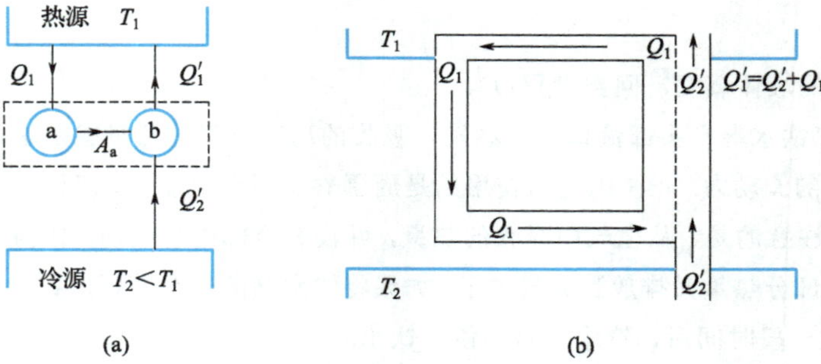

图 4.3.4　违反开尔文表述，就会导致违反克劳修斯表述

在两个热源之间还有一个制冷机 b，它利用热机 a 做的功 A_a，从冷源吸收热量 Q_2'，向高温热源排放热量 Q_1'. 在这一等温(温度为 T_2)过程下，根据热力学第一定律，有

$$Q_1' - Q_2' = A_a \tag{4.3.2}$$

由式(4.3.1)、式(4.3.2)，可得到 $Q_1' - Q_2' = Q_1$，即

$$Q_1' - Q_1 = Q_2'$$

也就是说，热机 a 和制冷机 b 总的宏观效果就是：通过两个机器的联合运行，可以将从低温热源吸收的热量 Q_2' 完全排放给高温热源. 如图 4.3.4(b)所示. 这显然违反了克劳修斯表述.

2. 违反克劳修斯表述，就会导致违反开尔文表述

如图 4.3.5(a)所示，有两个热源：高温热源(温度为 T_1)和低温热源(温度为 T_2)，假设热机 a 违反克劳修斯表述，能够将从 T_2 热源吸收的热量 Q_2 直接传给 T_1 热源. 现在有一个热机 b，从 T_1 热源吸收热量 Q_1，对外做功 A，同时向低温热源放热 Q_2. 由热力学第一定律，$Q_1 - Q_2 = A$，总的效果就是：从高温热源吸收了热量 $Q_1 - Q_2$，将之完全用来对外做功 A，如图 4.3.5(b)所示. 这显然违反了开尔文表述.

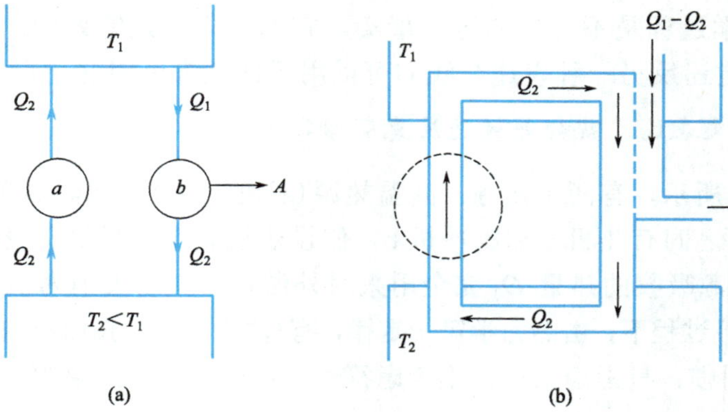

图 4.3.5　违反克劳修斯表述，就会导致违反开尔文表述

【例 4.1】关于热力学第二定律理解正确的是（　）.（源自高校自招强基或科学营试题.）

(A) 热量不能完全转化为功

(B) 热量不能从低温物体转移到高温物体

(C) 摩擦产生的热不能完全转化为功

(D) 以上说法都不对

【解】解答本题，需要熟悉热力学第二定律的两种文字表述，即克劳修斯表述和开尔文表述.

只要满足一定条件，热量是可以完全转化为功的. 比如满足内能不变的条件时，系统吸收的热量可以都变为系统对外做的功. 所以 (A) 错误.

只要满足一定条件，热量是可以从低温物体转移到高温物体的，只是不能自发转移而已. 比如冰箱通过电做功，热量从低温的冰箱内转移到高温的冰箱外（室内）. 所以 (B) 错误.

只要满足一定条件，摩擦产生的热可以全部转化为功. 比如，满足内能不变的条件时，摩擦产生的热量传递给系统，可以完全用来使得系统膨胀对外做功. 所以 (C) 错误.

因此，以上说法都不对，所以只有 (D) 是正确的.

4.3.5 各种不可逆过程是互相关联的

4.3.4 节中我们证明了从“功变热的不可逆”可以推断出“热传导的不可逆”，由“热传导的不可逆”可以推断出“功变热的不可逆”. 事实上，各种不可逆过程都是相互关联的，由某一过程的不可逆性，可推断出另一过程的不可逆性. 我们来看两个例子以加深对这一概念的理解.

【例 4.2】由功变热过程的不可逆性，证明理想气体绝热自由膨胀的不可逆性.

【证明】本题考查热力学过程的不可逆，采用反证法.

假设理想气体的绝热自由膨胀是可逆的，即气体能自动收缩.

如图 4.3.6 所示，容器中活塞封住一定量的理想气体，图 4.3.6(a) 为初始状态；现将系统与单一热源接触，从中吸取热量 Q 后，系统等温膨胀，对外做功 A，如图 4.3.6(b) 所示；接着，根据假设，气体可以自动收缩，回到原体积，如图 4.3.6(c) 所示.

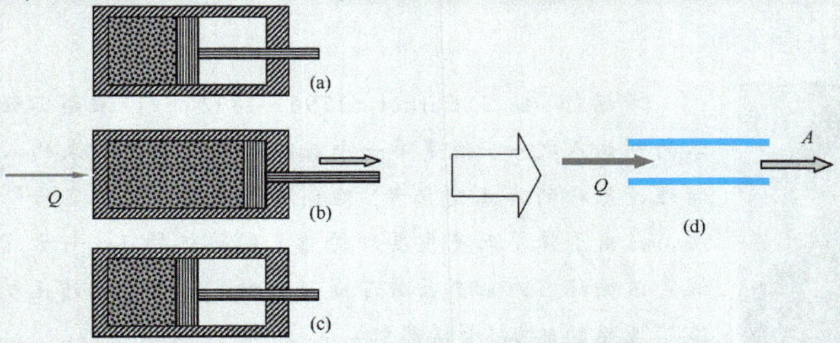

图 4.3.6　例 4.2 图

上述整个过程所产生的总效果是：从单一热源吸收的热，全部用来对外做功，如图 4.3.6(d) 所示. 也就是说，热可以完全用来做功，这显然违背了功变热的不可逆性这一事实. 因此，理想气体绝热自由膨胀是可逆的这一假设是不成立的.

【例 4.3】试证明理想气体在 p-V 图上两条绝热线不能相交.

【证明】本题考查热力学过程的不可逆，采用反证法.

如图 4.3.7(a) 所示，假设绝热线Ⅰ、Ⅱ交于 a 点，作一条等温线Ⅲ，与两条绝热线分别相交于 b 和 c 点，并组成一个循环 $abca$. 这时两根绝热线交点 a 在等温线Ⅲ下面. 整个循环对外做的净功为 ab、bc、ca 三条曲线所包围的面积. 从 b 到 c 的过程中，体积增大对外做功，内能不变，由热力学第一定律，是一吸热过程. c 到 a 的过程与 a 到 b 的过程，都是绝热过程. 因此，整个循环就是把从热源吸收的热量全部变成了功. 这违反了热力学第二定律，是不可能的.

如图 4.3.7(b) 所示，假设绝热线Ⅰ、Ⅱ交于 a 点，作一条等温线Ⅲ，与两条绝热线相交于 b 和 c 点，并组成一个循环 $acba$. 这时两根绝热线交点 a 在等温线Ⅲ上面. 整个循环对外做的净功为 ac、cb、ba 三条曲线所包围的面积. a 到 c 的过程与 b 到 a 的过程，都是绝热过程；从 c 到 b 的过程中，体积减小，外界对系统做功，内能不变，由热力学第一定律，是一个放热过程. 因此，整个循环就是系统放热，同时又对外做功. 那么能量从何而来？这显然违背了热力学第一定律，是不可能实现的.

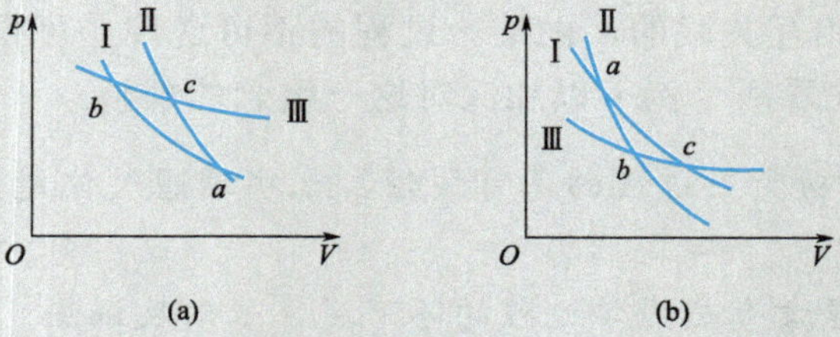

图 4.3.7 例 4.3 图

4.4 卡诺定理 热力学温标

4.4.1 卡诺定理

卡诺 (N. L. S. Carnot，1796 ~ 1832 年)，法国工程师、热力学的创始人之一. 他是第一个把热和动力联系起来的人，是热力学理论基础的真正建立者. 他创造性地用“理想实验”的思维方法，提出了简单而有重要理论意义的热机循环——卡诺循环，并假定该循环在准静态条件下是可逆的，与工作物质无关，由此创造了理想的热机(卡诺热机).

卡诺成长的时代，由于蒸汽机的发明，工业革命在欧洲逐步兴盛. 卡诺对工业经济产生了浓厚兴趣，他走访了许多工厂，发现人们知道怎样制造和使用蒸汽机，但是却几乎都不知道蒸汽机的理论，而且热机效率低是当时工业的一个大难题. 这些调研结果引导他走上了热机理论研究的道路.

当时的工程界热烈讨论着两个问题：①热机效率是否有一个极限值？②最理想的热机工作物质(简称为工质)是什么？

由于当时没有什么热机理论知识，工程师们只能盲目地用各种物质(如空气、CO_2、酒精等)来代替水蒸气，试图找到一种热机效率最佳的工质，从热机的适用性、安全性和燃料的经济性几个方面来改进热机.

卡诺没有像别人那样去研制个体的热机，而是另辟蹊径，试图寻找一种理想热机，以作为一般热机的比较标准. 1824 年，他提出了被称为“卡诺热机”的理想热机，此热机遵循卡诺循环，即由两个等温过程和两个绝热过程组成，在第 3 章中我们已经学过这个循环了.

经过研究后，卡诺得出两点结论，后来称之为**卡诺定理**(Carnot's theorem).

(1) 在相同的高温热源(温度为 T_1)与相同的低温热源(温度为 T_2)之间工作的一切可逆热机，不论用什么工作物质，效率均为 $\eta=1-\dfrac{T_2}{T_1}$.

(2) 在相同的高温热源和相同的低温热源之间工作的一切不可逆热机的效率，小于可逆热机的效率，即 $\eta<1-\dfrac{T_2}{T_1}$.

卡诺定理实际上是热力学第二定律的必然结果，通过热力学第二定律可以推导出来. 不过，卡诺定理提出时，热力学第二定律还没有被发现. 卡诺定理是热力学第二定律建立的基础之一.

卡诺在研究可逆理想热机时，采用了当时流行的“热质”概念做类比，他认为，正如水从高水位流下推动水轮机一样，“热质”从高温热源流出可以先推动活塞，再进入低温热源. 在整个过程中，推动水轮机的水并没有量的损失，推动活塞的“热质”也没有损失. 不过，为了避免混乱，卡诺在谈到热量或热与机械功的关系时，没有采用“热质”一词，而改用“热”，在他后来的研究记录中，彻底抛弃了“热质”一词.

卡诺对于热质的使用，以及此后彻底抛弃热质说，表明当时人们对热的原理认知是有一个过程的. 在抛弃了热质说之后，卡诺重新审视了自己的研究，发现如果用“热量”一词代替“热质”，其理论仍然成立.

卡诺热机理论自 1824 年提出至 1878 年的五十多年间，一直没有得到广泛传播，更没有得到认可. 只是十年后的 1834 年，巴黎理工学院的毕业生克拉珀龙(E. Clapeyron)在学院出版的杂志上发表了论文《论热的动力》，在 p-V 图上画出了卡诺循环. 又过了十年，当时还是青年的英国物理学家开尔文爵士在法国学习时，偶然读到克拉珀龙的文章，才知道卡诺热机理论，不过，他找遍了图书馆和书店，还是没有找到卡诺的 1824 年的原文.

尽管如此，开尔文还是以克拉珀龙介绍的卡诺理论为基础，于1848年发表了论文《建立在卡诺热动力理论基础上的绝对温标》，建立了绝对温标. 幸运的是，1849年，开尔文终于弄到一本他盼望已久的卡诺著作. 十余年后，德国物理学家克劳修斯通过克拉珀龙和开尔文的论文熟悉了卡诺理论，不过他一直没得到卡诺的原著.

卡诺的理论不仅是热机的理论，还涉及热量和功的转化问题，因此也就涉及热功当量、热力学第一定律及能量守恒与转化的问题. 卡诺的学术地位是随着这些规律相继被揭示出来而慢慢形成的.

【例4.4】卡诺循环中，高、低温度分别是 T_1 和 T_2，a、b、c、d 四个状态的体积分别为 V_1、V_2、V_3、V_4，如图4.4.1所示. 气体工作物质的物质的量为 ν. 求各过程的吸热和放热情况.

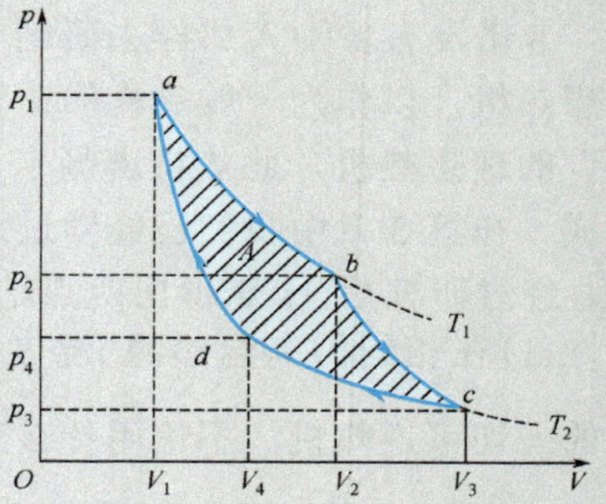

图4.4.1 例4.4图

【解】卡诺循环有四个过程.

等温过程 ab，内能不变，对外做负功

$$A_{ab} = -\nu RT_1 \ln(V_2 / V_1) \quad ①$$

所以吸热为

$$Q_1 = -A_{ab} = \nu RT_1 \ln(V_2 / V_1) \quad ②$$

等温过程 cd，内能不变，外界对系统做正功

$$A_{cd} = -\nu RT_2 \ln(V_4 / V_3) \quad ③$$

所以放热为

$$Q_2 = -A_{cd} = \nu RT_2 \ln(V_4 / V_3) \quad ④$$

对于两个绝热过程，既不吸热也不放热.

4.4.2 热力学温标

热力学温度，又称为绝对温度，是热力学和统计物理中的重要参数之一. 热力学温标是热力学温度的度量，又称开尔文温标(简称开氏温标)、绝对温标，是国际单位制七个基本物理量之一，常采用符号 T 表示，其单位为开尔文，简称开，符号为 K，以纪念英国物理学家开尔文爵士在热学方面的杰出贡献.

在第2章，我们提到经验温标，如摄氏温标、华氏温标、理想气体温标. 它们都依赖于实际的物质，比如理想气体温标依赖于理想气体. 那么能否建立一种温标，与任何物质无关呢？卡诺定理告诉我们，工作于高温热源(温度为 T_1)与低温热源(温度为 T_2)之间的一切可逆热机，其效率均为 $\eta = 1 - \frac{T_2}{T_1}$，跟用什么工作物质无关. 根据热力学第一定律进行计算后得到，热机效率与吸收的热量有关. 在卡诺定理的基础上，1848 年，英国科学家威廉·汤姆孙(即开尔文爵士)首先提出“热力学温度”理论，并很快得到国际上的承认. 热力学温标是一个纯理论上的温标，它与工作物质无关，只跟吸放热量的多少有关. 1854 年，威廉·汤姆孙又提出，只要选定一个固定点，就能确定热力学温度的单位. 这个选取的固定点为纯水的三相点，规定其温度为 273.16K. 这样规定后，热力学温标的具体值就和我们前面学习过的理想气体温标的值相同了.

热力学温标 T 与摄氏温度 t 的关系是：$T(\text{K})=273.15+t(℃)$，所以在表示温度差和温度间隔时，用 K 和用℃的值相同.

4.4.3 热力学第三定律 负温度

1. 热力学第三定律

热力学温标建立后，科学家们对物质的温度进行了深入研究，得到了热力学第三定律：“绝对零度”是无法通过有限次步骤达到的. 我们可简单理解为：热力学温标中，绝对零度(0K)为最低温度，只能逼近而不能达到.

*2. 负温度

当热力学温标设立后，从热力学第三定律和我们现实生活中的现象可知，绝对零度无法达到. 但是，从玻尔兹曼分布律来看，热力学温度 T 可以存在负值. 一些研究，如以核自旋平衡体系的实例，就指出了负温度存在的必要条件.

在统计热力学中，温度被赋予了新的物理概念——描述体系内能随体系混乱度(即熵)变化率的物理量. 量子统计力学将温标的概念进行了推广，开创了“热力学负温度区”的全新理论领域.

通常，我们周围的环境和所研究的体系都是拥有无限量子态的系统，其内能总是随混乱度的增加而增加的，因而是不存在负热力学温度的. 但是，拥有有限量子态的体系，如激光介质，当内能提高到一定程度时，系统的混乱度不再随内能变化而变化，此时就达到了无穷大温度. 如果再进一步提高体系内能，即达到所谓“粒子布居反转”的状态，内能就会随着混乱度的减少而增加，从理论上来看，此时的热力学温度为负值！

4.4.4 关于各种温标的小结

我们已经学过了几种温标，其中摄氏温标、华氏温标属于经验温标，测温参量依赖于测温物质及其测温属性. 为了尽可能解决这个问题，人们在研究气体测温质的共性基础上，提出了理想气体温标，理想气体温标实际上也属于经验温标，其测温质为理想气体.

而热力学温标则不依赖于测温质，它是在卡诺定理基础上提出来的一种理想化的温标. 无论采用什么测温质，只要测量到吸收和放出的热量，在确定固定点后，就可以得到温度值. 热力学温标具有绝对的意义，所以被定义为最基本的温标. 在具体的温度值上，若采用与理想气体温标相同的固定点，就可以在数值上与理想气体温标一致.

热力学温标是一种理论上的温标，其数值与理想气体温标一致，所以在实际中可以用气体温度计来测定热力学温度.

根据各种温标的特点，结合实际生产和应用情况，国际上设立了国际实用温标，具体规定了温度计的细节，既逼近热力学温标的理论值，又方便生产和使用.

4.5 热力学概率

为什么会有开尔文表述和克劳修斯表述所呈现出的规律(热力学第二定律)呢？热力学第二定律是否有数学公式可以描述呢？回答前一个问题，就需要了解宏观分布和微观配容，回答第二个问题就需要知道熵的概念.

4.5.1 热现象的微观解释

在热学中，研究对象是热力学系统. 我们知道，平衡态下的系统由状态参量(如压强、体积、温度、内能)来描述，当系统的状态发生变化时，会伴随着做功和(或)传热. 我们还知道，系统是由数目众多的微观粒子(如原子、分子、离子等)所组成，在平衡态下，宏观参数的状态量(如压强、体积、温度等)不变，但是系统内的微观粒子却无时无刻不在做着无规则的热运动，其空间位置及运动速度都在不断地变化着.

1. 绝热自由膨胀的微观解释

以绝热自由膨胀为例，容器被绝热隔板分成 A、B 两部分. 起初气体分子都在一边，此为初态；将隔板拉开后，最终气体分子均匀分布在整个容器里，此为末态. 由气体分子的空间分布情况，确定了初态和末态. 初态时所有气体分子(设为 N 个)都在左边的空间里，分子做无规则热运动，处于某一个温度；末态时两边的空间里都有气体分子，各为 $N/2$ 个，都在做着无规则热运动，温度与初态时的相同，该过程只能自发地从初态到末态，反之则不行. 因为分子的无规则热运动只会让分子的空间分布更加均匀. 也就是说，不可能让分子自发地只分布在一个很小的空间区域. 所以，不能自发地从末态到初态.

2. 热平衡的微观解释

来看这样一个例子. 一个容器 A 中有高温空气(系统 A)，将之与另一个容器 B 中的低温空气(系统 B)接触，经过足够长的时间，两个容器中空气达到热平衡，温度相同. 这个过程中，容器体积不变，系统和外界不做功，根据热力学第一定律，系统 A 放热，内能降低从而温度下降，而系统 B 吸热，内能增加从而温度上升.

我们知道，之所以有温度，是由于微观分子的无规热运动. 根据公式

$T=\frac{m}{3k}\overline{v^2}$，可知温度与分子的热运动有关，分子运动越剧烈，其速率平方的平均值越大，则温度越高.

初态时，系统 A 内的分子运动剧烈，分子速率大，温度高；而系统 B 内的分子运动相对缓慢，分子速率小，温度低. 系统 A 中速率大的分子碰撞系统 B 中速率慢的分子，将动能传递给系统 B 中的分子(假设容器壁无限薄，厚度可以忽略)，使得系统 B 中分子热运动速率加快，温度上升，而系统 A 中分子的能量减小，温度下降. 直到最终系统 A 和 B 中分子的热运动剧烈程度相同，即运动速率平方的平均值相同，温度也就相同了.

实际上，即使考虑容器壁，情况也是一样的. 系统 A 中分子先碰撞容器壁中的分子，使得容器壁分子运动速率上升，而系统 A 中分子速率下降. 进一步，容器壁分子与系统 B 中的空气分子碰撞，使得系统 B 中分子热运动速率加快，温度上升. 直到最终系统 A 和 B 以及容器壁的温度相同.

反之，低温系统的冷分子(平均速率低的分子)不可能跟高温系统的热分子(平均速率高的分子)碰撞后，速率更低，从而使得温度下降明显. 所以，低温系统和高温系统接触后，只可能使温度变高，不可能使温度变低.

【例 4.5】一杯清水，从杯口滴入一滴蓝墨水，经过一段时间后，整杯水都将变成淡蓝色，也就是说蓝色的墨水分子扩散到了整杯水中. 试从微观角度分析该扩散现象.

【解】刚刚滴入一滴蓝墨水时为初态，此时墨水分子集中在杯口一个很小的区域. 由于分子的无规则热运动，墨水分子和水分子不断碰撞，最终，墨水分子均匀分布到整个水杯中. 这就是末态. 分子的无规则热运动使得分子更趋向于在整个空间上均匀分布.

3. 思考

上面以绝热自由膨胀和热平衡为例，从微观角度做了分析. 知道了分子的热运动，使得其空间位置发生了改变，最终出现了绝热自由膨胀这一宏观现象；通过分子的热运动和能量交换，热量就自发地从高温系统传给低温系统，最终实现了热平衡这一宏观现象；也知道了无法使得分子从整个空间均匀分布的状态自发地进入到分子局限在某个小区域的状态，热量也无法自发地从低温系统传给高温系统. 通过这些分析，我们知道了热力学过程有方向的原因，但是，还是有些迷惑. 通过数学工具和物理模型，可以解开这个迷惑.

马克思说过：一门学科只有在能够成功地应用数学时，才能达到真正完善的地步. 是否有一个简单的物理量，来描述初态和末态的某种特征，用数学工具来清晰明了地判断过程自发进行的方向呢？

4.5.2 宏观量是相应微观量的统计平均值

4.5.1 节表明，宏观现象和微观分子的运动是有关的. 对于热力学系统中的每一个微观粒子，从经典力学的角度来看，是可以跟踪识别其运动轨迹的. 因此，只要能够给出系统内所有粒子各自的位置及速度，就能了解整个系统的运动状态. 但是，系统内的微观粒子数量如此庞大，想要跟踪每个微观粒子，其难度极大，或者说是不可能实现的. 而且，微观粒子的运动应当遵守量子力学规律，物质粒子具有波粒二象性，由"不确定关系"可知，微观粒子的位置(空间坐标)与动量不可能同时具有完全确定的值，这样一来，想要精确测定微观粒子的运动轨迹是不可能的.

虽然微观粒子的状态无时无刻不在变化着，微观状态难以通过精确测量得到，但是宏观物理量原则上都可以通过实验测量得到. 微观运动与宏观状态是有关联的. 我们在前面学过，宏观的温度、压强等参量，都与微观的分子运动速率有关. 现在，在考虑热力学过程的方向时，有没有一个可以描述初态和末态的宏观状态量？它与微观的什么物理量有什么关联？换句话说，就是能否通过宏观物理量来获悉微观物理量，或通过微观物理量来获悉宏观物理量呢？

对任何宏观量的观测需要有一定的时间，从宏观角度来看，测量时间很短，但是与微观上的微观状态发生变化所经历的时间相比，却要长得很多. 比如，我们用温度计测量室内的温度，在测量所需要的时间段内，室内任何一个微观粒子的空间、速度都有过很多次变化. 也就是说，在观测宏观参量的过程中，不同的微观态可能都已经出现过了，这在统计物理上称为"各态历经". 所以，我们观测到的宏观量其实是在各种可能微观状态中相应微观量的统计平均值.

4.5.3 微观配容与宏观分布

现在，我们用数学方法来分析与热力学过程方向有关的宏观和微观物理量. 以上面的绝热自由膨胀为例，该例中，初态和末态的温度不变，也就是说分子热运动的速率平方的平均值不变，只涉及空间位置的变化.

为简单起见，假设系统内只有四个完全相同的气体分子，编号为 a、b、c、d，我们将系统分为两个体积相同的部分，A 为左半部，B 为右半部. 四个分子在 A、B 两部分中的空间排布，共有 16 种情况，我们称之为微观配容. 在每种配容中，A 和 B 部分有哪些分子(有编号)都是明确的.

可以发现，A 中 4 个分子、B 中 0 个分子的情形对应着 1 个微观配容，A 中有 3 个分子、B 中有 1 个分子的情形对应着 4 个微观配容，A、B 部分各有 2 个分子的情形对应着 6 个微观配容，A 中 1 个分子、B 中 3 个分子对应着 4 种微观配容，A 中 0 个分子、B 中 4 个分子对应着 1 种微观配容. 如表 4.5.1

所示，从宏观角度来看，共有 5 种情况，我们称之为分布，即 4-0 分布、3-1 分布、2-2 分布、1-3 分布、0-4 分布. 每一种分布，无论其微观上是哪一种配容，但其宏观上的分布是一样的，所以宏观性质是相同的.

表 4.5.1　4 个微粒情形下，每种分布对应的配容数

<table>
<tr><th>配容序号</th><th>容器 A</th><th>容器 B</th><th>分布情况与序号</th><th>一种分布对应配容数</th></tr>
<tr><td>1</td><td>a,b,c,d</td><td>空</td><td>4-0　i</td><td>4!/(4!×0!)</td></tr>
<tr><td>2</td><td>a,b,c</td><td>d</td><td rowspan="4">3-1　ii</td><td rowspan="4">4!/(3!×1!)</td></tr>
<tr><td>3</td><td>a,b,d</td><td>c</td></tr>
<tr><td>4</td><td>a,c,d</td><td>b</td></tr>
<tr><td>5</td><td>a,c,d</td><td>a</td></tr>
<tr><td>6</td><td>a,b</td><td>c,d</td><td rowspan="6">2-2 iii</td><td rowspan="6">4!/(2!×2!)</td></tr>
<tr><td>7</td><td>a,c</td><td>b,d</td></tr>
<tr><td>8</td><td>a,d</td><td>b,c</td></tr>
<tr><td>9</td><td>b,c</td><td>a,d</td></tr>
<tr><td>10</td><td>b,d</td><td>a,c</td></tr>
<tr><td>11</td><td>b,d</td><td>a,b</td></tr>
<tr><td>12</td><td>a</td><td>b,c,d</td><td rowspan="4">1-3　iv</td><td rowspan="4">4!/(1!×3!)</td></tr>
<tr><td>13</td><td>b</td><td>a,c,d</td></tr>
<tr><td>14</td><td>c</td><td>a,b,d</td></tr>
<tr><td>15</td><td>d</td><td>a,b,c</td></tr>
<tr><td>16</td><td>空</td><td>a,b,c,d</td><td>0-4　v</td><td>4!/(0!×4!)</td></tr>
</table>

推而广之，假如有 1mol 的气体分子，那么宏观上在不同分布的情况下，其压强、温度等状态参数是确定的. 对于由大量微粒组成的宏观系统来说，它的宏观性质与个别微粒的具体运动状态并无直接联系，而只与微粒的分布有关，因此，是以不同的分布来区别不同的宏观状态的. 也就是说，宏观分布确定了宏观状态参量，而每一种宏观分布对应着若干种微观配容.

一般说，每一种宏观分布都对应着很多种微观配容，即每一种可能的宏观态都对应很多种微观状态，不同宏观态(不同分布)对应的微观状态数(配容数)可能很不相同，有些宏观分布只对应着 1 种微观配容，有些宏观分布对应着巨大数目的微观配容.

4.5.4　宏观分布和微观配容数的计算

如上述 4 个分子的例子，可以数出每种分布对应的配容数，即 4-0 分布、3-1 分布、2-2 分布、1-3 分布、0-4 分布所对应的配容数分别为 1、4、6、4、1，见表 4.5.1. 但是对于很多分子的情况，比如 1mol 分子，显然是无法列举或数出来的.

这时候数学就发挥作用了. 实际上，通过数学知识，可以计算出宏观分布数和微观配容数. 如果有 N 个有编号的微粒，分布于 A、B 两部分，则有 $N+1$ 种分布，有 $\Omega=2^N$ 种配容.

而某一种宏观分布对应的微观配容数，也可以计算出来. 比如，对于 N_1-N_2 这种分布(左边 N_1 个微粒，右边 N_2 个微粒)，其对应的微观配容数为

$$W_i=\frac{N!}{N_1!\ N_2!} \tag{4.5.1}$$

对于有 N 个微粒的系统，其中的第 i 种分布，其所对应的微观配容数为 W_i，则这种宏观分布出现的概率为

$$P_i=\frac{W_i}{\Omega} \tag{4.5.2}$$

【例 4.6】一个容器中有 4 个分子，将容器分成相等的左右两部分，试计算分布数、总微观配容数、1-3 分布(左边 1 个分子，右边 3 个分子)和 4-0 分布的概率.

【解】宏观分布数为 $M=N+1=5$.

总微观配容数为 $\Omega=2^N=16$.

对于 1-3 分布，微观配容数为 $W_i=\frac{4!}{1!3!}=4$，对于 4-0 分布，微观配容数为 $W_i=\frac{4!}{4!0!}=1$. 表 4.5.1 列出了几种分布的计算结果.

1-3 分布出现的概率为 $\frac{4}{16}=\frac{1}{4}$，0-4 分布出现的概率为 $\frac{1}{16}$.

4.5.5 等概率原理

在上述四个分子分布在 A、B 两部分的例子中，每个分子出现在 A、B 中的概率是相同的. 共有 16 种配容，每一种配容出现的概率均为 $\frac{1}{16}$，其概率是相等的.

玻尔兹曼在 19 世纪 70 年代就提出：处在平衡态的孤立系统，其各个可能的微观状态出现的概率是相等的. 也就是说，对于某系统，其所有的微观配容数之和设为 Ω，则每一微观状态出现的概率是 $\frac{1}{\Omega}$. 这就是著名的等概率原理(principle of equal a priori probabilities)，它是统计物理中的一个基本假设. 该原理和由此得到的各种推论都与客观实际相符，因而其正确性是可信的，已成为平衡态统计物理的基础.

4.5.6 热力学概率

我们先来看一个例题.

【例 4.7】系统中有 10 个分子，试计算总配容数和 5-5 分布时的微观配容数. 如果有 20 个分子，则总配容数和 10-10 分布时的微观配容数又是多少?

【解】(1) 10 个分子的情况，总配容数为 $\Omega=2^{10}=1024$，5-5 分布的微观配容数为 $\dfrac{10!}{5!\times5!}=258$.

(2) 20 个分子的情况，总配容数为 $\Omega=2^{20}=1048576$，10-10 分布的微观配容数 $\dfrac{20!}{10!\times10!}=184756$，达到 18 万多!

注意，仅仅 20 个分子，总配容数就达 100 多万. 连 20 个分子的某一种分布(如 10-10 分布)的配容数都是一个很大的数. 可想而知，如果对于 1mol 分子，配容数会是多大. 对 $N=6.02\times10^{23}$ 个分子，总的配容数为 $\Omega=2^N=2^{6.02\times10^{23}}$，系统左右两部分分子平均分配的这种分布，其微观配容数为 $W_i=\dfrac{N!}{\left(\dfrac{N}{2}\right)!\left(\dfrac{N}{2}\right)!}=\dfrac{6.02\times10^{23}!}{3.01\times10^{23}!\times3.01\times10^{23}!}$，这显然是天文数字.

在计算概率时，每一种分布的概率都要除以总微观配容数 Ω，所以概率其实是取决于 W_i 的. 为简单起见，我们定义 W_i 为第 i 种宏观分布的热力学概率(thermodynamic probability). 这其实是将数学上定义的概率省掉了分母. 这样一来，可以避免每次都要书写一个巨大的总配容数 Ω.

热力学概率只跟状态有关，而和过程无关. 比如，在有 4 个分子的情况下，2-2 分布的热力学概率只取决于 2-2 分布这种状态，而和通过什么过程变成 2-2 分布是无关的.

热力学概率体现了宏观分布的可能性，即热力学概率越大，这种宏观状态出现的可能性越高.

热力学概率的值可以大于 1. 在上面 4 个分子的例子中，出现 2-2 分布的热力学概率为 6，1-3 分布的热力学概率为 4. 对于系统中共有 N 个分子的情况，可以进行类推，当系统处于平均分布状态时，其热力学概率最大. 这可以从数学上加以证明.

需要注意的是，这里我们以分子在几何空间的分布为例，讲述了热力学概率的概念. 实际上分子在速度空间的分布也对热力学概率有贡献. 总的热力学概率是几何空间的热力学概率乘以速度空间的热力学概率.

4.5.7　自发过程中的热力学概率总是增大的

在一个房间里，将 N 个分子从一个角落放入房间，经过相当长的时间后，这 N 个分子显然会平均分布. 按照上面的例子，显然是出现 $\dfrac{N}{2}-\dfrac{N}{2}$ 分布的热力学概率最大，也就是说系统总是趋于更平均分布的情况.

我们可以马上想到例 4.5 中墨水扩散的例子. 将一滴墨水滴到一杯水中，最终总是趋于墨水分子平均分配于整个水中. 类似地，空调制冷，先是周边的气体分子温度下降，最终总是趋于整个房间的气体温度下降. 若几何空间中分子平均分布，速度空间中分子速率均衡，则热力学概率最大. 所以说，自发过程中，热力学概率总是增大的. 这样，热力学概率这个参量的大小就为我们指明了热力学过程的方向！

4.6 熵 熵增加原理

热力学第二定律可以用数学公式来进行描述，就是说可以通过数学公式来表明热学过程的方向性，而且还可以定量进行表明. 这就需要定义一个物理量——熵.

4.6.1 玻尔兹曼关系

一个过程的方向性，其实决定于它的初态和末态. 扩散过程中，一滴墨水滴在水杯口的状态为初态，墨水均匀扩散到水杯中的水里的状态为末态. 这预示着存在一个与初态和末态有关而与过程无关的状态参量，用以判断过程的方向. 前面我们提到的热力学概率就可以充当这个参量. 当然，热力学概率 W 往往非常大，比如我们前面提到的例子，总共 20 个微粒，10-10 分布时的微观配容数达到 18 万，在实际应用时很不方便. 综合考虑后，基于热力学概率 W，玻尔兹曼在 1872 年给出了一个概念：熵(entropy)，并指出熵与 $\ln W$ 成正比例关系. 后来，普朗克在《热辐射》一书中，首次给出公式，并称之为玻尔兹曼关系

$$S = k\ln W \tag{4.6.1}$$

图 4.6.1 玻尔兹曼墓碑

式中，S 为熵，$k = 1.38\times10^{-23}\,\mathrm{J\cdot K^{-1}}$ 为玻尔兹曼常量，是把熵(宏观状态参数)与热力学概率(微观物理量)联系起来的重要桥梁. 熵的单位是 $\mathrm{J\cdot K^{-1}}$.

爱因斯坦曾高度评价熵理论在科学中的地位，认为“熵理论对于整个科学来说是第一法则”. 玻尔兹曼一生在物理学领域做出了很多贡献，是统计物理学的泰斗，以他名字命名的公式很多，如描述弱耦合系统粒子运动的玻尔兹曼分布律. 但是在他的墓碑上，没有任何其他文字，唯独刻着公式(4.6.1)，如图 4.6.1 所示. 可见这一关系式的重要性. 由式(4.6.1)定义的熵，又称为统计熵或玻尔兹曼熵，它将宏观量熵 S 与微观量热力学概率 W 联系起来，不仅阐明了微观热运动与宏观参量之间的关

系，而且对信息科学、生命科学乃至社会科学的发展起到了重要的推动作用.

注意，其实熵的概念已于 1854 年就由克劳修斯提出，是从热力学角度提出的一个宏观物理量，参见本章 4.7 节. 而玻尔兹曼提出的熵是从统计物理角度提出的. 二者本质上是一致的.

【例 4.8】估算处于平衡态时 1mol 分子的热力学概率和熵的数量级.

【解】根据熵的定义式，可以知道，熵取决于热力学概率.

对于 1mol，分子数取 $N=6.02\times10^{23}$，在平衡态时分子平均分布的情况下，其热力学概率为

$$W=\frac{6.02\times10^{23}!}{3.01\times10^{23}!\times3.01\times10^{23}!} \quad ①$$

根据斯特林公式

$$\ln x!=x\ln x-x+\frac{1}{2}\ln(2\pi x) \quad ②$$

$$\ln W\approx4.17\times10^{23} \quad ③$$

这是一个很大的数，不过再乘以玻尔兹曼常量之后，就变成一个不太大的数了

$$S=k\ln W=5.26\text{J}\cdot\text{K}^{-1} \quad ④$$

从这个例子中我们可以看出，为什么热力学概率要先取对数，再乘以一个很小的玻尔兹曼常量. 因为这样操作后可以得到一个我们很习惯的不太大也不太小的数了.

注意，例 4.8 中我们只考虑了几何空间的分子分布，没有考虑速度空间的分布. 事实上，系统的热力学概率和熵，都不仅跟几何空间的分布有关，也与速度空间的分布有关.

将 entropy 翻译为“熵”的是我国物理学家胡刚复教授. 1923 年，量子论的开创者普朗克来中国南京讲学，胡刚复先生为其翻译时，首次将“entropy”译为“熵”，因为 entropy 跟能量(火)有关系，能量被温度来除(商)，得到“熵”. (为什么又跟能量和温度有关，将在 4.7 节介绍.)

胡刚复(1892～1966 年)，江苏省无锡县(现江苏省无锡市锡山区)人，物理学家、教育家，中国近代物理学奠基人之一，我国实验物理学开拓者. 对 X 射线学的发展做出了重要贡献. 胡先生是第一个把实验物理学引入中国的，在南京大学创办了中国第一个现代物理实验室，并担任物理系的首任系主任. 此后在很多高校任教并创办物理系. 从 27 岁任教南京高师到 69 岁任教南开大学物理系教授，中间先后在东南大学、上海交通大学、同济大学、厦门大学、中山大学、浙江大学、北洋大学、唐山交通大学、大同大学、天津大学等任教. 胡先生为中国物理界培养了一大批人才，包括吴有训、严济慈、赵忠尧、施汝为、钱临照、余瑞璜、钱学森、吴健雄、卢嘉锡等著名物理学家.

4.6.2 熵的物理意义

热力学概率只跟状态有关，所以熵是态函数，只取决于平衡态时的系统参量. 熵是系统混乱或无序程度的度量. 在几何空间上，分子的分布越是处处均匀，分散得越开的系统越是无序，热力学概率就越大，熵也越大. 在速度空间上，分子的速率平方的平均值差别越小，即温度越趋于均匀，热力学概率就越大，熵也越大.

熵具有可加性，系统的熵等于各子系统熵之和.

熵的变化量 ΔS 也只取决于系统的初态和末态，而与过程无关，与过程的可逆与否无关.

熵是宏观量，是构成体系的大量微观粒子集体表现出来的性质. 它包括分子的平动、振动、转动、电子运动及核自旋运动所贡献的熵. 因此，谈论个别微观粒子的熵是毫无意义的.

“熵”问世之初仅限于热力学(当时属于物理学范畴，现在也属于化学、热能工程等领域)，但是随着科学技术的不断发展，熵已经进入到生命科学、天文学、经济学、农学、信息学、生态学、心理学等诸多领域.

*4.6.3 信息熵

我们阅读一本书、观看一部电影，会得到很多信息，但是“很多”是多少？信息论之父香农于 1948 年根据热学理论提出了信息熵的概念，解决了对信息的量化度量问题.

通常，一个信息源发送出什么符号是不确定的，可以根据其出现的概率来衡量它. 概率大，出现机会多，不确定性小；反之不确定性就大.

信息的基本作用就是消除人们对事物的不确定性. 对于任意一个随机变量 X(比如哪个队伍获得冠军)，变量的不确定性越大(比如好几个球队实力都在伯仲之间，谁得冠军，不确定度很大)，熵也就越大，把它搞清楚所需要的信息量也就越大.

在信息源中，要考虑这个信源所有可能发生情况的平均不确定性. 若信源符号有 n 种取值 $U_1 \cdots U_i \cdots U_n$，对应概率分别为 $P_1 \cdots P_i \cdots P_n$，且各种符号的出现彼此独立. 这时，信源的平均不确定性应当为单个符号不确定性 $\log P_i$ 的统计平均值(E)，称之为信息熵，即

$$H = -\sum_{i=1}^{n} P_i \log P_i \tag{4.6.2}$$

式中对数一般取 2 为底，单位为比特.

比如，足球赛有 16 支球队，若每个队获得冠军的概率一样，均为 1/16，则可以计算出信息熵为 $H = -\sum_{i=1}^{n} P_i \log P_i = -16 \times \frac{1}{16} \log \frac{1}{16} = 4(\text{bit})$. 如果只有两个球队能得冠军，且夺冠概率相等，则信息熵为 $H = -\sum_{i=1}^{n} P_i \log P_i = -\left(\frac{1}{2} \log \frac{1}{2} + \frac{1}{2} \log \frac{1}{2}\right) = 1(\text{bit})$. 可见，高信息度的信息熵很低，而低信息度的信息熵很高. 有了信息熵的定义，我们就有了衡量信息价值高低的标准.

在 4.3.3 节中我们介绍了麦克斯韦妖，本内特对此利用信息熵做了解释，认为销毁信息是一个不可逆过程，而销毁信息时需要做功. 因此，麦克斯韦设计的这个过程是符合热力学第二定律的.

4.6.4 熵增加原理

在前面我们分析了几何空间和速度空间的微粒运动过程，结合大量的实验事实，可知：热力学系统从一平衡态绝热地到达另一个平衡态的过程中，它的热力学概率永不减少，因而熵也永不减少. 若过程是可逆的，则熵不变；若过程是不可逆的，则熵增加. 或者说，一个孤立系统的熵永不减少. 这称为熵增加原理(principle of entropy increase). 熵增加原理告诉我们，为什么热学过程是有方向的. 图 4.6.2 给出了一个孤立系统的熵增示例，初态时，微粒排布有序，而后会自发地进入无序状态，熵增加了.

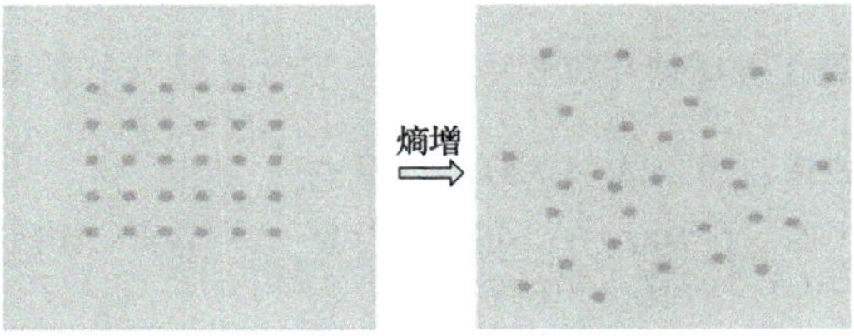

图 4.6.2 有序到无序的熵增

比如一个房间，如果不打扫就会越来越乱，这就是熵增. 又比如，一个孤立系统中有 10 个微粒，开始时，其中一个微粒以一定速度运动，而其他粒子都不动. 显然，运动的微粒会通过碰撞把能量传递给其他微粒，最终所有微粒都会动起来，这种状态比只有一个微粒运动的状态要混乱得多，熵就增加了.

要注意的是，熵增定律仅仅适合于孤立体系. 从处理方法上讲，可以假定自然界存在孤立体系，但是实际上，把某一系统从自然界中孤立出来是带有主观色彩的. 当系统不再人为地被孤立的时候，它就不再是只有熵增，而是既有熵增又有熵减了.

熵增加原理其实是热力学第二定律的一种普遍表述.

4.7 热力学第二定律的数学表达式

4.7.1 克劳修斯熵

*1. 由卡诺循环推导克劳修斯等式

第 3 章中学习过，热机的效率为

$$\eta = 1 - \left|\frac{Q_2}{Q_1}\right| \tag{4.7.1}$$

由卡诺定律，卡诺热机的效率为

$$\eta = 1 - \frac{T_2}{T_1} \tag{4.7.2}$$

所以

$$1 - \left|\frac{Q_2}{Q_1}\right| = 1 - \frac{T_2}{T_1} \tag{4.7.3}$$

或

$$\left|\frac{Q_2}{Q_1}\right| = \frac{T_2}{T_1}\text{，改写成}\ \frac{|Q_1|}{T_1} = \frac{|Q_2|}{T_2} \tag{4.7.4}$$

Q_1 是卡诺循环中温度为 T_1 的等温过程中的吸热，Q_2 是卡诺循环中温度为 T_2 的等温过程中的放热. 所以，考虑符号规则，则有

$$\frac{Q_1}{T_1} + \frac{Q_2}{T_2} = 0 \tag{4.7.5}$$

$\frac{Q}{T}$ 称为热温比. 考虑到在卡诺循环过程中，两个等温过程一个吸热、一个放热，而另外两个绝热过程没有热传递，所以式(4.7.5)可以写成

$$\int_{(1)}^{(2)} \frac{\mathrm{d}Q}{T} + \int_{(2)}^{(3)} \frac{\mathrm{d}Q}{T} + \int_{(3)}^{(4)} \frac{\mathrm{d}Q}{T} + \int_{(4)}^{(1)} \frac{\mathrm{d}Q}{T} = 0 \quad \text{或} \quad \oint \frac{\mathrm{d}Q}{T} = 0 \tag{4.7.6}$$

$\oint$ 表示沿着卡诺循环闭合路径的积分. 式(4.7.6)称为克劳修斯等式.

该等式虽然是从卡诺循环推导出来的，但是可以推广到任何循环. 也就是说，对于任何可逆循环，克劳修斯等式都是满足的. 即在任一可逆循环过程中，热温比的积分为零.

2. 热力学第二定律的数学表达式

根据式(4.7.6)，克劳修斯引入了一个状态量 S，其微分为

$$\mathrm{d}S = \frac{\text{đ}Q}{T} \tag{4.7.7}$$

状态量 S 称为熵，是热力学对熵的定义. $\mathrm{d}S$ 为一个微小元过程的熵的变化(简称为熵变或熵增或熵差)，$\text{đ}Q$ 为该过程中吸收或放出的热量，T 为温度. $\text{đ}Q$ 为广延量，T 为强度量，$\mathrm{d}S$ 是广延量.

这里的熵是 1854 年克劳修斯从热力学角度得到的，又称为热力学熵或克劳修斯熵). 克劳修斯在 1865 年将之命名为 entropy(德文)，其来源于希腊文 entropie(词意是“转变”)，表征热量转变为功的本领. 克劳修斯说：“我有意将这个字拼为 entropy，以便和 energy(能量)尽可能相似. 因为这两个单词所表示的量在物理学上都具有重要意义，而且关系密切，所以名称上的相似，我认为是有好处的”. 中文“熵”的词意则是温度被热量除的商.

如果是不可逆热力学过程，则有

$$\mathrm{d}S > \frac{\text{đ}Q}{T} \tag{4.7.8}$$

式(4.7.7)和式(4.7.8)合起来，就是

$$dS \geqslant \frac{đQ}{T} \tag{4.7.9}$$

对于可逆过程，取等于号；对于不可逆过程，取大于号. 式(4.7.9)就是热力学第二定律的数学表达式.

读者读到这里，肯定会有疑惑，从微观的统计物理得到的熵，即式(4.6.1)，和宏观的热力学得到的熵，即式(4.7.7)，是一回事吗？答案是肯定的，一个是从微观角度来考量，另一个是从宏观角度来考量. 限于篇幅，本书对此不再详细推导和叙述. 有兴趣的读者可扫描右方二维码学习.

两种熵的定义本质相同

*4.7.2　熵差的计算

熵是状态量，或者说是态函数. 一个状态的熵取决于参考点的选择，就像势能一样. 从一个状态到另一个状态，熵的变化量(熵变或熵差)则与参考点无关，就像势能差一样.

对于某可逆过程，从状态 1 到状态 2 的熵变，可以对式(4.7.7)进行积分

$$\Delta S = S_2 - S_1 = \int_{(1)}^{(2)} \frac{đQ}{T} \tag{4.7.10}$$

【例 4.9】1mol 理想气体在 298K 时等温可逆膨胀，体积为原来的 10 倍，求气体系统从初态到末态的熵差.

【分析】这里给出的是可逆过程，可以利用式(4.7.10)计算出熵差.

【解】等温膨胀时

$$đQ = -đA = p\mathrm{d}V = \frac{\nu RT\mathrm{d}V}{V}$$

$$\Delta S_{系统} = \int \frac{đQ}{T} = \nu R \ln \frac{V_2}{V_1} = 19.14\mathrm{J \cdot K^{-1}}$$

【例 4.10】试求理想气体绝热自由膨胀的熵变，已知初态为 V_1，末态为 V_2.

【分析】绝热自由膨胀是不可逆过程，不能使用式(4.7.10)，而只能使用不可逆过程的式(4.7.8)，因为绝热过程 $đQ = 0$，则有

$$dS > \frac{đQ}{T} = 0$$

虽然可以知道熵差大于 0，也就是说熵在增大，但是无法得到具体的值. 那么怎么办呢？考虑到熵是状态量，初态和末态之间的熵差只跟两个状态有关. 绝热自由膨胀的初态和末态，温度相同，我们可以设计一个等温过程，其初态和末态与绝热自由膨胀的初态和末态相同，则计算得到的等温过程的熵差就是绝热自由膨胀的熵差.

【解】构建一个等温过程，其初态和末态与题目所给绝热自由膨胀的初

第4章小结

态和末态相同，则

$$đQ = -đA = p\mathrm{d}V = \frac{\nu RT\mathrm{d}V}{V} = \nu RT\ln\frac{V_2}{V_1}$$

$$\Delta S_{系统} = \int\frac{đQ}{T} = \nu R\ln\frac{V_2}{V_1}$$

习　题

4.1 绝热自由膨胀的过程中，气体的温度是否变化？如果是一个非常缓慢的膨胀过程，能否保证绝热的同时初末温度不变?(本题考查可逆过程和不可逆过程的概念.)

4.2 第一类永动机和第二类永动机的区别是什么？不能制造出来的原因是否相同？为什么？(本题考查热力学第一定律和第二定律的基本概念.)

4.3 热力学概率和数学上的概率有什么区别和联系？(本题考查热力学概率的概念.)

4.4 热力学概率与系统的无序度有什么关系？(本题考查热力学概率的概念.)

4.5 一个盛有 1mol 理想气体的容器，将之分成 100 格，如果气体分子处在任一小格内的概率相同，试计算所有分子都跑进一个小格内的概率. (本题考查微观配容的计算.)

4.6 一个密封容器，容积为 $3V$，内有 N 个气体分子，假设均匀分成三格. 在某一时刻所有气体分子均匀占据全部容器与都挤到其中一格内的概率比是多少？(本题考查热力学概率的计算.)

4.7 关于热力学第二定律理解正确的是(　　)

(A) 热量不能完全转化为功

(B) 热量不能从低温物体转移到高温物体

(C) 摩擦产生的热不能完全转化为功

(D) 以上说法都不对

(本题考查热力学第二定律的理解，源自高校自招强基或科学营试题.)

4.8 为什么热力学第二定律有许多不同的表述？(本题考查热力学第二定律.)

4.9 普朗克针对焦耳的热功当量实验指出：不可能制造出一种机器，在循环中把重物升高而同时使一个热源冷却. 这就是热力学第二定律的普朗克表述，试由克劳修斯表述来论证之. (本题考查热力学第二定律的证明.)

4.10 利用热力学第二定律证明：绝热线和等温线不能相交于两点. (本题考查热力学第一、第二定律的运用.)

4.11 夏天打开安装在房屋一角的空调，试从微观角度分析其分子的运动.(本题考查对热力学第二定律的理解.)

4.12 请在题 4.12 图的虚线框中标出能量传递的箭头方向. (本题考查热力学第二定律概念，源自高校自招强基或科学营试题.)

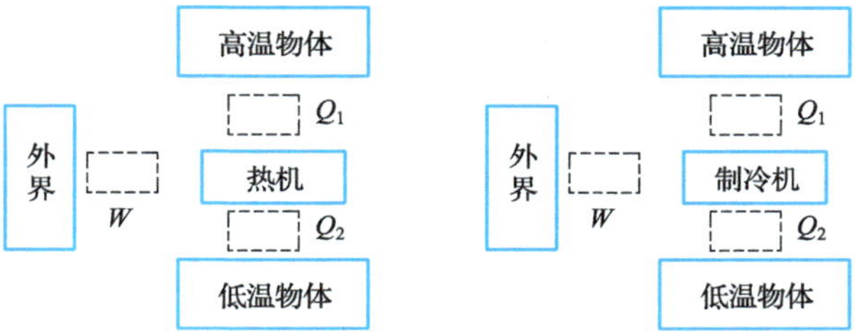

题 4.12 图

4.13 房间里有一台冰箱，夏天时把这台正在工作的冰箱的门打开，想用此法来降低室内的平均温度，这是否可能？为什么？(本题考查热力学第二定律的基本概念，第 2 届全国中学生物理竞赛预赛第 7 题.)

4.14 对照例 4.4，计算卡诺循环的热机效率.(本题考查热力学第一定律和热机.)

4.15 一给定系统有两个平衡态 a 和 b，S_a、S_b 分别为两态的熵，根据熵增加原理，若由 a 状态经一可逆绝热过程到达 b，则应有 $S_a=S_b$；若由 a 态经一不可逆绝热过程到达 b，则应有 $S_b>S_a$. 这不是与熵是态函数矛盾了吗？(本题考查熵的概念.)

4.16 某热力学系统从状态 1 变化到状态 2，其热力学概率变为 2 倍，试求熵增.(本题考查统计物理熵的定义.)

4.17 凡是经可逆过程的熵都不变，经过不可逆过程的熵都会增加. 是否正确？(本题考查熵的概念.)

***4.18** 1mol 氢气从体积为 0.04m^3、温度为 600K 的初态，经历等容过程到达末态，末态温度为 300K，计算熵差. 对于计算结果，做一下思考.(本题考查熵差的计算和概念.)

***4.19** 试计算 1.0kg 的水在 1atm 下从 373K 的水变为 373K 的水蒸气时的熵变. 已知水的汽化热为 $L=2.26\times10^3\text{kJ}\cdot\text{kg}^{-1}$.(本题考查熵差的计算.)

第 5 章　固体和液体的性质

本章将介绍固体和液体的基本性质.

物质是由大量的微观粒子(包括分子、原子、离子等，为简单起见，下面有时统一用分子来代表)组成的，通常可分为固态、液态、气态，物态主要取决于分子之间的距离，物体的性质主要由分子大小和间距决定. 有关气态的基本热学知识，我们已经在前面四章中做了阐述，本章主要介绍固态和液态的基本热学概念. 其中，5.1 节介绍物态；5.2 节分晶体和非晶体介绍固体的基本性质；后面几节主要介绍液体的性质，包括液体的彻体性质(5.4 节)和液体的表面性质(5.5 节)，这些性质起源于液体的微观结构(5.3 节). 表面性质是液体的一种重要性质，主要表现在表面张力和附加压强，这是本章的重点内容. 当液体铺在(滴在)固体表面或者盛放在固体容器中时会产生浸润现象(严谨地讲，液体和另外一种液体也会产生浸润现象)，有关润湿、接触角、毛细现象的知识见 5.6 节.

本章思维导图如下：

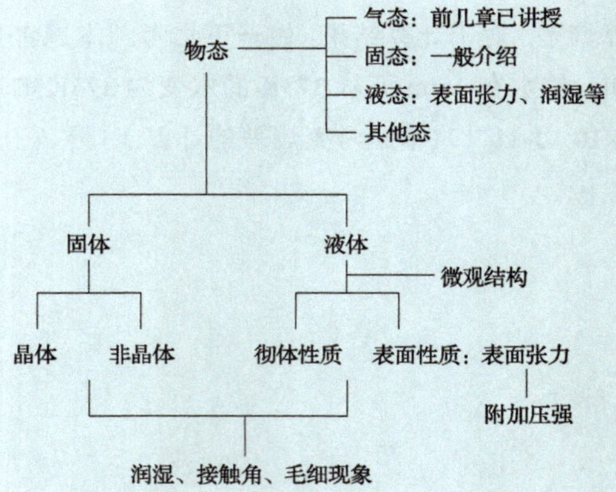

5.1　物质的物态

5.1.1　物态

前面几章中，主要讨论了气态物质(如气体)，而且基本上只涉及理想气体的情况. 其实在自然界中，还有其他物态，如液态和固态物质(液体和固体). 气态、液态和固态都是一种物态. 所谓**物态**(state of matter)，是指构成物质的微观粒子(如分子、原子、离子体)在一定温度和压强下相对稳定的聚合状态．日常生活中，我们从物体的宏观特征来区分物态．体积和形状随着容器而变，容器敞开时会逃逸的物态称为气态（gaseous state），如水蒸气；具有一定体积，但是形状随容器而变且易于流动的物态称为液态（liquid state），如水；具有一定体积，形状不随容器改变，不逃逸不流动的物态称为固态（solid state），如冰．气液固三态是最常见的基本物态．液态和固态又统称为凝聚态．此外，还有等离子体态和超密态等物态．

物质的固、液、气三种状态的主要区别在于：分子间的距离，分子间相互作用力的大小，热运动方式．分子间作用力的大小和热运动方式其实主要是由分子间的距离决定的．

固态和液态物质的分子数密度为 $10^{28}\sim10^{29}\text{m}^{-3}$ 数量级，而气态物质的分子数密度的数量级是 10^{25}m^{-3}．固态和液态物质的分子间的距离大约是气态物质的1/10．固态和液态分子间的作用力要远大于气态的，它们的热运动受到束缚，只能在分子的平衡位置附近做运动，而气态分子的热运动则是“自由”的，几乎不受束缚．

5.1.2　气液固三态的特点

在气液固三种物态中，固体的分子间距离最小，在 10^{-10}m 数量级，因而其分子间的作用力相对最强，分子排列也最整齐，而且分子被束缚在平衡位置，所以固体具有一定的形状和体积，其分子热运动程度也相对较弱．液体的分子间距比固体的稍微大一些，分子间的作用力稍微小一些，分子的排列比较整齐，分子的热运动也比固体的剧烈一些．而气体的分子间距为 10^{-9}m 数量级，相互作用力很弱，分子在无规则地热运动，所以可以充满整个容器．图 5.1.1 为固液气三态分子排列示意图．

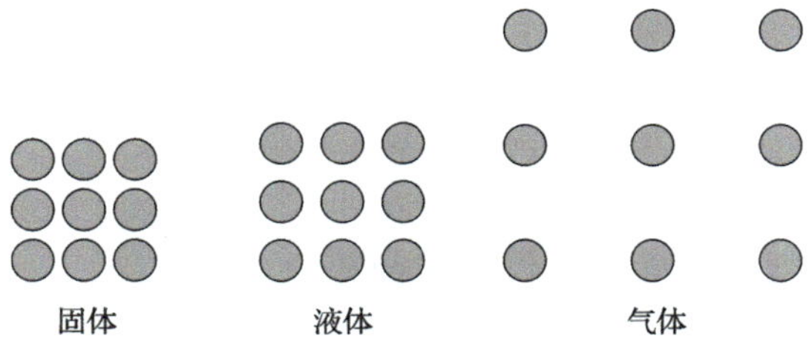

图 5.1.1　固液气三态分子排列示意图

分子的热运动和分子间的相互作用力这两个因素，决定了固液气三种物态的宏观性质：固体没有流动性，不容易被压缩，具有一定的体积和形状，具有弹性；液体有流动性，不容易被压缩，有确定的体积，但没有一定的形状，有明显的附着性，但是没有弹性；气体具有流动性，容易被压缩，本身没有确定的体积和形状，没有弹性，没有明显的附着性．

5.1.3 液晶

一些有机物质在固态与液态之间会呈现出一种特殊的物态，这种物态既具有液体的流动性，又具有晶体(晶体将在第 2 节介绍，晶体属于固态)的各向异性，所以称之为液晶(liquid crystal)态. 根据分子的不同排列情况，液晶又可分为近晶相、胆甾相和向列相. 液晶独特的物理、化学性质使其在显示领域大展身手，例如液晶显示手表、计算机显示屏、液晶显示彩色电视等.

*5.1.4 流变学

固体能保持一定的形状，不具有流动性；液体不具有一定形状，可以流动. 针对物质的流动与变形的科学，称为“流变学”(英文为“rheology”，“rheo”源自古希腊语，意为流动，“logy”意为学问). 流变学并非根据晶体结构，而是根据是否具有流动性来区分固体和液体. “流动的物质”是液体，“不流动的物质”则是固体.

1. 观测时间与流变——沥青实验

其实，物质是否在流动，与观测时间长短相关. 将盛有稠粥的碗，向侧下方向倾斜，粥流动极其缓慢. 我们印象中的一些固体，是否会流动呢？比如沥青. 沥青是高黏度树脂的总称，在工业中应用广泛，如用于屋顶防水、铺设马路. 夏天马路上的沥青看上去有点软，到了冬天则很坚硬. 1927 年，澳大利亚昆士兰大学的托马斯·帕内尔教授设计了一个实验，在室温下将一块沥青悬挂起来，如图 5.1.2 所示(该照片为 2014 年 8 月拍摄). 那么沥青是否会在重力作用下“流动”滴落呢？

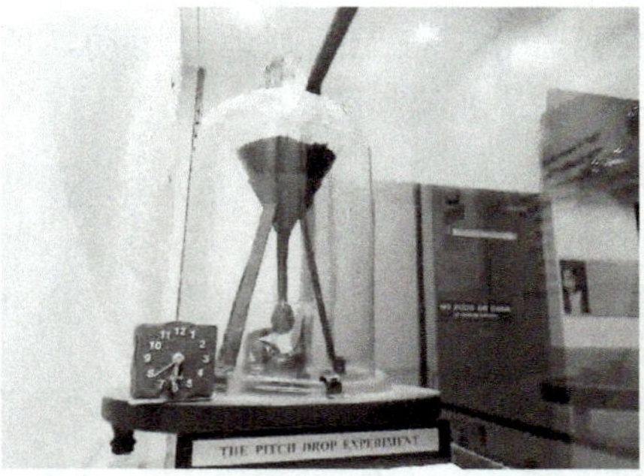

图 5.1.2 澳大利亚昆士兰大学的托马斯·帕内尔教授设计的沥青滴落实验

经过漫长的 11 年的等待，1938 年 12 月，终于落下了第 1 滴沥青！至今将近 100 年了，也只有 9 滴沥青落下，具体见表 5.1.1. 第 9 滴沥青于 2014 年 4 月落下. 不过，这第 9 滴沥青实际上是因为更换底盘木架而不小心碰掉的，不是自己滴落下来的. 预计第 10 滴沥青将于 2027 年滴落，现在已经装好了摄像头，打算记录第 10 滴沥青的滴落. 沥青滴落实验被吉尼斯世界纪录列为“世界上时间最长的实验”.

从这个实验可以看出，某种物质是“流动的”还是“不流动的”，往往因观察时间不同而不同. 也就是说，时间因素决定着这种物质是“固体”还是“液体”.

表 5.1.1　沥青滴落实验时间表

年份	状况	到达此状态所用时间	从切开封口所用总时间	从架设实验所用总时间
1927 年	架设实验	/	/	/
1930 年	切开封口	3 年	/	3 年
1938 年 12 月	第一滴	8 年 11 个月	8 年 11 个月	11 年 11 个月
1947 年 2 月	第二滴	8 年 3 个月	17 年 1 个月	20 年 1 个月
1954 年 4 月	第三滴	7 年 2 个月	24 年 3 个月	27 年 3 个月
1962 年 5 月	第四滴	8 年 1 个月	32 年 4 个月	35 年 4 个月
1970 年 8 月	第五滴	8 年 3 个月	40 年 7 个月	43 年 7 个月
1979 年 4 月	第六滴	8 年 8 个月	49 年 3 个月	52 年 3 个月
1988 年 7 月	第七滴	9 年 3 个月	58 年 6 个月	61 年 6 个月
2000 年 11 月 28 日	第八滴	12 年 5 个月	70 年 11 个月	73 年 11 个月
2014 年 4 月 20 日	第九滴	13 年 6 个月	84 年 5 个月	87 年 5 个月

2. 力与流变——凝胶墨水

以前，圆珠笔芯中的墨水有两类：油性墨水和水性墨水. 前者对纸张不润湿(润湿的概念见 5.6 节)，也就是说不容易渗透纸张，但是非常黏稠，书写起来不流畅；后者对纸张润湿，虽然书写流畅，但是一不小心就会在纸上四处乱流. 现在所用的墨水则是凝胶墨水，一种介于固体和液体之间的物质. 在通常情况下，凝胶墨水看上去像固体，书写时，笔尖的圆珠滚动，对凝胶墨水施加压力，它就会变成液体，可以像水性墨水那样流畅地书写. 这是因为凝胶墨水的分子呈丝状，它们松散地连接在一起，形成了墨水颗粒. 受到外力后，丝状分子的连接遭到破坏，彼此分离，因此可以像液体一样流动.

3. 电磁场与流变——电流变液、磁流体

电流变液，简称 ER 流体(electro rheological fluid)，外加电场时，其内部分子排列改变，宏观上的黏性会变化，可以通过调节电压的大小来控制其固化状态. 将 ER 流体用于汽车的刹车，踩下刹车时，电场消失，发动机对车轮的带动作用可在瞬间消失，比机械刹车快很多.

磁流体，没有磁场时是液体，在磁场中则会固化. 磁流体是美国国家航空航天局(NASA)在 20 世纪 60 年代开发的，主要应用于宇航员的宇航服. 在宇航服的连接部位嵌入柔软的磁铁，在缝隙中充入磁流体，当磁流体流入这些连接部位时，就会固化，把整个空间密封起来. 磁流体固化后也可以像液体那样活动，是制作宇航服的最佳材料. 电脑的硬盘驱动器(HDD)也是用磁流体封装的，光盘读盘机转轴的四周也使用了磁流体，以减少误读.

*5.1.5　凝聚态物理

凝聚态是由大量粒子组成，并且粒子间有强相互作用的系统. 固态和液态是最常见的凝聚态. 凝聚态还包括超流态、超导态、玻色-爱因斯坦凝聚态、铁磁态、反铁磁态等.

凝聚态物理学(condensed matter physics)是研究构成凝聚态物质的电子、离子、原子及分子的运动形态和规律，从而认识其物理性质的学科. 凝聚态物理学是化学、材料学以及纳米技术等很多学科的基础，与信息、材料等高新技术的发展关系密切. 凝聚态物理学是当今物理学最大也是最重要的分支学科之一.

“凝聚态”一词在1947年出版的由雅科夫·弗伦克尔撰写的专著《液体动力学理论》(*Kinetic theory of liquids*)的绪论中首次出现，施普林格公司于1963年创建了期刊《凝聚态物理学》(*Physics of Condensed Matter*). 其后，物理学家接纳了“凝聚态物理学”这一术语，该术语相对于“固体物理学”而言更突出了固体、液体、等离子体及其他复杂物质研究之间的共通性.

软凝聚态物理学以复杂流体、液晶、多层膜、蛋白质的折叠等为研究对象. 其主要代表人物为1991年获得诺贝尔物理学奖的法国著名物理学家德让纳(P.G. de Gennes)，现在软凝聚态物理学已成为物理学的一个重要研究方向.

5.2 固体的性质简介

固体的主要特征是有一定的体积和一定的形状. 从宏观上来讲，虽然固体不像液体和气体那样容易被压缩，但是同样具有压缩、热膨胀、热容等性质；从微观上讲，分子间距更小，以稳定的化学键相结合，固体的分子数密度大约在 10^{29}m^{-3}，比气体的分子数密度大3～4个数量级. 固体分子的平均间距(10^{-10}m量级)比液体的还要小，分子间的互作用能力更强.

固体可分为晶体、非晶体两大类. 晶体的分布非常广泛，自然界的固体物质中绝大多数都是晶体. 气体、液体和非晶物质在一定的合适条件下也可以转变成晶体. 非晶体又分玻璃、橡胶、塑料等.

5.2.1 晶体

晶体(crystal)是由大量微观物质单位(原子、离子、分子等)按照一定的规则有序排列的固态物质，在日常生活中，晶体很常见，如食盐(NaCl晶体)、铁、钻石. 图5.2.1是某种晶体的照片(采用具有超高分辨率的透射电镜观测). 由于微观粒子的规则排列，用X射线照射，可以得到衍射图样，因此，利用这个方法可以鉴定晶体.

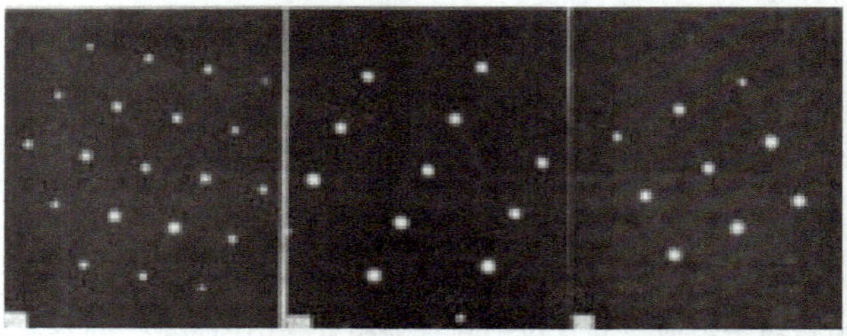

图 5.2.1 晶体中分子的有序排列

1. 晶格、晶面、晶胞

图 5.2.2 为晶体的空间点阵示意图，小球为微粒，细杆代表化学键. 结合该图，我们介绍晶体中的几个专业术语.

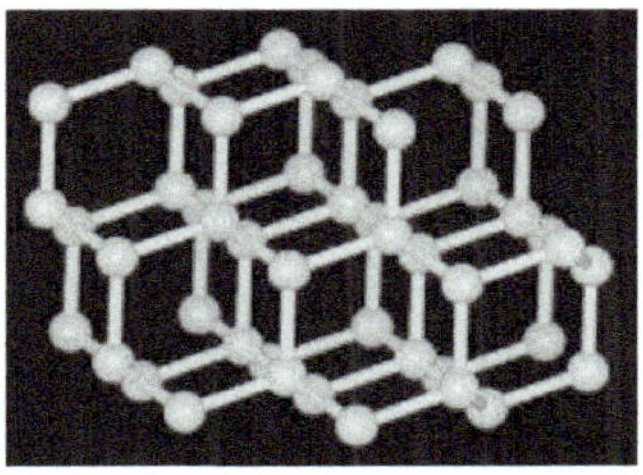
图 5.2.2　晶体的空间点阵示意图

(1) 晶体粒子与格点：组成晶体的原子或分子或离子，称为晶体粒子，晶体粒子在空间中按照一定的规则有序排列，并在其平衡位置(称为格点)做热运动. 图 5.2.2 中的小球就代表组成晶体的晶体粒子.

(2) 晶格：为了形象地表示晶体中晶体粒子排列的规律，可以用假想的线将这些晶体粒子连接起来，构成有明显规律性的空间格架或空间点阵. 这种晶体中晶体粒子有序排列的空间格架称为晶格，又称晶架.

(3) 晶面：晶体内部的晶体粒子有规则地在三维空间呈周期性重复排列，外形上表现为一定形状的几何多面体. 组成某种几何多面体的平面称为晶面.

(4) 晶胞：由于晶体中晶体粒子的排列是有规律的，晶格中的任何一个完全能够表达晶格结构的最小单元，称为晶胞. 晶胞是组成各种晶体构造的最小体积单位，能完整反映晶体内部晶体粒子在三维空间分布的化学结构特征. 图 5.2.2 中的一个小立方体就是一个晶胞.

(5) 晶粒：许多取向相同的晶胞组成晶粒. 晶粒的尺寸一般在 1～10nm，最大的可达 100nm. 要注意一下，前面说的晶体粒子是指组成晶体的原子或分子或离子等基本微观粒子，而这里的晶粒则是由许多取向相同的晶胞组成的.

(6) 单晶与多晶：晶体又分为单晶体(如石墨、云母、水晶、金刚石、冰)和多晶体(如各种金属、岩石). 所有的晶胞取向完全一致的晶体为单晶(体)，常见的单晶有单晶硅、单晶石英. 由取向不同的晶粒组成的晶体，称为多晶(体)，最常见到的是多晶(体).

2. 晶体的宏观特性

晶体具有热膨胀、热传导、扩散等宏观特性. 此外，与非晶体相比，晶体还有三个特殊的宏观特性.

(1) 晶体有确定的熔点. 在固定压强下，被加热到一定温度，晶体熔化成液体. 熔化过程中，温度不再升高，直到晶体全部变成液体为止. 而非晶体则没有固定的熔点，只会软化.

(2) 很多晶体是各向异性的. 单晶体内不同方向上的力学性质、热学性质、电磁学性质、光学性质等一般是不同的.

(3) 晶面角守恒定律. 丹麦科学家巴尔托林有一次不慎将一个大的冰洲晶体掉到地上摔碎了. 当他拾起地上的碎块时，惊奇地发现小碎块和大冰洲晶体的外形是一模一样的. 这就是晶体的解理性，即晶体总是沿着一定的方向碎裂，碎裂后的碎块和原来大块晶体的外形相同. 1669 年，巴尔托林的学生斯丹诺(N. Steno)在对多种晶体进行大量研究的基础上，发现了晶面角守恒定律.

3. 晶体的微观特性

晶体的宏观特性是由于其微观的原子或分子或离子处于有序排列而引起的，称为长程有序. 而非晶体则是短程有序、长程无序的. 晶体粒子有规则排列，同时在其平衡位置附近振荡，这就是晶体的微观物理图像，可以由此来解释晶体的宏观性质.

晶体中的晶体粒子离得很近，相互之间的作用力较强，束缚住了晶体粒子的自由运动. 但是，晶体粒子在各自的平衡位置不断地做着微小的振动. 比如，$1cm^3$ 铜单晶中，每个方向有 3×10^7 个铜原子，铜原子在其平衡位置以约 1/10 原子间距的振幅在振动. 这种振动就是微粒热运动的基本形式. 固体的温度就是热运动剧烈程度的度量.

固体的热膨胀、热传导、扩散等宏观现象都是微观晶体粒子的热运动引起的. ①热膨胀：晶体点阵结构中，微观晶体粒子之间的平均距离会随着温度的升高而增大，这就导致了热膨胀现象. ②热传导：对于非金属晶体，高温区域的振动能量较大，能量从高温区域向低温区域传递；对于金属晶体，金属内的大量自由电子是热传导的主力军. ③扩散：原子等微观晶体粒子的平均能量跟温度有关，但是总有些晶体粒子的能量大一些，有些小一些. 那些能量大的粒子，热运动剧烈些，有可能克服其他粒子的束缚，离开格点，留下一个所谓的“空位”(空着的格点)，周边其他的粒子就会来填补这个空位，如此继续下去，就形成了扩散. 如果晶体中有杂质，杂质粒子也可以类似地从一个“空位”跳到另外一个“空位”.

*4. 人造晶体

自然界存在各种各样的晶体，如我们熟悉的很多金属、钻石等. 除了自然晶体外，科学家们还开发了很多人造晶体，用于各种领域，比如用于眼科的人工晶体、用于传感的压电晶体. 我国有一个期刊《人工晶体学报》(其前身《人工晶体》创刊于 1972 年，1989 年改为现名)，专门刊登人工晶体方面的最新研究成果. 其他杂志如《功能材料》《功能材料与器件》等，以及国外的 *Advanced Materials*、*Advanced Functional Materials* 也大量刊载人造晶体方面的论文. 我国在激光人造晶体方面领先于世界，有些晶体如 BBO(一种用于改变激光波长的晶体)的专利技术为我国独有.

5.2.2 非晶体

从微观结构来看，非晶态固体只能在很短的范围内(大约是几个原子的尺度)体现出分子排布的规则性，而在较长的范围内，则分子排布没有周期性.

其排布特点是：短程有序，长程无序．图 5.2.3 给出了石英晶体和石英玻璃(非晶体)的分子结构图．前者长程有序，后者短程有序而长程无序．这种排布性质决定了非晶体的宏观性质．

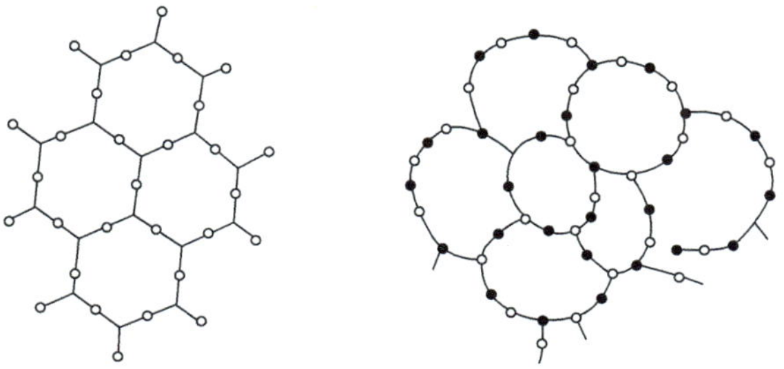

(a) 石英晶体　　(b) 石英玻璃

图 5.2.3 石英晶体和石英玻璃的分子结构图

非晶态固体包括非晶态电介质、非晶态半导体、非晶态金属(或金属玻璃)．它们有特殊的物理、化学性质．例如非晶态金属或金属玻璃与一般晶态金属相比，具有强度高、弹性好、硬度和韧性高、抗腐蚀性好、导磁性强、电阻率高等特点．

非晶体是短程有序、长程无序的，这一点跟液体相似．由于非晶体没有固定的熔点，所以有一种观点认为，非晶态物体不属于固体．

【例 5.1】有一小块金刚石，体积为 $V=5.7\times10^{-8}\text{m}^3$，试问：

(1)该金刚石中有多少个碳原子？

(2)其直径为多大？已知金刚石的密度为 $\rho=3.5\times10^3\text{kg}\cdot\text{m}^{-3}$，碳原子的摩尔质量为 $\mu=12\text{g}\cdot\text{mol}^{-1}$．

【分析】本题考查基本概念．利用质量、密度、体积、物质的量等参量之间的关系可以计算得到结果．

【解】(1)质量为

$$M=\rho V \quad ①$$

其物质的量为

$$\nu=\frac{M}{\mu} \quad ②$$

总分子数为

$$N=\nu N_A=\frac{\rho V}{\mu}N_A=1.0\times10^{22} \quad ③$$

(2)固态中，碳原子紧密相连，则一个碳原子的体积为

$$V_1=\frac{V}{N} \quad ④$$

由以上四式，得到

$$V_1=\frac{\mu}{\rho N_A}=5.7\times10^{-30}\,\text{m}^3$$

设碳原子为球形，则其直径为 d，由 $V_1=\frac{4}{3}\pi\left(\frac{d}{2}\right)^3$，得到

$$d=2.2\times10^{-10}\,\text{m} \tag{5}$$

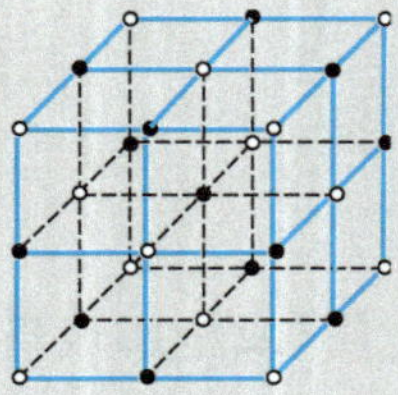

图 5.2.4 例 5.2 图

【例 5.2】食盐的晶体是由钠离子(图 5.2.4 中的白色圆圈)和氯离子(图中的黑色实心圆)组成的，离子键两两垂直且键长相等，已知氯化钠的摩尔质量为 $\mu=58.5\,\text{g}\cdot\text{mol}^{-1}$，密度为 $\rho=2.2\times10^3\,\text{kg}\cdot\text{m}^{-3}$，求食盐晶体中相邻钠离子中心之间的距离.

【分析】本题考查基本概念.

【解】晶体中，每个晶胞是一个正方体，设其边长为 a，则相邻钠离子之间的距离为 $l=\sqrt{2}a$. 1mol 的 NaCl 晶体含有 1mol 的 Na^+ 和 1mol 的 Cl^-，则每个离子占据的空间为

$$V_1=\frac{V_m}{2N_A} \tag{1}$$

摩尔体积

$$V_m=\frac{\mu}{\rho} \tag{2}$$

而一个立方体体积为

$$V_1=a^3 \tag{3}$$

所以

$$a^3=\frac{\mu}{2N_A\rho} \tag{4}$$

得到

$$l=\sqrt{2}a=3.97\times10^{-10}\,\text{m} \tag{5}$$

5.3 液体的微观结构

5.3.1 液体的微观结构及分子热运动

将具有一定体积、没有弹性、没有一定形状的可流动系统称为液体. 液体具有流动性、不易压缩、有明显的附着性、表面张力等性质. 这是由其微观结构决

定的.

液体分子排列的特点是短程有序、长程无序. 液体的分子是一个挨着一个排列的，这一点跟固体相似，但不同的是，液体分子不是严格地周期性地密集排列的，而是排列得较为疏松. 如图 5.3.1(a)是规则的晶体分子的排列，图 5.3.1(b)是液体分子的排列. 不过，从短程来看，若干个液体分子的排列还是比较有规律的. 我们把具有一定排列规律的粒子的群体称为一个单元，液体是由很多这样的单元组成的，在每个单元内部，分子排列是有序的，但是相邻单元中粒子的排列取向则是不同的，因而导致了长程的无序性. 单元也不是稳固的，由于温度的变化和分子的热运动，单元会被破坏，重组成新的单元.

液体分子的排列方式随温度的变化而变化：当温度低时，更接近于固体；当温度高时，则更接近于气体.

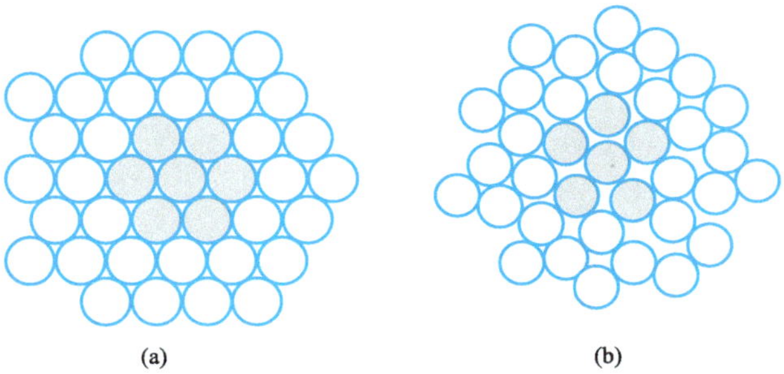

图 5.3.1　晶体分子排列得长程有序(a)和液体分子排列得短程有序(b)

5.3.2　液体分子的热运动与作用能

实验表明，液体分子在其平衡位置附近振动. 同一单元内的液体分子的振动模式基本一致，不同单元中的液体分子的振动模式各不相同. 在某个单元内的分子，也会挣脱束缚而离开，与其他分子重新组成新的单元. 在一定温度和压强下，分子在某单元中的停留时间是固定的，大约是 10^{-10}s 数量级.

液体中的分子基本上是相互紧靠在一起的，图 5.3.2(a)为平衡时两分子的示意图，分子质心间的距离为分子直径 d_0，这时势能最小；当其中一个分子运动时，导致两分子互相靠近，从而产生形变，如图 5.3.2(b)所示. 而一旦到了图 5.3.2(c)所示的情况，将会反弹，在周围分子的束缚下形成振动，这就是液体分子的热运动和相互之间的作用情况.

液体分子之间的相互作用力和作用势能随分子之间距离变化的关系，如图 5.3.3 所示，图中的虚线表示作用力，实线表示作用势能，其趋势与气体分子相似. 平衡位置为 d_0，当分子距离 $d<d_0$ 时，分子之间表现为互相排斥，当分子距离 $d>d_0$ 时，分子之间表现为相互吸引.

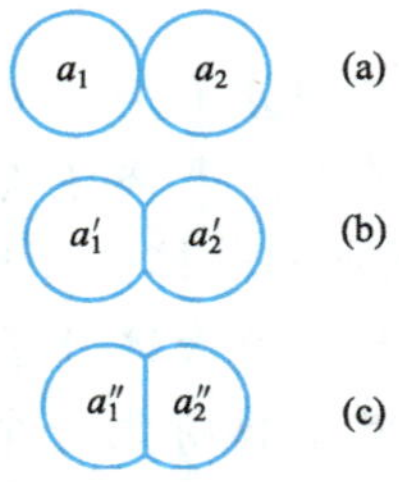

图 5.3.2　液体分子的作用

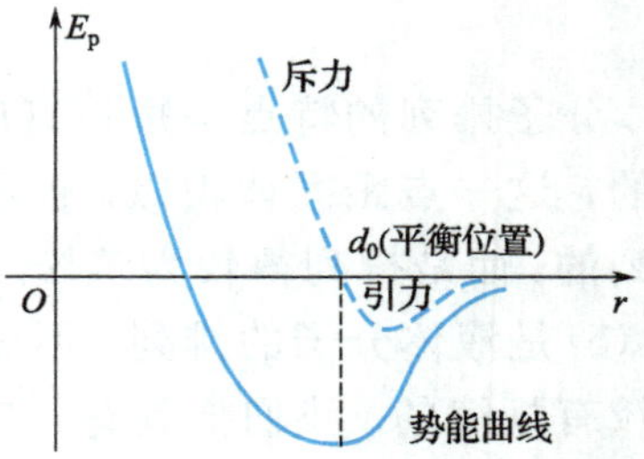

图 5.3.3　液体分子之间的相互作用力和作用势能随分子之间距离变化的关系

5.4　液体的彻体性质

液体有流动性，不容易被压缩，有确定的体积，但没有一定的形状，有明显的附着性但没有弹性. 这些是液体物质作为一个宏观整体的性质，称之为彻体性质.

5.4.1　液体的压缩

液体的分子排列比固体的分子排列松散些. 对液体加以外力，液体可以被压缩. 组成液体的分子，其无规则热运动的动能和分子之间的相互作用势能近似相等，因此，当液体被压缩时，分子之间的距离稍微减小，分子间的排斥力就会急剧增大，导致液体被压缩的可能性很小.

5.4.2　液体的热膨胀

绝大多数液体具有典型的热胀冷缩的现象. 当温度升高时，组成液体的分子的热运动动能增大，间距加大，于是体积增大；当温度减小时，液体体积减小. 液体的热膨胀性质由等压膨胀系数(或称为体膨胀系数)来表征，即等压情况下，单位体积液体的体积随温度的变化，其单位为 K^{-1}.

不过，也有一些液体具有反常的现象，比如压强为 1atm 的水，在 0℃到 4℃之间，随着温度下降，体积反而增大.

关于膨胀的定量公式，我们将在第 7 章介绍.

5.4.3　液体的热容

根据能量均分定理，热容与分子的热运动形式有关. 液体的分子在平衡位置做三维运动，其等压摩尔热容约为 $3R$，与固体的接近，而液体的等容摩尔热容小于等压摩尔热容，但相差不大，可以认为近似相等.

5.4.4　扩散

液体分子的扩散跟单元有关. 一个分子要从一个单元逸出，必须克服单元中其他分子对它的作用势能，才能进入下一个单元；在新单元中，再次克服新单元中各分子的作用势能，进入再下一个单元；如此不断地进行这种过程，就是扩散. 液体的扩散活跃程度比气体中的要小得多，不过比在固体中的要大得多.

5.4.5　热传导

液体分子 A 振动时将热量传给邻近的分子 B，该分子 B 振动又将热量传递给其邻近分子 C，如此不断重复这种传递过程，就是热传导. 液体分子之间的碰撞主要发生在单元之内. 不同单元的分子要碰撞的话就很难了，如果某单元甲中的分子要和邻近单元乙中的分子碰撞，首先需要从甲单元跳出来，通过扩散进入乙单元中才行，不能像气体那样相对容易地直接与其他分子碰撞，所以多数液体的导热性能很差. 不过，对于金属液体，由于存在自由电子，自由电子的碰撞要容易得多，所以其导热性能要好得多.

5.4.6　黏滞

气体中，分子热运动使得分子很容易与另外一个运动着的分子产生碰撞，从而进行动量交换. 而液体分子受到同一单元中其他分子的作用，只能在平衡位置附近运动，要离开这个单元就必须克服单元中其他分子的作用势能，才能与其他分子相碰，输送动量，因此液体的黏滞要比气体的大得多.

5.5　液体的表面性质

两种物质(或者同一种物质，但是其微观结构不同，或者说属于不同的“相”，相的概念在第 6 章学习，比如石墨和金刚石都是由碳原子组成，但是二者的“相”不同)接触，在交界面处有一个过渡层(或称为界面). 比如，液体与气体接触时，有一个自由表面层(过渡层)；而液体与固体接触时，有一个附着层(过渡层). 这个过渡层的物理性质不同于两种物质内部的性质，具有特殊性，因而会出现一系列表面现象. 比如，液体与气体接触的自由表面层上存在着表面张力；液体与固体接触的附着层存在附着力和内聚力. 也就是说，无论是跟气体还是固体接触，液体的表面过渡层都会有一些特殊现象，因此导致了液体特殊的表面性质.

5.5.1　表面张力

1. 现象

如图 5.5.1 所示，夏天的清晨，看到荷叶上有滚动的水珠，将一个回形针小心地置于水面上，会发现它会浮在水面，水龙头上垂下的小水滴不掉下，水杯中倒满了水而不外溢，这些现象都是表面张力作用的结果.

图 5.5.1　表面张力导致的现象

我们先来定性分析一下上面几个例子的情况．第一个例子，水本身有流动性，倾向于水平地铺在荷叶上，这样的话水的表面积会更大，但是表面张力使得液面成一个球面，表面积最小．第二个例子，回形针因为重力作用要下沉，使得液面从平面变成凹面(液面变大)，之所以不下沉，是因为气液交界面存在表面张力，不让液面变大．第三个例子，水龙头上的液滴因为重力下落，但是表面张力挂住了液滴；而满杯的水面，也是因为表面张力拉住了水的外溢．上面这些例子，都有一个共性：无论是外力试图使得液面扩大，还是液体本身因为流动性或重力试图铺开或下落，表面张力都“反对”这些行为或这种趋势，试图使得液面缩小．也就是说，其他因素(外力或液体本身流动性或重力)想让液面铺开，但是液面不让，而是试图使之收缩，让液体分子向液体内部聚拢．这和把弹簧拉开时弹簧反而表现出收缩的趋势的现象是类似的．

【例 5.3】取一个高脚杯，里面装满了水，水面与杯口平齐．将大头针小心翼翼地放入(将针尖小心插入水中，再轻轻地松手)，估计能放入多少大头针？已知大头针的体积约为 3mm^3，高脚杯杯口直径为 9cm．由于表面张力，凸起 1mm．

【解】 $\dfrac{\pi r^2 h}{V}=\dfrac{\pi\times 45^2\times 1}{3}\approx 2119$，可以放入 2119 根大头针．

2. 表面张力及其微观定性解释

所谓表面张力(surface tension)，是液体与气体(或固体或另外一种液体)接触的界面存在的一种力，这种力使得液面缩小．其方向与该界面交线垂直并且与液面相切，指向表示液面收缩趋势的方向．

我们以液体与气体接触的界面，即自由表面层为例，来解释表面张力的物理机制．从微观上来看，表面张力是液体与气体过渡区(即自由表面层)内分子力作用的结果．自由表面层是从液体蒸发出来的气态分子组成的薄薄一层(对于处于大气中的表面自由层，是蒸发气态分子和大气分子混合的一薄层)，厚度大约是分子引力的有效作用距离 R．液体内部的分子比较密集，而自由表面层里的分子则比液体内部稀疏，分子间的距离比液体内部大很多，如图 5.5.2(a)所示．

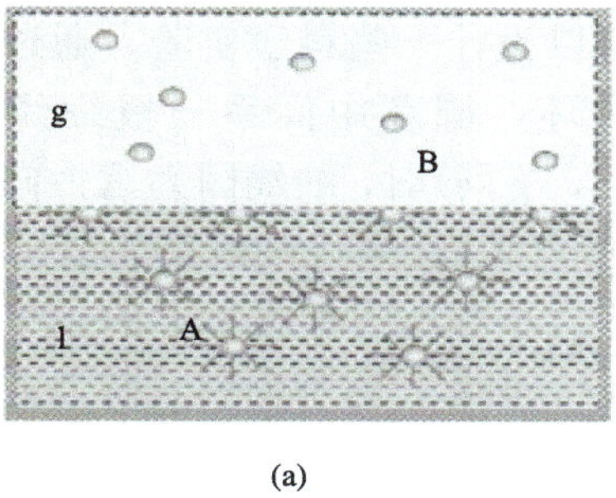

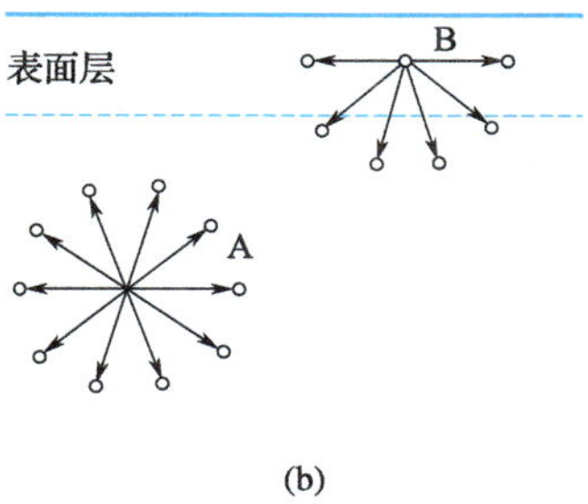

图 5.5.2　(a)液体(l)与气体(g)接触的表面自由层中分子数密度要小很多，(b)液体内部分子 A 和表面自由层中分子 B 的受力情况示意图

在温度和压强都确定的情况下，液体内部某个分子受到了其周围其他液体分子的作用力，这些力互相抵消，所以分子所受合力为 0，如图 5.5.2(b)中 A 分子. 但是，表面层内的分子受到内部液态分子(分子较密集，数目较多)的作用力比受到气态分子(分子较稀疏，数目较少)的作用力会大一些，这样，表面层内的分子受到的作用力是不均匀的，其合力就是表面张力，如图 5.5.2(b)中 B 分子. 正是因为有了表面张力，液体表面的分子才会向液体内部聚拢.

固体液体交界的表面，称为附着层，其原理与气液表面的自由层原理相似：由于分子的作用力，在液体表面产生了张力.

总之，由于液体分子的流动性(分子的扩散)，液面扩大，但是表面张力则使得液面收缩(分子间的吸引力). 液体的表面张力总是使得液面趋于最小化(平面化)，即反抗液面外凸或内凹(回忆一下楞次定律，有相似之处).

3. 表面张力的方向

一只水黾立在水上(图 5.5.3)，之所以不下沉是因为表面张力，这个张力的方向是向上，抵消了向下的重力. 我们注意到水面是凹的，那么对于凸面，或者是不同曲率半径的凹面或凸面，其具体的表面张力方向是怎样的？

图 5.5.3　水黾立于水上

根据实际生活中观察到的现象，我们可以设计一些科学实验，通过控制变量，更好地进行研究．取一个小金属圆环，圆环中间系一根细线，如图 5.5.4(a)所示静置(圆环平面垂直于地平面，下同)时，细线因为重力向下呈弧状．现在将金属圆环浸在肥皂水里，然后捞出来，会发现细线呈如图 5.5.4(b)所示状态，这是表面张力作用的结果．接着，小心地用针将下方的肥皂泡刺破，这时候会发现细线向上弯曲，如图 5.5.4(c)所示，这是因为只有上方有肥皂水，表面张力的合力向上．

大量实验表明，表面张力是作用于“线”上的，而跟“面”“体”无关，其方向是反抗液面变大(液体的凸起或凹进，都使得液面变大)．

图 5.5.5 是一个俯视图，纸面为水平液面．水平液面上有一条细直线(左上图)和一根圆周细线(右下图)，细直线(左上图)受到垂直于该直线的表面张力作用(用带箭头的短线表示)；而水平液面上的一个圆周线(右下图)受到垂直于圆周的表面张力作用(用带箭头的短线表示)．

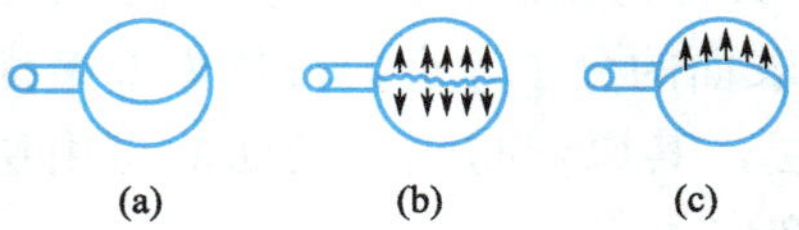

图 5.5.4　金属圆环的表面张力实验

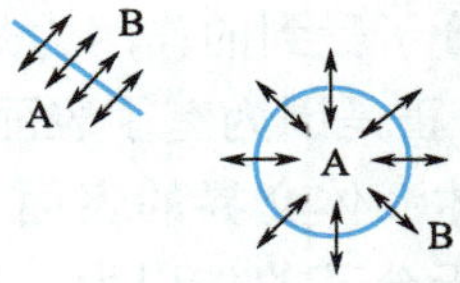

图 5.5.5　表面张力的方向

荷叶效应

图 5.5.6 是一个侧视图，分别是水平液面(a)、凸柱状液面(b)、凹柱状液面(c)．图 5.5.6(a)中垂直于纸面的平面(ff 方向)为液面，液面上一根线元(垂直于纸面)受到表面张力作用，表面张力垂直于这根线且与液面相切(此处液面是平面，张力沿着液面方向)．图 5.5.6(b)是一个凸起的液面(液面是垂直于纸面的柱状面)，液面上有一根线元(垂直于纸面)，受到的表面张力垂直于这根线，且与液面相切(液面为上凸的柱面，张力沿着液面切向，即左下和右下方向)，合成后的总张力方向向下，以反抗液面向上膨胀，试图使得液面收缩变平．图 5.5.6(c)是一个下凹的液面(液面垂直于纸面，是一个下凹的柱状面)，液面上一根线元(垂直于纸面)，受到的表面张力垂直于这根线，且与液面相切(液面为下凹的柱面，张力沿着液面切向，即左上和右上方向)．合成后的张力方向向上，以反抗液面向下凹进，试图使得液面收缩变平．

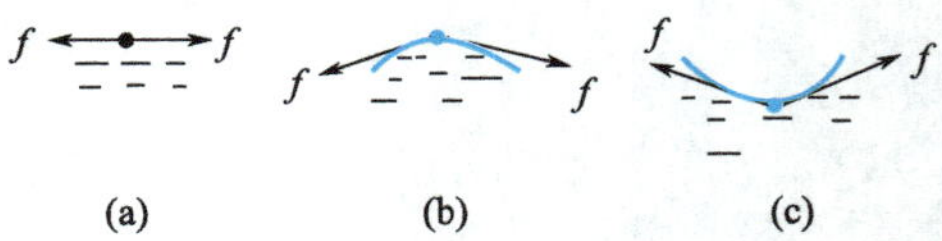

图 5.5.6　液面上的表面张力

【例 5.4】将一根细针轻轻地放在某种液面上，经过计算，针的重力是大于浮力的，但是针却并没有下沉，如图 5.5.7 所示．试分析针的受力平衡情况，并指明表面张力的方向．

【解】这是因为表面张力与浮力共同作用，抵消了重力(和图 5.5.3 所示水黾的情况类似）. 卧在水面上的针的圆柱面和水面主要有两条长一点的交线，分别是 a、b 点处垂直纸面向内的线. 这两条线各自受到的表面张力，沿着液面切向（斜向上方向）. 这两个张力 $\boldsymbol{f}$ 的合力方向向上，该合力加上浮力 $\boldsymbol{F}$，与针的重力 $\boldsymbol{G}$ 相等，使得针受力平衡，不至于沉入水中.

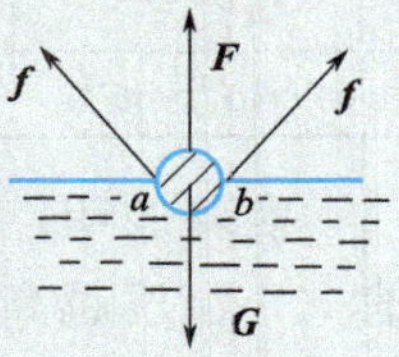

图 5.5.7　例 5.4 图

【思考】其实针尖和针头与水面也有交线，但比较短，这里没有说，思考一下它们的张力方向. 与两条长交线比较起来，其张力是可以忽略的，原因见下面第 4 部分内容.

所以，液体表面张力总是垂直于液面上的线段且与液面相切. 我们在判断表面张力的方向时，还需要弄清楚，是一个线元的表面张力，还是整个线段的表面张力；一根直线或曲线，当每一段微小线元的表面张力确定后，可以得到整根线的表面张力.

4. 表面张力的大小和表面张力系数

将不同长度的线放入水面，其受到的表面张力不同；将同样一根线放入水面和放入油面，其所受到的表面张力也是不同的. 因此，表面张力的大小跟液体本身和线的长度有关.

$$F=\sigma l \tag{5.5.1}$$

其中，σ 为表面张力系数，即液体表面单位长度线段上的表面张力，其数学表达式为

$$\sigma=F/l \tag{5.5.2}$$

表面张力系数的单位为 $\mathrm{N\cdot m^{-1}}$.

由式(5.5.1)可知，长度越短，则表面张力越小. 现在我们应该知道例 5.4 后思考题中提到的原因了.

表面张力系数跟液体本身有关（其实还跟其他因素有关，如温度和液体周围的介质），不同液体的表面张力系数是不同的. 无机液体的表面张力系数比有机液体的表面张力系数要大得多. 含氮、氧等元素的有机液体的表面张力系数比较大，含氟、硅等液体的表面张力系数相对最小. 水的表面张力系数大约为 $7.3\times10^{-2}\mathrm{N\cdot m^{-1}}$（20℃时），无机盐水溶液的表面张力系数比水的表面张力系数大，有机物水溶液的表面张力系数则比水的表面张力系数小. 表 5.5.1 给出了一些液体表面张力系数的数值（位于空气中，温度见表格）.

表面张力系数可以通过实验测量出来. 如图 5.5.8 所示，有一个细铁丝框，铁框上有液体膜（比如肥皂膜），缓慢地以力 $\boldsymbol{F}_{外}$ 向右匀速拉动框的 AB 边，AB 边上的液体膜有向左的表面张力 $\boldsymbol{F}$，因为是匀速过程，则向右的拉力 $\boldsymbol{F}_{外}$ 等于 AB 边上的表面张力 $\boldsymbol{F}$. 设液体的表面张力系数为 σ，AB 长为 L，并注意到液膜有两个表面，则总的表面张力 $F=2\sigma L$. 由此可以得出表面张力系数 σ.

表 5.5.1 部分液体的表面张力系数

液体	H_2O	CCl_4	汽油	Hg	Ar	Ne	N_2	O_2
温度/℃	20	20	20	20	−188	−248	−197	−183
$\sigma/(\times10^{-3}\,N\cdot m^{-1})$	73	27	40	490	13.2	5.5	10.5	18

实验表明，液体的表面张力系数与液体表面积的大小无关，但是与温度有关，温度越高，表面张力系数越小. 如图 5.5.9 为水的表面张力系数随温度变化图.

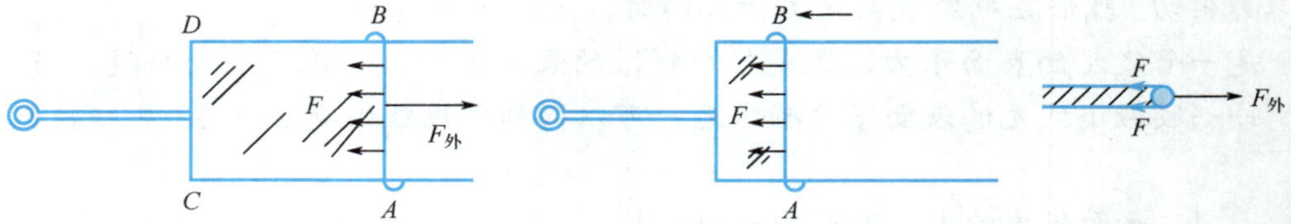

(a) 保持液膜面积不变需加外力　(b) 液膜自动收缩使AB边移动　(c) 图(a)中AB边受力情况的侧视图

图 5.5.8 表面张力系数的实验测量

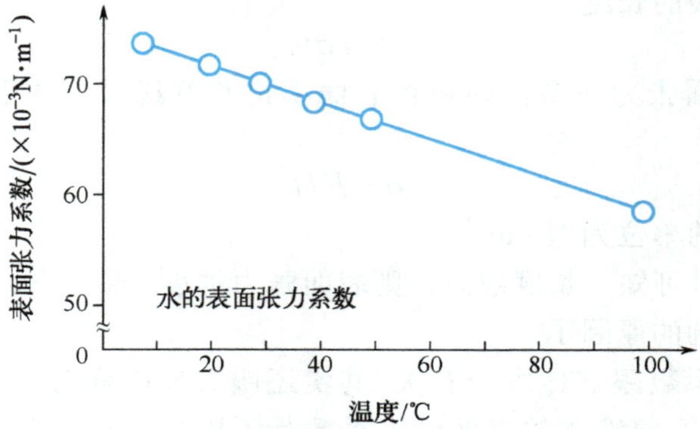

图 5.5.9 水的表面张力系数与温度的关系

5. *表面张力做的功和表面能*

上述拉铁丝的例子中，当 AB 边向右移动一段微小位移 dx 时，克服表面张力所做的元功为

$$dA = Fdx = 2\sigma Ldx = \sigma dS \tag{5.5.3}$$

其中，dS 是液膜表面积的改变量. 此式表明，表面张力系数等于使得液体表面增大单位面积所做的功. 增大液体表面积过程中，外力克服表面张力所做的功以能的形式储存在液体中. 当液体表面缩小时，它会以做功的形式释放出来. 液体表面储存的这种能量称为表面自由能或表面能，即

$$dE = \sigma dS \tag{5.5.4}$$

【例 5.5】如图 5.5.10 所示，将质量 m=0.5g、厚度 d=2.3×10^{-4}m、长度 $l=3.977\times10^{-2}$m 的薄钢片放入某液体中，缓慢向上提拉钢片，使钢片底部和液体表面在同一水平面内．测得平衡时竖直向上的外力为 $f=1.07\times10^{-2}$N，试求该液体的表面张力系数．设接触角为 0°．

【分析】本题考查表面张力公式．

外拉力使得液面向上扩大，表面张力则使得其缩小，向上提拉的拉力、重力与向下的表面张力平衡．

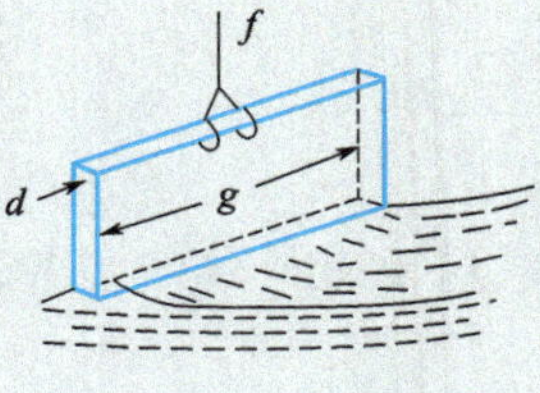

图 5.5.10　例 5.5 图

【解】外拉力与重力、表面张力平衡

$$f=mg+2\sigma(l+d) \quad ①$$

注意，在整个钢板的周长上都有表面张力．计算得到

$$\sigma=7.25\times10^{-2}\,\text{N}\cdot\text{m}^{-1} \quad ②$$

【注意】本题中有个条件：接触角为 0°，我们现在还没有学习接触角这个概念，这个条件似乎在解题中也没有用到．那么接触角是什么呢？本题的解答是否正确呢？学习了第 5.6 节时就能够回答这个问题．

【例 5.6】如图 5.5.11 所示，将端点互相连接的三根细线扔到水面上，其中 1、2 号线长度为 1.5cm，3 号线长度为 1cm．已知水的表面张力系数为 $\sigma=0.07\text{N}\cdot\text{m}^{-1}$．若在 A 点处滴下某种液体杂质，使表面张力系数减小到原来的 2/5，求每根线的张力．

【分析】本题考查表面张力知识．

在 A 点滴杂质，使得 A 所在的圈内表面张力系数减小，则表面张力减小，而外部表面张力系数不变，导致线段 2、3 被向外拉伸，形成一个圆．可以取一小段线元，分析其受力情况，通过列出受力方程，进行计算，得到张力．

【解】(1) A 点滴杂质，此时 2、3 号线所形成的圆的周长为 1.5+1=2.5(cm)，半径为

$$r_1=\frac{1.5+1}{2\pi}=\frac{2.5}{2\pi}(\text{cm}) \quad ①$$

如图 5.5.12 所示，在圆周上任取一小段 dl，其所对应的张角为 θ（非常微小，趋于 0），该线元受到向外的表面张力 $F_1=\sigma\text{d}l$ 和向内的表面张力 $F_2=\frac{2}{5}\sigma\text{d}l$，以及沿线元切向的张力 T，它们在 x 方向（图中的 F_1F_2 方向）满足

$$2T\sin\frac{\theta}{2}+\frac{2}{5}\sigma\text{d}l=\sigma\text{d}l \quad ②$$

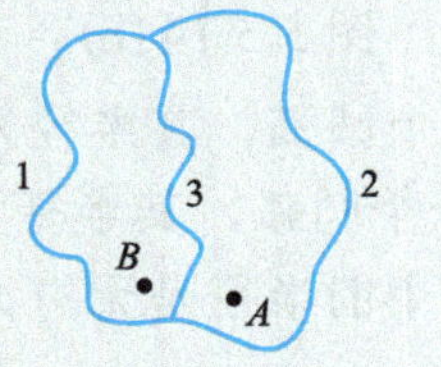

图 5.5.11　例 5.6 图

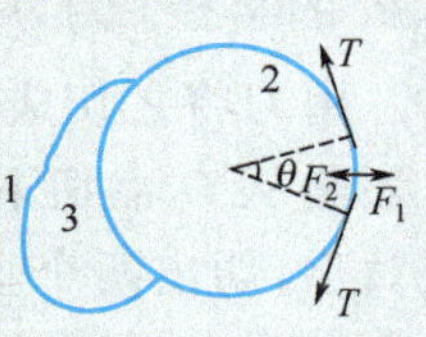

图 5.5.12　例 5.6 解图

而

$$dl = r_1\theta \quad ③$$

所以

$$T = \frac{\frac{3}{5}\sigma r_1\theta}{2\sin\frac{\theta}{2}} \approx \frac{3}{5}\sigma r_1 = 1.67\times10^{-4}\mathrm{N} \quad ④$$

线段 1 是松弛的，其张力为 0.

5.5.2 弯曲液面的附加压强

表面张力作用于液面，产生了压强，称之为附加压强(additional pressure)，可以由拉普拉斯公式给出.

1. 拉普拉斯公式

现在来考察液面内外压强的关系. 如图 5.5.13(a)为凸液面(从液体向外凸起)，选取一小块保持平衡的液面进行分析，其受到向下的大气压力，向上的内部液体压力，以及向下的表面张力. 因此，紧贴凸液面上、下方 A、B 两点的压强满足

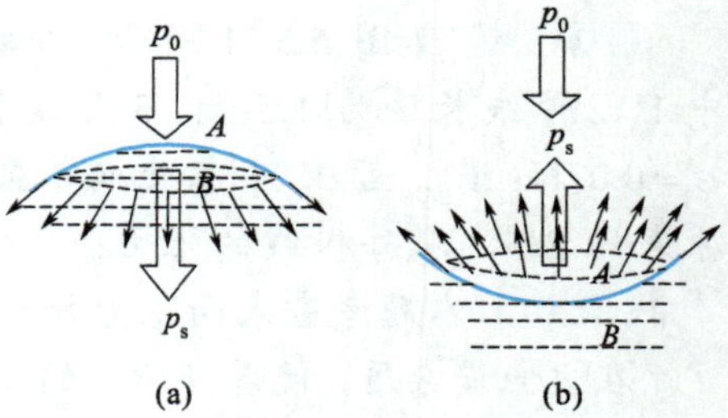

图 5.5.13 凸、凹面的附加压强

$$p_B = p_A + p_s$$

式中，p_A、p_B 分别为 A、B 点的压强；p_s 为表面张力引起的附加压强.

而对于如图 5.5.13(b)所示的凹液面，则满足

$$p_B + p_s = p_A$$

表面张力引起的附加压强 p_s 可由拉普拉斯公式得到

$$p_s = \sigma\left(\frac{1}{R_1} + \frac{1}{R_2}\right) \quad (5.5.5)$$

式中，R_1 和 R_2 分别是过液面上任意一点 O 互相垂直的正截口(包含法线的平面在曲面上截出的曲线)的曲率半径. 如图 5.5.14(a)所示，R_1 和 R_2 分别是圆弧 $\widehat{A_1B_1}$ 和 $\widehat{A_2B_2}$ 的半径. 为方便理解，可以参照图 5.5.14(b)，有一个橘子，从任意一点 O，用刀将之切成两半，切口是一个圆弧，其半径为 R_1；再垂直于这个切口，还是从 O 点切下去，切口也是一个圆弧，其半径为 R_2. 类似地，如果是一根黄瓜，切出两个垂直截口，其中一个的半径是无穷大，如图 5.5.14(c)所示.

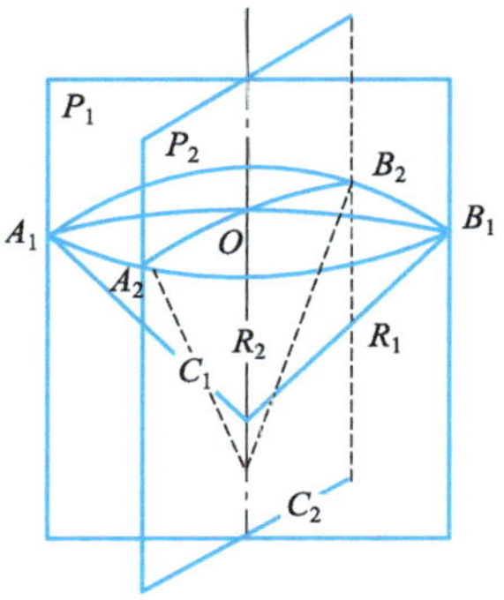

(a) 正交正切截口

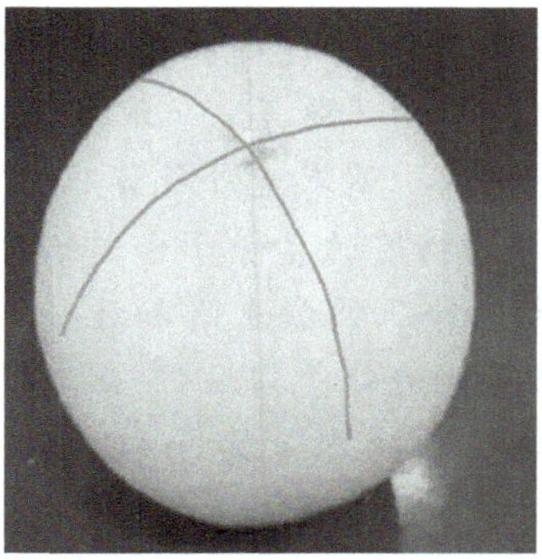

(b) 切橘子示意图

(c) 切黄瓜示意图

图 5.5.14　具有表面张力的液体表面截口示意图

2. 几种液面的附加压强

(1) 柱面. 如图 5.5.15(a) 所示，对于柱状液面，截出的两个截口圆弧，一个半径为 R，另外一个半径为无穷大，则附加压强为

$$p_s = \frac{\sigma}{R} \tag{5.5.6}$$

如果另外一个半径即使不是无穷大，但是只要远大于 R，也可以近似采用上式.

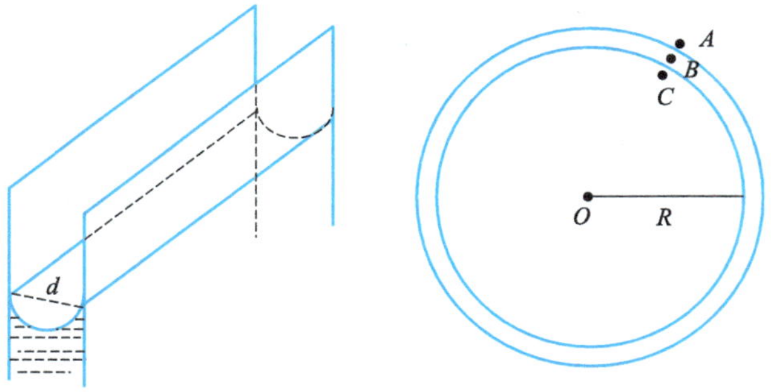

(a)　(b)

图 5.5.15　(a) 柱状液面和 (b) 肥皂泡

(2) 球面. 对于球面，$R_1 = R_2 = R$，由拉普拉斯公式可得附加压强为

$$p_s = \frac{2\sigma}{R} \tag{5.5.7}$$

(3) 球形液膜. 对于如图 5.5.15(b) 所示的球形液膜，如肥皂泡，有里外两个表面，每个表面的半径近似相等于 R，则

$$p_s = \frac{4\sigma}{R} \tag{5.5.8}$$

【例 5.7】两个半径分别为 r_a 和 r_b 的肥皂泡，等温地合并成一个半径为 r_c 的肥皂泡，整个过程中外界的压强不变，肥皂泡的表面张力系数是 σ，泡内的气体可以看成是理想气体．试求泡外气体压强 p_0．

【分析】合并后气泡内的物质的量等于合并前两个肥皂泡内气体物质的量之和．肥皂泡的压强为泡外压强加上附加压强．三个肥皂泡内的气体都满足状态方程．据此可以得到泡外气体压强．

【解】合并前，肥皂泡 a 的参量为 (p_a,V_a,T,ν_a)，肥皂泡 b 的参量为 (p_b,V_b,T,ν_b)，合并后肥皂泡 c 的参量为 (p_c,V_c,T,ν_c)，各自满足状态方程

$$p_aV_a=\nu_aRT,\qquad p_bV_b=\nu_bRT,\qquad p_cV_c=\nu_cRT$$

气体的量满足

$$\nu_a+\nu_b=\nu_c$$

由附加压强的定义，有

$$p_a-p_0=\frac{4\sigma}{r_a},\qquad p_b-p_0=\frac{4\sigma}{r_b},\qquad p_c-p_0=\frac{4\sigma}{r_c}$$

以上各式，经推导后得到

$$p_0=4\sigma\frac{r_c^2-r_b^2-r_a^2}{r_a^3+r_b^3-r_c^3}$$

作家冰心写过一篇《肥皂泡》，说自己小时候最爱吹肥皂泡(图 5.5.16)，文中描述了吹肥皂泡的过程，说肥皂泡就像是美丽的梦，表达了冰心童年时对美好生活的向往．学完了表面张力的相关知识，我们知道肥皂泡的形成原因就是肥皂水的表面张力．肥皂泡很美丽，在阳光下会有彩色条纹，这是因为肥皂泡壁很薄，在阳光或灯光下产生了光学的薄膜干涉现象．肥皂泡的壁很薄，但到底有多薄呢？像纸片一样？像头发丝一样？这种描述无法定量化．通过科学测量(如干涉法)，可知肥皂泡壁厚大概是头发丝的 1/5000，也就是约 10^{-8}m 量级．别看肥皂泡很薄，它还是能够承受一定的压强的．

说肥皂泡是一个美丽的梦，是因为它容易破．之所以破裂，是因为空气中的灰尘等微粒会刺破薄膜，温度变大或地球引力等因素也会使薄膜变得更薄，导致更容易破裂．不过，研究表明，如果对肥皂泡精心呵护，可以保存更长时间．有科学家将肥皂泡放在防震、防尘、干燥的特制容器里，保存了好几年．

当使用范围较大的中等频率的声波时，气泡壁的运动方向与声波带来的气体移动方向相反，声音会被锁在气泡中，形成隔音效果．

世界上最大的肥皂泡，长 11m，宽 7.5m，是 2017 年 1 月 18 日在捷克的博雷斯拉夫市创造的，275 名民众与一辆车被同时容纳入一个巨型的肥皂泡中，创造了吉尼斯世界纪录．

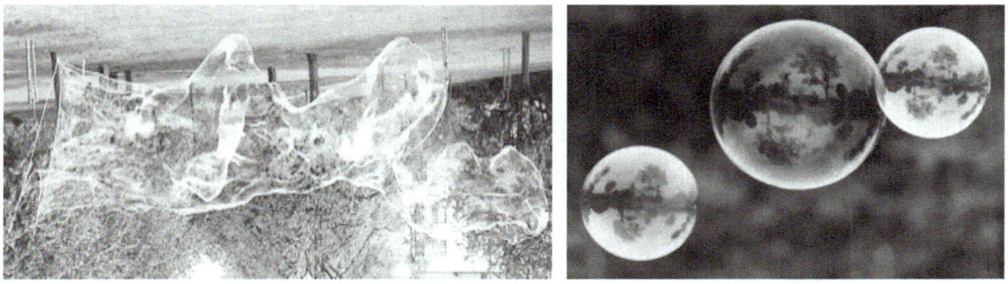

图 5.5.16　色彩斑斓的肥皂泡

肥皂泡彩图

5.6　润湿与毛细现象

5.6.1　润湿与不润湿现象

将水银滴在玻璃上，水银会收缩，这称为水银不润湿玻璃；将水滴在玻璃上，水滴会变成扁平状摊在玻璃上，这种情况称为水润湿玻璃，如图 5.6.1 所示.

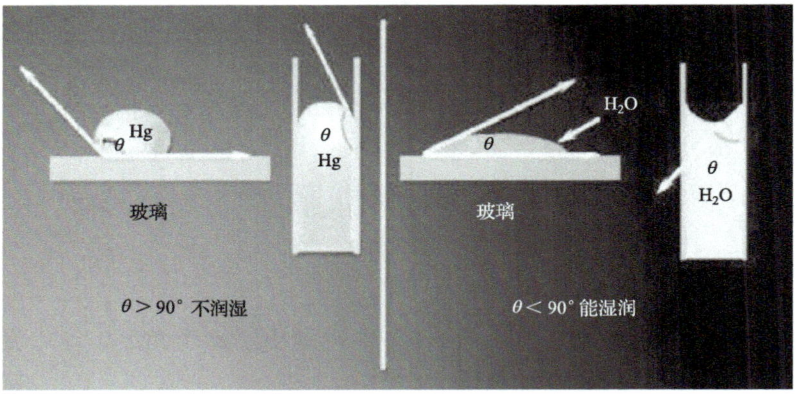

图 5.6.1　润湿现象与接触角

一种液体能够均匀附着在另外一种液体或固体表面或渗透到内部，称为**润湿现象**或**浸润现象**(wettability)，否则称之为**不润湿**或**不浸润**现象. 比如，用水性墨水在纸上书写时，墨水可以润湿纸张，而用油性墨水书写时则不润湿纸张. 润湿现象可归因于液体和另外一种液体或固体内部的分子作用. 根据润湿的程度，可以分为完全润湿、部分润湿、部分不润湿、完全不润湿.

19 世纪末，一位女教师在用肥皂洗涤一条装过黄铜矿石且沾满油污的麻袋时，发现黄铜颗粒随着肥皂泡浮起来. 在此基础上，人们开发了“浮选法”，来精选所需要的矿物质. 将研磨得很细碎的原始矿石(粗矿石)放入大容器中，而容器中装有水和油性物质的混合液，这种油性物质能够在有益矿物颗粒(所需要选出的矿物质)外面包上一层油膜，使之不会被水润湿. 然后，在容器中剧烈搅动，因为空气进入而产生大量的泡沫，气泡足够多且体积足够大，外面包着油膜的矿物颗粒就会附着在泡沫上而浮起来，好似氢气球带动吊篮升起来一样．而那些无用矿物颗粒因为没有包上一层油膜，被水润湿，还会留在液体中．结果，几乎所有的有益矿物颗粒都被泡沫带到上面来，将之收集起来，继续处理，就得到了"精矿"．精矿中的有益矿物质比粗矿石中的要高几十倍．现在浮选法技术已经很成熟，只要选择合适的混合液，就可以将任何一种有益矿物质分离出来．图 5.6.2 为现代工厂中浮选法工艺流程示意图．

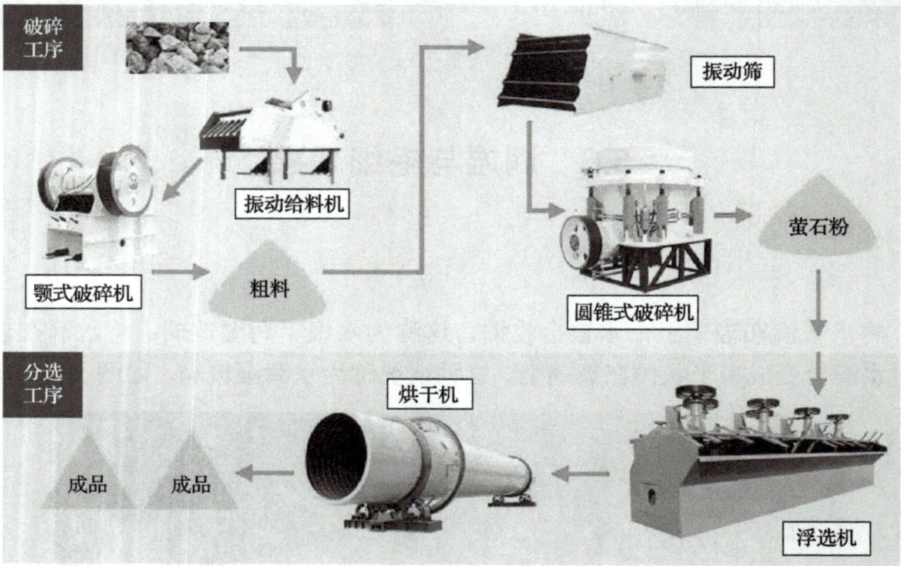

图 5.6.2　浮选法工艺流程示意图

5.6.2　接触角

在例 5.5 中提到了接触角，图 5.6.1 中也画出了一个角度，这个角度就是接触角．那么接触角到底是什么呢？

如图 5.6.3 可知，在液体 1 与固体 2(或另外一种液体 2)接触点 A 处，液体 1 液面的切线 AB 与两种介质接触面 AC(注意，是从 A 点指向接触面内部)之间的夹角，称为**接触角**(contact angle)．

图 5.6.3　接触角

接触角可以定量描述润湿程度．接触角越小，则润湿程度越高．具体来说，接触角与润湿程度的关系是：接触角为 0°，则液体 1 与另外一种物体 2 完全润湿；接触角在 0° 到 90° 之间，则为部分润湿；接触角在 90° 到 180° 之间，则为部分不润湿；接触角为 180°，则为完全不润湿．比如，水滴在荷叶上，形成一个球状水珠，其接触角近似为 180°，此时为完全不润湿；水均匀铺在某种材质的木桌面上，其接触角近似为 0°，此时为完全润湿．

润湿现象归因于表面张力．当液体 1 与另外一种物体 2 接触时，液体 1 具有流动性，倾向于铺开，而表面张力使得液面收缩．当完全润湿时，表面张力为 0；当完全不润湿时，表面张力足够大，使得液体无法铺开.

在接触角为 θ 时，表面张力的方向沿切向. 现在我们回到例 5.5，题中给了一个接触角为 0° 的条件，说明完全润湿时，表面张力向下，与薄钢片的夹角为 0°.

【例 5.8】在航天器座舱中原来有两个洁净的圆柱形玻璃容器，其中分别装有水和水银，如图 5.6.4 所示，当航天器处于失重状态时，试把水和水银的表面形状分别画出来.（第 4 届全国中学生物理竞赛预赛第 7 题.）

【解】在地球上，由于重力影响，液体要向下流动，但是又受限于容器束缚，最终为如图 5.6.4(a) 和 (b) 所示的形状.

到了太空后，重力可以忽略，此时表面张力起了作用，将使得液面收缩成球状. 参考图 5.6.5，对于水，水对玻璃是部分润湿，将形成一个下凹的球面. 对于水银，水银对玻璃部分不润湿，杯中水银较少，将收缩成一个球状.

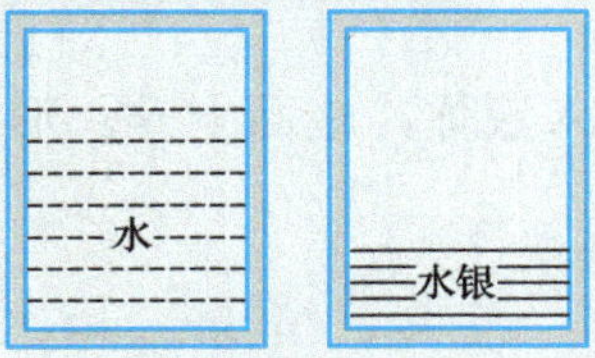

图 5.6.4　例 5.8 图

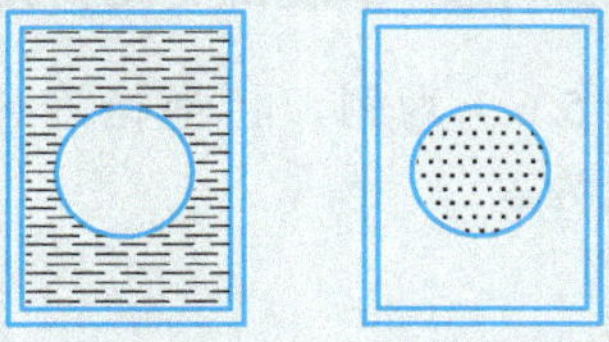

图 5.6.5　例 5.8 解图

一种液体接触不同的固体，或者不同的液体接触同种固体后，会产生不同的接触角，用接触角的大小可以判断材料的性质，比如判断固体材料的亲水性和疏水性. 所谓亲水性和疏水性，就是材料对水是否有亲和能力，如可以吸引水分子，或易溶解于水，则为亲水性材料，否则为疏水性材料.

下雨时，雨水打在汽车玻璃上，我们希望前挡玻璃是疏水的(不润湿)，这样玻璃上可以不沾雨水，不至于影响视线；对于浴室的镜子，我们也希望其疏水性较好，否则洗澡后，镜面将蒙上一层水雾. 对于这些玻璃产品，可以通过测量接触角来判定其疏水程度. 近视眼患者所使用的隐形眼镜，希望具有很强的亲水性，因为眼睛内部较湿润. 因此，隐形眼镜质量如何，可以用接触角来衡量. 激光器中的光学镜片使用久了后，就会有污染，可以通过超声波法、化学清洗法或激光清洗法进行清洗，清洗后将液体滴在镜面上，测量其接触角，是判断是否清洗干净的一个重要手段.

接触角的测量可以采用接触角测量仪进行. 该测量仪主要包括手动型进液部分、标准配置滚动角旋转平台、工业级轮廓镜头、柔光背景光源、分析系统等部分，如图 5.6.6 所示. 它通过高精度摄像机拍摄图像，再由计算机进行数据处理，从而得到接触角.

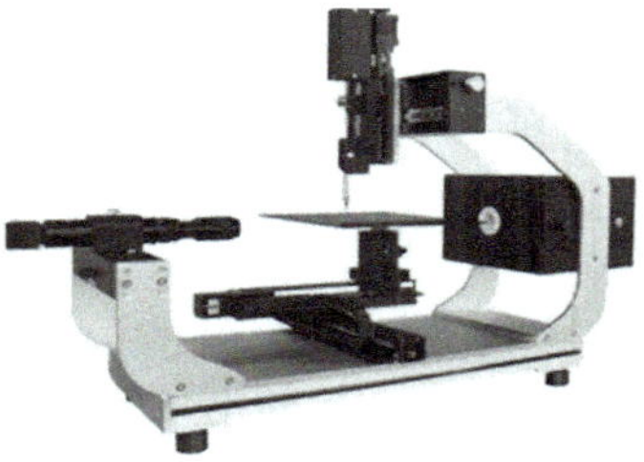
图 5.6.6　接触角测量仪

5.6.3 毛细现象

1. 毛细现象及其成因

将毛细玻璃管(两端都开口)插入液体中，如果液体对这种玻璃润湿，则会发现毛细管内的液面比管外的液面高；如果液体对这种玻璃不润湿，就会发现毛细管内的液面比管外的液面低，且毛细管内径越小，则水面升高或降低就越多. 这种现象称为毛细现象(capillarity).

毛细现象的原因就是润湿，其根源在于液体的表面张力. 润湿液体与毛细管壁接触，液面弯曲，形成凹面，使得液面增大；而表面张力要使得液面变小，就向上拉抬液面，于是液面上升，直到管内上升液体的重力与向上拉引的表面张力达到平衡时，上升的液体高度达到稳定. 对于不润湿的凸液面情况，可以做类似分析.

2. 毛细现象中液面变化高度

以图 5.6.7 为例，将半径为 r 的毛细管插入液体，液面上升，形成凹面，其接触角为 θ.

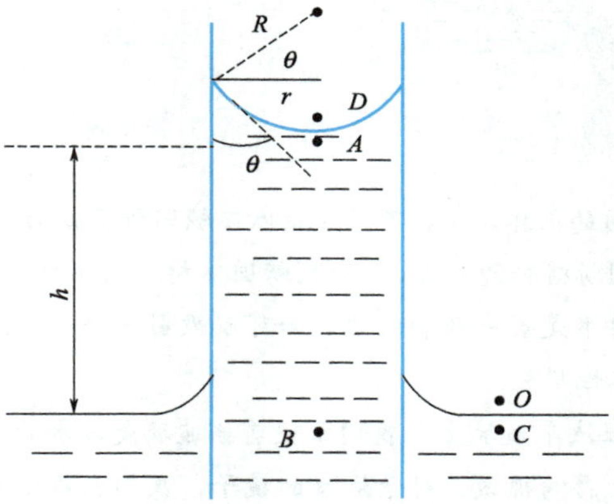

图 5.6.7 柱形毛细管

紧靠凹液面内外侧 A、D 点(A 点在液面内，D 点位于大气中)的压强差满足拉普拉斯公式 $p_A = p_D - \frac{2\sigma}{R}$，$R$ 为液面的曲率半径，σ 为液体的表面张力系数，p_D 就是大气压强 p_0，所以

$$p_A = p_0 - \frac{2\sigma}{R} \tag{5.6.1}$$

毛细管液体内部 B 处的压强等于等高液面 C 处(紧靠液面内侧)的压强，而在管外，毛细现象不明显，C 处的压强和液面外侧的大气压强相等，所以 B 处压强就等于大气压强

$$p_B = p_0 \tag{5.6.2}$$

由上述两个公式可见

$$p_A < p_B \tag{5.6.3}$$

在这一压强差的作用下，液体将进入毛细管，使得液面上升，直到上升的这段液体的压强补偿了 A、B 点的压强差才达到平衡. 我们来计算平衡时 A、B 两点之间的液体高度 h，由平衡条件

$$p_B = p_A + \rho gh \tag{5.6.4}$$

代入式(5.6.1)、式(5.6.2)，得到

$$h = \frac{2\sigma}{\rho gR} \tag{5.6.5}$$

由图中几何关系可见，当接触角为 θ 时，毛细管的半径 r 与液面半径 R 的关系为

$$r = R\cos\theta \tag{5.6.6}$$

所以

$$h = \frac{2\sigma\cos\theta}{\rho gr} \tag{5.6.7}$$

可见，管越细(r 越小)，液面越高；接触角越小(润湿程度越大)，液面越高.

在不润湿的情况下，液面下降，接触角 θ 为钝角，上式也适用，得到的 h 为负数，表明液面下降.

如果毛细管的半径是变化的，则上式也是成立的，因为液面压强与管的截面形状无关.

如果是柱形液面，则同理可以得到 $h = \dfrac{\sigma\cos\theta}{\rho gr}$，读者可以自行推导.

【例 5.9】如图 5.6.8 所示，一根 U 形细管，两管直径分别为 d_1=1mm、d_2=3mm. 注入水后，试求两管中水面的高度差. 设水完全润湿玻璃，水的表面张力系数为 $\sigma = 0.073\text{N}\cdot\text{m}^{-1}$.

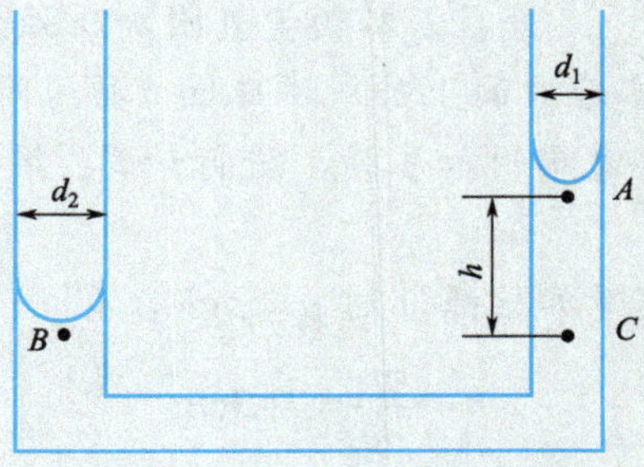

图 5.6.8　例 5.9 图

【分析】本题考查毛细现象. 在两细管水面下方，紧靠水面取两点 A(细管中)和 B(粗管中)，根据毛细现象，管越细，液面越高，则细管的液面更高些.

【解】取细管中 A 点下方与 B 点同高的点 C. 设大气压强为 p_0，则有

$$p_A = p_0 - \frac{2\sigma}{\frac{d_1}{2}} \quad ①$$

$$p_B = p_0 - \frac{2\sigma}{\frac{d_2}{2}} \quad ②$$

而

$$p_B = p_C \quad ③$$

$$p_C = p_A + \rho gh \quad ④$$

由以上四式，得到

$$p_0 - \frac{4\sigma}{d_1} + \rho gh = p_0 - \frac{4\sigma}{d_2}$$

$$h = \frac{4\sigma}{\rho g}\left(\frac{1}{d_1} - \frac{1}{d_2}\right) = 19.9\text{mm} \quad ⑤$$

为了加深理解，本题的解答是从基本公式开始推导的. 本题也可以直接套用毛细现象的高度公式，进行计算.

【例 5.10】 如图 5.6.9 所示，把一个充满水银的气压计下端浸入装满水银的大容器中，其压强读数为 $p = 9.5\times10^4\text{Pa}$. 已知水银的密度 $\rho = 13.6\times10^3\text{kg}\cdot\text{m}^{-3}$，表面张力系数为 $\sigma = 0.49\text{N}\cdot\text{m}^{-1}$，水银与玻璃表面的接触角为 $\theta=\pi$，毛细管半径 $r = 2\times10^{-3}\text{m}$，重力加速度为 $g = 9.8\text{m}\cdot\text{s}^{-2}$.

(1) 不考虑表面张力，试求水银柱高度 h.

(2) 考虑毛细现象后，真正的大气压强是多少？

(3) 若允许的误差为 0.1%，则毛细管直径的最小值为多少？

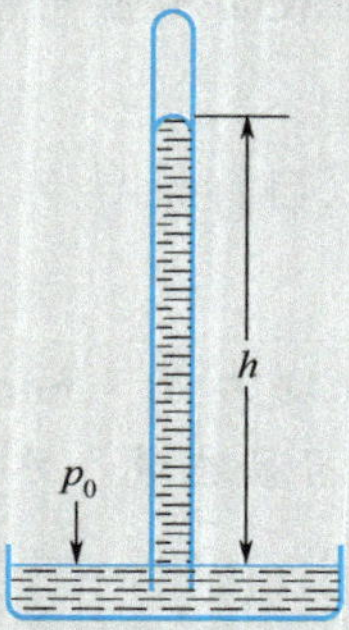

图 5.6.9　例 5.10 图

【分析】 本题考查附加压强. 这里接触角为 π，意味着液面上凸成半球面. 利用附加压强公式进行求解. (1) 和 (2) 分别不考虑和考虑附加压强，进行计算. 第 (3) 问根据相对误差，计算得到结果.

【解】 (1) 若不考虑附加压强，则 $p = \rho gh$，有

$$h = \frac{p}{\rho g} = 71.3\text{cm} \quad ①$$

(2)
$$p_0 = \rho gh + \frac{2\sigma}{r} = p + \frac{4\sigma}{d} = 9.6\times10^4\text{Pa} \quad ②$$

(3) 因为表面张力而引起的压强的绝对误差，就是附加压强 $\frac{2\sigma}{r}$，其相对误差为

$$\frac{\frac{2\sigma}{r}}{\rho gh+\frac{2\sigma}{r}}=0.1\% \quad ③$$

计算得到

$$r=1.03\times10^{-2}\text{m}, \qquad d=2.06\times10^{-2}\text{m} \quad ④$$

第 5 章小结

习　题

5.1　从以下几方面比较固、液、气三种物态的特点：分子间距、分子间作用力、分子运动、流动性、压缩性、体积是否固定、形状、弹性. 列出一个表格.（本题考查固、液、气态的特点.）

5.2　(多选)下列说法正确的是(　　)

(A) 晶粒就是组成晶体的微观粒子，如分子、原子、离子

(B) 晶胞是组成各种晶体构造的最小体积单位，能完整反映晶体内部晶体粒子在三维空间分布的化学结构特征

(C) 晶体有单晶和多晶

(D) 非晶体和晶体一样，有固定的熔点

(本题考查晶体的基本概念.)

5.3　用放大倍率为 600 的显微镜观测小碳粒的布朗运动，测到其放大后的体积为 $V=1.0\times10^{-10}\text{m}^3$，试求该小碳粒含有多少个碳分子. 已知碳的摩尔质量为 $\mu=12\text{g}\cdot\text{mol}^{-1}$，密度为 $\rho=2.25\times10^3\text{kg}\cdot\text{m}^{-3}$.（本题考查固体的简单运算.）

5.4　如题 5.4 图所示，铜晶体为面心立方结构，原子位于每个晶胞的角点及每个面的中心，铜的密度为 $8.96\times10^3\text{kg}\cdot\text{m}^{-3}$，铜的摩尔质量为 $63.5\text{g}\cdot\text{mol}^{-1}$，试计算铜的立方晶胞的边长.（本题考查固体的简单运算.）

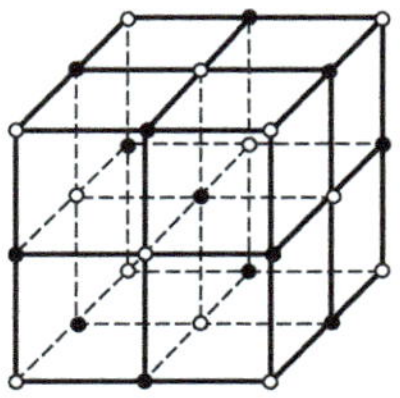

题 5.4 图

5.5　当两个水分子之间的距离 $r=r_0$ 时，分子间的引力等于斥力，当 r 很大时，作用势能 E_p 趋于 0. 下列说法正确的是(　　)

(A) 当 $r>r_0$ 时，E_p 随 r 的增大而增大

(B) 当 $r<r_0$ 时，E_p 随 r 的减小而增大

(C) 当 $r<r_0$ 时，E_p 不随 r 的变化而变化

(D) 当 $r=r_0$ 时，$E_p=0$

(本题考查分子间的势能.)

5.6 液体有哪些彻体性质？(本题考查液体的彻体性质.)

5.7 如题 5.7 图所示，在钢针表面涂上一层不能被水润湿的油，在 0℃时把它轻轻地横放在水面上. 为了不使钢针落进水里，则针的直径最大为多少？已知水的表面张力系数为 $\sigma=0.073\text{N}\cdot\text{m}^{-1}$，水和针的密度分别为 $\rho_1=1.0\times10^3\text{kg}\cdot\text{m}^{-3}$，$\rho_2=7.8\times10^3\text{kg}\cdot\text{m}^{-3}$. (本题考查表面张力.)

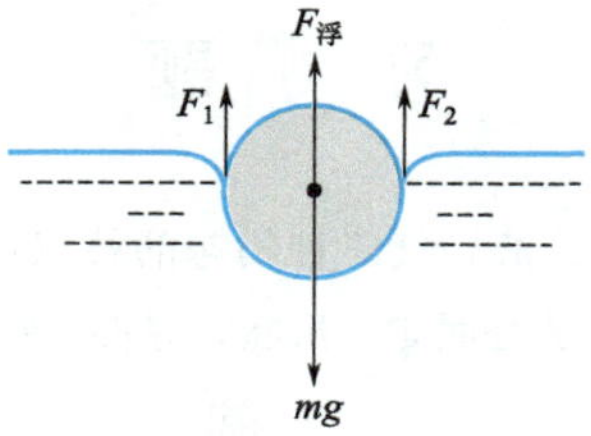

题 5.7 图

5.8 将刚度系数为 k 的橡皮绳首尾相连放在液膜上，橡皮绳原长为 l，截面积为 S. 当环内的液膜被刺破后，橡皮绳立即张成半径为 R 的环. 试求此液体的表面张力系数. (本题考查表面张力.)

5.9 两块竖直放置的平行玻璃板，下部浸入水中，两板间距 $d=5\times10^{-4}\text{m}$. 求两板间水上升的高度. 已知水的表面张力系数为 $\sigma=0.073\text{N}\cdot\text{m}^{-1}$，水与玻璃表面的接触角为 $\theta=0°$. (本题考查附加压强.)

5.10 例 5.6 中，将杂质滴在了 A 点后，又将该杂质滴在 B 点，问每根线的张力变为多少？(本题考查表面张力.)

5.11 下雨时，在雨滴形成的过程中，由于受力不均，所以它不是球形，可以认为是一个上下端曲率半径稍微不同、上下端长度为 d 的纺锤形，可以近似认为 d 为两个半径之和. 雨滴由于受到正比于速度的阻力，到了一定高度后(这时大气压恒定为 p_0)，可以认为匀速下降. 已知水的表面张力系数为 σ，密度为 ρ. (1) 试计算下上端半径之比 r_2/r_1；(2) 假设匀速下降的雨滴突然失重，则水滴将如何运动？(本题考查附加压强.)

***5.12** 在水平放置的洁净的平玻璃板上倒一些水银，由于重力和表面张力的影响，水银近似呈圆饼形状(侧面向外凸出)，过圆饼轴线的竖直截面如题 5.12 图所示，为了计算方便，水银和玻璃的接触角可按 180°计算，已知水银密度 $\rho=1.36\times10^4\text{kg}\cdot\text{m}^{-3}$，水银的表面张力系数 $\alpha=0.49\text{N}\cdot\text{m}^{-1}$. 当圆饼的半径很大时，试估算其厚度 h 的值(取一位有效数字). (本题考查表面张力. 第 5 届全国中学生物理竞赛预赛第 9 题.)

***5.13** 如题 5.13 图所示，两个肥皂泡连起来之前，有个过渡状态，分界处有一个隔膜(圆弧形状)，两个过渡膜的半径分别为 r_1 和 r_2，(1) 试求分界处隔膜边界圆的半径 r_{12}. (2) 如果在生成过渡泡之前最初的两个泡的半径相等，为 r_0，而两个过渡泡的半径也相等，即 $r_1=r_2=r$，则该半径 r 为多少(给出关于 r 的方程即可)？已知肥皂泡的表面

张力系数是 σ，大气压强为 p_0. (3) 如果肥皂泡的表面张力系数未知，已知最初的两个泡的半径均为 r_0，中间隔膜消失后，最终形成的新泡半径为 R，试求表面张力系数. 整个过程中温度不变. (本题考查附加压强.)

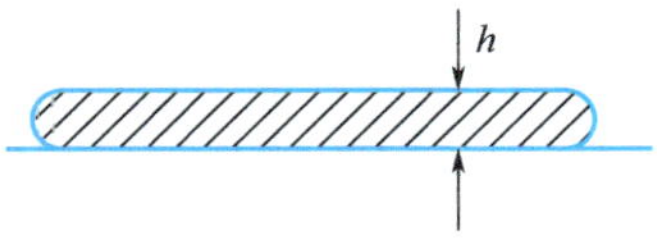

题 5.12 图

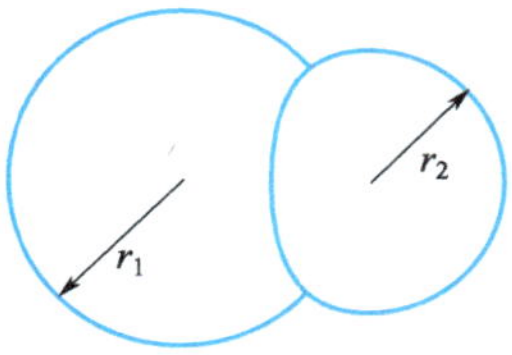

题 5.13 图

5.14　如题 5.14 图所示，将少量水银放在两块水平的玻璃板之间，多大的负荷(包括上板质量)加在上板时，能使得两板间的水银厚度处处等于 $d=1\times10^{-4}\text{m}$，并且每块板与水银之间的接触面积均为 $S=4\times10^{-3}\text{m}^2$. 已知水银的表面张力系数为 $\sigma=0.45\text{N}\cdot\text{m}^{-1}$，水银与表面的接触角为 $\theta=135°$. 水银的密度为 $\rho=1.36\times10^4\text{kg}\cdot\text{m}^{-3}$. (本题考查附加压强.)

5.15　如题 5.15 图所示，有一根两端开口内半径 $R_1=2\times10^{-3}\text{m}$ 的玻璃管(管壁可忽略)，插在水槽中，在该玻璃管中再插入一根半径为 $R_2=1.5\times10^{-3}\text{m}$ 的玻璃棒，棒与玻璃管的轴相同，试求水在玻璃管中上升的高度 h. 已知水的密度为 $\rho=1\times10^3\text{kg}\cdot\text{m}^{-3}$，水的表面张力系数为 $\sigma=0.073\text{N}\cdot\text{m}^{-1}$，水与玻璃表面的接触角为 $\theta=0°$. (本题考查附加压强.)

5.16　如题 5.16 图所示，将一根两端开口、内半径为 $r=2\times10^{-4}\text{m}$、管长为 $l_0=0.2\text{m}$ 的玻璃毛细管水平地浸入水银面下面 h=0.15m 处，空气全部留在管内，求空气柱的长度 l. 已知空气压强为 $p_0=1\times10^5\text{Pa}$，水银的表面张力系数为 $\sigma=0.49\text{N}\cdot\text{m}^{-1}$，水银与玻璃表面的接触角为 $\theta=180°$，水银密度为 $1.36\times10^4\text{kg}\cdot\text{m}^{-3}$. (本题考查附加压强.)

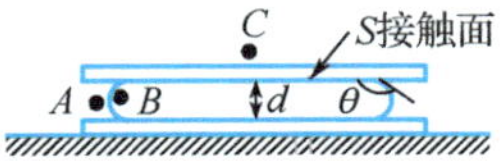

题 5.14 图

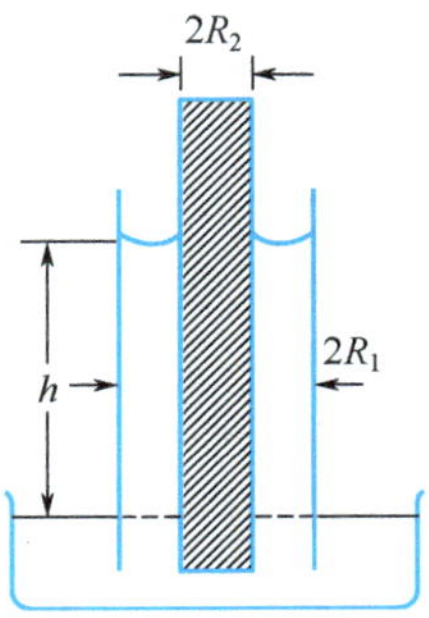

题 5.15 图

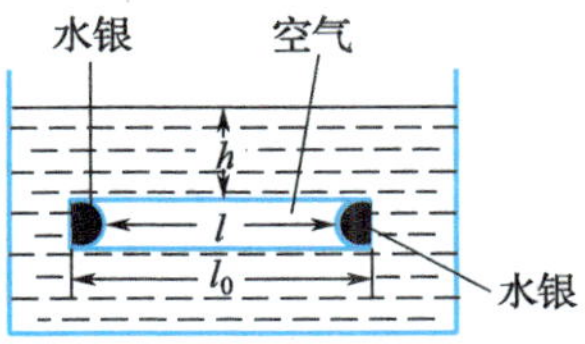

题 5.16 图

5.17　如题 5.17 图所示，一根毛细管的内半径 r=0.5mm，插入某种液体后，管内液面比管外液面高出 h=3cm. 图中的弯管与直管的内径相同，管口在液面上方 h'=1cm 处，则左侧的弯管口的液面是什么形状？液体是否会从管口滴出？如果这种液体对管壁是完全浸润的，则弯管口处的接触角为多大？p_0 为大气压. (本题考查毛细现象.)

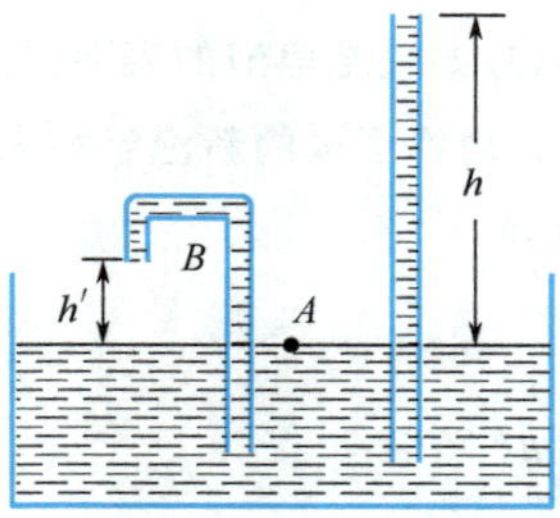

题 5.17 图

5.18 吹成一个半径为 $r=2.5\times10^{-2}\text{m}$ 的肥皂泡，要做多少功？已知空气压强为 $p_0=1\times10^5\text{Pa}$，肥皂液的表面张力系数为$\sigma=0.045\text{N}\cdot\text{m}^{-1}$. 整个过程中温度不变.（本题考查附加压强.）

5.19 水池底部产生了很多直径为$d=5\times10^{-5}\text{m}$的气泡，气泡上升到水面，直径变为多大？已知水池深度为 h=2m，水的表面张力系数为$\sigma=0.073\text{N}\cdot\text{m}^{-1}$，大气压强为 $p_0=1.013\times10^5\text{Pa}$，假设整个过程中温度不变.（本题考查附加压强.）

***5.20** 气缸的活塞下方装有水银和理想气体，其中水银体积为 V_1，理想气体为 ν mol，活塞的面积为 S，活塞和气缸底用对水银良好浸润的材料制成. 气缸内容积为 V，温度为 T，活塞下方的水银对气缸轴呈对称形状，如题 5.20 图所示，几何参数也示于图中. 水银的表面张力系数为σ，重力不计. 若 $h\ll r$. (1) 试推导水银和气体系统的平均压强 $\bar{p}$ 与体积 V 和温度 T 的函数关系；(2) 试求 $\bar{p}=0$ 的条件.（本题考查附加压强.）

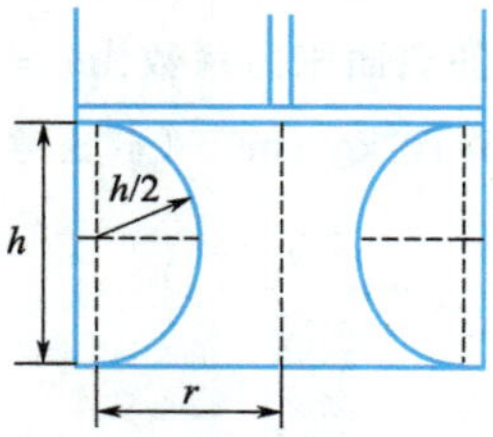

题 5.20 图

第 6 章　相　　变

物态之间是可以相互转变的. 同一物质的同一种物态，有不同的相，相之间也是可以转变的，称为相变. 物态变化，如固态与液态、固态与气态、液态与气态之间的变化，是最常见的相变. 在介绍物态和相变的概念后(6.1 节)，6.2～6.4 节分别叙述液-气之间、固-液之间、固-气之间的相变，6.5 节介绍三相图和三相点.

本章思维导图如下：

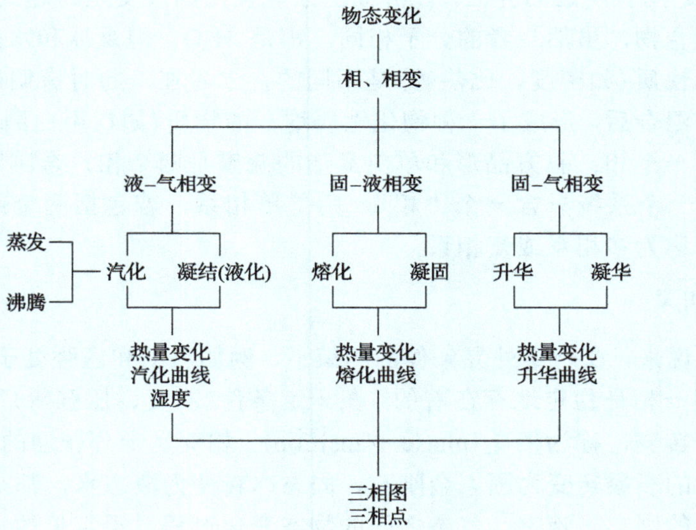

6.1　物态变化　相变

6.1.1　物态变化

常见的有气、液、固三种物态. 从微观角度来看，气态的分子间距很大，热运动的平均自由程大；液态的分子排布比较紧密；而固态的分子排布更紧密，更多地受到周围分子的束缚.

除了气、液、固三种常见物态以外，还有液晶态、等离子体态、超导态等多种聚集态. 如地球上方 50～1000km 的大气，因受太阳高能辐射以及宇宙线的激励而电离，称为电离层，这里的物态就是电离态. 电离层可以使无线电波改变传播速度，发生折射、反射等现象，利用它可以实现电磁波的发送和接收.

物态之间会互相转变，称为物态变化(change of state). 常见的物态变化有：气态转变为液态称为液化或凝结，液态转变为气态称为汽化；固态转变为液态称为熔解(熔化)，液态转变为固态称为凝固；固态转变为气态称为升华，气态转变为固态称为凝华.

6.1.2 相 相变

1. 相的概念

一种物质的同一物态可以包括不同的相(phase). 例如，固态碳有金刚石、石墨、C_{60}等几种不同的相，铁有四种不同的相，冰有九种不同的相.

所谓相是指处于热力学平衡态的系统中，成分及物化性质相同的均匀物质. 各相之间有明显的界面，在界面上宏观性质的改变是跨越式的. 如冰、水组成的混合物，虽然二者的分子相同，都是 H_2O，但是冰和水是两个相，二者的物化性质(如密度、比热等)是不同的，二者在一起时有明确的分界面；水和酒精混合后，形成了一种物化性质均一的物质(如饮用白酒、医用酒精)，所以只有一个相；斜方晶形和单斜晶形的硫磺是两个相，金刚石和石墨也是两个相. 一个系统只含一个“相”，则是单相系，若包括两个或两个以上的“相”，则称为多相系或复相系.

2. 相变

一般说来，在一定外界条件的约束下，例如温度和压强处于某一区间时，物质的某一相是稳定地存在着的. 在一定条件(温度、压强等)下，相与相之间会产生转变，称为相变(phase transition). 相变是十分普遍的物理过程. 例如，固态的石墨转变为固态金刚石、固态冰转变为液态水，都是相变. 其中，同种物质的固态、液态、气态之间的物态变化过程属于常见的相变过程.

相变表现为：①从一种结构变为另一种结构；②化学成分在空间分布上发生不连续变化；③某种物理性质的跃变，如金属由正常相转变为超导相时，出现零电阻及完全抗磁性. 相变时，系统的有序程度发生了变化，物化性质也会发生变化.

相变本质上是微观粒子(原子分子)本身的热运动与微观粒子之间相互作用这两者竞争的结果：热运动使分子排布无序，而相互作用使之有序. 高温时，热运动能大于相互作用能，这时候往往是气体状态；如降低温度，当相互作用的能量与热运动的能量差不多时，就会出现相变.

*3. 异构体

同样的原子，连接位置不同，或空间结构不同，则会显现出不同的性质；甚至有些分子的原子种类和数量相同，原子间的连接也相同，但旋转方向不同，也表现出不同的性质，这称为异构体. 比如，甲醚和乙醇(酒精)，具有相同数目的碳原子、氢原子和氧原子，但空间排列结构不同，形成了两种不同的物质．常温下，乙醇是液体，能溶于水；而甲醚则为气体，不溶于水．

又比如，石墨和金刚石分子有同样数量的碳原子，但是碳原子之间的空间架构关系不同，结构方式不同．石墨的原子构成了正六边形的平面结构，呈片状；金刚石原子构成了立体的正四面体结构，呈金字塔形．结构不同，导致了物化性能的差异，比如石墨很软，而金刚石则特别坚硬，经济价值也相差很大．碳的存在形态除气态、液态、金刚石、石墨之外，还有炔碳（线状碳）、紊碳、富勒碳、碳纳米管及高压高温下极有可能存在的金属碳如 BC-8 等不同的相，其中有些相还处在研究和推断过程中．几种碳原子的排列方式如图 6.1.1 所示．

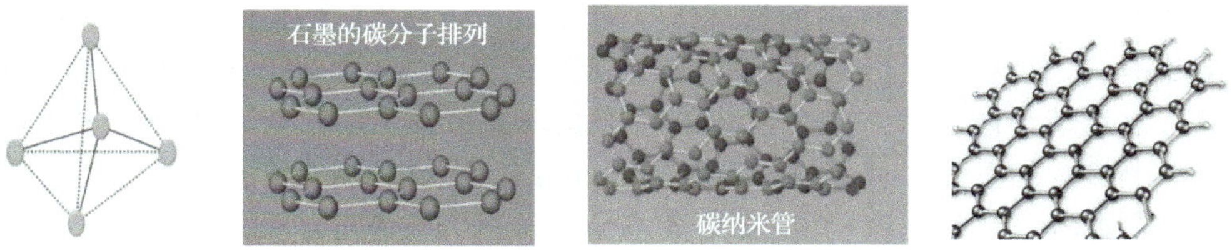

(a) 金刚石　　(b) 石墨　　(c) 碳纳米管　　(d) 石墨烯

图 6.1.1　碳原子的排列

碳纳米管，又名巴基管，具有特殊结构，是由呈六边形排列的碳原子构成数层到数十层的同轴圆管．层与层之间保持固定的距离，约为 0.34nm，直径一般为 2～20nm．具有许多不同寻常的力学、电学和化学性能．

碳纳米管是由石墨烯卷曲而成的．石墨烯（graphene）为单层石墨片，是构成石墨的基本结构单元，具有优异的光学、电学、力学特性，在材料学、微纳加工、能源、生物医学和药物传递等方面具有重要的应用前景，被认为是一种未来革命性的材料．英国曼彻斯特大学物理学家安德烈・盖姆和康斯坦丁・诺沃肖洛夫，用微机械剥离法成功从石墨中分离出石墨烯，因此共同获得 2010 年诺贝尔物理学奖．

6.1.3　一级相变

本书中只讲述单元系的固液气三相之间的相变，也称为物态变化，是最常见且简单的相变．

单元系（只有一种物质组成的系统）的固液气三相之间的转变，具有下述两个特点的称为一级相变：①相变时，体积发生显著变化，如 1atm 下，1kg 的水变为水蒸气时，体积由 $1.043\times10^{-3}\text{m}^3$ 变为 1.673m^3；②相变时吸收或放出热量，该热量称为相变潜热，如 1atm 下，100℃的 1kg 水变为同温度的水蒸气时，需要吸收 2260kJ 热量．不具有上述两个特点的，相变时物质的等压热容、等压膨胀系数、等温压缩系数等会发生突变，这类相变称为二级相变．如氦由正常氦向超流氦的转变即为二级相变．本书只讨论一级相变．

6.2 液-气相变

液态物体和气态物体的转变包括汽化和液化，二者互为反过程.

6.2.1 汽化和液化

1. 汽化

物质由液态转变为气态的过程，称为汽化(vaporization)，汽化时吸热. 汽化分为蒸发与沸腾两种不同形式. 蒸发(evaporation)是发生在液体表面的汽化过程. 在任何温度下，液体表面都有蒸发过程. 沸腾(boiling)是在一定压强下，达到某个温度时，整个液体的内部及表面所发生的汽化过程. 液体开始正常沸腾时的温度，就是沸点(boiling point). 沸腾只能在沸点发生. 蒸发与沸腾，本质上都是在液-气分界处液态分子转变为气态分子的过程.

【注意】在任何温度下的液体都会有蒸发过程，比如水在 0～100℃都有蒸发，从液态水变为气态水. 沸腾只在沸点才发生，而沸点又跟压强有关. 比如，水在 1atm 时的沸点为 100℃，在 0.3atm 时(如珠穆朗玛峰这样的高度)的沸点约为 70℃，如果在 60～70mmHg 的火星上，沸点约为 45℃.

【注意】汽化不是气化. 气化是指气的运行变化，常用于哲学和人体医学中. 顺便说一下蒸汽和蒸气的区别，前者特指水的气态，后者则是所有物质的气态.

2. 液化

物质由气态转变为液态的过程，称为液化(liquefaction)，是汽化的反过程. 液化时放热.

气态物质在沸点时，放出热量，可以变成液体. 在其他温度时，也可以液化，比如，室温下的水，一方面会蒸发，从液态变为气态；另一方面，液面上方附近的气态分子也会因受到液体分子的吸引力回到液体中，变为液态分子，这种液化过程也称为凝结. 凝结(coagulation)，是气体遇冷而变成液体，是液化的一种，是蒸发的反过程. 温度越低，凝结速度越快.

【注意】有些书上，将液化也称为凝结；有些书上则认为液化包括凝结(即凝结是液化的一种). 凝结是蒸发的反过程，在任何温度下都可以发生，这种观点应该更为准确.

【注意】汽化和液化总是同时发生的. 比如，长江里的液态水，一方面会通过蒸发过程变为气态水蒸气，另一方面空气中的水蒸气分子也会凝结成液态水分子，回到长江里. 只是在不同环境下蒸发和凝结的速度不同. 如在干燥天气或高温下，蒸发更快；在潮湿天气或低温下，蒸发会慢一些.

6.2.2 蒸发 饱和蒸气压

1. 蒸发

蒸发是液体分子从液面逸出的过程，在任何温度下都可以进行．不过进行的程度，或者说单位时间内从液态变为气态的分子数目的多少，则跟温度有关．蒸发过程就是分子克服液体分子的引力，从液面逸出而做功的一个过程．温度越高，分子本身的能量越大，就越容易有更多的分子逸出液体．因此，单位时间内从液面逸出的分子数跟温度有关．

液体蒸发的快慢，除了与温度有关外，还跟液体表面积和气体流动速度有关．比如，夏天的水比冬天的水蒸发得快；湿衣服展开晾比堆在一起晾干得快，这是因为表面积的影响；吹风扇比不吹风扇凉得快，这是因为气体流动得快．

蒸发时需要吸收热量，液体温度越低，需要吸收的热量越大．如果外界没有热量提供，则蒸发时温度会降低，称为蒸发制冷．

【例 6.1】举出三个蒸发的例子．

【解】(1)人流汗，汗液蒸发时从皮肤吸热，保持体温不致升高；(2)夏天狗伸长舌头大口喘气，通过增加蒸发量来散热；(3)给高烧患者身上涂抹酒精，利用蒸发吸热进行降温、退烧．

2. 饱和与饱和蒸气压

在蒸发的同时，液面上方的气相分子也会不断返回到液体中(凝结)．单位时间内由蒸气返回液体的分子数目与蒸气密度有关，如果蒸气(注意，是指与液态物质成分相同的气态物质，而不是指空气)密度大，则气相分子同液面碰撞概率就大．因此，蒸发量是从液面逸出的分子数减去回到液体中的分子数．

当液面敞开时，液面上方的蒸气分子会向远处扩散，因此液面上方的蒸气密度不会太高，返回液体的分子数目远小于逸出液面的分子数，于是液体不断地蒸发，比如有风的天气湿衣服干得快．这就是蒸发与气体流动速度有关的原因．

如果液体在密闭的容器里(液体没有盛满容器)，将上方的空气抽走，在某温度下，随着蒸发过程的进行，容器内蒸气的密度会不断增加，同时返回液体的分子数目也不断增多，直到液相分子逸出液面和气相分子返回液体这两个过程达到动态平衡．这时，虽然蒸发和凝结过程一直在持续，但是液体的量和蒸气的量不会再变化，我们就说蒸气达到了**饱和**(saturation)，这时的蒸气称为**饱和气**(saturated gas)，其压强称为**饱和蒸气压**(saturated vapor pressure)或饱和压强．饱和蒸气压是气液两相平衡共存时的气相压强．如果液面上方原先有其他气体(如空气)，则气体总压强等于饱和蒸气压 p_s 与空气分压之和. p_s 本身的大小与其他气体(如空气)的分压无关. 当然，在敞开空间里也是可以达到饱和的，比如夏天，尤其是南方的夏天，就会经常出现饱和现象. 这时人感觉湿漉漉的，就是因为蒸发的汗液和凝结回到皮肤上的汗液动态平衡了，导致汗液“蒸发不出去”，粘在皮肤上使人感觉很难受.

3. 形成饱和蒸气的方法

要形成饱和蒸气，有两种方法：①在温度固定时，可以通过缩小体积或者增大压强，以增加蒸气的数密度，直到达到饱和. ②在体积、压强不变时，降低蒸气的温度，则饱和蒸气的分子数密度增大，达到了低温时的蒸气饱和值，就会饱和. 这两种方法都可以根据状态方程得到解释，也可以从汽化曲线(见第 6.2.6 节)中看出. 当然，也可以同时使用这两种方法形成饱和蒸气.

4. 饱和蒸气压的影响因素及特点

(1) 饱和蒸气压与液体种类有关. 对同一温度的液体进行比较，发现容易挥发的液体饱和蒸气压高. 例如，20℃时，水、酒精和乙醚的饱和蒸气压分别为 2.3kPa、5.9kPa 和 63.0kPa. 这是因为容易挥发意味着短时间内有更多的分子成为气态. 因此，气态分子密度大，压强也就高.

(2) 饱和蒸气压与温度有关. 温度越高，饱和蒸气压越大. 这是因为温度高意味着分子能量大，更容易脱离液体束缚而成为气态，所以气态分子密度大，压强也就高. 表 6.2.1 给出了 1atm 下，不同温度时水的饱和蒸气压. 在 100℃时，水的饱和蒸气压为 1atm，即 101.3kPa.

在一般温度下，因为饱和蒸气压并不高，所以可以用理想气体状态方程来处理饱和蒸气.

表 6.2.1 1atm 下，不同温度时水的饱和蒸气压

温度/℃	饱和蒸气压/10^3Pa	温度/℃	饱和蒸气压/10^3Pa	温度/℃	饱和蒸气压/10^3Pa	温度/℃	饱和蒸气压/10^3Pa	温度/℃	饱和蒸气压/10^3Pa
0	0.611	85	57.82	102	108.8	120	198.5	220	2318
10	1.228	90	70.12	103	112.7	130	270	240	3345
20	2.339	95	84.53	104	116.7	140	361.2	260	4689
30	4.246	96	87.69	105	120.8	150	475.7	280	6413
40	7.381	97	90.95	106	125	160	617.7	300	8584
50	12.34	98	94.3	107	129.4	170	791.5	320	11279
60	19.93	99	97.76	108	133.9	180	1002	340	14594
70	31.18	100	101.3	109	138.5	190	1254	360	18655
80	47.37	101	105	110	143.2	200	1554	373	22055

【例 6.2】南方的冬季，遇到连续的阴雨天，洗好的衣服连续多天也干不了，这是什么原因？烘干机可以烘干衣服，其原理是什么？烘干衣服是需要吸热的，吸热包括哪些？如果你来设计，可以采用什么方法提高烘干效率？

【解】(1)冬天温度较低，又因为阴雨连绵，空气中的水蒸气分子很多，接近甚至达到饱和，所以一方面因为温度低，蒸发速度慢；另一方面，空气中的水蒸气分子在衣服上凝结为水，与蒸发速度接近或相等．这样，衣服就难以晾干了．

(2)烘干机能够烘干衣服，就是利用蒸发的原理，使得蒸发大于凝结，从而排走衣服中的液态水．

(3)将湿衣服放入烘干机内进行烘干，有衣服、水、烘干机筒及筒内空气需要吸热，此外，水蒸发为水蒸气也需要吸热．吸热量为

$$Q = c_{水}m_{水}\Delta t + c_{衣}m_{衣}\Delta t + c_{筒}m_{筒}\Delta t + c_{空气}m_{空气}\Delta t + m_{水}L$$

式中，$c_{水}$、$c_{衣}$、$c_{筒}$、$c_{空气}$ 分别为水、衣服、筒、筒内空气的比热，$m_{水}$、$m_{衣}$、$m_{筒}$、$c_{空气}$ 分别为水、衣服、筒、筒内空气的质量，Δt 为从室温到设定的烘干温度之差值，L 为水的汽化热，即单位质量的液体汽化时需要吸收的热量，详细介绍见 6.2.4 节．

(4)需要提高温度(但是不至于改变衣服的分子结构和性质)、将衣服平铺以增大可蒸发面积、增大对流、将蒸发出的水蒸气分子及时排走．此外，还可以选择热容小的材料作为筒壁，不让外面的冷空气进入筒内．

【例 6.3】一个密闭容器内盛有水(未满)，处于平衡状态．已知水在 14℃时的饱和蒸气压为 12.0mmHg，设水蒸气碰到水面都变成水，试问在 100℃和 14℃时，单位时间内通过单位面积水面的蒸发而变成水蒸气分子的比值 $\dfrac{n_{100}}{n_{14}}$ 为多少？(第 5 届全国中学生物理竞赛预赛第 10 题.)

【分析】不同温度时，水的饱和蒸气压不同，14℃时的饱和蒸气压题目已给；而 100℃时的饱和蒸气压为 1atm，这是应该知晓并记住的．饱和时，单位时间单位面积蒸发的水分子数，等于液化而进入液体的水蒸气分子数．而气态水蒸气在单位时间通过单位面积的分子数，在第 1 章中已经学过了．

【解】

$$T_{100} = 273 + 100 = 373(\text{K})$$

$$T_{14} = 273 + 14 = 287(\text{K})$$

$$\bar{v} = \sqrt{\frac{8kT}{\pi m}} \qquad ①$$

$$p = nkT \qquad ②$$

饱和时，单位时间单位面积内从水面蒸发的分子数等于变为水的蒸汽分子数，满足公式

$$\Gamma=\frac{1}{4}n\bar{v} \quad ③$$

由以上三式可得

$$\Gamma=\frac{1}{4}\frac{p}{kT}\sqrt{\frac{8kT}{\pi m}} \quad ④$$

在 100℃和 14℃时的比值为

$$\frac{n_{100}}{n_{14}}=\frac{\Gamma_{100}}{\Gamma_{14}}=\frac{\frac{p_{100}}{\sqrt{T_{100}}}}{\frac{p_{14}}{\sqrt{T_{14}}}}=\frac{760.0}{12.0}\times\sqrt{\frac{287}{373}}=55.5$$

【例 6.4】一密闭气缸内有空气，平衡状态下缸底还有极少量的水. 缸内气体温度为 T、体积为 V_1、压强为 $p_1=2.00\text{atm}$，现将活塞缓慢下压，并保持缸内温度不变，当气体体积减小到 $V_2=\frac{1}{2}V_1$ 时，压强变为 $p_2=3.00\text{atm}$，求温度 T 的值.（第 2 届全国中学生物理竞赛预赛第 16 题.）

【分析】平衡时气缸内有极少量的水，也就是说，处于水与水蒸气两相共存状态，是饱和状态，即单位时间内有多少液态水分子变为气态分子，就同时有多少水蒸气分子变为多少液态水分子. 气缸内除了水蒸气，还有空气，所以气体是混合气(湿空气=干燥空气+水蒸气)，其压强满足道尔顿分压定律. 初态时，混合气状态参量为(p_1,V_1,T)，这里 p_1 是水蒸气和空气的总压强；压缩后的末态时，状态参量为(p_2,V_2,T)，这里 p_2 是水蒸气和空气的总压强. p_1 和 p_2 题目中已给出. 两个状态下的气体(混合湿空气、水蒸气、干燥空气)均满足状态方程.

【解】初态时，根据道尔顿分压定律，有

$$p_1=p_{\text{w}}+p_{1\text{a}} \quad ①$$

其中，p_{w} 为水蒸气的饱和压强，$p_{1\text{a}}$ 是空气的压强.

继续压缩后，部分水蒸气将变为水. 此时有

$$p_2=p_{\text{w}}+p_{2\text{a}} \quad ②$$

其中，$p_{2\text{a}}$ 是空气的压强. 注意，由于温度不变，所以两个状态时水蒸气的饱和压强是相同的. 与气体体积相比，水的体积可以忽略不计.

空气的物质的量未变，对于干燥空气系统，当温度不变时，有

$$p_{1\text{a}}V_1=p_{2\text{a}}V_2 \quad ③$$

题给条件

$$V_2=\frac{1}{2}V_1 \quad ④$$

将式①、②、④代入式③，得

$$(p_1 - p_w)V_1 = (p_2 - p_w)\frac{1}{2}V_1 \quad ⑤$$

得到 $p_w = 1\text{atm}$.

我们知道，水蒸气在100℃时的饱和压强为1atm. 所以题目中要求的温度为 T=100℃.

【例 6.5】由双原子分子构成的气体，当温度升高时，一部分双原子分子会分解成两个单原子分子，温度越高，被分解的双原子分子的比例越大，于是整个气体可视为由单原子分子构成的气体与由双原子分子构成的气体的混合气体. 这种混合气体的每一种成分气体都可视作理想气体. 在体积 $V=0.045\text{m}^3$ 的坚固容器中，盛有一定质量的碘蒸气，现于不同温度下测得容器中蒸气的压强如下：

T/K	1073	1473
p/Pa	2.099×10^5	4.120×10^5

试求温度分别为1073K和1473K时，该碘蒸气中单原子分子碘蒸气的质量与碘的总质量之比值. 已知碘蒸气的总质量与1mol的双原子碘分子的质量相同，普适气体常量 R=8. 31J · mol^{-1} · K^{-1}.（第29届全国中学生物理竞赛预赛第14题.）

【分析】根据题意，碘蒸气分子由双原子构成，但是高温时会分解成两个单原子. 温度越高，则分解越多. 研究的系统是混合气，单原子碘蒸气的状态参量为 (p_1, V, T, M_1)，双原子碘蒸气的状态参量为 $(p_2, V, T, M-M_1)$，各自满足状态方程，且压强满足道尔顿分压定律.

【解】以 M 表示碘蒸气的总质量，M_1 表示碘蒸汽的温度为 T 时单原子分子的碘蒸气的质量，μ_1、μ_2 分别表示单原子分子碘蒸气和双原子分子碘蒸气的摩尔质量，p_1、p_2 分别表示容器中单原子分子碘蒸气和双原子分子碘蒸气的分压强，则由理想气体的状态方程

$$p_1V = \frac{M_1}{\mu_1}RT \quad ①$$

$$p_2V = \frac{M-M_1}{\mu_2}RT \quad ②$$

根据道尔顿分压定律，容器中碘蒸气的总压强 p 满足关系式

$$p = p_1 + p_2 \quad ③$$

设单原子分子碘蒸气的质量与碘蒸气总质量的比值为

$$\alpha = \frac{M_1}{M} \quad ④$$

单原子与双原子碘分子的摩尔质量满足

$$\mu_1=\frac{1}{2}\mu_2 \quad ⑤$$

由以上各式及题给条件：$M=1\times\mu_2$，解得

$$\alpha=\frac{pV}{RT}-1 \quad ⑥$$

代入有关数据，当温度 T=1073K 时，有

$$\alpha=0.06 \quad ⑦$$

当温度 T=1473K 时，有

$$\alpha=0.51 \quad ⑧$$

*5. 过饱和状态

对于液体，在较高温度时，单位时间蒸发的分子数更多，气体分子数就大，由 $p=nkT$ 可知饱和蒸气压就高. 如果在饱和状态下，突然降低温度，则在这个较低的温度下，按理说不应该有那么多蒸气分子的，此时蒸气压超过该温度和压力下该物质的饱和蒸气压而未发生相变，这种现象称为过饱和，此时的蒸气为过饱和蒸气.

比如对于水，在 80℃时，饱和蒸气压为 47.37kPa，如果突然将水温降低到 70℃，这时就处于过饱和状态. 当然，这些多出来的蒸气分子会迅速变为水分子.

6.2.3 沸腾

1. 沸腾现象

液体内部一般都溶解有空气，其溶解度随温度升高而降低. 固体容器壁也会吸附一些空气分子. 在加热液体时，这些空气分子的热运动会加速，吸附在器壁和溶于液体内部的气体以气泡的形式分离出来，气泡中的气体是空气与液体的饱和蒸气组成的混合气.

当气泡内的压强大于外部压强时，气泡体积会增大，所受到的浮力也随之增大，使得气泡上升. 气泡上升到液体上部时，如果上部的温度较低(烧开水时就是这种情况，容器的下部温度高，上部温度低)，那么气泡内的一部分蒸气会凝结，泡内压强变小，体积减小，浮力也变小，气泡下降. 这样就形成气泡上下翻滚的情形. 当温度到达某个温度(沸点)时，饱和压强等于容器外部的大气压，即 $p_s=p_0$. 此时，气泡内的压强总是大于大气压 p_0，气泡将不断胀大并上浮到液面，而后破裂，放出里面的空气和蒸气，这个过程就是沸腾. $p_s=p_0$ 的温度称为沸点. 表 6.2.2 给出了部分液态物质的沸点.

【思考】如果给装有水的容器的侧面或上面加热，会出现什么情况？

表 6.2.2 部分液态物质在 1atm 下的沸点及相应的汽化热

物质	沸点/℃	汽化热/($J \cdot kg^{-1}$)
液氦	−268.9	2.09×10^4
液态 CO_2	−78.4	2.30×10^5
液态氨	−33.3	1.37×10^5
乙醇	78.3	8.37×10^5
水	100	2.26×10^5
水银	356.7	2.95×10^5
液态铁	2861	6.30×10^5

2. 沸腾的条件

沸腾的条件就是饱和蒸气压等于液体外部的压强. 在外部压强改变时，沸点也会变. 因此，在海拔很高的山上，大气压降低，因而沸点也变小. 比如，珠穆朗玛峰上的大气压大约是 0.3atm，水的沸点大约是 70℃. 沸点总是随外界压强的减小而减小. 表 6.2.3 给出了不同的外界大气压时水的沸点.

水、食品和环境中有很多细菌等微生物，不利于人的健康. 不过，在 70°C 保持 10min，对人体有害的生物基本上都可以被消灭掉. 因此，常通过烧开水的方式来灭杀细菌，起到消毒作用.

表 6.2.3 水的沸点与大气压的关系

大气压/Pa	沸点/℃	大气压/atm	沸点/℃
1000	7.0	1	100
2000	17.5	2	119.6
5000	32.9	3	132.9
10000(约 0.1atm)	45.8	4	142.9
30000	69.1	5	151.1
50000	81.3	6	158.1
60000	85.9	7	164.2
70000	89.0	8	169.6
80000	96.7	9	174.5
90000	93.5	10	179.0
100000(接近 1atm)	99.6	26	225.0

*3. 高压锅

高压锅由锅身和锅盖组成，其中锅盖上有易熔片、放气孔、安全阀和密封胶圈及其他放气通道，如图 6.2.1 所示.

图 6.2.1 高压锅

密封圈使得锅盖紧密地压在锅身上，保证不漏气. 锅中的水吸热后温度上升，水的蒸发量不断加大，但是被密封在锅内，导致锅内气压越来越高，当达到 2atm 时，要到 120℃水才到沸点，此时高压锅内部处于高温高压状态，很容易将饭菜做熟.

高压锅盖上的易熔片、放气孔、安全阀及其他放气通道，是用来保证高压锅内的压强和温度不至于过高. 一般压强限制在 2atm 内，一旦超过，则放气孔上的阀门会被气压顶起，气体就会从放气孔排出；温度一旦高于 120℃，则易熔片会熔化，形成一个放气通道.

6.2.4 蒸发与沸腾的比较

蒸发和沸腾，都是液态分子吸收热量，以克服液体的束缚，离开液体，成为气态. 但是二者也有不同点，主要是：①发生位置不同，蒸发只能在液体表面发生，而沸腾则可以在液体内部和表面发生；②温度条件不同，蒸发在任何温度下都能发生，而沸腾只能在沸点温度下发生；③引起的温度变化不同，液体蒸发时温度会降低，而沸腾过程中温度则保持不变；④剧烈程度不同，蒸发比较缓和，而沸腾十分剧烈；⑤影响因素不同，蒸发快慢与液体的温度、表面积、表面的空气流动速度有关，沸腾的沸点与大气压的高低有关.

6.2.5 气体的液化

液化就是气态转化为液态的过程. 从微观角度理解，在液态分子转化为气态分子的同时，也一定有气态分子转化成液态分子，也就是说发生汽化的同时，一定有液化过程存在. 若汽化速度等于液化速度，则处于饱和状态. 从宏观角度理解，就是可观测到气体变为液体. 在饱和时，气态和液态共存. 液化时系统会放热.

由于相同摩尔数的液体比气体体积小很多(液体体积大约是气体体积的 1/1000)，存储起来更方便. 在生产和生活中，常常需要将气体液化，以方便储存和运输. 当气体达到饱和后，继续缩小体积或加大压强，或者降低温度，就可以得到液态.

1. 凝结

液面上方附近的气态分子变为液态分子的液化过程称为凝结. 凝结是蒸发的反过程. 温度越低，凝结速度越快. 凝结时，气态分子会放热. 凝结属于液化形式中的一种.

土壤中含有凝结水，是一种稳定持续的水资源，尤其是对于维持干旱半干旱地区生态系统的稳定性具有非常重要的作用.

【例 6.6】试举出三个凝结的例子.

【解】(1)烧开水时水壶上方冒白气，或者倒一杯热水，水杯上冒“白气”，这不是水蒸气，因为水蒸气是无色无味的. “白气”是因为水蒸气遇到周边的冷空气，凝结成小水珠，悬浮在空气中. (2)夏天，冰棒冒白气，空调冒白气，开冰箱冒白气，是由于空气中的水蒸气遇冷后凝结，形成了小水珠. (3)冬天，井水冒白气，早晨的大雾，呼出的白气，湖面上冒白气.

2. 液化的方法

实现液化，有下列几种方法.

(1) 任何气体在温度降到足够低时，都可以液化，完全变成液体. 例如，液化氧气是根据空气中各气体的沸点不同，把空气收集起来，进行降温，当达到各种沸点后分离出来而得到的.

(2) 在一定温度下，压缩气体的体积可以使某些气体液化. 家用液化石油气就是在常温下利用压缩气体体积的方法使之液化，并储存在钢罐里；冰箱中，压缩制冷剂蒸气成为液态，并放出热量.

(3) 以上两种方法同时使用，例如，火箭发射时装载的燃料和氧化剂都是液态，是在低温度下利用压缩气体体积的方法获得的.

容易液化的气体有氨气 (NH_3)、氯气 (Cl_2)、三氧化硫 (SO_3) 等. 不过有些气体很难液化，原因之一是沸点极低，需要很高超的低温技术；原因之二是存在一个临界温度，如果气体温度高于临界温度，则无法压缩使其液化.

3. 液化的临界温度

19 世纪中期前，CO_2、NH_3、Cl_2、HCl、H_2S 等气体，通过降温或压缩两种方法都液化了. 不过有些气体，如 O_2、H_2、N_2 等，则一直未能液化，以致曾经被称为“永久气体”.

人们通过研究发现，每种物质都有一个临界温度，在该温度以上，无论怎样增大压强，气态物质都不会液化. 通过等温压缩不能使气体液化的最低温度称为临界温度，与之相应的压强称为临界压强. 因此，要使物质液化，首先要设法达到它自身的临界温度.

那些过去被认为是“永久气体”的一些气体，当时不能液化的原因是，其临界温度很低. 不过现在，低温技术已经可以达到这么低的温度了，所以这些气体也已经能够液化了. 表 6.2.4 列出了部分物质的临界温度.

表 6.2.4 部分物质的临界温度

物质	临界温度/℃	物质	临界温度/℃
氦	−268	二氧化碳	31
氢	−240	乙醚	194
氮	−147	乙醇	241
氧	−119	水	374

临界温度高的气体的液化方法是，把气体压缩后再冷凝. 氢、氦等气体的液化对现代科学技术的发展具有重要意义. 例如，现代火箭、営气发动机常用液态氢和氧作为高能燃料和助燃剂，爆破工程中也要用到液态氧.

*4. 液化的历史

人类在 1884～1885 年首次得到了液态氢，1908 年最后一个得到了液态氦. 在液化中，人们努力提升低温技术. 近年来，我国在低温技术方面也取得了突破. 2021 年 4 月，中国科学院理化技术研究所国家重大科研装备研制项目“液氦到超流氦温区大型低温制冷系统研制”通过验收，标志着我国具备了研制液氦温度(零下 269℃)千瓦级和超流氦温度(零下 271℃)百瓦级大型低温制冷装备的能力，打破了发达国家的技术垄断. 2021 年 7 月中国科学院物理研究所无液氦稀释制冷机成功实现了 10mK(绝对零度以上 0.01 度)以下极低温运行. 低温装置见图 6.2.2.

图 6.2.2　低温装置

6.2.6　汽化曲线或液化曲线

不同温度下，液体的饱和蒸气压是不同的. 以温度为横坐标，压强为纵坐标，作出某物质的饱和蒸气压随温度的变化曲线 $O'K$，称为汽化曲线，也就是液化曲线，如图 6.2.3 所示. 汽化曲线有起点 O' 和终点 K，起点对应着能同时出现气相和液相(还有固相)的最低压强和最低温度，即三相点；高于终点 K，则不可能有气液两相平衡共存，所以又将 K 点称为临界点，当高于临界点温度 T_K 时，气体也无法液化(即使通过加压). 事实上此时气态液态两相的差别消失，其比热、折射率相同，表面张力系数为零，汽化热为零，没有气液分界面.

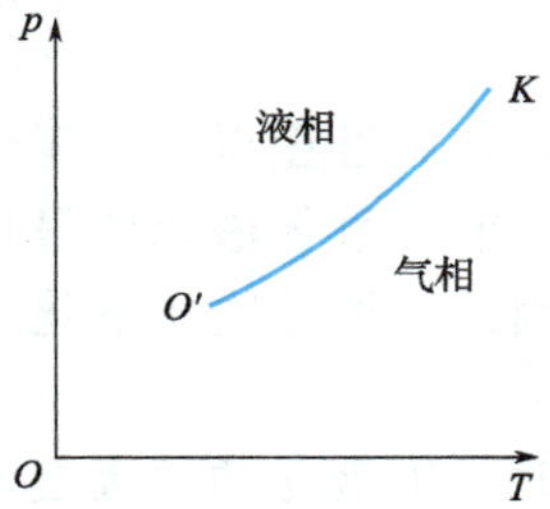

图 6.2.3　汽化曲线

汽化曲线图也叫气液二相图，它既是饱和蒸气压与温度之间的关系曲线，也是外界压强与沸点之间的关系曲线.

6.2.7　汽化热和液化热

1. 汽化热

液体分子之间有相互作用力. 汽化(包括蒸发和沸腾)时，需要吸收热量，才能从同温度的液态变为气态. 把单位质量或物质的量的液态变为同温度的气态所吸收的热量称为汽化热. 由于汽化过程温度不变，所以汽化所吸收的热量又称为潜热. 常用的汽化热可采用两种物理量表达：单位质量的汽化热和单位物质的量的汽化热，前者指单位质量的液态变为气态所吸收的热，常用 l_v 表示，其单位为 $J \cdot kg^{-1}$；后者指单位物质的量的液态变为气态所吸收的

热，常用 $L_{v,m}$ 表示，其单位为 $J\cdot mol^{-1}$. 显然有

$$\mu l_v = L_{v,m} \tag{6.2.1}$$

μ 为液体的摩尔质量.

【注意】我们习惯用小写的字母表示单位质量的物理量 x，如比热、比容、单位质量的汽化热. 用大写字母 Y 加下标 m，表示每摩尔的 Y，如 $L_{v,m}$ 为摩尔汽化热，$C_{V,m}$ 为摩尔等容热容. $L_{v,m}$ 中的下标 v 表示汽化，有时也不加下标 v.

1atm、100℃时，水的汽化热为 $40.8kJ\cdot mol^{-1}$，相当于 $2260kJ\cdot kg^{-1}$. 可以计算出，使水在其沸点时液态变为气态所需要的热量，是把等量水从 0℃加热到 100℃所需要的热量的大约五倍(参见习题 6.9). 可见汽化需要更多的能量.

对于一定量的液体，总的汽化热为

$$Q = Ml_v \tag{6.2.2a}$$

式中，M 为液体质量，l_v 为单位质量的汽化热. 或者

$$Q = \nu L_{v,m} \tag{6.2.2b}$$

式中，ν 为液体的物质的量，$L_{v,m}$ 为单位物质的量的汽化热.

2. 液化热

单位质量(或单位物质的量)的气态转变为相同压强、相同温度的液态所放出的热量称为该种物质的液化热，又称为凝结热. 液化热在数值上等于汽化热.

3. 汽化热的影响因素

不同物质的汽化热是不同的，表 6.2.2 给出了部分液态物质在 1atm 下的汽化热.

同一物质在不同温度下的汽化热也是不同的. 温度升高时，分子间的间距因为膨胀而变得大一些，此时将液态变为气态所需要做的功会小一些，所以汽化热也会减小. 表 6.2.5 给出了水在不同温度下的汽化热.

表 6.2.5 1atm 下水在不同温度下的汽化热

温度/℃	汽化热/($J\cdot kg^{-1}$)	温度/℃	汽化热/($J\cdot kg^{-1}$)
0	2.50×10^6	200	1.94×10^6
50	2.38×10^6	300	1.41×10^6
100	2.26×10^6	370	4.14×10^5

【思考】看到表 6.2.5，有人会问，在 200℃还有液态水吗？

4. 蒸发时的吸热

对于沸腾吸热，大家很熟悉. 其实作为汽化的另一种方式，蒸发也是需要

吸热的. 蒸发时，液体分子脱离周围液体分子的束缚，需要做功. 其做功的能量来源于周围环境中的热量. 整个过程就是：水分子吸收周围的热量，挣脱了邻近水分子的束缚，变为气态. 周围环境的热量被吸收了，根据热力学第一定律，其温度就会下降. 在夏天，河边比较凉快，其原因就在于此.

我们回顾一下第 4 章饮水鸟的那一段文字："首先，向处于平衡位置的鸟嘴上喷一些液体(乙醚等挥发性液体). 鸟嘴中的液体蒸发，会吸热，使得周边空气温度降低(夏天河面上比较凉快，也是这个原因)，进而使得鸟头的小球中气体温度降低，压强减小(想一想为什么)；同时，因为温度降低，鸟头小球中的气体处于过饱和，将有一部分液体变为液体. "

现在我们知道了温度降低的原因. 根据气体状态方程，可以知道，压强也相应地减小. 此外，压强减小，不仅是因为温度降低了，还因为蒸汽的量减少了. 因为温度下降后，蒸气就过饱和了，会有一部分蒸气迅速变为液态，这样气态的物质的量就会减小. 由 $pV=\nu RT$ 可知，ν、T 都减小，V 不变，则 p 肯定减小.

蒸发 1kg 水变成气体和沸腾 1kg 水变成气体，需要吸收的热量是相等的，但是沸腾在短时间内温度达到沸点，吸收热量必须集中，蒸发则不然，所以按照吸收热量速度来说，蒸发要慢于沸腾.

【例 6.7】从 T=300K 的水面释放一个分子需要 0.05eV 的能量，试计算摩尔汽化热和质量汽化热.

【解】

$$L_{\mathrm{v,m}}=N_{\mathrm{A}}\times 0.05\mathrm{eV}=4.81\times 10^{3}\,\mathrm{J\cdot mol^{-1}}$$

$$l_{\mathrm{v}}=\frac{L_{\mathrm{v,m}}}{\mu}=2.67\times 10^{5}\,\mathrm{J\cdot kg^{-1}}$$

【例 6.8】夏天，通过汗液蒸发，可以带走热量. 在 50℃的室外，如果人体表面有 100g 汗液，试问可以带走多少热量？汗液可以看成水，其汽化热为 $2.38\times10^{6}\mathrm{J\cdot kg^{-1}}$.

【解】$Q=ML=0.1\times2.38\times10^{6}\mathrm{J}=2.38\times10^{5}\mathrm{J}$.

6.2.8 空气的湿度

1. 湿度的意义

在我们生活的地球上，江河湖海中的水无时无刻不在蒸发着，由于扩散、对流等过程，水蒸气会普遍分散于空气中，也就是说，一般来说，大气是混合气体，包含干燥空气和水蒸气. 湿度(humidity)是表征空气中水汽的含量，也就是空气的干燥和湿润程度. 湿度大，则空气中水汽多，空气就湿润；湿度小，则空气中的水汽少，空气就干燥.

2. 湿度的几种表达方式

常用三种基本形式来表征湿度：水汽压(绝对湿度)、相对湿度、露点温度.

(1) 水汽压(又称为绝对湿度)：空气中水汽的分压强 $p_{水汽}$.

(2) 相对湿度：用空气中的水汽压与当时温度下的饱和水蒸气压强之比的百分数表示，取整数. 用公式表示为

$$B=\frac{p_{水汽}}{p_s}\times 100\% \tag{6.2.3}$$

式中，$p_{水汽}$ 为某温度下水汽的分压强(水汽压或绝对湿度)，p_s 为该温度下水的饱和蒸气压. 温度越低，水汽的饱和蒸气压越小. 相对湿度为 100% 时，表明空气中的水汽达到了饱和状态.

(3) 露点温度(简称为露点，dew point)：空气中的水汽，在气压不变的条件下，通过降低温度可以达到饱和，该温度称为露点，常用摄氏度(℃)表示，取一位小数.

大多数时候，空气中的水汽都处于未饱和状态，相对湿度小于 100%. 但是在夏天，水的蒸发量大，水汽的含量增高，水汽压也增大，直到饱和，即相对湿度达到 100%. 还有另外一种情况，虽然空气中的水汽含量没有改变，但是白天温度高，饱和气压较大，相对湿度小；而到了晚上，随着温度下降，饱和气压变小，但是水汽量几乎没有变，这样相对湿度就提高了，当温度降到一定程度，以致相对湿度到达 100%时，就会由水汽凝结成水珠，这时的温度就是露点.

【例 6.9】某地大气中的水汽没有达到饱和状态，若无其他水汽来源，则当气温升高后，以下各物理量将有何种改变？

(1) 饱和水汽压；

(2) 相对湿度；

(3) 绝对湿度；

(4) 露点.

(第 4 届全国中学生物理竞赛预赛第 4 题.)

【答】增大，减小，不变，不变

(1) 温度越大，则饱和水汽压越大.

(2) 水汽含量不变，即水汽压不变，但是当温度提高后，饱和水汽压增大了，所以相对湿度减小.

(3) 绝对湿度就是水汽压，水汽的量不变，其气压也不变，所以绝对湿度不变.

(4) 降低温度，使得该温度下的饱和气压等于现有的水汽压，这个温度就是露点，水汽的量不变，即水汽压不变，所以露点也不变.

【例 6.10】容器里有温度 $t_0=-23$℃和压强 p_0=1atm 的空气，放入小冰块，然后用盖子封闭. 将容器加热到 t_1=227℃，容器内压强升高到 p_1=3atm. 试问，当容器冷却到 t_2=100℃时，容器中的相对湿度为多少？

【分析】相对湿度为水蒸气压强除以饱和压强，所以需要计算出水蒸气压强. 冰块变成水蒸气后，容器内是混合气体. 计算得到空气的压强，进而得到水蒸气压强. 多次利用状态方程.

【解】对于干燥空气：从初态（p_0，T_0）加热到 t_1=227℃的中间态（p_{1a}，T_1）

$$\frac{p_0}{T_0}=\frac{p_{1a}}{T_1} \tag{①}$$

得到

$$p_{1a}=\frac{p_0}{T_0}T_1=2\text{atm} \tag{②}$$

对于水蒸气，压强为 p_{1w}，由分压定律，有

$$p_{1w}=p_1-p_{1a}=1\text{atm} \tag{③}$$

对于水蒸气，由 t_1=227℃时的状态 1（p_{1w}，T_1），t_2=100℃时的状态 2（p_{2w}，T_2），有

$$\frac{p_{1w}}{T_1}=\frac{p_{2w}}{T_2} \tag{④}$$

计算得到

$$p_{2w}=\frac{p_{1w}}{T_1}T_2=0.746\text{atm} \tag{⑤}$$

T_2=100℃时的饱和蒸气压为 p_s=1atm. 所以，相对湿度为

$$B=\frac{p_{2w}}{p_s}=74.6\% \tag{⑥}$$

6.3 固-液相变

6.3.1 熔化与凝固

物质在一定的条件下从固态转变为液态的过程称为熔解或熔化(melting)，相反的过程叫凝固(solidification)或结晶(crystallization).

从固态转变成液态的熔化温度称为熔点，从液态凝固转变成固态的温度称为凝固点. 晶体具有确定的熔点和凝固点. 同种晶体，在同一压强下，其熔点和凝固点相同. 而非晶体，如玻璃、松脂、塑料等，加热时随着温度升高而不断软化，逐渐出现流动性，它们没有固定的熔点和凝固点.

不同材料的熔点与凝固点都不同. 表 6.3.1 给出了部分固体材料在 1atm 下的熔点.

表 6.3.1 部分固体材料在 1atm 下的熔点

物质	熔点/℃	物质	熔点/℃
钨	3410±20	固态氡	−71
铁	1535	固态氮	−210.00
铜	1083.4	固态氧	−218.4
金	1064	固态氟	−219.62
银	961.78	固态氖	−248.67
铝	660.37	固态氢	−259.125
镁	648.9	碘	113.5
锌	419.5	硫	112
铅	327.502	碳(石墨)	3652
锡	231.87	碳(金刚石)	3550

熔点实质上是该物质固、液两相可以共存并处于平衡的温度. 以冰熔化成水为例, 在 1atm 压强下, 冰的熔点是 0℃, 此时冰和水可以共存, 只要与外界没有热交换, 这种共存状态可以长期保持稳定.

6.3.2 影响熔点的因素

我们平时所说的物质的熔点, 通常是指纯净的物质在 1atm 下从固相熔化为液相的温度. 如果物质不纯, 则熔点不同. 现实生活中, 大部分的物质都是含有杂质的, 即使杂质的数量很少, 也会使得物质的熔点有很大的变化. 例如, 海水结冰的温度比河水低, 饱和食盐水的熔点可下降到约−22℃. 下雪的冬天, 在积雪的马路上撒盐或盐水, 只要温度高于−22℃, 就可以使冰雪熔化.

当压强变化时, 熔点也要发生变化. 大多数晶态物质, 熔化是体积变大的过程, 其熔点随压强增大而升高; 少部分晶体(如冰、金属铋、金属锑等)则相反, 比如常见的冰, 在熔化成水的过程中, 体积要缩小, 当压强增大时冰的熔点会降低.

6.3.3 熔化热 凝固热

固体分子之间有相互作用, 熔化时, 要破坏这种相互作用, 需要吸收能量, 才能从固态变为同温度的液态. 把单位质量或物质的量的固态变为同温度的液态所吸收的热量(相变潜热)称为熔化热(又称为熔解热), 常用λ表示. 常用的熔化热有两种表达方式: 单位质量的熔化热和单位物质的量的熔化热, 前者指单位质量的固态变为液态所吸收的热, 其单位为 $J \cdot kg^{-1}$; 后者指单位物质的量的固态变为气液态所吸收的热, 其单位为 $J \cdot mol^{-1}$.

对于一定量的固体, 总的熔化热为

$$Q = M\lambda \tag{6.3.1}$$

这里，λ为单位质量的熔化热，M为质量. 或者

$$Q = \nu\lambda_m \tag{6.3.2}$$

这里，λ_m为单位物质的量的熔化热，ν为物质的量.

1atm、0℃时，冰的熔化热为 $334\text{kJ}\cdot\text{kg}^{-1}$. 而水在常温下的比热为 $4.2\text{kJ}\cdot\text{kg}^{-1}\cdot\text{K}^{-1}$. 可以计算出，使冰在其冰点熔化所需要的热量，是把等量水从0℃加热到大约80℃所需要的热量.

物质在等温等压下，从液态变化到固态的凝固过程中所放出的热量(相变潜热)是凝固热，在数值上等于同温度下的熔化热.

表6.3.2给出了一些固态的熔化热. 熔化热的数值基本上是大于0的，表示物体在熔化时吸热，在凝固时放热，而唯一的例外是氦，氦-3在温度为0.3K以下时，熔化热小于0. 氦-4在温度为0.8K以下时也轻微地显示出这种效应.

表 6.3.2 一些固态的熔化热

物质	熔化热/$(\text{kJ}\cdot\text{kg}^{-1})$	物质	熔化热/$(\text{kJ}\cdot\text{kg}^{-1})$
固态氢	58.6	铝	393.5
固态氖	14.2	金	67.5
固态氧	13.8	铜	205.1
固态氮	25.5	铁	314.0
固态二氧化碳	180.8	铂	107.1
固态汞	11.3	钨	255.3
锡	60.3	冰	334
铅	24.3	苯	126
锌	113.0	硅	697.7
银	104.7	固体酒精	109.3

注意：还有一个名词称为溶解热，是在一定温度及压强下，1mol的溶质溶解在大体积的溶剂时所发出或吸收的热量. 在等压状态下，溶解热等同于焓值的变化，因此也被称为溶解焓. 溶质的量为1mol时的溶解热称为摩尔溶解热. 这跟相变时候的熔解热(熔化热)是不一样的. 在日常生活中有时也用融解或融化这个词，如冰雪融化，指冰雪的消融，一般认为这不是科技术语.

6.3.4 熔化曲线

熔点一般随压力的改变而改变，在以温度T为横轴、压强p为纵轴的p-T图上作出熔点随压强变化的曲线，就是熔化曲线，如图6.3.1中实线所示. 为了进行比较，图中也给出了汽化曲线(虚线). 在熔点时，固-液两相平衡共存，所以熔化曲线就是固-液两相平衡共存的状态所连成的曲线. 在给定压强下，当温度低于熔点时，物质以固相存在，高于熔点时则以液相存在，所以在p-T平面上，熔化曲线$O'L$左方是固相存在的区域，右方与汽化曲线$O'K$之间是液相存在的区域. 大多数物质，熔化时体积膨

胀，当所受压强增大时，需要更高的温度才能熔化，所以熔点升高，见图6.3.1(a)；少数物质(如冰)，熔化时体积减小，当所受压强增大时，更容易破坏晶体内的点阵，其熔点反而减小，见图6.3.1(b).

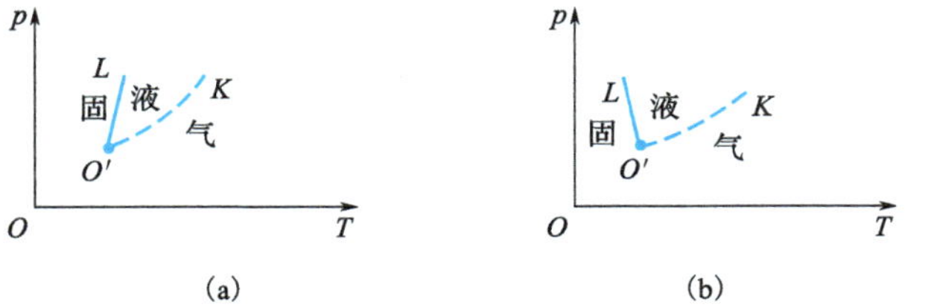

图 6.3.1　熔化曲线(图中实线)

熔化曲线的起始端其实就是汽化曲线的起点，也就是三相点；但是它没有终点，也就是说，不存在固液不分的临界状态.

【例 6.11】物理小组的同学在寒冷的冬天做了一个这样的实验：他们把一个实心的大铝球加热到某温度t，然后把它放在结冰的湖面上(冰层足够厚)，铝球便逐渐陷入冰内. 当铝球不再下陷时，测出球的最低点陷入冰中的深度h. 将铝球加热到不同的温度，重复上述实验8次，最终得到如下数据：

实验顺序数	1	2	3	4	5	6	7	8
热铝球的温度 t/℃	55	70	85	92	104	110	120	140
陷入深度 h/cm	9.0	12.9	14.8	16.0	17.0	18.0	17.0	16.8

已知铝的密度约为水的密度的3倍，设实验时的环境温度及湖面冰的温度均为0℃. 已知此情况下冰的熔化热$\lambda = 3.34\times10^5\ \mathrm{J\cdot kg^{-1}}$.(第18届全国中学生物理竞赛预赛第六题.)

(1)试采用以上某些数据估算铝的比热c.

(2)对未被采用的实验数据，试说明不采用的原因，并作出解释.

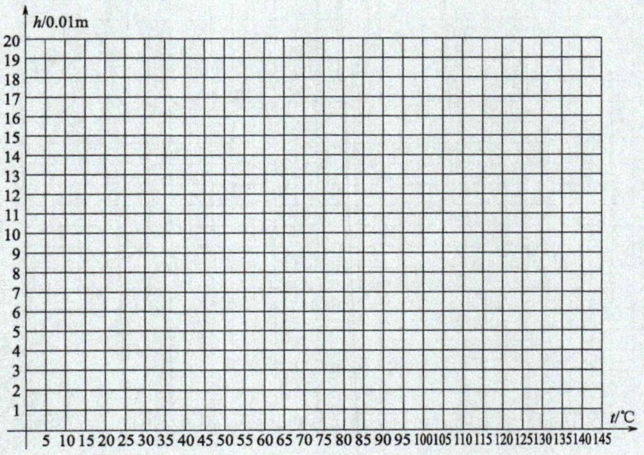

【分析】铝球放热，冰吸热后熔化. 假设铝球温度为 t_0 时，能熔化冰的最大体积恰好与半个铝球的体积相等，此时铝球的最低点下陷的深度 h 与球的半径 R 相等. 当热铝球温度 $t>t_0$ 时，铝球最低点下陷的深度 $h>R$，熔化的冰的体积等于一个圆柱体的体积与半个铝球的体积之和，如图 6.3.2 所示.

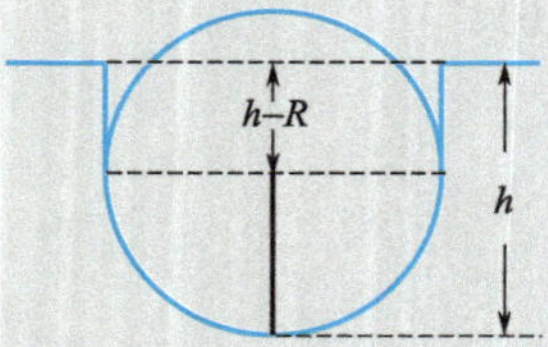

图 6.3.2 例 6.11 解 1

【解】(1) 铝球的温度从 t ℃降到 0℃的过程中，放出的热量为

$$Q_1=\frac{4}{3}\pi R^3\rho_{\rm Al}c(t-0) \tag{①}$$

式中，$\rho_{\rm Al}$、c 分别为铝的密度和比热容，R 为铝球半径. 冰熔化的体积为

$$V=\pi R^2(h-R)+\frac{1}{2}\times\frac{4}{3}\pi R^3 \tag{②}$$

所吸收的热量为

$$Q_2=\rho V\lambda \tag{③}$$

式中，ρ、λ 分别为冰的密度和熔解热.

如忽略冰熔化过程中向外界散失的热量，则有

$$Q_1=Q_2 \tag{④}$$

由以上四式解得

$$h=\frac{4Rc}{\lambda}t+\frac{1}{3}R \tag{⑤}$$

可见，h 与 t 呈线性关系. 此式只对 $t>t_0$ 时成立.

将表中数据画在 h-t 图中，得第 1, 2, …, 8 次实验对应的点 A，B，…，H. 其中，数据点 B、C、D、E、F 五点可拟合成一直线，如图 6.3.3 所示. 该直线方程应该和理论得到的方程⑤一致. 选取此直线上任意两点数据，代入式⑤，再解联立方程，即可求出比热 c 的值.

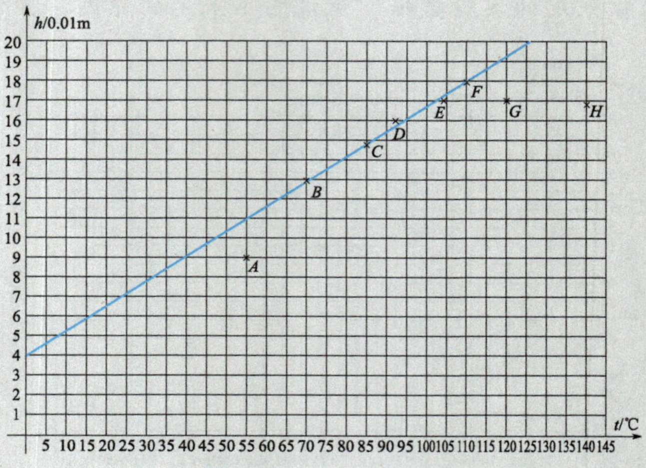

图 6.3.3 例 6.11 解 2

取相距较远的横坐标为 8 和 100 的两点 X_1 和 X_2，由图可读得其坐标为

$$X_1(8.0,5.0), \quad X_2(100,16.7)$$

将此数据及 λ 的值代入式⑤，消去 R，得

$$c=8.6\times10^2\ \mathrm{J\cdot kg^{-1}\cdot ℃^{-1}}$$

(2) 在本题所作的图中，可以发现第 1、7、8 次实验的数据对应的点 A、G、H 偏离直线较远.

未采用 A 点，是因为当 $h\approx R$ 时，从式⑤得对应的温度 $t_0\approx65$ ℃，而式⑤在 $t>t_0$ 的条件才成立. 但第一次实验时铝球的温度 $t_1=55$ ℃ $<t_0$，熔解的冰的体积小于半个球的体积，所以式⑤不成立.

未采用 G、H 点，是因为铝球的温度过高(120℃、140℃)，使得一部分冰升华成蒸汽，且因铝球与环境的温度相差较大而损失的热量较多，我们在解题时假设没有热量损失. 如果热量损失得多，则式④不成立，因而式⑤也就不成立了.

6.4 固-气相变

6.4.1 升华与凝华

固体不经过液体，直接变成气体，称为升华(sublimation)；反之，从气体直接变成固体，则称为凝华(desublimation).

在生活中，升华和凝华也并不罕见. 我们能够嗅到某种固体的味道，就是因为固体直接变成了气体分子(升华过程)，进入了我们的鼻腔；冬天 0℃以下的湿衣服结冰了，仍然会变干，这也是因为升华. 冬天的霜，则是水汽直接凝成固态冰晶，是凝华.

升华实际上是固体中的分子直接脱离点阵结构而转变为气体分子的现象，凝华的过程则相反.

6.4.2 升华热和凝华热

固体分子之间有相互束缚作用，升华时，要克服这种束缚作用，还要克服外界的压强做功，需要吸收能量，才能从同温度的固态变为气态.

单位质量或物质的量的物质升华时所吸收的热量称为升华热，升华热等于单位质量(或物质的量)的同种物质在相同条件下的熔化热与汽化热之和，即升华热 r 在数值上等于熔化热 λ 和汽化热 L 之和，即

$$r=\lambda+L \tag{6.4.1}$$

升华热的单位为 $\mathrm{J\cdot kg^{-1}}$ 或 $\mathrm{J\cdot mol^{-1}}$.

对于一定量的固体，总的升华热为

$$Q = Mr \tag{6.4.2}$$

式中，r 为单位质量的熔化热，M 为质量. 或者

$$Q = \nu r_m \tag{6.4.3}$$

式中，r_m 为单位物质的量的熔化热，ν 为物质的量.

升华热比汽化热要大，比熔化热也要大. 用干冰的升华来制冷，就是利用了这一点.

凝华热在数值上等于升华热.

6.4.3 升华曲线

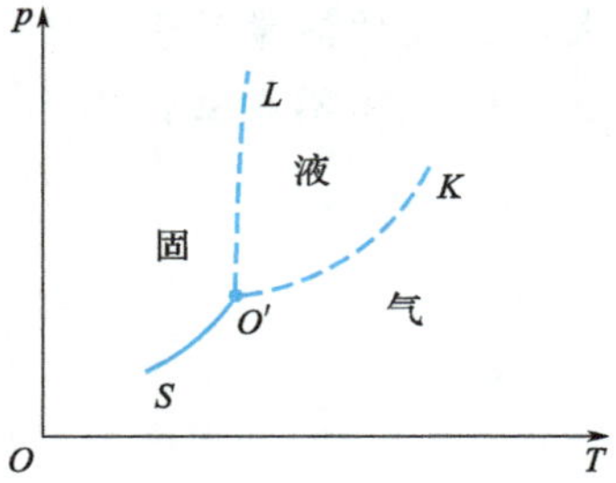

图 6.4.1 升华曲线(图中实线)

升华和凝华总是同时存在的，在一个密封容器里的固体，将空气抽走，在某一确定温度下，经过一段时间后，单位时间内升华的分子数和凝华的分子数相等，达到平衡，此时固体上方的蒸气也称为饱和蒸气. 饱和蒸气压强与温度有关，其关系就是升华曲线，如图 6.4.1 中的 $O'S$ 所示. 升华曲线上的点表示固气两相平衡共存的点. $O'S$ 左侧是固相存在的区域，右侧是气相存在的区域. O'点是三相点. 作为对比，图中也画出了熔化曲线和汽化曲线(虚线). 升华曲线的斜率总是正的.

一般的金属在常温下的饱和蒸气压很低，实际上几乎没有升华. 而某些固体的饱和蒸气压很高，如干冰在−78.5℃时的饱和蒸气压为 1atm，很容易见到其升华，冰在 0℃时的饱和蒸气压为 4.58mmHg.

6.5 三相图和三相点

6.5.1 三相图

前面几节，我们分别学习了汽化曲线、熔化曲线和升华曲线，在一张图中，把同一种物质的汽化曲线、熔化曲线和升华曲线画在一起，就得到所谓的固、液、气三相图(three phase diagram).

图 6.5.1(a)是大多数物质的三相图，在熔化时体积膨胀. 图 6.5.1(b)是水的三相图，它代表了一小部分在熔化时体积缩小的物质的三相图. 注意：图中压强 p 和温度 T 的坐标刻度是不均匀的. 三相图中的每一条曲线，都表示两种相共存，又称为相平衡曲线.

在升华曲线和熔化曲线左边，是固态；在升华曲线和汽化曲线右边，是气态；在熔化曲线和汽化曲线之间，是液态.

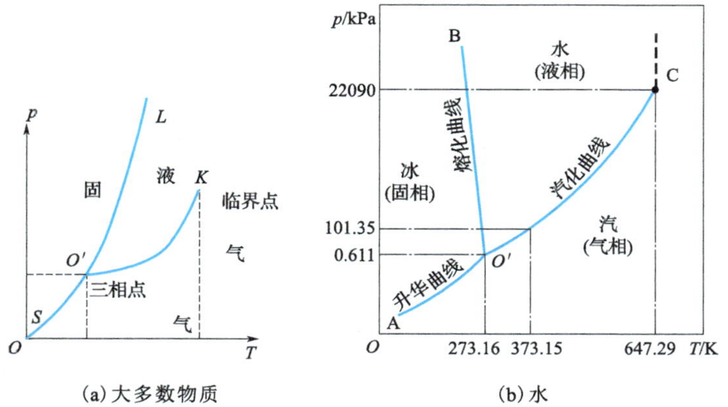

图 6.5.1　三相图

熔点、沸点与压强有关，即压强越大，沸点越大. 对于大多数物质，压强大则熔点高，对于水等少数物质来说则相反. 科学家经研究发现，在20600atm、76℃时，水仍然是固态，称为“热冰”.

以水的三相图中的汽化曲线为例，来分析压强和沸点的关系. 在101.35kPa（即 1atm)时，温度大于 373.15K(即 100℃)就变为气态；如果压强大于 101.35kPa(纵坐标变大)，则温度为 373.15K 时，仍然是液态. 可见，压强越高，沸点越大，反之沸点越小. 一般来说，离地球海平面每升高 1km，水的沸点降低约 3℃. 在矿井下，压强会大一些，比如 300m 矿井下，水的沸点为101 ℃，600m 矿井下则为 102℃.

为了提高热机效率，希望高低温相差越大越好，而水又是最容易得到的最廉价的工作物质，为了提高高温，可以使得蒸汽机锅炉中压强很大，以提高水的沸点，比如当压强为 14atm 时，水的沸点为 200℃.

有一本小说写道：“一个士兵和长官跑到一颗彗星上，士兵煮鸡蛋，发现 2min 水就开了，他觉得不对劲，于是用温度计测量水温，发现是 66℃.”从这段文字可以看出，作者显然知道沸点跟压强有关. 从水的三相图可知：沸点小，说明压强小. 但是问题是，如果水的沸点是 66℃，压强大约是 190mmHg，大约是正常大气压的 1/4，在这样的压强下，人是难以生存的.

6.5.2　三相点

在三相图中，汽化曲线、熔化曲线和升华曲线的交点称为三相点(triple point). 三相点，是可使一种物质的气相、液相、固相共存的一个温度和压强的数值. 对于纯净物质，三相平衡共存，三相点处的压强和温度是确定的(氦是唯一一种没有三相点的物质). 以纯水为例，其三相点压强和温度值分别固定为 610.75Pa(4.58mmHg)和 273.16K(0.01℃)；而汞的三相点在 0.2MPa 及 −38.8344℃. 这也是国际温标委员会在 1954 年之后，确定温标时采用纯净水的三相点作为固定点的原因.

6.5.3 相变潜热

汽化、熔解、升华这三种相变及其各自的反过程，都是在等温、等压条件下进行的，相变时温度保持不变，因而可认为相变时分子平均热运动速度不变，也就是平均动能不变. 但是相变时体积产生了大的变化，分子间距变化，因而分子间的平均势能发生了大的变化. 因此，相变时分子内能（即平均动能与平均势能之和）发生了变化. 另外，相变时单位质量的体积发生了变化，因而同时在等压情况下做功，内能改变与等压功的能量来源于与外界交换热量，所吸（或放）的热量称相变潜热（如汽化热、熔解热、升华热）. 相变潜热等于内能变化量加上体积功，即焓变.

【例 6.12】已知冰、水和水蒸气各 1g 在一密闭容器中三相共存，其温度为 0.01℃，压强为 4.58mmHg. 在保持总体积不变的情况下对此系统缓慢加热，输入的热量为 Q=0.255kJ，试估算系统再达到平衡后冰、水和水蒸气的质量. 已知冰在三相点升华热为 $L_s = 2.83\times10^6\,\mathrm{J\cdot kg^{-1}}$，水在三相点的汽化热为 $L_v = 2.49\times10^6\,\mathrm{J\cdot kg^{-1}}$.（第 6 届全国中学生物理竞赛预赛第 11 题.）

【分析】开始时，水的三相共存，其温度和压强是固定的，即题目中给出的温度为 0.01℃，压强为 4.58mmHg. 加热后，热量将先用于冰的熔化，需要先判断提供的热量是否能够使全部冰熔化，如果不能，则仍然为三相状态；如果能，则先计算熔化冰消耗了多少热量，剩余热量再用于水（包括原先的水和熔化后的水）的升温，乃至后续的汽化（也需要进行判断）. 本题没有给出熔化热，但是根据汽化热和升华热可以计算出来.

【解】由公式（6.4.1）得

$$L_s = L_m + L_v$$

注意，题目中给出升华热用 L_s 表示，汽化热用 L_v 表示，就不要再机械地用式（6.4.1）中的字母了. 代入数据得到

$$L_m = 3.40\times10^5\,\mathrm{J\cdot kg^{-1}}$$

也就是说，1g 冰熔化，需要 3.4×10^2J 热量，而现在只有 255J 热量，不足以让 1g 冰全部熔化. 所以冰不能全部熔化为水，因此系统仍然维持为三相.

蒸气的质量不变，设末态的冰和水分别是 x、$1+x$（单位为 g），则根据能量守恒有

$$Q = (1-x)\times10^{-3}\times L_m$$

得到

$$x=0.25\mathrm{g}$$

第 6 章小结

习 题

6.1 夏天，在运输大量冰块的卡车上，有时看到冰面上有淡乳白色的气体飘动，出现这种现象的原因是什么？(本题考查露点与凝结. 第 1 届全国中学生物理竞赛预赛填空第 6 题.)

6.2 下面列出的一些说法中正确的是(　　)

(A) 在温度为 20℃和压强为 1atm 时，一定量的水蒸发为同温度的水蒸气，在此过程中，它所吸收的热量等于其内能的增量

(B) 有人用水银和酒精制成两种温度计，他都把水的冰点定为 0 度，水的沸点定为 100 度，并都把 0 刻度与 100 刻度之间均匀等分成同数量的刻度，若用这两种温度计去测量同一环境的温度(大于 0 度小于 100 度)，两者测得的温度数值必定相同

(C) 一定量的理想气体分别经过不同的过程后，压强都减小了，体积都增大了，则从每个过程中气体与外界交换的总热量看，在有的过程中气体可能是吸收了热量，在有的过程中气体可能是放出了热量，在有的过程中气体与外界交换的热量为零

(D) 地球表面一平方米所受的大气的压力，其大小等于这一平方米表面单位时间内受上方做热运动的空气分子对它碰撞的冲量，加上这一平方米以上的大气的重量

(本题考查热学一些概念. 第 28 届全国中学生物理竞赛预赛选择第 2 题.)

6.3 一杯水放在炉上加热烧开后，水面上方有“白色气”；夏天一块冰放在桌面上，冰的上方也有“白色气”(　　)

(A) 前者主要是由杯中水变来的“水的气态物质”

(B) 前者主要是由杯中水变来的“水的液态物质”

(C) 后者主要是冰变来的“水的气态物质”

(D) 后者主要是冰变来的“水的液态物质”

(本题考查相变概念. 第 27 届全国中学生物理竞赛预赛选择第 4 题.)

6.4 分析下列事件的原因：(1) 湿衣服在阳光下比阴凉处晾得快；(2) 夏天的空气比冬天的更加湿润；(3) 沙漠地区空气很干燥；(4) 中国南方空气比北方的湿润；(5) 海边的生活用具更容易锈蚀腐烂；(6) 潮湿衣服，用吹风机冷风吹，会比不吹干得更快. (本题考查蒸发的概念.)

6.5 分析下列过程的物理过程. (1) 发烧时擦酒精降温；(2) 浴室洗澡后的雾气腾腾；(3) 被 100℃的水蒸气烫伤比被 100℃的开水烫伤往往要严重得多；(4) 冬天往手上哈气；(5) 冬天开车时，前挡玻璃上起雾. (本题考查蒸发与凝结.)

6.6 观察炒菜时的现象，分析其物理过程. (本题考查热学知识.)

6.7 有人会问，1atm，50℃时的水不沸腾，怎么有汽化热？(本题考查蒸发概念.)

6.8 已知液态 CO_2 的汽化热为 $2.30\times10^5 J\cdot kg^{-1}$，现有 2mol 的气体 CO_2，其凝结成同温度的液态 CO_2 需要吸收或释放多少热量？其单位物质的量的汽化热为多少？(本题考查汽化热.)

6.9 已知 1atm，100℃时，水的汽化热为 2260kJ · kg^{-1}，冰的熔化热为 334kJ · kg^{-1}，水的等压比热容为 4.18kJ · kg^{-1} · K^{-1}，水蒸气的等压比热容为 1.985kJ · kg^{-1} ·K^{-1}. 试计算，(1) 使 1kg 水在其沸点时由液态变为气态所需要的热量；(2) 使 1kg 水从 0 ℃加热到 100℃所需要的热量；(3) 使 0 ℃时的 1kg 冰液化所需要的热量；(4) 使 1kg 水蒸气从 100℃加热到 200℃所需要的热量.（本题考查汽化热.）

6.10 在科学研究中，光电倍增管是探测光子的元件，为了降低白噪声，经常用液氮作为冷却器. 现有 1kg 的液氮，如果它完全汽化，能够吸收多少热量？已知氮气的凝结热为 5.56 kJ·mol^{-1}.（本题考查汽化热.）

6.11 例 6.4 中，试计算有多少比例的水蒸气被压缩为水了.（本题考查汽化热.）

6.12 在带有加热器的密闭圆柱形容器中，质量为 M=40kg 的活塞下方有一定量的水及其蒸汽，活塞上方是真空. 当加热器的功率为 N_1=100W 时，活塞以不变速度 v_1=0.01m · s^{-1} 缓慢上升，当加热器的功率上升到 N_2=2N_1 时，活塞上升的速度变为 2.5v_1，这时容器内温度不变，试问该温度是多少？已知在该温度下水的汽化热 $L=2.26\times10^6\,\text{J}\cdot\text{kg}^{-1}, g=9.8\text{m}\cdot\text{s}^{-1}$.（本题考查汽化热、理想气体状态方程.）

6.13 如题 6.13 图所示，将一段封闭的试管（管内含有一些空气）放进装有水的水槽中，水面以上部分的管长为 2H，管内水面距封闭段的长度为 H，整个系统的初始温度为 0℃，求将整个系统加热到沸点时管内水面的位置. 设管外大气压强为 p_0，水的密度为ρ，0℃时水的饱和蒸气压可忽略不计，系统加热到沸点后，外界传给系统的热量足够小，因而管内的液面是比较平静的.（本题考查汽化热、混合气的状态方程.）

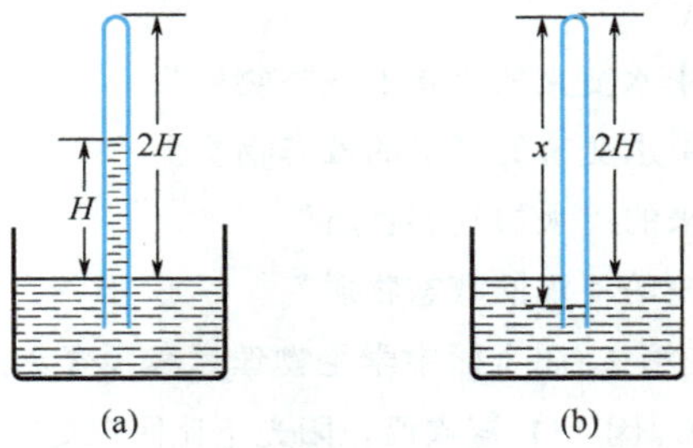

题 6.13 图

***6.14** 向装有冰的容器里倒入一定量的温水，希望达到某预设温度 t(℃). 原先容器中冰的质量为 m，温度为 t_0=0℃. 若倒入的温水的温度为 t_1 = 30℃、质量为 m_1=30g，达到的温度为预设温度的一半，即 t/2；然后又继续添加 m_2=4g 的这种温水后才达到预定温度. 假设容器不吸热，倒水时没有热量损耗，试求原先冰的质量 m 和预设温度 t. 已知冰的熔化热为 $\lambda=3.4\times10^5\,\text{J}\cdot\text{kg}^{-1}$，水的比热为 c=4200 J·kg^{-1}·K^{-1}.（本题考查相变潜热.）

6.15 容器内装有质量为 m 的 t=0℃的水，若将容器中的气体快速抽走，会导致水的急剧汽化，剩下的水全部凝固结冰，其质量为 m'. 求冰与原先水的质量之比 m'/m. 已知水在 0℃时的汽化热为 $L=2.8\times10^6\,\text{J}\cdot\text{kg}^{-1}$，冰的熔化热为 $\lambda=3.4\times10^5\,\text{J}\cdot\text{kg}^{-1}$.（本题考查相变潜热.）

6.16 一个质量 m_1=200g 的密封铜制容器由两根管子与外界相连. 在该铜容器中放一些冰块，待温度平衡后倒出一些熔化的水，发现容器里还有 m_2=20g 的冰. 这时从一根管子里通入 t_2=100℃的水蒸气，与容器内的冰混合接触后再从另外一根管子逸出，逸出的水蒸气还是100℃，由于水蒸气的作用，铜容器中的冰完全熔化，变成 t_3=40℃的水，问这些水的质量 m 是多少？已知冰的熔化热为 $\lambda = 3.4\times10^5\,\mathrm{J\cdot kg^{-1}}$，铜的比热为 c_1=388J · kg^{-1} · K^{-1}. 水的汽化热为 $L = 2.26\times10^6\,\mathrm{J\cdot kg^{-1}}$，水的比热为 c= 4200 J·kg^{-1}·K^{-1}.（本题考查相变潜热.）

6.17 量热器采用比热为 c_0=840 J·kg^{-1}·K^{-1}的材料制成，其质量为 m_0=90g，容器内部盛有 t_0=10℃、质量为 m_1=500g 的水. 今同时加入 t_1=0℃的冰和 t_2=100℃的水蒸气，其中冰的质量 m_2=100g，水蒸气的质量为 m_3=50g，混合后的温度 t 是多少？已知冰的熔化热为 $\lambda = 3.4\times10^5\,\mathrm{J\cdot kg^{-1}}$，水的比热是 c_1=4200 J·kg^{-1}·K^{-1}，水的汽化热为 $L = 2.26\times10^6\,\mathrm{J\cdot kg^{-1}}$.（本题考查相变潜热.）

6.18 将铁球加热到 t_1=100℃后，置于 t_2=0℃的大冰块上，若铁球放出的热量的 $\eta = 90\%$ 被冰块吸收，使其熔化为0℃的水，那么铁球能陷入冰块的最大深度是多少？已知铁球的半径 r=1cm，铁的比热容 c=470 J·kg^{-1}·K^{-1}，冰的密度 $\rho_0 = 9\times10^2\,\mathrm{g\cdot m^{-3}}$. 铁的密度 $\rho = 7.8\times10^3\,\mathrm{kg\cdot m^{-3}}$.（本题考查相变潜热.）

6.19 两个横截面相同的圆柱形绝热量热器 A 和 B，A 装有高度为 h=0.25m 的冰，B 装有同样高度、温度 t_1=10℃的水，今将 B 中的水倒在 A 中的冰上，记录下刚倒入时的总高度. 经过一段时间达到热平衡后，冰和水总高度的位置比刚才记录的高度升高了Δh=0.005m，试问冰的初始温度 t_0 是多少？已知冰的密度 $\rho = 9\times10^2\,\mathrm{kg\cdot m^{-3}}$、冰的熔化热 $\lambda = 3.4\times10^5\,\mathrm{J\cdot kg^{-1}}$，冰和水的比热分别是 c_0= 2100 J·kg^{-1}·K^{-1}、c_1=4200 J·kg^{-1}·K^{-1}.（本题考查相变潜热.）

6.20 CO_2 气体等温压缩到 70atm，变成了液体. 继续增高压强，则成为干冰，其温度为−78℃. 1atm 环境下，手拿干冰，立即升华为气体. 干冰可以制造出腾云驾雾的效果，还可以灭火. 试由三相图来分析其原理.（本题考查三相图.）

6.21 在例 6.12 中，根据三相点的数据，计算水蒸气的密度. 把冰熔化成水的过程，看成冰升华为水蒸气，然后再液化的过程，则只需要考虑冰的升华和水的汽化. 据此计算最终的冰、水、汽的质量.（本题考查三相点.）

***6.22** 在 T=260K 时，液态氟利昂的密度 $\rho = 1.44\times10^3\,\mathrm{kg\cdot m^{-3}}$，饱和蒸气压 $p_s = 2.08\times10^5\,\mathrm{Pa}$. 在该温度下等温压缩质量 m=2kg 的氟利昂，压缩前后的体积分别为 V_0=0.19m^3 和 V=0.10m^3，试求压缩过程中，被液化的氟利昂的质量. 已知氟利昂的摩尔质量 $\mu = 121\,\mathrm{g\cdot mol^{-1}}$. 氟利昂的饱和蒸气可以看成理想气体.（本题考查相变，第 9 届全国中学生物理竞赛决赛第 6 题.）

第 7 章　弱耦合系统中的玻尔兹曼分布律

我们知道，宏观物质是由大量分子(原子、离子等其他微观粒子，为方便起见，下文统一用分子或粒子来表示)组成的，分子时时刻刻都在做无规则的热运动. 分子动理论是热学的一种微观理论，它通过分子的运动来解释物质的宏观热性质. 在前面的章节我们学习了分子动理论的基本概念、定律和知识，包括布朗运动、阿伏伽德罗定律、气体分子的特征参数(包括气体的分子数密度、平均间距、大小)、分子间的相互作用力及其作用势能(力心点模型、苏则朗模型、刚球模型、质点模型)、气体分子热运动时分子间的碰撞(平均自由程和碰撞频率). 我们还知道分子运动可以通过速率或速度分布函数来表征，那么这些函数具体的数学表达式是什么样的？在空间的分布又是如何？本章我们来学习这方面的内容.

7.1 节与 7.2 节将介绍弱耦合系统的概念，给出弱耦合系统中微观粒子满足的玻尔兹曼分布律；7.3 节在不考虑速度分布只考虑空间位置的情况下，描述重力场中微粒按高度的分布；7.4 节则在不考虑空间分布只考虑速度分布的情况下，阐述麦克斯韦速度及速度分量分布律；进一步地，只考虑速度大小即速率时，7.5 节给出麦克斯韦速率分布律；7.6 节给出相对于最概然速率时的麦克斯韦速度与速率分布律的表达式；7.7 节介绍麦克斯韦速率分布律的应用.

本章思维导图如下：

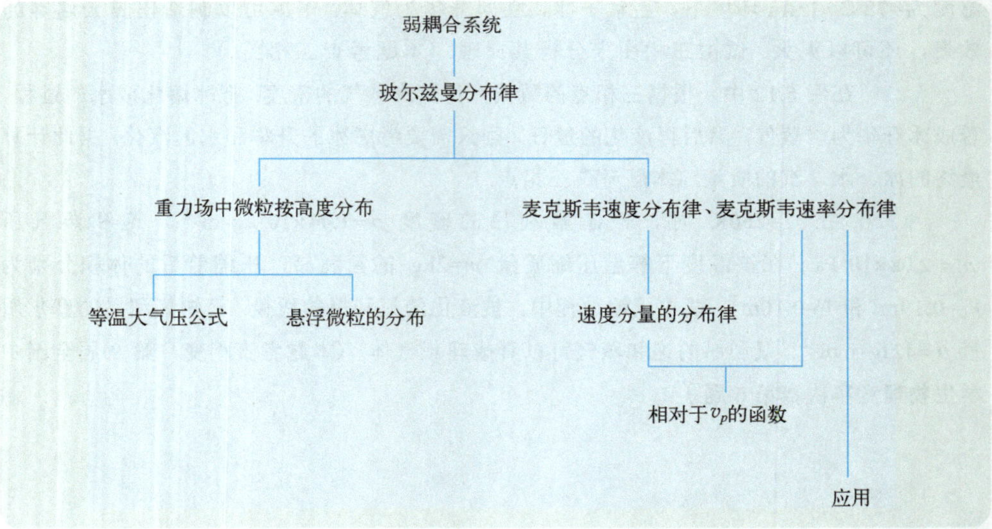

7.1　弱耦合系统中的分子

7.1.1　弱耦合系统

对于某个热力学系统，如果分子之间的相互作用很弱，则称之为弱耦合系统. 弱耦合系统中，分子数密度较低，平均自由程较大. 在任何时刻，系统中相互之间只有极少部分的分子处于相互作用的力程范围以内，而绝大多数分子因为离得较远，分子之间的相互作用很微小，或者说分子之间的耦合很弱，往往可以忽略. 所以，每个分子的能量只由自身的状态所决定，而与其他分子的运动状态无关. 也就是说，弱耦合系统可以看作是由几乎完全独立的分子所组成的，系统的总能量就是各个分子的能量之和. 对于理想气体，则是分子间没有任何作用势能的系统(弱耦合系统的特例).

7.1.2　几何空间与速度空间

任何一个分子处在几何空间中的某点，用直角坐标 $P(x,y,z)$ 或者用球坐标 $P(\rho,\theta,\varphi)$ 可表示其位置. 直角坐标系中，其位矢为：$\boldsymbol{r}=\hat{\boldsymbol{e}}_x x+\hat{\boldsymbol{e}}_y y+\hat{\boldsymbol{e}}_z z$. 由 $x\sim x+\mathrm{d}x$ 、 $y\sim y+\mathrm{d}y$ 、$z\sim z+\mathrm{d}z$ 构成的一个微小体积元的体积为 $\mathrm{d}V=\mathrm{d}x\mathrm{d}y\mathrm{d}z$ ，如果系统的体积为 V ，总分子数为 N ，则在这个微小体积元 $\mathrm{d}V$ 中的分子数 $\mathrm{d}N$ 占总分子数 N 的比率为：$P_s=\dfrac{\mathrm{d}N}{N}=\dfrac{n\mathrm{d}V}{N}=\dfrac{n\mathrm{d}x\mathrm{d}y\mathrm{d}z}{N}$ ，这也就是分子位于 $\mathrm{d}V$ 中的概率，这里 n 是空间的分子数密度. 在球坐标系中，体积元为 $\mathrm{d}V=r\sin\theta\mathrm{d}\theta\mathrm{d}\varphi$.

速度矢量在直角坐标系下可以表示为: $\boldsymbol{v}=\hat{\boldsymbol{e}}_x v_x+\hat{\boldsymbol{e}}_y v_y+\hat{\boldsymbol{e}}_z v_z$. 可以类比于几何空间，称之为速度空间. 由 $v_x\sim v_x+\mathrm{d}v_x$ 、 $v_y\sim v_y+\mathrm{d}v_y$ 和 $v_z\sim v_z+\mathrm{d}v_z$ 构成的一个微小的速度“体积”元，其“体积”为 $\mathrm{d}\tau=\mathrm{d}v_x\mathrm{d}v_y\mathrm{d}v_z$.

位于 $x\sim x+\mathrm{d}x$ 、$y\sim y+\mathrm{d}y$ 和 $z\sim z+\mathrm{d}z$ 几何空间，并且速度为 $v_x\sim v_x+\mathrm{d}v_x$ 、$v_y\sim v_y+\mathrm{d}v_y$ 和 $v_z\sim v_z+\mathrm{d}v_z$ 的分子，可以说成是位于 $\mathrm{d}\omega=\mathrm{d}x\mathrm{d}y\mathrm{d}z\mathrm{d}v_x\mathrm{d}v_y\mathrm{d}v_z$ 的分子. 几何空间和速度空间是兼容的，位于 $x\sim x+\mathrm{d}x$ 、 $y\sim y+\mathrm{d}y$ 和 $z\sim z+\mathrm{d}z$ 空间的分子，可以有各种各样的速度，反之，速度为 $v_x\sim v_x+\mathrm{d}v_x$ 、 $v_y\sim v_y+\mathrm{d}v_y$ 和 $v_z\sim v_z+\mathrm{d}v_z$ 的分子，可以在任何空间.

7.2　玻尔兹曼分布律

7.2.1　玻尔兹曼分布律的一般表达式

对于给定总粒子数和总能量的弱耦合系统，1877 年玻尔兹曼提出：若系统所含粒子总数为 N，在温度为 T 的条件下，在小体积元 $\mathrm{d}\omega_i$ 中(几何空间以

及速度空间体积元)，能量为ε_i的粒子数N_i占总粒子数N的概率为

$$P_i=\frac{N_i}{N}=\frac{e^{-\varepsilon_i/kT}d\omega_i}{\sum_i e^{-\varepsilon_i/kT}d\omega_i}=\frac{e^{-\varepsilon_i/kT}d\omega_i}{Z} \tag{7.2.1}$$

式中，$Z=\sum_i e^{-\varepsilon_i/kT}d\omega_i$称为配分函数(partition function)；k为玻尔兹曼常量；T为热力学温度. 当能量连续变化时，上述求和改为积分. 式(7.2.1)称为玻尔兹曼分布律.

【例 7.1】某物质中，单位体积内有N_0个磁原子，置于磁场$\boldsymbol{B}$中，每个磁原子的磁矩为$\boldsymbol{\mu}_0$，其取向向上或向下(平行或反平行于外场$\boldsymbol{B}$)，温度为T，试问磁原子的磁矩沿磁场$\boldsymbol{B}$方向的总磁距M为多少？在温度很高和很低时，对得到的磁矩进行简化.

【解】一共有N_0个磁原子，其中一部分向上，一部分向下. 向上的概率和向下的概率由玻尔兹曼分布律得出.

当磁矩平行于磁场$\boldsymbol{B}$时，$\mu=\mu_0$，磁能为

$$\varepsilon_+=-\mu_0 B$$

当磁矩平行于磁场$\boldsymbol{B}$时，$\mu=-\mu_0$，磁能为$\varepsilon_-=\mu_0 B$.

根据玻尔兹曼分布律，粒子具有ε_+磁能的概率为

$$P_+=\frac{e^{-\varepsilon_+/kT}}{e^{-\varepsilon_+/kT}+e^{-\varepsilon_-/kT}}=\frac{e^{\frac{\mu_0 B}{kT}}}{Z}=\frac{e^{\alpha}}{Z}$$

式中，$\alpha=\dfrac{\mu_0 B}{kT}$，$Z=e^{\alpha}+e^{-\alpha}$.

根据玻尔兹曼分布律，粒子具有ε_-磁能的概率为

$$P_-=\frac{e^{-\varepsilon_-/kT}}{e^{-\varepsilon_+/kT}+e^{-\varepsilon_-/kT}}=\frac{e^{-\frac{\mu_0 B}{kT}}}{Z}=\frac{e^{-\alpha}}{Z}$$

总磁矩为

$$M=\mu_0 N_0 P_+-\mu_0 N_0 P_-=\mu_0 N_0(P_+-P_-)=\mu_0 N_0\left(\frac{e^{\alpha}}{Z}-\frac{e^{-\alpha}}{Z}\right)$$

$$=\mu_0 N_0\frac{e^{\alpha}-e^{-\alpha}}{e^{\alpha}+e^{-\alpha}}=\mu_0 N_0 \tanh\alpha$$

当$kT\gg\mu_0 B$时，即高温时，$\alpha=\dfrac{\mu_0 B}{kT}\to 0$，

$$M=\mu_0 N_0\frac{e^{\alpha}-e^{-\alpha}}{e^{\alpha}+e^{-\alpha}}=\mu_0 N_0\frac{(1+\alpha+\cdots)-(1-\alpha+\cdots)}{(1+\alpha+\cdots)+(1-\alpha+\cdots)}=\mu_0 N_0\alpha=\frac{N_0\mu_0^2 B}{kT}$$

令 $\chi = \dfrac{N_0 {\mu_0}^2}{kT}$ 为磁化率，则 $M = \chi B$．χ 反比于温度 T，该规律称为居里定律．

当 $kT \ll \mu_0 B$ 时，即低温时，$\alpha = \dfrac{\mu_0 B}{kT} \to \infty$，$\mathrm{e}^{-\alpha} \to 0$

$$M = \mu_0 N_0 \frac{\mathrm{e}^{\alpha} - \mathrm{e}^{-\alpha}}{\mathrm{e}^{\alpha} + \mathrm{e}^{-\alpha}} = \mu_0 N_0 \frac{\mathrm{e}^{\alpha} - 0}{\mathrm{e}^{\alpha} + 0} = \mu_0 N_0$$

7.2.2　六维空间体元中的分子数

弱耦合气体系统，气体分子质量为 m，位置为 (x,y,z)、速度在 (v_x, v_y, v_z) 附近——即位置介于 $x \sim x+\mathrm{d}x$、$y \sim y+\mathrm{d}y$ 和 $z \sim z+\mathrm{d}z$，以及速度介于 $v_x \sim v_x+\mathrm{d}v_x$、$v_y \sim v_y+\mathrm{d}v_y$ 和 $v_z \sim v_z+\mathrm{d}v_z$ 的分子，其能量为 ε，在 $(x,y,z;\ v_x, v_y, v_z)$ 附近的六维（几何空间三维、速度空间三维）体元为

$$\mathrm{d}\omega = \mathrm{d}x\mathrm{d}y\mathrm{d}z\mathrm{d}v_x\mathrm{d}v_y\mathrm{d}v_z \tag{7.2.2}$$

任一个体元 $\mathrm{d}\omega$ 内的分子数 a_l，记为 $\mathrm{d}N_\omega$．考虑到分子的位置和速度的值都是连续变化的，式(7.2.1)中的求和应该写为积分，经计算后可以得到

$$\mathrm{d}N_\omega = n_0 \left(\frac{m}{2\pi kT}\right)^{\frac{3}{2}} \mathrm{e}^{-\frac{\varepsilon}{kT}} \mathrm{d}x\mathrm{d}y\mathrm{d}z\mathrm{d}v_x\mathrm{d}v_y\mathrm{d}v_z \tag{7.2.3}$$

式中，T 为热力学温度；k 为玻尔兹曼常量；n_0 为在 $z=0$ 处具有各种可能速度的分子数密度，并取 $z=0$ 处为重力势能零点；ε 为分子的能量．

7.3　重力场中微粒按高度的分布

科学是为了人类而服务的，科学研究的主要对象是人类身边的和人们关注的自然与社会现象．我们生活在地球上，地球表面笼罩着大气，远离地表的大气比靠近地表的大气稀薄，出现这种自然现象的原因是什么呢？

7.3.1　大气分子数密度

地球是一个重力场，气体分子和各种微粒在重力场中会受到重力的影响．对于地球表面上一定高度范围内的体积不大的系统，其内部微粒所受到的重力可以认为不变．但是对于大气，其垂直高度有上百公里，在不同高度处受到的重力是不同的．我们现在来讨论重力场中的气体分子的分布情况．

现在，不考虑速度的分布，也就是说，各种速度的分子都考虑在内，从数学上就是对式(7.2.3)中的三个速度分量在正负无穷大范围内进行积分，就可以得到在 z 附近的体积元 $\mathrm{d}x\mathrm{d}y\mathrm{d}z$ 内的分子数

$$\mathrm{d}N_z = \int_{-\infty}^{\infty} \mathrm{d}v_x \int_{-\infty}^{\infty} \mathrm{d}v_y \int_{-\infty}^{\infty} \mathrm{d}v_z n_0 \left(\frac{m}{2\pi kT}\right)^{3/2} \mathrm{e}^{-\frac{\varepsilon}{kT}} \mathrm{d}x\mathrm{d}y\mathrm{d}z \tag{7.3.1}$$

将分子作为质点，其能量包括分子热运动的内能 u 和分子位于一定位置所具有的机械势能 E_p，即 $\varepsilon = u + E_p$. 由于是弱耦合系统，内能中忽略其分子间作用势能，则内能仅仅是分子的平均平动能 ε_k. 因此，位于 z 高度的单个分子的平均能量为分子平均平动能与机械势能之和

$$\varepsilon = \varepsilon_k + E_p \tag{7.3.2}$$

而平均平动能和机械势能分别为

$$\varepsilon_k = \frac{1}{2}mv_x^2 + \frac{1}{2}mv_y^2 + \frac{1}{2}mv_z^2 \tag{7.3.3}$$

$$E_p = mgz \tag{7.3.4}$$

则式(7.3.1)写为

$$\mathrm{d}N_z = \int_{-\infty}^{\infty} \mathrm{e}^{-\frac{mv_x^2}{2kT}}\mathrm{d}v_x \int_{-\infty}^{\infty} \mathrm{e}^{-\frac{mv_y^2}{2kT}}\mathrm{d}v_y \int_{-\infty}^{\infty} \mathrm{e}^{-\frac{mv_z^2}{2kT}}\mathrm{d}v_z n_0\left(\frac{m}{2\pi kT}\right)^{3/2} \mathrm{e}^{-\frac{mgz}{kT}}\mathrm{d}x\mathrm{d}y\mathrm{d}z \tag{7.3.5}$$

积分并化简后可得到

$$\mathrm{d}N_z = n_0\mathrm{e}^{-mgz/kT}\mathrm{d}x\mathrm{d}y\mathrm{d}z \tag{7.3.6}$$

有数学微积分基础的读者可以用下列公式自行证明式(7.3.6)：

$$\int_0^{\infty} \mathrm{e}^{-ax^2}x^{2b}\mathrm{d}x = \begin{cases} \dfrac{1}{2}\sqrt{\dfrac{\pi}{a}}, & b=0 \\ \dfrac{1\cdot 3\cdot 5\cdot\cdots\cdot(2b-1)}{2^{b+1}}\sqrt{\dfrac{\pi}{a^{2b+1}}}, & b=1,2,3,\cdots \end{cases} \tag{7.3.7}$$

在 z 处的分子数密度则是

$$n(z) = \frac{\mathrm{d}N_z}{\mathrm{d}x\mathrm{d}y\mathrm{d}z} = n_0\mathrm{e}^{-mgz/kT} = n_0\mathrm{e}^{-\mu gz/RT} \tag{7.3.8}$$

该式表明，在平衡时，重力场中气体分子在空间中并不是均匀分布的. 越靠近地球表面，分子数密度越大；随着海拔增高，分子数密度呈指数减小. 这正是重力作用与分子自由热运动博弈的结果. 一方面，重力使得气体分子向地面运动；另一方面，无规热运动使得气体分子均匀地分布于它所能达到的空间. 当这两种运动达到平衡时，气体分子数密度就随着高度的增大而减小. 越往高处，分子就越少，大气就越稀薄. 从式(7.3.8)可知，海拔越高，分子数密度越小，从而单位体积的氧气分子也越少，人们会感到呼吸困难. 比如3km 海拔，分子数密度大约只是地面的 70%.

7.3.2 等温大气压公式

对于平衡态大气系统来说，实际上，温度也是随着高度变化的，即 $T = T(z)$，而且不同高度的温度变化规律比较复杂，在第 1 章我们就提到过这一点. 不过，我们可以建立一个等温大气模型，即认为在一定高度范围内，$T(z) = T$ 为常数.

再把大气层当作理想气体，则由方程 $p = nkT$ 可知，等温大气的压强随高度的变化规律为

$$p(z) = n_0 e^{-\frac{mg}{kT}z} \cdot kT = p_0 e^{-\frac{mg}{kT}z} = p_0 e^{-\frac{\mu g}{RT}z} \tag{7.3.9}$$

式中，$p_0 = n_0 kT$，为 $z = 0$ 处的大气压强. 式(7.3.9)叫做等温大气压公式.

在离地表距离不够高的时候，温度按照常数来处理是没有问题的. 当然如果高度很高，则模型就不适用了，比如火箭发射中，不同高度的温度对材料的影响至关重要，就需要考虑更复杂的模型.

式(7.3.8)、式(7.3.9)中，因子 $\dfrac{RT}{\mu g}$ 有长度的量纲，定义

$$H = \frac{RT}{\mu g} = \frac{kT}{mg} \tag{7.3.10}$$

为等温大气标高. 可将式(7.3.8)和式(7.3.9)重写成

$$n(z) = n_0 e^{-z/H} \tag{7.3.11}$$

$$p(z) = p_0 e^{-z/H} \tag{7.3.12}$$

可见，在 $z = H$ 处，大气压强是 p_0 的 $\dfrac{1}{e}$. 式(7.3.11)、式(7.3.12)正是我们在第 2 章给出的式(2.3.5)、式(2.3.6).

若求单位面积、无限高的大气气柱中的分子总数 N，则对式(7.3.11)进行积分

$$N = \int_0^{\infty} n(z) dz = \int_0^{\infty} n_0 e^{-\frac{z}{H}} dz = Hn_0 \tag{7.3.13}$$

该式表明：可将整个大气层设想为环绕地球表面的一层均匀大气，其密度等于地表处大气密度 n_0，其厚度为 H. 在 2.3.2 节中给出过这一结论.

7.3.3　悬浮微粒按高度的分布

等温悬浮液中的布朗粒子数密度也是随着高度的升高而减少的. 设一水平放置的容器中，装有平均密度为ρ_L 的液体，其中悬浮着少量的质量为 m、体积为 V、密度为ρ的布朗粒子. 每个布朗粒子受到向下的重力 mg、向上的浮力$\rho_L Vg = \rho_L \dfrac{m}{\rho} g$，其合力为

$$-mg + \frac{\rho_L}{\rho} mg = -\left(1 - \frac{\rho_L}{\rho}\right) mg = -m^* g \tag{7.3.14}$$

其中，m^*是计入浮力后布朗粒子的等效质量.

等效质量为m^*的布朗粒子在做无规则热运动，相当于在重力场中质量为m^*的“理想气体分子”，在等温时，由式(7.3.8)，这些布朗粒子数密度按高

度的分布为

$$n(z) = n_0 \mathrm{e}^{-(m^* g/kT)z} \tag{7.3.15}$$

【例 7.2】1908 年法国物理学家佩兰利用溶液中悬浮微粒随高度变化的规律，首次测得了阿伏伽德罗常量 N_{A} 的值在 $5.0\times10^{23} \sim 8.0\times10^{23}\mathrm{mol}^{-1}$ 之间. 试根据式(7.3.15)，分析佩兰的实验思路，并推导出阿伏伽德罗常量 N_{A} 的表达式.

【解】式(7.3.15)中，虽然没有 N_{A}，但是 $N_{\mathrm{A}} = \dfrac{R}{k}$，求出了 k，就可以得到 N_{A}. 为了实验精确，可以测量两个不同高度的悬浮液的数密度.

由式(7.3.15)，可以计算出 z_1、z_2 高度处微粒数密度之比

$$\frac{n(z_1)}{n(z_2)} = \mathrm{e}^{-(m^* g/kT)(z_1 - z_2)}$$

两边取对数

$$k = \frac{m^* g(z_2 - z_1)}{T} \ln \frac{n(z_1)}{n(z_2)}$$

则

$$N_{\mathrm{A}} = \frac{R}{k} = \frac{RT}{m^* g(z_2 - z_1)} \ln \frac{n(z_1)}{n(z_2)}$$
$$= \frac{RT\rho}{m(\rho - \rho_{\mathrm{L}}) g(z_2 - z_1)} \ln \frac{n(z_1)}{n(z_2)}$$

根据上式，如果在实验上测得了 $n(z_1)$ 及 $n(z_2)$，就可以计算出阿伏伽德罗常量.

佩兰的实验还确认了物质是由分子组成的，而分子又总是在无规则地热运动着. 佩兰和他的学生肖塞格还验证了爱因斯坦的布朗运动理论中的位移公式. 因为“有关物质不连续结构的研究，特别是沉积平衡的发现”，佩兰获得了 1926 年诺贝尔物理学奖.

7.4 麦克斯韦速度及速度分量的分布律

1.5 节中我们介绍了速度分布函数. 但是并没有给出弱耦合系统中(比如大气)的速度分布函数的具体数学表达式. 本章中我们给出弱耦合系统中的速度分布函数——麦克斯韦速度分布律的具体表达式.

7.4.1 麦克斯韦速度分布律

对位于一定高度的气体系统，只要压强不太高(一两个标准大气压之内)，都可以认为是弱耦合系统，其分子数满足玻尔兹曼分布律，即式(7.2.1). 在

三维速度空间和三维几何空间中，先不考虑分子的几何空间分布，只考虑速度分布，即全几何空间范围(即 x、y、z 从负无穷到正无穷)的速度分布. 将式(7.2.3)对全空间进行积分，并考虑能量满足式(7.3.2)～式(7.3.4)，可得到速度在 $v_x \sim v_x + \mathrm{d}v_x$ 、 $v_y \sim v_y + \mathrm{d}v_y$ 、 $v_z \sim v_z + \mathrm{d}v_z$ 区间的分子数 $\mathrm{d}N_{v_x,v_y,v_z}$

$$\mathrm{d}N_{v_x,v_y,v_z} = \int_{-\infty}^{\infty}\int_{-\infty}^{\infty}\int_{-\infty}^{\infty} n_0 \left(\frac{m}{2\pi kT}\right)^{3/2} \mathrm{e}^{-\frac{\varepsilon_k}{kT}} \mathrm{e}^{-\frac{mgz}{kT}} \mathrm{d}x\mathrm{d}y\mathrm{d}z\mathrm{d}v_x\mathrm{d}v_y\mathrm{d}v_z \tag{7.4.1}$$

由式(7.3.3)及速度分布函数的定义，经简单计算后得到

$$f(v_x,v_y,v_z) = \left(\frac{m}{2\pi kT}\right)^{\frac{3}{2}} \mathrm{e}^{-\frac{m(v_x^2+v_y^2+v_z^2)}{2kT}} = \left(\frac{m}{2\pi kT}\right)^{3/2} \mathrm{e}^{-\frac{mv^2}{2kT}} \tag{7.4.2}$$

这就是弱耦合系统的速度分布函数的具体数学表达式，称为麦克斯韦速度分布律. 以纪念 1859 年麦克斯韦(J. C. Maxwell, 1831～1879 年)最先得到这个函数. 虽然麦克斯韦速度分布律是用概率论推导出来的，理论不够严密，但是结果却和用玻尔兹曼分布律得到的是一样的. 麦克斯韦速度分布律不仅适用于理想气体，也适用于化学纯气体和混合气体等弱耦合系统.

7.4.2　麦克斯韦速度分量的分布函数

由于分子热运动的各向同性，因此速度的三个分量的分布函数 $f(v_x)$、$f(v_y)$ 和 $f(v_z)$ 有相同的函数形式. 因为(由概率论可得到)

$$f(v_x,v_y,v_z) = f(v_x)f(v_y)f(v_z) \tag{7.4.3}$$

再利用式(7.4.2)，不难得出

$$\begin{aligned} f(v_x) &= \left(\frac{m}{2\pi kT}\right)^{1/2} \mathrm{e}^{-mv_x^2/2kT} \\ f(v_y) &= \left(\frac{m}{2\pi kT}\right)^{1/2} \mathrm{e}^{-mv_y^2/2kT} \\ f(v_z) &= \left(\frac{m}{2\pi kT}\right)^{1/2} \mathrm{e}^{-mv_z^2/2kT} \end{aligned} \tag{7.4.4}$$

它们各自随 $|v_x|$、$|v_y|$ 和 $|v_z|$ 的增大而很快衰减，所以出现在被积函数中时，积分上下限可以取作正、负无穷大.

7.4.3　麦克斯韦速度及速度分量分布函数的归一化

三个速度分量分布函数满足归一化条件

$$\int_{-\infty}^{\infty} f(v_x)\mathrm{d}v_x = \left(\frac{m}{2\pi kT}\right)^{1/2} \int_{-\infty}^{\infty} \mathrm{e}^{-mv_x^2/2kT}\mathrm{d}v_x = 1 \tag{7.4.5a}$$

$$\int_{-\infty}^{\infty} f(v_y)\mathrm{d}v_y = \left(\frac{m}{2\pi kT}\right)^{1/2} \int_{-\infty}^{\infty} \mathrm{e}^{-mv_y^2/2kT}\mathrm{d}v_y = 1 \tag{7.4.5b}$$

$$\int_{-\infty}^{\infty} f(v_z)\mathrm{d}v_z = \left(\frac{m}{2\pi kT}\right)^{1/2} \int_{-\infty}^{\infty} \mathrm{e}^{-mv_z^2/2kT}\mathrm{d}v_z = 1 \tag{7.4.5c}$$

总的速度分布函数也是归一化的

$$\begin{aligned}&\int_{-\infty}^{\infty}\int_{-\infty}^{\infty}\int_{-\infty}^{\infty} f(v_x,v_y,v_z)\mathrm{d}v_x\mathrm{d}v_y\mathrm{d}v_z \\ &= \int_{-\infty}^{\infty} f(v_x)\mathrm{d}v_x \int_{-\infty}^{\infty} f(v_y)\mathrm{d}v_y \int_{-\infty}^{\infty} f(v_z)\mathrm{d}v_z = 1\end{aligned} \tag{7.4.6}$$

7.5 麦克斯韦速率分布律

很多情况下，我们只需要考虑速度的大小，即速率的分布情况. 从麦克斯韦速度分布律，可以推导出速率分布律.

7.5.1 麦克斯韦速率分布律的数学表达式

由于分子运动的各向同性，现在不考虑速度的方向，只考虑大小，即只考虑速率，则可以得到麦克斯韦速率分布律，其数学表达式为

$$f(v) = \frac{\mathrm{d}N}{N\mathrm{d}v} = 4\pi v^2 \left(\frac{m}{2\pi kT}\right)^{3/2} \mathrm{e}^{-mv^2/2kT} \tag{7.5.1}$$

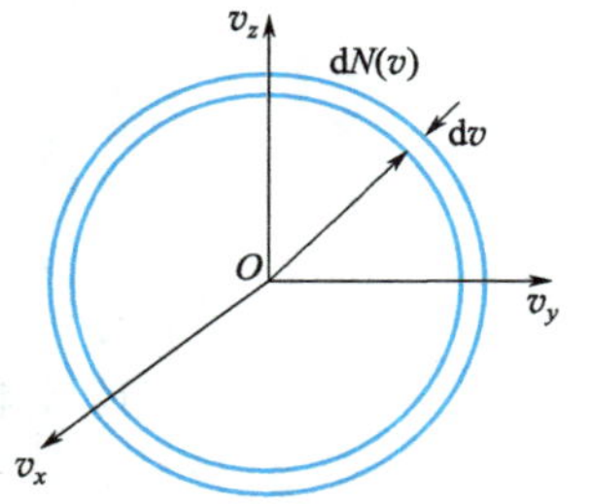

图 7.5.1 速度空间中的薄球壳

麦克斯韦速率分布律可由麦克斯韦速度分布律推导得到. 如图 7.5.1 所示，在速度空间，半径为 v、厚度为 $\mathrm{d}v$ 的薄球壳里的分子数为

$$\begin{aligned}\mathrm{d}N &= Nf(v_x,v_y,v_z)\mathrm{d}v_x\mathrm{d}v_y\mathrm{d}v_z \\ &= Nf(v_x,v_y,v_z)4\pi v^2\mathrm{d}v\end{aligned} \tag{7.5.2}$$

将式(7.4.2)代入上式，即可得到麦克斯韦速率分布律的数学表达式(7.5.1).

【例 7.3】设氢气的温度为 $T = 300\mathrm{K}$，速率在 $2000 \sim 2003\mathrm{m\cdot s^{-1}}$ 的分子数为 N_1，速率在 $1000 \sim 1003\mathrm{m\cdot s^{-1}}$ 的分子数为 N_2，氢气的摩尔质量为 $2\mathrm{g\cdot mol^{-1}}$，试求 $\dfrac{N_1}{N_2}$.

【解】由式(7.5.1)，有

$$\Delta N = N\int_{500}^{501} 4\pi v^2 \left(\frac{m}{2\pi kT}\right)^{3/2} \mathrm{e}^{-mv^2/(2kT)}\mathrm{d}v$$

因为 $\mathrm{d}v$ 较小，v 可以认为是常数，则可以用近似式

$$\Delta N = N4\pi v^2\left(\frac{m}{2\pi kT}\right)^{3/2} e^{-mv^2/(2kT)}\Delta v$$

所以有

$$\frac{N_1}{N_2}=\frac{v_1^2}{v_2^2}e^{-m(v_1^2-v_2^2)/(2kT)}=4$$

7.5.2　麦克斯韦速率分布律的特征

1. 归一化

麦克斯韦速率分布函数也满足归一化条件

$$\int_0^\infty f(v)\mathrm{d}v=1 \tag{7.5.3}$$

2. 麦克斯韦速率分布函数随速率 v 的变化曲线

对于麦克斯韦速率分布函数(7.5.1)，可作出 $f(v)$ 随速率 v 的变化曲线，如图 1.5.3 所示. 图 7.5.2 为某种气体的速率分布曲线，由图可见：①速率很大和很小的分子所占的比例都很小，$f(v)$ 随 v 增大而增加，到一个特殊的速率 v_p 时，开始减小. 当速率趋于无穷大时，分布函数 $f(v)$ 趋于 0，这意味着它出现在被积函数中时，积分上限可取为无穷大. ②在速率 v_p 时，分布函数 $f(v)$ 有一个最大的值，根据定义式：$f(v)\mathrm{d}v=\frac{N}{\mathrm{d}N}$，可知在 $v_p\sim v_p+\mathrm{d}v$ 附近的分子数最多，或者说分子位于这个速率段的概率最大，所以速率 v_p 称为最概然速率. ③对所有的速率求平均，可以得到一个平均速率 $\bar{v}$. ④为了了解速率的涨落，可以用方均根速率来表征.

最概然速率 v_p、平均速率 $\bar{v}$、方均根速率 $\sqrt{\overline{v^2}}$，这三种速率已在 1.5 节给出了其表达式，比较(1.5.3)～(1.5.5)三式，显然有 $v_p<\bar{v}<\sqrt{\overline{v^2}}$.

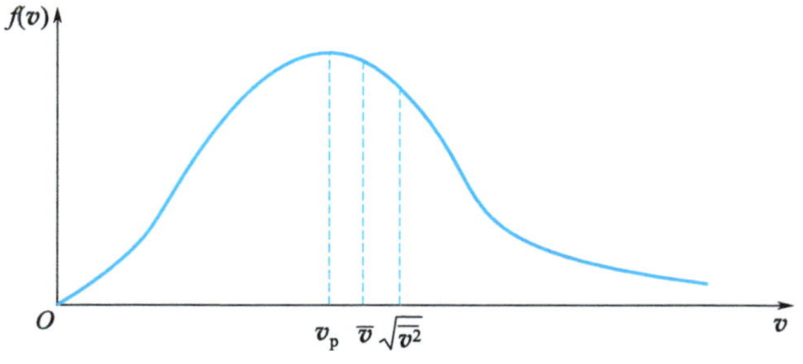

图 7.5.2　麦克斯韦速率分布函数曲线示意图

【例 7.4】根据麦克斯韦速率分布律，推导出最概然速率 v_p、平均速率 $\overline{v}$、方均根速率 $\sqrt{\overline{v^2}}$ 的表达式.

【解】(1)根据最概然速率的定义，可以求出最概然速率 v_p. 令 $\frac{\mathrm{d}f(v)}{\mathrm{d}v}=0$，即

$$\frac{\mathrm{d}f(v)}{\mathrm{d}v}=4\pi\left(\frac{m}{2\pi kT}\right)^{3/2}\left[2v\exp(-mv^2/(2kT)-v^2\frac{m}{kT}v\exp(-mv^2/(2kT)\right]=0$$

得到

$$v_p=\sqrt{\frac{2kT}{m}}=\sqrt{\frac{2RT}{\mu}} \tag{7.5.4}$$

(2)平均速率 $\overline{v}$ 是所有 N 个分子速率的算术平均值，即对 N 个分子的速率求和，再除以 N 即可得到 $\overline{v}$. 在速率区间 $v\sim v+\mathrm{d}v$ 内的分子数为 $\mathrm{d}N=Nf(v)\mathrm{d}v$，由于 $\mathrm{d}v$ 很小，可以认为此小区间内 $\mathrm{d}N$ 个分子的速率均为 v，它们的速率之和就是 $v\mathrm{d}N=vNf(v)\mathrm{d}v$. 将它在 $0\sim\infty$ 整个速率变化范围内积分，便得到 N 个分子的速率总和为 $\int_0^\infty vNf(v)\mathrm{d}v$，再除以 N，就得到每个分子的平均速率

$$\overline{v}=\frac{\int_0^\infty vNf(v)\mathrm{d}v}{N}=\int_0^\infty vf(v)\mathrm{d}v$$

将麦克斯韦速率分布函数代入上式中，有

$$\overline{v}=4\pi\left(\frac{m}{2\pi kT}\right)^{3/2}\int_0^\infty v^3\mathrm{e}^{-mv^2/2kT}\mathrm{d}v$$

令

$$\alpha=4\pi\left(\frac{m}{2\pi kT}\right)^{3/2},\quad \beta=m/2kT$$

则

$$\overline{v}=\alpha\int_0^\infty v^3\mathrm{e}^{-\beta v^2}\mathrm{d}v$$

利用积分公式

$$\int_0^\infty x^{2M+1}\mathrm{e}^{-bx^2}\mathrm{d}x=\frac{1}{2}\frac{M}{b^{M+1}},\qquad (M=0,1,2,\cdots)$$

得到

$$\overline{v}=\alpha\int_0^\infty v^3\mathrm{e}^{-\beta v^2}\mathrm{d}v=\frac{\alpha}{2\beta^2}$$

$$\overline{v}=\sqrt{\frac{8kT}{\pi m}}=\sqrt{\frac{8RT}{\pi\mu}} \tag{7.5.5}$$

(3) 方均根速率 $\sqrt{\overline{v^2}}$ 可以用如下求统计平均值的方法得到

$$\overline{v^2}=\int_0^\infty v^2 f(v)\mathrm{d}v=4\pi\left(\frac{m}{2\pi kT}\right)^{3/2}\int_0^\infty v^4\mathrm{e}^{-mv^2/2kT}\mathrm{d}v=\frac{3kT}{m}$$

所以

$$\sqrt{\overline{v^2}}=\sqrt{\frac{3kT}{m}}=\sqrt{\frac{3RT}{\mu}} \tag{7.5.6}$$

【例 7.5】对于 N_2 气体，绘出 300K 和 900K 时的麦克斯韦速率分布示意图，比较其三种速率的情况.

【解】图 7.5.3 给出了 N_2 气体在 300K 和 900K 时的速率分布函数，可以看出三个速率的大小示意及温度的影响. 三个速率的关系满足：$v_p<\overline{v}<\sqrt{\overline{v^2}}$. 温度高，则三个速率都要高一些.

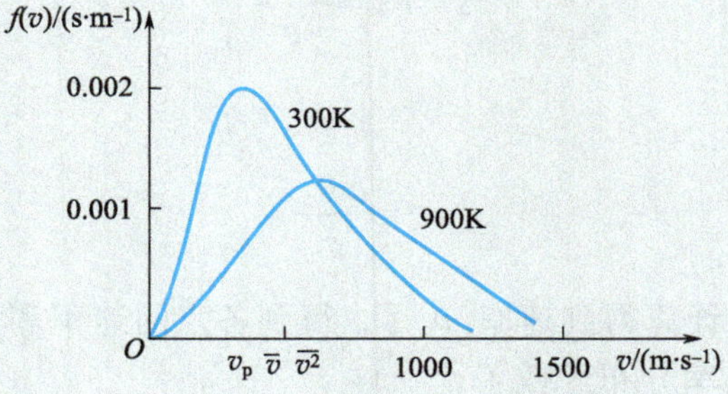

图 7.5.3　N_2 气体的麦克斯韦速率分布曲线

7.5.3　麦克斯韦速率分布律的实验验证

1859 年麦克斯韦在理论上导出了气体分子速率分布律，此后，在气体输运过程、光谱的多普勒展宽、热电子发射等问题中，通过麦克斯韦速率分布律分析得到的理论结果都与实验相符或基本相符，间接验证了麦克斯韦速率分布律的正确性. 不过，直到几十年后，随着实验技术水平的提高，施特恩才首次利用银原子束进行实验，直接验证了麦克斯韦速率分布律. 此后很多科学家做了类似的实验验证. 这里我们介绍其中一个验证实验.

实验装置如图 7.5.4 所示. 容器中装有 Hg 蒸气，Hg 原子从一个狭缝 S_1 中射出，经 S_2、S_3 射向一个弧形玻璃板 P，P 置于开缝圆筒 C 的边缘，并以角速度 ω 旋转. 这样，速率最大的原子将最先到达 P 上的某一点，速率稍微

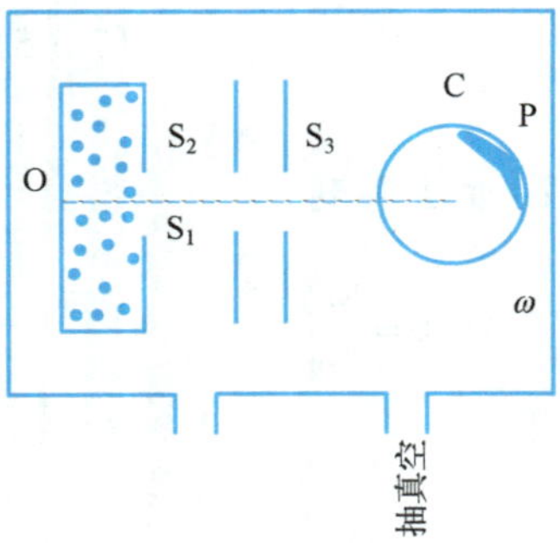

图 7.5.4 施特恩实验装置原理

慢点的，则到达玻璃板时玻璃板已经转动了一个小角度. 随着 P 的旋转，在整个玻璃板上将沉淀出一条银原子弧线，某个速率的银原子多，则沉积深，某个速率的银原子少，则沉积比较浅. 把弧形检测板展开，根据上面各处的银层厚度，就能得知速率在不同区间内的原子数比率.

设圆筒 C 的半径为 R，即圆心到达检测板的距离，速率为 v 的银原子沉积在 Q 处，速率为 $v+\mathrm{d}v$ 的银原子沉积在 Q'处. 速率介于 $v\sim v+\mathrm{d}v$ 的银原子从圆筒中心至玻璃板所需的时间为 $\tau=\dfrac{R}{v}$，在这段时间里，玻璃板转过的角度为

$$\phi=\omega\tau=\omega\frac{R}{v} \tag{7.5.7}$$

因此，$\widehat{QQ'}$ 弧长为

$$s=R\phi=\frac{\omega R^2}{v} \tag{7.5.8}$$

则

$$v=\frac{\omega R^2}{s} \tag{7.5.9}$$

这样，就可以计算得到速率 v 了. 得到各点的速率和沉积的银原子数目后，就可以算出速率分布函数了.

1930～1933 年，我国学者葛正权在美国加州大学伯克利分校参加了分子束研究，与蔡特曼(E. C. Zartman)合作验证了麦克斯韦速率分布律. 他们基本上沿用了施特恩 1920 年的方法，通过反复试验，得到了可靠的实验数据，最终的实验结果很好地验证了麦克斯韦速率分布律.

*7.6 相对于 v_{p} 的速度分量分布函数以及速率分布函数

7.6.1 无量纲的麦克斯韦速度分量分布函数

以速度的 v_x 分量为例，定义一个相对于最概然速率 v_{p} 的无量纲物理量

$$u_x=\frac{v_x}{v_{\mathrm{p}}} \tag{7.6.1}$$

则

$$\mathrm{d}v_x = v_\mathrm{p} u_x \tag{7.6.2}$$

把速度分量 v_x 的分布函数

$$\frac{\mathrm{d}N_{v_x}}{N} = \left(\frac{m}{2\pi kT}\right)^{1/2} \mathrm{e}^{-mv_x^2/(2kT)}\mathrm{d}v_x \tag{7.6.3}$$

换成 u_x 的分布，可以得到

$$\frac{\mathrm{d}N_{u_x}}{N} = \left(\frac{m}{2\pi kT}\right)^{1/2} \mathrm{e}^{-mv_\mathrm{p}^2u_x^2/(2kT)}v_\mathrm{p}\mathrm{d}u_x \tag{7.6.4}$$

再将 $v_\mathrm{p} = \sqrt{\dfrac{2kT}{m}}$ 代入上式，化简后得到

$$\frac{\mathrm{d}N_{u_x}}{N} = \frac{1}{\sqrt{\pi}}\mathrm{e}^{-u_x^2}\mathrm{d}u_x \tag{7.6.5}$$

则有

$$f(u_x) = \frac{\mathrm{d}N_{u_x}}{N\mathrm{d}u_x} = \frac{1}{\sqrt{\pi}}\mathrm{e}^{-u_x^2} \tag{7.6.6a}$$

同理可得

$$f(u_y) = \frac{1}{\sqrt{\pi}}\mathrm{e}^{-u_y^2} \tag{7.6.6b}$$

$$f(u_z) = \frac{1}{\sqrt{\pi}}\mathrm{e}^{-u_z^2} \tag{7.6.6c}$$

其中

$$u_y = \frac{v_y}{v_\mathrm{p}}, \qquad u_z = \frac{v_z}{v_\mathrm{p}} \tag{7.6.7}$$

7.6.2　无量纲的麦克斯韦速率分布律

令 $u = \dfrac{v}{v_\mathrm{p}}$，则 $\mathrm{d}v = v_\mathrm{p}\mathrm{d}u$，代入麦克斯韦速率分布函数，有

$$\frac{\mathrm{d}N_v}{N} = 4\pi\left(\frac{m}{2\pi kT}\right)^{3/2} v^2\mathrm{e}^{-mv^2/(2kT)}\mathrm{d}v \tag{7.6.8}$$

得到关于 u 的函数

$$f(u) = \frac{\mathrm{d}N_u}{N\mathrm{d}u} = \frac{4}{\sqrt{\pi}}u^2\mathrm{e}^{-u^2} \tag{7.6.9}$$

上面之所以将麦克斯韦速率分布函数和速度分量的分布函数改写成相对于最概然速率的无量纲的分布函数，是为了便于进行有关计算.

*7.7 麦克斯韦速率分布律的应用

7.7.1 气体系统单位时间碰到单位面积上的分子数

第 1 章中我们利用简单的模型，得到了在气体系统中单位时间碰到单位面积上的分子个数或次数为 $\Gamma=\frac{1}{6}n\bar{v}$，并利用球坐标求出更精确的结果是：$\Gamma=\frac{1}{4}n\bar{v}$，式中分子数密度为 n，平均速率为 $\bar{v}$. 现在学习了麦克斯韦速率分布律，在直角坐标下也可以证明这个结果.

1. 某个速度 v_i 的分子，在 dt 时间内碰壁的总个数(或碰壁次数)

在 1.3 节中，我们推导了速度为 $\boldsymbol{v}_i$ 的分子数密度为 $n(\boldsymbol{v}_i)$，dt 时间内能够碰到器壁上微元面积 dA 的分子，是在以 $v_{ix}\mathrm{d}t$ 为长度、dA 为底的柱面体中的分子，其总个数是：$N_i=n(v_i)v_{ix}\mathrm{d}t\mathrm{d}A$，而

$$n(v_i)=nf(v)\mathrm{d}v=n\left(\frac{m}{2\pi kT}\right)^{\frac{3}{2}}\exp\left(-\frac{mv_x^2+mv_y^2+mv_z^2}{2kT}\right)\mathrm{d}v_x\mathrm{d}v_y\mathrm{d}v_z \tag{7.7.1}$$

2. 各种速度的分子，在 dt 时间内碰壁的总个数(或碰壁次数)

要计算出碰壁的各种速度的分子，应该在上式中对所有的 v_y、v_z 求积分，并对 $v_x>0$ 的 x 方向(x 反向运动的分子不可能碰壁)的速度求积分，即

$$\begin{aligned}\Delta N&=\iiint N_i=\iiint n(v_i)v_{ix}\mathrm{d}t\mathrm{d}A\\&=n\left(\frac{m}{2\pi kT}\right)^{\frac{3}{2}}\int_0^{\infty}v_x\exp\left(-\frac{mv_x^2}{2kT}\right)\mathrm{d}v_x\int_{-\infty}^{\infty}\exp\left(-\frac{mv_y^2}{2kT}\right)\mathrm{d}v_y\int_{-\infty}^{\infty}\exp\left(-\frac{mv_z^2}{2kT}\right)\mathrm{d}v_z\mathrm{d}t\mathrm{d}A\end{aligned}$$

因为

$$\left(\frac{m}{2\pi kT}\right)^{\frac{1}{2}}\int_{-\infty}^{\infty}\exp\left(-\frac{mv_y^2}{2kT}\right)\mathrm{d}v_y=\int_{-\infty}^{\infty}f(v_y)\mathrm{d}v_y=1$$

$$\left(\frac{m}{2\pi kT}\right)^{\frac{1}{2}}\int_{-\infty}^{\infty}\exp\left(-\frac{mv_z^2}{2kT}\right)\mathrm{d}v_z=\int_{-\infty}^{\infty}f(v_z)\mathrm{d}v_z=1$$

所以

$$\Delta N=n\left(\frac{m}{2\pi kT}\right)^{\frac{1}{2}}\int_0^{\infty}v_x\exp\left(-\frac{mv_x^2}{2kT}\right)\mathrm{d}v_x\mathrm{d}t\mathrm{d}A \tag{7.7.2}$$

因为

$$\int_0^{\infty} v_x \exp\left(-\frac{mv_x^2}{2kT}\right)\mathrm{d}v_x = \frac{kT}{m}$$

所以式(7.7.2)化简为

$$\Delta N = n\left(\frac{m}{2\pi kT}\right)^{\frac{1}{2}}\frac{kT}{m}\mathrm{d}t\mathrm{d}A = n\mathrm{d}t\mathrm{d}A\times\sqrt{\frac{kT}{2\pi m}} = n\mathrm{d}t\mathrm{d}A\times\sqrt{\frac{1}{16}\frac{8kT}{\pi m}} = \frac{1}{4}n\bar{v}\mathrm{d}t\mathrm{d}A \tag{7.7.3}$$

上式中利用了平均速率：$\bar{v}=\sqrt{\frac{8kT}{\pi m}}$.

3. 单位时间、单位面积上的分子数(碰壁次数)为

$$N = \varGamma = \frac{\Delta N}{\mathrm{d}t\mathrm{d}A} = \frac{1}{4}n\bar{v} \tag{7.7.4}$$

又由于

$$p = nkT,\qquad \bar{v} = \sqrt{\frac{8kT}{\pi m}} = \sqrt{\frac{8RT}{\pi\mu}} \tag{7.7.5}$$

所以，单位时间、单位面积上的碰壁数又可以写成

$$\varGamma = \frac{1}{4}\frac{p}{kT}\sqrt{\frac{8kT}{\pi m}} = \frac{p}{\sqrt{2\pi mkT}} \tag{7.7.6}$$

【例 7.6】估算标准状态下空气分子单位时间碰到单位面积上的分子数.(已知空气的摩尔质量为 $29\mathrm{g}\cdot\mathrm{mol}^{-1}$.)

【解】标准状态下，分子数密度 $n=\frac{p}{kT}=2.69\times10^{25}\mathrm{m}^{-3}$，平均速率 $\bar{v}=\sqrt{\frac{8RT}{\pi\mu}}\approx 438\mathrm{m}\cdot\mathrm{s}^{-1}$.

所以，单位时间碰到单位面积上的分子数大约是

$$\varGamma = \frac{1}{4}n\cdot\bar{v} = 3.0\times10^{27}\mathrm{m}^{-2}\cdot\mathrm{s}^{-1} = 3.0\times10^{23}\mathrm{cm}^{-2}\cdot\mathrm{s}^{-1}$$

7.7.2　多普勒谱线展宽

1. 多普勒效应

设波源静止时的频率为 ν_0，探测器如果也是静止的(相对于波源)，则探测到的频率也是 ν_0，但是当波源沿 x 方向以 v_x 接近或远离探测器(或者波源不动，而探测器接近或远离波源)时，探测器接收到的频率将变成

$$\nu = \frac{\nu_0}{1\mp\frac{v_x}{c}} \approx \nu_0\left(1\pm\frac{v_x}{c}\right) \tag{7.7.7}$$

上式的约等于号是考虑到一般情况下满足 $v_x \ll c$ 而做的近似.

从上式可见，波源与探测器相互靠近，则探测到的频率变大，称为蓝移；反之，若二者距离变远，则探测到的频率变小，称为红移.

2．激光的多普勒加宽

在激光器中，发光的分子(原子、离子等，下同)如果固定不动，则探测器接收到的频率是分子固有的发光频率 ν_0. 但是，我们知道，分子本身是在不断运动着的. 在弱耦合气体中，分子运动速度满足麦克斯韦速度分布律，静止时发光频率为 ν_0 的分子，由于相对于探测器的运动速度不同，则根据多普勒效应，探测器测量到的频率就不同.

根据麦克斯韦速度分量分布律，介于 $v_x \sim v_x + \mathrm{d}v_x$ 的分子数比率为

$$f(v_x)\mathrm{d}v_x = \sqrt{\frac{m}{2\pi kT}}\mathrm{e}^{-\frac{mv_x^2}{2kT}}\mathrm{d}v_x \tag{7.7.8}$$

由式(7.7.7)可见，频率 ν 总是与速度 v_x 相对应的，速度 $v_x \sim v_x + \mathrm{d}v_x$ 所对应的频率为 $\nu \sim \nu + \mathrm{d}\nu$. 速度为 $v_x \sim v_x + \mathrm{d}v_x$ 的分子数占总分子数的比率为 $\frac{\mathrm{d}N}{N} = f(v_x)\mathrm{d}v_x$，由于对应关系，频率为 $\nu \sim \nu + \mathrm{d}\nu$ 的分子数占总分子数的比率也是 $\mathrm{d}N/N$.

以 $g(\nu)\mathrm{d}\nu$ 代表辐射频率为 $\nu \sim \nu + \mathrm{d}\nu$ 的发光分子数比率，这里 $g(\nu)$ 是关于频率 ν 的一个函数. 显然有 $g(\nu)\mathrm{d}\nu = \frac{\mathrm{d}N}{N}$，所以

$$g(\nu)\mathrm{d}\nu = f(v_x)\mathrm{d}v_x \tag{7.7.9}$$

对式(7.7.7)求导

$$\mathrm{d}\nu = \pm\frac{\nu_0 \mathrm{d}v_x}{c} \tag{7.7.10}$$

由式(7.7.8)～(7.7.10)，得到

$$g(\nu)\mathrm{d}\nu = \frac{c}{\nu_0}\sqrt{\frac{m}{2\pi kT}}\mathrm{e}^{-\frac{mc^2}{2kT}\left(\frac{\nu-\nu_0}{\nu_0}\right)^2}\mathrm{d}\nu \tag{7.7.11}$$

将 $g(\nu)$ 称为多普勒展宽线型函数. 因为多普勒效应，探测器接收到的不再是一个频率了，而是在中心频率 ν_0 周围展宽了的一段频谱.

7.7.3 泻流

1．泻流及泻流出去的分子数

一个储有气体的容器，在一侧壁上开有一足够小的细孔或狭缝，气体分子将通过细孔或狭缝向外逃逸，当孔(或缝)的尺寸 L 远小于容器内气体的平均自由程 $\bar{\lambda}$ 时，在容器内的分子通过细孔附近空间的一段时间里，是碰不到任何其他分子的. 由于细孔如此之小，逸出的气体总量很小，以至于对容器内气体平衡态的扰动可以忽略不计. 这种气体射出细孔(或狭缝)而不改变容器平衡态的过程称为泻流(effusion).

若孔的面积为 dA，则在 dt 时间内，通过小孔泻流出去的分子数为

$$\mathrm{d}N = \frac{1}{4} n\overline{v}\mathrm{d}t\mathrm{d}A \tag{7.7.12}$$

2．泻流的应用

泻流的应用很广泛，这里举两个例子.

1) 热分子压差

如图 7.7.1 所示，两个储气容器之间，有一截面积为 dA 的很小的小孔，两个容器的温度分别保持为 T_1、T_2，压强为 p_1、p_2，气体的分子数密度及平均速率分别为 n_1、$\overline{v}_1$ 及 n_2、$\overline{v}_2$.

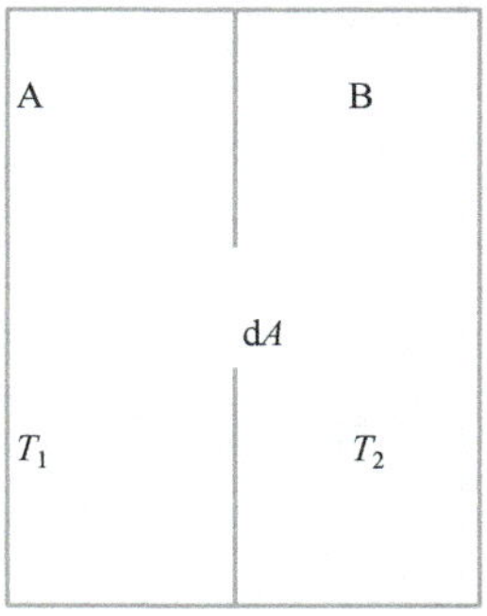

图 7.7.1　通过隔板上小孔的泻流

A、B 中同种气体通过这个小孔以泻流方式交换分子. 经过足够长的时间 dt 后，将建立动态平衡，即由 A 逸出到 B 的分子数等于从 B 逸出到 A 的分子数. 也就是

$$\frac{1}{4} n_1\overline{v}_1\mathrm{d}t\mathrm{d}A = \frac{1}{4} n_2\overline{v}_2\mathrm{d}t\mathrm{d}A$$

其中，$n_i = \dfrac{p_i}{kT_i}$，$\overline{v}_i = \sqrt{\dfrac{8kT_i}{\pi m}}$ $(i = 1, 2)$，易得

$$\frac{p_1}{\sqrt{T_1}} = \frac{p_2}{\sqrt{T_2}} \tag{7.7.13}$$

这种由于两容器温差较大，热端压强高于冷端压强的现象，叫做热分子压差.

2) 同位素分离

在天然铀中，铀-235(^{235}U) 的浓度仅为 0.71%，目前把天然铀中的 ^{235}U 与含量近 99% 的 ^{238}U 这两种同位素分离开来的唯一能够大规模工业生产的方法只有气体扩散法，其原理就是泻流. 左室(称为高压腔)的 UF_6 气体经扩散膜泻流到右边(称之为低压腔). 设 $^{235}UF_6$ 分子及 $^{238}UF_6$ 分子的质量分别为 m_1、m_2，在时间 Δt 内，高压腔的 $^{235}UF_6$ 分子及 $^{238}UF_6$ 分子将泻流到低压腔，理论计算可以得到，低压腔中 $^{235}UF_6$ 的含量略有增加. 令 $\alpha = \sqrt{\dfrac{m_2}{m_1}}$ 为分离系数，用来表征分离效果. 实际上，分离系数还取决于设备结构、膜的特性、流量大小、气流状况等因素，一般不超过 1.002.

通过多级这样的泻流装置，就可以得到高浓度的 ^{235}U. 为了达到 3%的 ^{235}U 浓度，需要一千多个串联起来的扩散级，生产 90%以上的高浓铀则需要成千上万个扩散级. 所以，铀提纯扩散工厂的规模是非常庞大的，而生产高浓缩铀燃料的能力也是一个国家原子能工业水平的标志之一. 目前，我国的铀纯化转化产能已达到万吨级别，并建成了新一代铀浓缩离心机大型商用示范工程，制造水平居世界前列，也是世界上唯一能实现工业规模生产高温气冷堆元件的国家.

【例 7.7】一个容积为 $V=1\text{L}$ 的容器，内装温度 $T=300\text{K}$ 的氩气．氩气的摩尔质量为 $\mu=40\text{g}\cdot\text{mol}^{-1}$．容器壁上开有一个面积 $A=1.0\times10^{-3}\text{cm}^3$ 的小孔，氩气通过小孔逸出，经过多长时间容器里的原子数减少为原先的 1/e?

【解】设 n 为分子数密度，$\bar{v}$ 为平均速度，N 为总分子数．

在 $\mathrm{d}t$ 时间内因为泻流，容器内的分子数的减小量 $\mathrm{d}N$ 为(因为逸出了分子，所以容器内的分子数减少了)

$$-\mathrm{d}N=\frac{1}{4}n\bar{v}A\mathrm{d}t=\frac{N}{4V}\bar{v}A\mathrm{d}t$$

$$-\frac{\mathrm{d}N}{N}=\frac{1}{4V}\bar{v}A\mathrm{d}t$$

初始分子数为 N_1，经过 t 时间后，变为 N_2，进行积分

$$-\int_{N_1}^{N_2}\frac{\mathrm{d}N}{N}=\int_0^t\frac{1}{4V}\bar{v}A\mathrm{d}t$$

$$-\ln\frac{N_2}{N_1}=\frac{1}{4V}\bar{v}At$$

由题意：$\dfrac{N_2}{N_1}=\dfrac{1}{\mathrm{e}}$，所以 $\dfrac{1}{4V}\bar{v}At=1$，

$$t=\frac{4V}{\bar{v}A}=\frac{4V}{A}\sqrt{\frac{\pi\mu}{8RT}}=101\text{s}$$

3．分子射线束

在泻流小孔的容器之外保持足够高的真空度，在小孔外面放置一个或一组准直狭缝，那么，从容器逸出的分子会形成一束分子射线，称之为分子射线束．泻流逸出的分子束的速率分布函数为

$$f_{\mathrm{B}}(v)=\sqrt{\frac{\pi m}{8kT}}v\times4\pi v^2\left(\frac{m}{2\pi kT}\right)^{3/2}\mathrm{e}^{-mv^2/2kT}=\frac{1}{2}\left(\frac{m}{kT}\right)^2v^3\mathrm{e}^{-mv^2/2kT} \tag{7.7.14}$$

还可以求得分子束中的最概然速率、平均速率和方均根速率分别为

$$v_{\mathrm{Bp}}=\sqrt{\frac{3kT}{m}},\quad \bar{v}_{\mathrm{B}}=\sqrt{\frac{9\pi kT}{8m}},\quad \left(\sqrt{\overline{v_{\mathrm{B}}^2}}\right)=\sqrt{\frac{4kT}{m}} \tag{7.7.15}$$

虽然分子射线束的速率分布函数与麦克斯韦速率分布函数不同，但也正是在分子射线束技术发展起来后，从实验上直接验证麦克斯韦速度分布律的理论结果才成为可能．

第 7 章小结

利用同样的技术，还能获得原子射线束以及其他微观粒子射线束，而且由于粒子之间的相互作用可以忽略，因此微观粒子射线束对研究微粒本身的性质，以及某种微粒与其他微粒之间的相互作用具有重要意义，由此推动了分子物理、原子物理、天体物理、气体激光动力学等科学领域的发展．

习　　题

7.1　热力学系统中的分子可近似认为是质点，可用位置坐标 $\boldsymbol{r}$ 和速度 $\boldsymbol{v}$ 来描述分子的状态和行为，也就是说，可以用 (x,y,z) 3 个自由度来描述一个分子的位置坐标 $\boldsymbol{r}$，同时需要用 (v_x,v_y,v_z) 3 个自由度来描述一个分子的速度 v 或动量 $m\boldsymbol{v}$.(1)以位矢 $\boldsymbol{r}$、速度 $\boldsymbol{v}$ 为坐标，作一个图，该图中的每一个点就对应分子的一个运动状态.(2)分子位于 $\boldsymbol{r}\sim\boldsymbol{r}+\mathrm{d}\boldsymbol{r}$、$\boldsymbol{v}\sim\boldsymbol{v}+\mathrm{d}\boldsymbol{v}$ 空间(称为相空间)的“体积”多大？(3)总分子个数为 N，分子位于 $\boldsymbol{r}\sim\boldsymbol{r}+\mathrm{d}\boldsymbol{r}$ 的概率为 P_{s}，位于 $\boldsymbol{v}\sim\boldsymbol{v}+\mathrm{d}\boldsymbol{v}$ 的概率为 P_{v}，则分子位于 $\boldsymbol{r}\sim\boldsymbol{r}+\mathrm{d}\boldsymbol{r}$、$\boldsymbol{v}\sim\boldsymbol{v}+\mathrm{d}\boldsymbol{v}$ 的概率为多少？(本题考查几何空间、速度空间基本概念.)

7.2　对于能量为离散的情况，玻尔兹曼分布律由式(7.2.1)表示，那么对于能量为连续的情况，玻尔兹曼分布律应该写成什么样？(本题考查玻尔兹曼分布律.)

7.3　利用积分公式

$$\int_0^{\infty}\mathrm{e}^{-ax^2}x^{2b}\mathrm{d}x=\begin{cases}\dfrac{1}{2}\sqrt{\dfrac{\pi}{a}}\ , & b=0\\ \dfrac{1\cdot3\cdot5\cdot\cdots\cdot(2b-1)}{2^{b+1}}\sqrt{\dfrac{\pi}{a^{2b+1}}}, & b=1,2,3,\cdots\end{cases}$$

证明式(7.3.6)，即 $\mathrm{d}N_z=n_0\mathrm{e}^{-mgz/kT}\mathrm{d}x\mathrm{d}y\mathrm{d}z$.(本题考查玻尔兹曼分布律.)

7.4　在大气中取一无穷高的直立圆柱体，其截面积为 A，假设圆柱体中的分子总数为 N，试求空气柱在地面的分子数密度 n_0.(本题考查重力场中的微粒分布.)

7.5　对我国新研制的某型号飞机进行飞行测试.飞机起飞前，舱中压力计指示为 0.10MPa，温度为 27℃；起飞后，压力计指示为 0.05MPa，温度仍为 27℃，试计算飞机距地面的高度.已知空气的平均摩尔质量是 $2.89\times10^{-2}\mathrm{kg\cdot mol^{-1}}$.(本题考查等温大气公式.)

7.6　我国有很多名山.(1)最高的珠穆朗玛峰海拔约为 8848m，试问该高度处在 0℃时的大气压为多少？(2)你所在的省份最高山顶的气压是多少？采用等温大气模型.已知空气的平均摩尔质量是 $2.89\times10^{-2}\mathrm{kg\cdot mol^{-1}}$.(本题考查等温大气公式.)

7.7　攀登珠穆朗玛峰时路过一处营地，其海拔为 6700m.如果登山队员在海平面处每分钟要呼吸 17 次，那么他在该营地每分钟要呼吸多少次才能吸入相同质量的空气？在珠穆朗玛峰上呢？已知空气的平均摩尔质量为 $2.89\times10^{-2}\mathrm{kg\cdot mol^{-1}}$，设大气温度处处为 0℃.(本题考查等温大气公式.)

7.8　一氢气球自地面上升.假定地球大气层的温度处处为 $T=300\mathrm{K}$，气球在上升过程中，其内外压强时时相等，求：(1)气球上升过程中半径 r 随高度 z 的变化；(2)当气球上升到 $1.6\times10^3\mathrm{m}$ 高处，其体积比在地面处增大了多少倍？取大气的平均摩尔质量为 $2.89\times10^{-2}\mathrm{kg\cdot mol^{-1}}$.(本题考查等温大气公式.)

7.9　在空气中，烟雾的小颗粒质量为 $10^{-13}\mathrm{g}$ 数量级，它们受到空气分子碰撞也做布朗运动，这可以在显微镜下观察得到.已知空气和烟雾小颗粒的密度分别为 $1.29\mathrm{kg\cdot m^{-3}}$

和 2.58kg·m^{-3} (1)在空气温度为 300K 时，求这种布朗粒子的方均根速率；(2)假如烟雾颗粒是在同样温度下的氢气中做布朗运动，其方均根速率会与在空气中时不同吗？(本题考查重力场中的微粒分布.)

7.10 我国幅员辽阔，某沙漠地区的沙粒质量约为 10^{-19}kg，如果试问这种沙粒能够像空气的分布密度一样分布，试问其等温“沙粒气”的温度的数量级是多少？(本题考查重力场中的微粒分布.)

7.11 某物理量 x 的概率分布函数为 $f(x)=4\pi x^2 A\exp(-ax^2)$，式中 a 和 A 是常数. 试写出 x 的值在 7.9999～8.0001 范围内的概率 P 的近似表达式. (本题考查概率分布函数.)

7.12 试证明麦克斯韦速度分布律的归一化条件. (本题考查麦克斯韦速度分布律.)

7.13 试证明麦克斯韦速率分布律的归一化条件. (本题考查麦克斯韦速率分布律.)

7.14 根据麦克斯韦速度分布函数，计算足够多的点，以 $\dfrac{\mathrm{d}N}{N\mathrm{d}v}$ 为纵坐标，v 为横坐标，对于 1mol 氧气，作出温度为 100K 和 400K 时的 x 方向分子速度分布曲线草图，画在一张图上. (本题考查麦克斯韦速率分布律.)

7.15 根据麦克斯韦速率分布函数，计算足够多的点，以 $\dfrac{\mathrm{d}N}{N\mathrm{d}v}$ 为纵坐标，v 为横坐标，对于 1mol 氧气，作出温度为 100K 和 400K 时的分子速率分布曲线草图，画在一张图上. (本题考查麦克斯韦速度分布律.)

7.16 根据麦克斯韦速率分布律，求速率倒数的平均值 $\overline{\dfrac{1}{v}}$，它是否与 $\dfrac{1}{\bar{v}}$ 相同？(本题考查麦克斯韦速率分布律.)

7.17 两种理想气体组成的混合气体，其分子质量分别为 m_1、m_2，物质的量分别是 ν_1、ν_2，温度为 T. 试求：(1)速率分布函数；(2)平均速率. (本题考查麦克斯韦速率分布律.)

7.18 由麦克斯韦速率分布律推导出按平动能的分布律，并求出最概然动能. (本题考查麦克斯韦速度分布律.)

7.19 求 0℃、1atm 时，1.0cm^3 氮气中速率在 500m·s^{-1} 到 501m·s^{-1} 之间的分子数(在计算中可将 dv 近似地取为 Δv = 1m·s^{-1}). (本题考查麦克斯韦速率分布律.)

7.20 欲验证麦克斯韦分布律和玻尔兹曼分布律是否正确，一种间接的方法是分析化学反应速率和温度的关系；一种比较直接的证明是通过实验验证. 我们在 7.5.3 节给出了一个实验验证，这里再给出另外一个实验验证. 如题 7.20 图所示，A 是装有实验气体的气源，S 和 S′是准直狭缝，它们与气源 A 所开细孔准确无误地呈一直线，B 和 C 是两个开有细槽并相差一个角度 φ 的同轴圆盘，可以绕同一轴以匀角速度 ω 转动，轴线平行于分子束线；P 是探测器，改变 ω 可以比较在不同微观量间隔中的相对分子数. 试问：(1)实验结果给出的是速度分布还是速率分布？(2)原理是什么？(本题考查麦克斯韦速率分布律和玻尔兹曼分布律.)

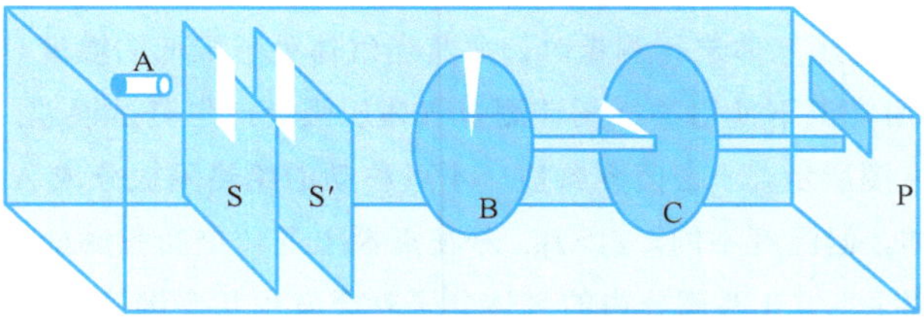

题 7.20 图

7.21　利用麦克斯韦速度分布律,(1)求 $\overline{v_x^2}$；(2)根据压强的微观解释，有 $p=nm\overline{v_x^2}$，式中 n 为分子数密度，m 为分子质量，试推导理想气体的状态方程(压强与温度的关系)；(3)计算 $\overline{v^2}$.(本题考查麦克斯韦速度分布律.)

7.22　证明:麦克斯韦速率分布函数可以写作：$\dfrac{\mathrm{d}N}{\mathrm{d}x}=F(x^2)$，其中 $x=\dfrac{v}{v_{\mathrm{p}}}$，$v_{\mathrm{p}}=\sqrt{\dfrac{2kT}{m}}$，$F(x^2)=\dfrac{4N}{\sqrt{\pi}}x^2\cdot\mathrm{e}^{-x^2}$.(本题考查麦克斯韦速度分布律.)

7.23　对于理想气体，已知分子质量为 m，试问：(1)压强与微观参量的关系？(2)当温度为 T 时，其压强为多少？(本题考查麦克斯韦速度分布律.)

***7.24**　某大容器用一个微小孔的隔板分成两部分，两边装有温度均为 T 的气体，两边压强分别为 p_1、p_2，且 $p_1>p_2$，气体摩尔质量为 μ，小孔的面积为 A，两边气体可以通过该小孔流向另外一边，试计算单位时间通过小孔的气体净质量为多少？设两边温度相同，且保持不变.(本题考查泻流.)

***7.25**　处于低温下的容器壁可以吸附分子，这叫做“低温泵”．现有一个半径为 0.1m 的球形容器，除了容器壁上有一块 $1\mathrm{cm}^2$ 的区域被冷却到 77K 以外，容器其余部分都维持在 300K 温度. 初始时容器中有水蒸气，其压强为 1.33Pa，假设每个水蒸气分子碰到这个冷区都会凝结而吸附，请问需要多少时间才能使得容器内的压强减小到 1.33×10^{-4}Pa？(本题考查热分子压差.)

***7.26**　求速率大于任一给定值 v_0 的气体分子每秒与单位面积器壁的碰撞次数.(本题考查分子热运动.)

***7.27**　发光原子静止时，在光谱仪中将观测到频率为 ν_0 的尖锐光谱线；然而，当发光原子在观测方向上的速度分量 $v_x\neq0$ 时，观测到的谱线将有多普勒展宽.(1)求在光谱仪中观测到的光的平均频率；(2)将多普勒展宽的谱线强度的极大值记为 I_0，求发光强度分布函数 $I(\nu)$；(3)当光来自星体时，试由观测到的多普勒展宽的谱线宽度 $\Delta\nu$ 来确定星体的温度. 已知发光原子的质量为 m.(本题考查麦克斯韦速度分布律的多普勒展宽.)

***7.28**　容器的某一面器壁是分子能够穿透的多孔膜. 因此，容器内的气体可以逸出到容器之外的、始终维持高真空的大容器中. 若容器内充满温度为室温、压强为 p_0 的氦气，则 1 小时后容器内氦气的压强将降为 $p_0/2$；但若容器内装的是压强为 p_0 的氦、氖混合理想气体，且氦、氖质量百分比相等，试问经 1 小时后，氦、氖气体的分子数密度之比 $n_{\mathrm{He}}/n_{\mathrm{Ne}}$ 是多少？设 $\dfrac{\mu_{\mathrm{He}}}{\mu_{\mathrm{Ne}}}=\alpha$.(本题考查泻流.)

*7.29 在对低气压气体进行测量时，尤其当气体处于极低的温度(如液氦 4.25K、液氮温度 77K)时，用常温下使用的气压计测量气体压强会产生测量误差，其原因就是热分子压差. 如题 7.29 图所示，一密闭容器被一不可移动的绝热隔板分成 A、B 两部分，两边储有同种理想气体，但温度不同，$T_A>T_B$. 若在隔板上开一个面积为ΔS的小孔，其尺寸满足泻流的要求，那么 A、B 两部分内的气体分子就会发生相互泻流的现象. 长时间后，整个容器将会建立起新的动态平衡. 若 A、B 分别对应常温和低温环境，分别为 T_A=300K，T_B=77K，试求两边压强之比. 若 T_A=300K，T_B=4.25K，压强之比为多少？(本题考查热分子压差.)

题 7.29 图

*7.30 用气体扩散法进行铀同位素分离，如题 7.30 图所示，可简单分为三个过程.

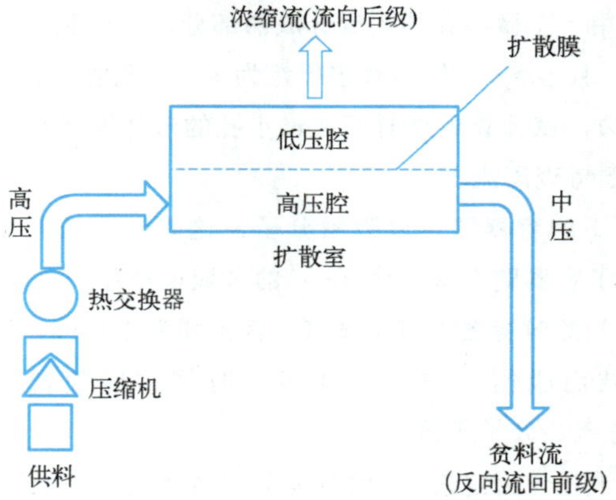

题 7.30 图

(1)供料过程：实验中真正分离的是铀元素的气体分子，因而需要先对天然铀矿石进行冶炼，把它加工成为铀元素的化学浓缩物，再提纯并制备成铀的氧化物，进而转化成为气态的六氟化铀(UF_6). 再把 UF_6 经过压缩机、热交换机后，最后以固定的温度以及相对高的压强进入扩散室.

(2)分离过程：扩散室内选用由金属、陶瓷或塑料(聚四氟乙烯)制作的扩散膜作为分子泻流的工具. 这种扩散膜是个多孔膜，其表面上每平方厘米就分布有几亿个小孔，孔径为 0.01～0.03μm，膜厚为 10～100μm. 扩散膜将扩散室分成了高压腔和低压腔两个部分. 进入扩散室高压腔的 UF_6 经扩散膜会泻流到低压腔区域.

(3)多级串联过程：最简单的多次分离过程就是把上述过程串联起来，每一个扩散过程可称为一个单级扩散. 把上一个扩散室低压腔内的混合气体(称为浓缩流)引出，再经过压缩、热交换机后输入下一个扩散室继续分离同位素；把高压腔内的混合气体(称为贫料流)引回供料过程继续参与同位素分离.

设 UF_6 中的 $^{235}UF_6$ 分子和 $^{238}UF_6$ 分子的质量分别为 m_1 和 m_2，同位素的分离程度可用分离系数 $\alpha=\sqrt{\dfrac{m_2}{m_1}}$ 来表征，试求一次分离和经过 1000 次串联分离后的 α . 已知 $^{235}UF_6$ 分子和 $^{238}UF_6$ 分子的摩尔质量为 $349g\cdot mol^{-1}$ 和 $352g\cdot mol^{-1}$. (本题考查泻流.)

*7.31　若把发生泻流的气体容器置于一个真空环境中，对准泻流小孔放置一个或一组准直狭缝，为了避免发生分子散射现象，在分子束前进方向上的孔和缝的厚度都应该极薄. 如题 7.31 图所示. 从小孔逃逸出来的气体分子，只有极少量才能通过准直狭缝继续前进，而绝大多数分子直接被拦截在准直狭缝以外. 这些逸出准直狭缝的气体分子会做准直很好的定向运动，而且少量的分子之间也不易发生碰撞，就形成了一束分子射线. 计算分子射线的速率分布函数及平均速率和方均根速率. (本题考查泻流.)

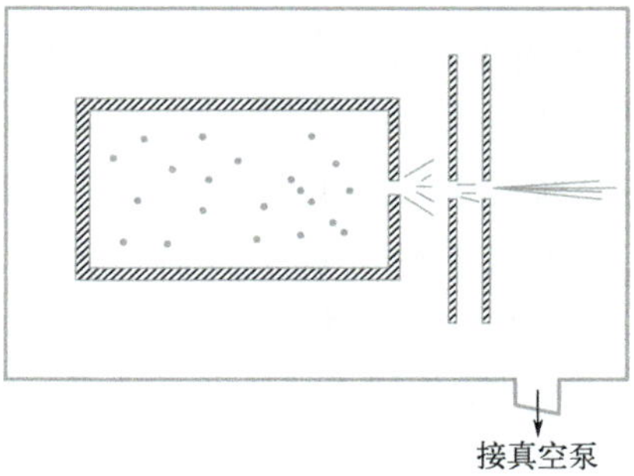

题 7.31 图

第 8 章　输运过程

前面学过平衡态的概念，平衡态下，宏观参量不随时间而变，系统与外界没有物质和能量交换，平衡态是一个理想状态. 当系统从一个平衡态到另外一个平衡态时，中间一定会经历非平衡态. 非平衡态时的分子在不断运动，未达到动态平衡，其宏观参数一直在变化. 这时的系统，宏观参量随时间在变化，或者与外界有物质、能量交换，其微观分子的运动也与平衡态下的有所区别. 处于非平衡态下的系统，我们可以分隔成很多很多微小系统，每个微系统内部处于平衡，但是相邻系统之间的温度、压强等宏观参量不同，分子数密度、分子运动平均速率等参量也不同，因而其分子运动和宏观参量变化有自己的规律，这种系统内部因为物理参量不同而导致的物理量的变化，称为输运过程. 输运过程导致了整个系统参量的变化. 气体在非平衡态下的典型宏观输运过程有黏滞、热传导和扩散这三种.

事实上，输运过程是相当复杂的. 但是通过实验，人们总结出了一些规律. 本节给出黏滞、热传导、扩散三种输运过程的实验定律. 具体地，8.1 节和 8.2 节讲述黏滞现象与扩散现象、各自的物理模型和宏观规律(即牛顿黏滞定律和菲克扩散定律)；8.3 节介绍热传递的三种分类，8.4 节具体叙述热传导现象、物理模型和宏观规律(即傅里叶热传导定律)，8.5 节和 8.6 节介绍热传递的另外两种形式：对流与热辐射，分别给出了几个定律：牛顿冷却定律、斯特藩-玻尔兹曼定律、维恩位移定律.

本章的思维导图如下：

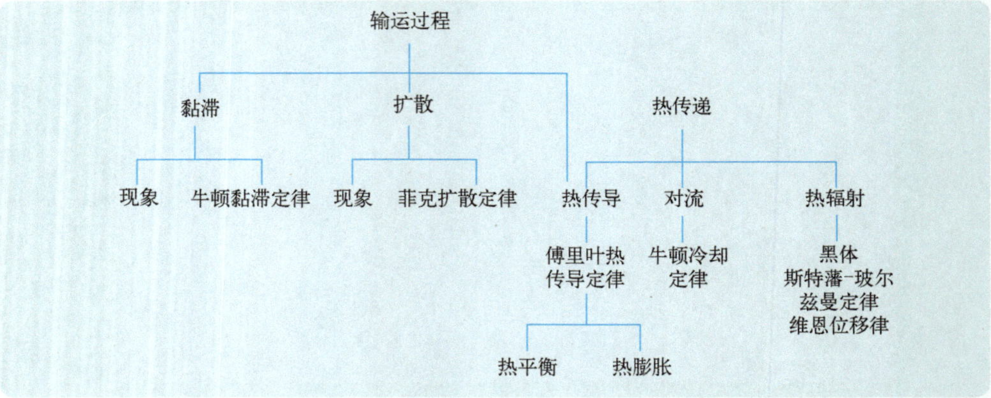

8.1　黏　　滞

8.1.1　黏滞现象

一碗黏稠的粥，倒出一半到另外一只碗里，会发现粥流动时不能像倒水那样畅快，而是有阻滞现象，这就是黏滞. 从油瓶向外倒油，油的黏稠也会导致出现黏滞现象. 水也会有黏滞现象，比如河道中的水流，不同的水层之间会产生黏滞. 事实上，任何流体(包括气体、液体)，都具有黏滞性(viscosity)，流动时会产生黏滞现象.

黏滞现象在生产和生活中非常普遍，雨滴之所以是纺锤形，是因为水珠下降时，会受到空气的黏滞阻力. 石油、天然气管道中石油、天然气等的输送也会有类似的黏滞现象. 黏滞现象可以用于生产和生活中，比如，通过控制液体黏滞现象可以实现加工和包装的自动化，黏性药物可以使之黏附在患者身体上以保证具有长期效果.

黏滞流体的流动情况是相当复杂的，与流体本身的性质、装有流体的容器形状、流体流动的速度等都有关. 流动状态可分为层流与湍流. 黏性流体做分层的平行流动，流体质点的轨迹线清晰不紊乱，相邻的轨迹线彼此稍有差别，并不互相混杂，这就是层流；而流动时流体质点混杂、紊乱并有涡状结构的，则是湍流. 我们只讨论气体做稳恒层流时的黏滞现象.

8.1.2　黏滞现象的物理模型

1. 模型与物理机制

可以将流体分成很多层. 比如天空中定向流动的云朵(含有固体微粒的气体)，可以认为是由很多微小厚度的流层组成的，每个流层的流动速度不同. 各流层的流速有差异，相邻流层间互施切向力，导致流速相对较快的流层被拖慢，而流速相对较慢的流层被拉快. 这就是黏滞的原因.

对于云层(其他流体也一样)，可以建立一个模型. 设云朵平行于地表，作垂直于地表的坐标轴 z，将云朵沿着 z 向分成无数个厚度趋于 0 的微流层，每一层的厚度为 dz，在每一微流层内，流体的流动速率是相同的，但是相邻微流层之间的速率稍有差别.

考察 z 坐标轴的 z_0 处，其上下各有一块彼此平行的无限大平板流层(厚度 $dz \to 0$)，令下板静止，上板以恒定的速率向右做水平运动. 在 z_0 处有一平行于上述两板的流层 dS，由于上层的流动，被施加了一个摩擦力 f，开始运动，而下层也给它一个反向的摩擦力 f'，如图 8.1.1 所示.

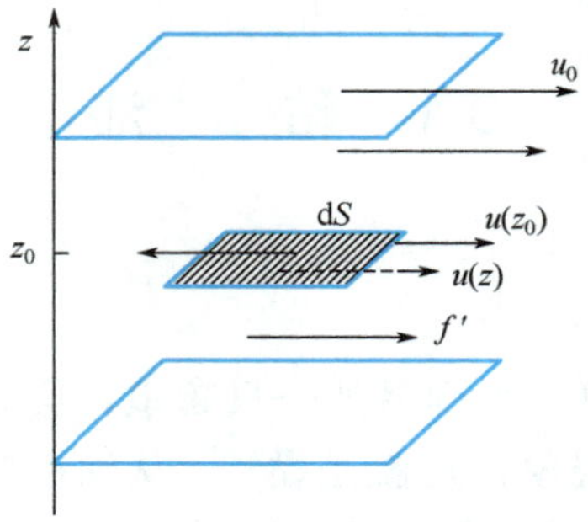

图 8.1.1　气体中的黏滞现象

较快流层向所考察的流层施加向前的拉力，较慢流层施以阻力，这一对力等值反向，阻碍两流层的相对运动，称之为流体的黏滞力或内摩擦力. 这就是黏滞的物理机制.

2. 速率梯度

黏滞作用会使得流体最终达到一种稳定的流动状态，各流层的定向流动速率不再随时间变化，只为流层所在高度 z 的函数，记作 $u(z)$.

z_0 处的两相邻流层的速率梯度为 $\left(\frac{\Delta u}{\Delta z}\right)_{z_0}$，取 Δz 趋于零时的极限，即

$$\lim_{\Delta z\to 0}\left(\frac{\Delta u}{\Delta z}\right)_{z_0}=\left(\frac{\mathrm{d}u}{\mathrm{d}z}\right)_{z_0} \tag{8.1.1}$$

称为速率梯度. 速率梯度反映了各流层速率随空间位置变化的缓急程度.

8.1.3　牛顿黏滞定律

1. 牛顿黏滞定律表达式

对于稳恒层流的气体，通过上面所建立的物理模型，可以得到黏滞力 f 与速率梯度、面积成正比，即

$$|f|=\eta\left|\left(\frac{\mathrm{d}u}{\mathrm{d}z}\right)_{z_0}\right|\Delta S \tag{8.1.2}$$

也就是说，相邻两层之间的黏滞力与流层的面积、速率梯度成正比. 该公式称为牛顿黏滞定律. 式中，$\left(\frac{\mathrm{d}u}{\mathrm{d}z}\right)_{z_0}$ 为高度 z_0 处定向流动沿与流动垂直方向上的速率梯度，ΔS 为面积，系数 η 为黏度.

2. 黏度

黏度的单位是“帕斯卡·秒”或Pa·s. 将两块面积为1m^{2}的板浸于流体中，两板距离为 1m，若在某一块板上加 1N 的切应力，使两板之间的相对速率为

$1m\cdot s^{-1}$，则此流体的黏度为 1Pa·s.

黏度 η 与流体的性质及温度、压强有关. 但是在一定的温度压强范围内，流体的黏度可以认为是常数. 在压强为 101.325kPa、温度为 20℃的条件下，空气、水和甘油的黏度分别为 1.79×10^{-5}Pa·s、1.01×10^{-3}Pa·s、1.499 Pa·s. 黏度主要通过实验测得，常用的黏度计有毛细管式、落球式、锥板式、转筒式等.

3. 牛顿黏滞定律的其他形式

对于 z_0 处相邻流层，因为互施黏滞力，在 dt 时间内，通过 dS 截面、沿 z 轴会有动量的变化，所输运的动量 $\mathrm{d}K = f\mathrm{d}t$，由式(8.1.2)，可得

$$\mathrm{d}K = -\eta\left(\frac{\mathrm{d}u}{\mathrm{d}z}\right)_{z_0}\mathrm{d}S\mathrm{d}t \tag{8.1.3}$$

式中的负号表明动量是从定向流速大到定向流速小的方向传递.

式(8.1.3)还可以写成

$$J_{\mathrm{k}} = -\eta\left(\frac{\mathrm{d}u}{\mathrm{d}z}\right)_{z_0} \tag{8.1.4}$$

式中，J_{k} 为动量通量，它是单位时间内、相邻流层之间在与流层垂直的方向上通过单位面积所转移的沿流层切向的定向动量.

从上面两式可以看出，动量将由流速较高的流层向流速较低的流层转移，所以黏滞现象是定向动量的输运过程.

【例 8.1】泊肃叶定律是法国科学家泊肃叶于 1841 年在研究动脉和静脉中血液流动时得到的. 它表明，为了克服液体的黏性，必须有来自于外部的推力(压强差)，这个力与管道的尺寸、液体的流速有关. 其数学表达式为 $V=\frac{1}{\eta}\frac{\pi r_0^4}{8L}(p_1-p_2)$. 该公式可用于研究黏滞流体在水平细管中流动(层流)时的流量问题，其中 V 是每秒通过细管的不可压缩流体的体积，r_0 是管道的半径，L 为管长，管两端的压强分别是 p_1、p_2，η 是黏度. 由于气体的可压缩性很大，所以当黏滞气体流过细管时，若管道两端压强差不太小，就不能忽略空气的可压缩性. 这样，每秒流过不同截面的气体体积就不一样了. 试证：在等温条件下每秒通过水平细管一截面的气体体积 V 与该处气体压强 p 的乘积满足 $pV=\frac{\pi r_0^4}{16\eta}\frac{(p_1^2-p_2^2)}{L}$.

【证明】由题给泊肃叶公式可知，在管长方向上 dL 的一段距离上，压强差为 dp，所以可以把公式写成微分形式

$$V=\frac{1}{\eta}\cdot\frac{\pi r_0^4}{8}\cdot\frac{\mathrm{d}p}{\mathrm{d}L} \qquad ①$$

两边同时乘以 p 可得

$$pV=\frac{1}{\eta}\cdot\frac{\pi r_0^4}{8}\cdot p\frac{\mathrm{d}p}{\mathrm{d}L} \quad ②$$

对于气体，由 $pV=\nu RT$ 可知，对于一定量的气体，在等温下 pV 是一个常数，设为 C，则有

$$C=\frac{1}{\eta}\cdot\frac{\pi r_0^4}{8}\cdot p\frac{\mathrm{d}p}{\mathrm{d}L} \quad ③$$

整理并对两边积分

$$C\int_0^L \mathrm{d}L=\frac{1}{\eta}\cdot\frac{\pi r_0^4}{8}\cdot\int_{p_1}^{p_2} p\mathrm{d}p \quad ④$$

计算得

$$pV=C=\frac{\pi r_0^4}{16\eta}\cdot\frac{(p_1^2-p_2^2)}{L} \quad ⑤$$

8.2 扩　散

8.2.1 扩散现象

烽火狼烟

将一滴墨水滴到一杯清水里，墨水很快会扩散到整杯水里；炒菜时，盐会浸入到菜或汤里面，菜香的味道会传遍整个房间．这些都是扩散(diffusion)现象．无论是在气相、固相还是液相中，都可以发生扩散．

扩散在科学研究和工业生产中应用广泛．比如，采用熔融法烧制晶体，先将不同成分的化学试剂放在坩埚里，通过高温将其变成液体，各成分通过扩散互相混合．在化工、材料科学、能源和生命科学等领域经常使用扩散剂，以促进物质扩散和提高反应速率．渗碳(碳原子从外界进入钢件表面)、半导体掺杂、陶瓷烧结、粉末冶金、焊接等利用的也都是扩散现象．

扩散可以是同种物质之间的扩散，也可以是不同物质之间的扩散．前者称为自扩散，后者称为互扩散．扩散过程的影响因素很多，尤其是对于互扩散，由于扩散分子的大小、形状不同，扩散速率也不同，扩散过程很复杂．

8.2.2 扩散现象的物理模型

1. 模型与物理机制

扩散的机理与物质分子的热运动相关．当物质中分子(或其他微观粒子)数密度不均匀时，由于分子的热运动，分子就会从数密度高的地方向数密度低的地方迁移．扩散属于物质输运，在工程上简称为“传质”．这种因为分子

的热运动，使得分子扩散到其他地方的行为，称为“分子传质”．比如因为热运动，墨水分子扩散到水分子内部，香水分子扩散到空气中．另一种质量传递方式为“对流传质”，是在运动流体与固体表面之间，或不互溶的两种运动流体之间发生的质量传递．

混合气体中如果压强不均匀，或温度不均匀，也会产生扩散．我们这里不讨论这种扩散，而只考虑气体中数密度不均匀引起的扩散．

2．分子数密度梯度

考虑两种分子(其他微观粒子也同样)组成的混合气体，分子数密度分别为 n_1、n_2，分子质量分别为 m_1、m_2，则它们的质量密度分别为 $\rho_1=n_1m_1$、$\rho_2=n_2m_2$．当分子数密度分布不均匀时，就会发生扩散．

对于两种分子组成的混合气体，其压强和温度不变，但是在 z 轴方向上，两种分子的数密度不均匀，用分子数密度梯度 $\frac{\mathrm{d}n_1}{\mathrm{d}z}$、$\frac{\mathrm{d}n_2}{\mathrm{d}z}$ 来表示两种组分气体不均匀的程度，也可用质量密度梯度 $\mathrm{d}\rho_1/\mathrm{d}z$ 及 $\mathrm{d}\rho_2/\mathrm{d}z$ 表示．由气体状态方程 $p=(n_1+n_2)kT$ 可知，因为系统内 p、T 处处相等，所以必有 (n_1+n_2) 处处相等，即

$$\frac{\mathrm{d}(n_1+n_2)}{\mathrm{d}z}=0 \tag{8.1.5}$$

或者

$$\frac{\mathrm{d}n_1}{\mathrm{d}z}=-\frac{\mathrm{d}n_2}{\mathrm{d}z} \tag{8.1.6}$$

设 z_0 处有一个平面 S，在它上方厚度为 $\mathrm{d}z$ 的平层内，A 气体浓度大，分子会向下流动(假设 z 方向为上下方向)，宏观上质量向下输运；B 气体在 z_0 下方厚度为 $\mathrm{d}z$ 的平层内的浓度大，分子会向上流动，宏观上质量向上输运．由式(8.1.6)可知，在相同时间内，穿过截面 S 净向下流动的第一种气体的分子数目必定等于净向上流动的第二种气体的分子数目．

8.2.3 菲克扩散定律

1．数学表达式

实验表明，一维 z 方向上扩散的粒子流密度 j 与粒子数密度梯度成正比，即

$$j=-D\frac{\mathrm{d}n}{\mathrm{d}z} \tag{8.1.7}$$

该式称为菲克(A. Fick, 1829～1901 年)扩散定律．式中粒子流密度 j 就是单位时间内在单位面积上扩散的粒子数，又称为粒子通量．D 是扩散系数，其单位

为平方米每秒，即 $m^2 \cdot s^{-1}$. 式中的负号表示粒子向粒子数密度小的地方扩散.

对于两种物质之间的互扩散，菲克扩散定律也适用.

$$J_1 = -D_{12}\left(\frac{dn_1}{dz}\right)_{z_0} \tag{8.1.8a}$$

$$J_2 = -D_{21}\left(\frac{dn_2}{dz}\right)_{z_0} \tag{8.1.8b}$$

并且有 $D_{12} = D_{21} = D_{互}$，称 $D_{互}$为互扩散系数.

虽然气体、液体和固体中的扩散机理各不相同，但菲克定律对液体或固体中的扩散同样适用. 气体中的扩散系数一般比液体中的大 10^5 倍，不过因为液体的浓度大，所以气体中的扩散通量只比液体中的高出 100 倍左右. 扩散系数跟温度有很大关系.

2. 菲克扩散定律的其他形式

对式(8.1.7)两边同时乘以粒子质量 m 和扩散截面面积 S，利用粒子流密度 j 的定义(单位时间内在单位面积上扩散的粒子数)以及 $\rho = mn$ 有

$$\frac{dM}{dt} = -D\frac{d\rho}{dz}S \tag{8.1.9}$$

式中，$J_M = \frac{dM}{dt}$ 为质量扩散通量；$\frac{d\rho}{dz}$ 为密度梯度.

相应地，式(8.1.8a)和式(8.1.8b)可改写为

$$J_{M_1} = -D_{互}\left(\frac{d\rho_1}{dz}\right)_{z_0} \tag{8.1.10a}$$

$$J_{M_2} = -D_{互}\left(\frac{d\rho_2}{dz}\right)_{z_0} \tag{8.1.10b}$$

【例 8.2】一长为 L、截面积为 S 的管子里储有标准状态下的 CO_2 气体，一半 CO_2 分子中的 C 原子是放射性同位素 ^{14}C，在 $t = 0$ 时放射性分子密集分布在管子左端，其分子数密度沿着管子均匀地减小，到右端减为零. 设扩散系数为 D，CO_2 摩尔质量为 μ，试问开始时放射性气体的密度梯度是多大？粒子流密度为多少？

【解】由题可知，开始时左端全部是放射性分子，单位体积内分子数为 n，而右端为零，故放射性气体密度梯度

$$\frac{d\rho}{dl} = -\frac{\rho}{L} = -\frac{mn}{L} \quad ①$$

分子质量 m 和标准状态下单位体积的分子数 n 分别为

$$m = \frac{\mu}{N_A} \quad ②$$

$$n = \frac{N_A}{22.4 \times 10^{-3}} \quad ③$$

所以，气体密度梯度为

$$\frac{d\rho}{dl} = -\frac{\mu}{22.4L} \times 10^3 \quad ④$$

由式(8.1.7)，粒子流密度为

$$j = -D\frac{d\rho}{dz}S = -\frac{\mu DS}{22.4L} \times 10^3 \quad ⑤$$

8.3 热 传 递

热传递方式

8.3.1 热传递现象

热力学第二定律说，高温物体的热量会自发地传给低温物体，从而高温物体温度降低. 在生活中，这样的情况俯拾皆是. 比如，从热水瓶中倒一杯热水，将水杯放在凉的桌面上，经过一段时间后，水杯里的水就会变凉. 这里，高温物体(热水)的热量传递给了低温物体(凉的桌面和空气)，这种物理过程称为热传递(heat transfer)，又称为传热. 所谓热传递(或传热)，是指由温度差引起的热能传递现象. 只要在物体内部或物体间有温度差存在，热量就必然从高温向低温传递.

8.3.2 热传递的分类

对于热水变凉这个热传递物理过程，仔细分析，发现有通过接触(水杯和桌面接触，与空气接触)而传递热量的，有因为空气流动而传递热量的(比如用电扇吹热水，热水会更容易变凉)，也有热水本身将热量辐射出去而传递热量的. 这几种过程分别称为热传导、对流、热辐射. 也就是说，热量是可以通过热传导、对流、热辐射这三种方式进行传递的. 图 8.3.1 为三种传热方式示意图.

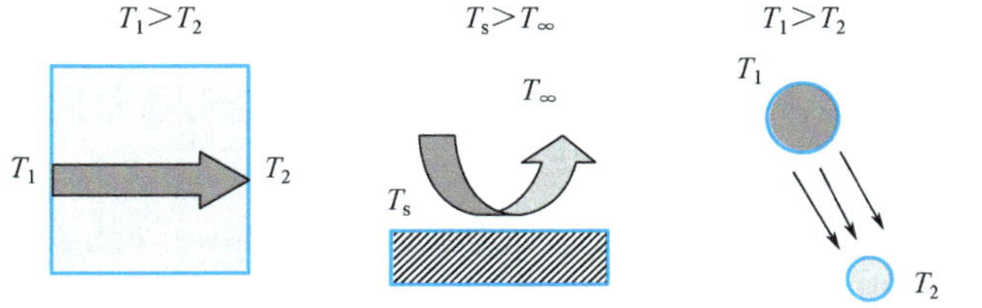

(a) 热传导 (b) 对流 (c) 热辐射

图 8.3.1 热传递的三种方式

一般来说，发生热量传递时，这三种方式总是同时进行的．如图 8.3.2 所示，人站在外面的地上，太阳通过辐射将热量传到人身上，空气流动(图中用电扇表示)通过对流传递热量，人与地面和空气的热量传递则是通过热传导来传递的．在不同条件下，有些方式是主要的，有些是次要的．比如扇扇子时，对流传热是主要的．太阳将热量传递出去，热辐射是主要的．对于炒菜，热传导是主要的传热方式．下面三节我们分别介绍这三种传热方式．

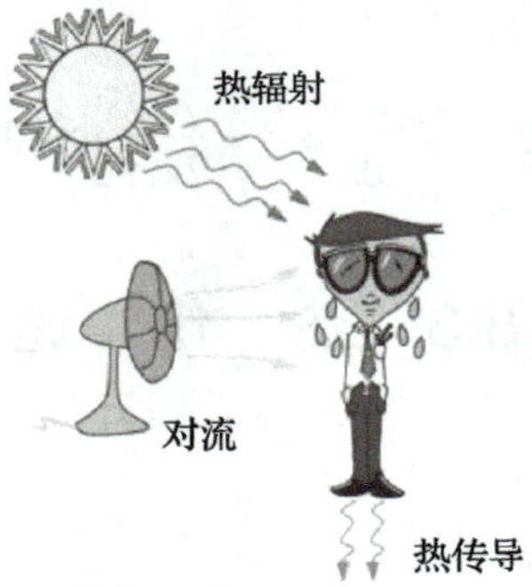

图 8.3.2　热传递的三种方式一般同时进行

8.4 热　传　导

8.4.1 热传导现象

物体或物体系(物体互相接触)由于各处温度不同而引起的热量从温度较高处传递到温度较低处的现象叫热传导(heat conduction)．热传导是热传递的一种方式．热传导的根源是物体内部分子、原子及自由电子等微观粒子的热运动而产生的热量传递．

只要是两个温度不同的系统有热接触，就会有热传导．也就是说，热传导是通过热接触而进行的．同一个系统(物体)，因为其高温部分与低温部分热接触，高温部分就会把热量传给低温部分，从而达到热平衡．比如烧水时，炉火、水壶、水组成的系统中，高温炉火与水壶接触，先将热量传递给水壶，再传递给低温的水；对于水壶中的水这个系统(物体)，其下部温度高、上部温度低，下部的高温水与上部的低温水接触时，会将热量向上传递给它上面的低温水，最终达到整个系统的热平衡．

热传导现象在生活中最常见，比如蒸饭、炒菜、散热器、制冷器等．冬天棉被经过晾晒以后，更多的空气进入到棉花的空隙里，由于空气的导热系数较小，热传导的热量少，因而具有良好的保温性能，盖上晾晒后的棉被后，热量更不容易散失，从而让人感觉更暖和．在工业上，几乎没有一个行业是与热传导没有关系的，为了利用热传导，需要开发导热材料、隔热材料、能源材料等不同的材料，比如核电站里为了使得核反应堆放出的热量尽快转移，往往利用钠钾合金来加快热传导；铸造与切削过程中通过接触热阻与射流冷却进行热传导；碳纳米管在热界面管理方面的应用也正被深入研究.

8.4.2 热传导的物理模型

温度差是引发热传递的根源，因此在研究热传导时，我们需要考虑温度的分布. 一般地，系统的温度是空间坐标和时间的函数. 在某个考察的时间段，设温度分布为稳定状态，即不随时间变化. 这时空间里有一系列等温面，如图 8.4.1 所示，两个圆弧代表等温面，等温面的法向为 z 向，其中一个等温面(z_0 处)温度为 T，另一个等温面 $z_0+\Delta z$ 为 $T+\Delta T$，则

$$\lim_{\Delta z\to 0}\left(\frac{\Delta T}{\Delta z}\right)=\left(\frac{\mathrm{d}T}{\mathrm{d}z}\right)_{z_0} \tag{8.4.1}$$

称为温度梯度. 这时仅沿 z 轴有热量的输运.

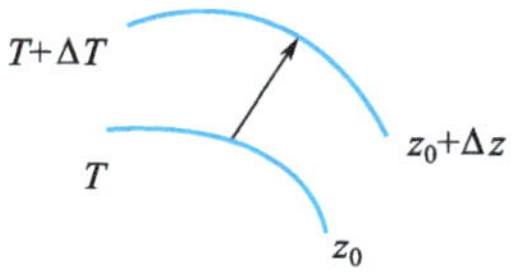

图 8.4.1 空间等温面及温度变化率

8.4.3 傅里叶热传导定律

1. 傅里叶热传导定律的数学表达式

热传导过程中，物体各点的温度不再随时间变化，则此时的导热为稳定导热. 在稳定导热情况下，考虑长度为 Δl，横截面积为 S 的柱状介质，两端截面处的温度差为 ΔT，则热量沿着介质长度方向由高温处向低温处传递，在 Δt 时间内通过横截面 S 所传递的热量为

$$Q=-\kappa\frac{\Delta T}{\Delta l}S\Delta t \tag{8.4.2}$$

式中，Q 为传递的热量；κ 为导热系数；$\dfrac{\Delta T}{\Delta l}$ 为单位长度的温度差，又称为温度梯度；S 为截面积；Δt 为热传导的时间. 式中的“–”号表示热量总是由高温向低温传导. 式(8.4.2)称为傅里叶热传导定律(Fourier's law of heat conduction).

傅里叶(J. Fourier，1768～1830年)，法国科学院院士，数学家、物理学家. 出版了《热的分析理论》，创立了一套数学理论，对19世纪的数学和物理学的发展都产生了深远影响.

傅里叶曾跟随拿破仑远征埃及并担任埃及学院的秘书，长期主持埃及考古资料的整理出版，还担任法国伊泽尔地区的行政长官. 傅里叶1807年写了一篇关于热传导的论文《热的传播》，呈交给了巴黎科学院，但是拉格朗日、拉普拉斯和勒让德审阅后拒绝了. 1811年他再次将修改后的论文呈交，这次获得了科学院大奖. 该论文推出了著名的热传导方程，在求解方程时，发现任一函数都可以展开成三角函数的无穷级数. 傅里叶热传导方程、傅里叶级数、傅里叶分析、傅里叶变换等理论都是根据他的姓氏命名的.

2. 导热系数(热导率)

导热系数(thermal conductivity)，又称热导率，是表征材料的热传导特性的一个参数，是单位时间内单位长度的材料上升或下降单位温度所需要吸收或放出的热量，常用κ表示，其单位为瓦每米开，符号为$W \cdot m^{-1} \cdot K^{-1}$.

导热系数是材料的固有特征参数. 不同的材料，导热系数是不同的，一般来说，金属的导热系数大于非金属固体的，也远大于液体和气体的. 表8.4.1给出了部分材料的导热系数.

蜂窝楼板

表 8.4.1 部分材料的导热系数(除标注外，均为20℃时)

材料	导热系数/$(W \cdot m^{-1} \cdot K^{-1})$	材料	导热系数/$(W \cdot m^{-1} \cdot K^{-1})$	材料	导热系数/$(W \cdot m^{-1} \cdot K^{-1})$
纯铜	386	大理石	2.08～2.94	空气(38℃)	0.027
纯铝	204	水泥	0.76	水蒸气(100℃)	0.0245
纯铁	72.2	玻璃	0.78		

导热系数跟温度也有关系，水在0℃、20℃、100℃时的导热系数分别为$0.561\ W \cdot m^{-1} \cdot K^{-1}$、$0.604\ W \cdot m^{-1} \cdot K^{-1}$、$0.680\ W \cdot m^{-1} \cdot K^{-1}$.

建筑上常采用空心砖，其利用空气的导热系数小来减小热量的传递，起到保温作用.

3. 傅里叶热传导定律的其他形式

单位时间的热量为热功率(或称为热流、热通量)，即

$$P = \frac{Q}{\Delta t} \tag{8.4.3}$$

其单位为瓦，符号为W. 所以式(8.4.3)可以写成

$$P = -\kappa \frac{\Delta T}{\Delta l} S \tag{8.4.4}$$

定义单位面积的热功率，或者单位时间单位面积上流过的热量为热通量密度

（或称为热流密度）

$$\Phi = \frac{P}{S} = \frac{Q}{S\Delta t} \tag{8.4.5}$$

热通量密度的单位为瓦每平方米或焦耳每平方米秒，符号为 $W\cdot m^{-2}$ 或 $J\cdot m^{-2}\cdot s^{-1}$.

根据式(8.4.4)、式(8.4.5)，傅里叶热传导定律还可以写成

$$\Phi = -\kappa\frac{\Delta T}{\Delta l} \tag{8.4.6}$$

对于温度分布均匀的柱体，柱体长度为 L，柱两端温度差为 ΔT，根据傅里叶热传导定律，在 Δt 时间内的传热为

$$Q = -\kappa\frac{\Delta T}{L}S\Delta t = -K\Delta T\Delta t \tag{8.4.7}$$

或写成单位时间的热量(即热功率或热通量)与温差成正比

$$P = \frac{Q}{\Delta t} = -K\Delta T \tag{8.4.8}$$

这里 K 是与传热材料相关的一个系数.

【例 8.3】如图 8.4.2 所示，正方形截面的高直容器被隔板分成三个部分，大间里装有温度为 t_1=65℃的热汤，两小间分别装有 t_2=35℃的糖果汁和 t_3=20℃的饮料，它们的高度相同. 容器外壁隔热良好，内隔板的厚度相同且是由同一种导热性不太好的材料制成的，经过一段时间后，热汤的温度降低了 1℃，可以认为所有这些液体实质上是水，试问在这段时间内其余两小间里液体的温度变化是多少？

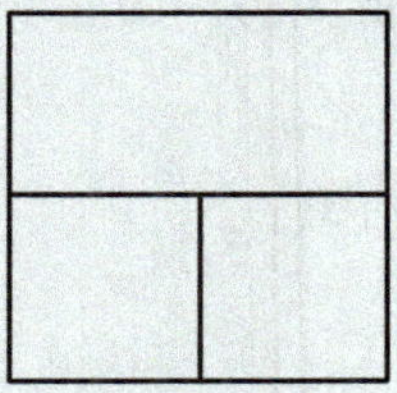

图 8.4.2 例 8.3 图

【分析】单位时间内传递的热量与接触面积及温差成正比. 本题中，三种液体接触面积相同，所以只跟温差成正比. 可以写出汤、果汁、饮料三个系统中每两者传递的热量. 考虑到热平衡，整个体系(汤、果汁、饮料三个系统组成的体系)的吸热和放热是相等的，根据热平衡方程，可计算得到结果.

【解】本题中，三种液体接触面积相同，且液体实质上都认为是水，各小容器高度又相同，所以传递的热量只跟温差成正比，设比例系数为 α.

汤→果汁的热量为

$$Q_1 = \alpha(t_1 - t_2) \quad ①$$

汤→饮料的热量为

$$Q_2 = \alpha(t_1 - t_3) \quad ②$$

果汁→饮料的热量为

$$Q_3 = \alpha(t_2 - t_3)$$ ③

汤一共散失掉的热量为

$$Q_t = Q_1 + Q_2$$ ④

代入数据，得到

$$Q_s = 75\alpha$$ ⑤

果汁得到的热量为

$$Q_j = Q_1 - Q_3 = 15\alpha$$ ⑥

饮料得到的热量为

$$Q_d = Q_2 + Q_3 = 60\alpha$$ ⑦

将汤看成是水，其温度下降 t_s=1℃时的放热为

$$Q_s = 2mc\Delta t_s$$ ⑧

对于果汁，有

$$Q_j = mc\Delta t_j$$ ⑨

对于饮料，有

$$Q_d = mc\Delta t_d$$ ⑩

由式①、④，有

$$2mc\Delta t_s = 75\alpha$$ ⑪

得到

$$\frac{mc}{\alpha} = 37.5$$ ⑫

由式②、⑤得

$$mc\Delta t_j = 15\alpha$$ ⑬

代入式⑦有

$$\Delta t_j = 0.4℃$$ ⑭

由式③、⑥、⑦得到

$$\Delta t_d = 1.6℃$$ ⑮

【例 8.4】鱼缸里如果养殖热带鱼，需要保持水温恒定在 $T_h = 25℃$，为此采用功率 P_h=100W 的电热器. 在鱼缸里养殖冷带鱼，需要保持水温恒定在 $T_c = 12℃$，为了确保低温条件，通过在鱼缸里浸入热交换器——长铜管，通入温度为 $T_1 = 8℃$的自来水，热交换器的效率足够高，使从管中流出来的水与鱼缸里的水处于热平衡. 假设鱼缸与周围介质之间的温度差成正比，试求：养

殖 $T_c = 12℃$ 冷带鱼所需要的最小的水消耗量 K(单位时间的水的质量，即 $\Delta M/\Delta t$). 已知室温为 $T_0 = 20℃$，水的比热容为 $c = 4200\text{J}\cdot\text{kg}^{-1}\cdot\text{K}^{-1}$.

【分析】热功率与温度差成正比. 养热带鱼，需要通过加热器传递给水热量；养冷带鱼，则环境会将热量传递给水，这个热量必须通过热交换器带走. 列出相关公式进行计算，可以得到结果.

【解】养热带鱼时，加热器传热给温度为 T_0 的水的功率为

$$P_h = \alpha(T_h - T_0) \quad ①$$

α为与容器有关的系数.

养冷带鱼时，周围环境传给冷水的功率为

$$P_c = \alpha(T_0 - T_c) \quad ②$$

而周围环境传给冷水的热量必须由热交换器带走才能保持低温. 带走的热量为

$$P_c\Delta t = \Delta M c(T_c - T_1)$$

改写成

$$K = \frac{\Delta M}{\Delta t} = \frac{P_c}{c(T_c - T_1)} \quad ③$$

由式①、②：$\dfrac{P_h}{P_c} = \dfrac{T_h - T_0}{T_0 - T_c}$，即

$$P_c = P_h\frac{T_0 - T_c}{T_h - T_0} \quad ④$$

代入式③有

$$K = \frac{P_h(T_0 - T_c)}{c(T_c - T_1)(T_h - T_0)} = 9.5\text{g}\cdot\text{s}^{-1}$$

8.4.4 三种输运过程的宏观特征

黏滞、热传导、扩散这三种输运现象，有共同的宏观特征：

(1) 这三种输运过程，输运的物理量分别是动量、热量、粒子数，之所以有输运，是因为气体中的某一性质的不均匀性可分别采用定向流动的速率梯度、温度梯度和密度梯度来表征，不均匀性越显著，梯度就越大.

(2) 三种输运过程中，被迁移的物理量的多少与相应的梯度成正比.

(3) 在无外界影响的条件下，从某一初始非平衡态出发，随着输运过程的进行，各处的不均匀程度逐渐减小，系统最终达到平衡态. 也就是说，输运过程使得气体内的不均匀性消除了.

这三种现象共同的宏观特征必对应着微观物理机理. 读者如需要了解，可以查阅相关书籍.

8.5 对　　流

如图 8.5.1(a)所示，冬天在寒冷的房间内使用暖气片，最初暖气片附近的空气变热，热空气因为密度小所以会上升，而冷空气因为密度大会下沉，这样就会形成空气的流动，这个过程称为热对流(heat convection). 在热对流中，低温气和高温气会互相碰撞，传递热量，最终温度趋向于相同的值. 如图 8.5.1(b)所示，在烧水的过程中，除了冷水层、热水层的热传导以外，热水会向上流动，冷水会向下流动，就是说也有对流过程. 反之，如果在水壶的上端加热，则对流很难实现(思考一下原因).

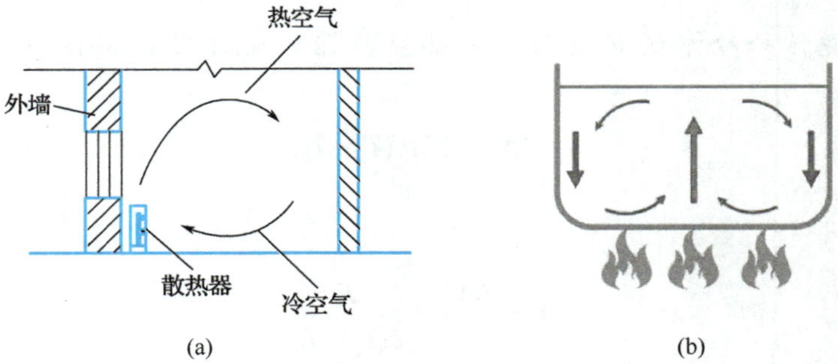

图 8.5.1　(a)装有暖气片的室内空气的对流；(b)烧水时容器内的热水与冷水的对流

流体(气体、液体)通过其宏观流动而实现的热量传递过程称为对流. 对流分为自然对流和受迫对流. 自然对流中，驱动流体(如空气、水)流动的是重力. 外加风机等方式迫使流体对流的则是受迫对流. 对流过程中，一定伴随着大量分子的定向运动.

热水瓶由两层材料构成，中间抽成真空，就是减少空气的对流. 燃烧煤气或天然气做饭，需要用到对流原理. 天然气需要空气(氧气)混合以助燃，这里的空气就是通过对流而与燃气混合的. 如果在没有重力的太空，即使炉灶周围也有人造空气，因为缺乏对流，向火焰提供氧的速度也变缓；而且，炉火也不会是我们常见到的下宽上窄且向上延伸的形状，而应该是球状的，为什么呢？因为热空气不再向上，冷空气不再向下形成对流了. 此外，我们做饭时，希望炉火是蓝色的，又是为什么？(参考 8.6.3 节的维恩位移律)

【小实验】在门窗紧闭的房间里，远离窗户，你可能觉得空气静止不再流动. 实际上，用一个氢气球，下面绑上合适的重物，使得其能够飘浮在空气中，在正开着炉火的厨房，气球会向上飘，然后再飘向窗户边. 其原因是分子的热运动导致了热空气和冷空气的交换.

【思考】用冰块冷却一杯水，将水杯放在冰块上面还是冰块下面冷却得更快？

8.5.1 牛顿冷却定律

在Δt时间通过对流传递的热量Q，正比于温度差，以及热源表面积S. 其具体表达式为

$$Q = hS(T - T_0)\Delta t \tag{8.5.1}$$

式中，h为与传热方式有关的常量，称为热适应系数；T为热源温度；T_0为环境温度. 该式称为牛顿冷却定律(Newton's cooling law).

对于结构固定的物体，hS是常数，则式(8.5.1)可以写成

$$Q = K(T - T_0)\Delta t \tag{8.5.2}$$

或写成

$$P = \frac{Q}{\Delta t} = -K\Delta T \tag{8.5.3}$$

这里K是与传热材料相关的一个系数. 式(8.5.3)表明，单位时间的热量(热功率或热通量)与温差成正比.

8.5.2 热传导、热对流所传递的热量与温度差

单位时间内通过对流所传递的热量由式(8.5.3)给出，这个公式与热传导的式(8.4.7)形式上是一样的. 事实上，在热传递的时候，很难绝对地将热传导、热对流分开. 热对流是热分子与冷分子产生热接触，交换热量，可以认为本质上是热传导. 对于固定的传热介质，它们的传热公式是相同的，也就是满足同样的宏观规律，都跟温度差成正比.

很多保暖服装材料、建筑材料，一方面采用热导率低的材料(降低热传导)，另一方面营造一个对流少的环境(减少对流)，以减少热量的传递.

【例 8.5】一块复合板是由两层厚度分别为L_1和L_2，热导率分别为k_1和k_2的物质组成的，复合板的截面积均为S. 其两个外表面的温度为T_1和T_2，试求在热流达到稳定时，通过这一复合板的热通量(单位时间内传递的热量).

【分析】两个温度不同的复合板，产生了热对流，热稳定时，中间某点的温度相同，两板的热通量相同.

【解】热通量如下.

左板
$$P_2 = -k_2 S\frac{\Delta T}{\Delta x} = -k_2 S\frac{T_x - T_2}{L_2}$$

右板
$$P_1 = -k_1 S\frac{\Delta T}{\Delta x} = -k_1 S\frac{T_1 - T_x}{L_1}$$

式中，k_1、k_2是与材料有关的常数；S是截面积；T_x是两个复合板中间的温度.

热稳定时，$P_1=P_2$，所以

$$k_2\frac{T_x-T_2}{L_2}=k_1\frac{T_1-T_x}{L_1}$$

解得

$$T_x=\frac{L_1k_2T_2+L_2k_1T_1}{L_1k_2+L_2k_1}$$

$$P=-\frac{k_1S}{L_1}T_1-\frac{L_1k_2T_2+L_2k_1T_1}{L_1k_2+L_2k_1}=\frac{S(T_2-T_1)}{\dfrac{L_1}{k_1}+\dfrac{L_2}{k_2}}$$

*8.5.3 大气环流

大气环流(atmospheric circulation)，是大气大范围运动的状态. 由于接收到的太阳辐射的不均匀、地球自转、地表水陆分布不均、重力影响等，产生了大气的流动，通过流动，热量从高温区域向低温区域传递，水分、角动量等也得到了交换. 某一大范围(如欧亚地区、半球、全球)，某一大气层次(如对流层、平流层、中层、整个大气圈)，在某个长时期(如月、季、年、多年)的大气运动的平均状态或某一个时段(如一周、梅雨期间)的大气运动的变化过程，都可以称为大气环流.

大气环流主要表现为，全球尺度的东西风带、三圈环流(哈得来环流、费雷尔环流和极地环流)、定常分布的平均槽脊、高空急流以及西风带中的大型扰动等，如图 8.5.2 所示.

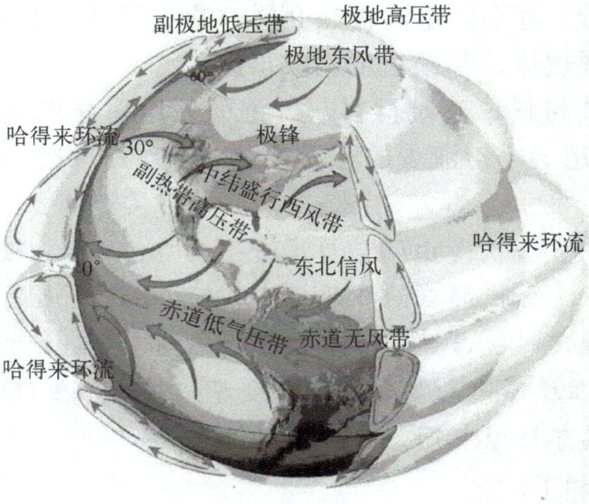

图 8.5.2 大气环流示意图

在对流层里，大气大体上沿纬圈方向绕地球运行，在低纬度地区常盛行东风(称为东风带，或信风带)；中纬度地区则盛行西风(称为西风带)，其所跨的纬度比东风带宽，且其强度随纬度增加；在极地附近，低层存在较浅薄的弱东风(称为极地东风带). 从全球径向环流看，在南北方向及垂直方向上的平均运动构成了三个经圈环流：哈得来环流，在近赤道的低纬度地区，空气受热上升后，向北运行逐渐转为偏西风，而后有一股气流下沉后分为两支，一支向南回到近赤道形成正环流，另一支北移；费雷尔环流，中纬度形成的逆环流或称间接环流；极地环流，在极地下沉而在60°纬度附近为上升，从而形成的一个正环流.

8.6 热 辐 射

辐射是物质的固有属性. 所谓辐射(radiation)，是由发射源发出的电磁能量，脱离场源向远处传播，而后不再返回场源的现象，能量以电磁波或粒子(如α粒子、β粒子等)的形式向外扩散.

自然界中的所有物体，因原子内部电子的振动或激发，一直不停地向外辐射着电磁波，电磁波携带着能量，所以物质向外辐射能量，这种传送能量的方式被称为热辐射. 所辐射的电磁波波长小于 0.4μm 的属于紫外线，波长介于 0.4～0.7μm 的是可见光，而波长在 0.7～1000μm 的称为红外辐射或红外线，红外线又常分为近红外(0.7～25μm)和远红外(25～1000μm)两个波段. 辐射出去的电磁波的强度随着波长的分布与物体本身的特性及其温度有关. 有些波段的辐射会产生明显的热效应，尤其是红外波段的辐射.

热辐射的能量是由一部分内能转化来的. 辐射能又在传播过程中被沿途介质或其他物体所吸收，并转化为自己的内能. 物体间通过热辐射的方式传递热量的过程，称为辐射传热.

8.6.1 黑体与黑体辐射

物体在辐射电磁波的同时，也一直在吸收来自周围其他物体的电磁波，还会对入射来的电磁波反射. 也就是说，任何物体都在不断地辐射、吸收和反射着电磁波. 为了研究不依赖于物质具体物性的热辐射规律，建立了黑体(black body)模型. 如图 8.6.1 所示.

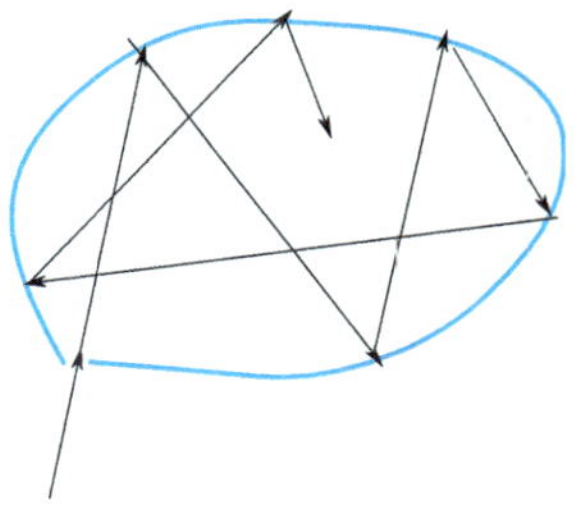

图 8.6.1 黑体模型

所谓黑体，是指在任何条件下，对入射的任何波长的电磁波全部吸收，既没有反射，也没有透射. 要注意的是，黑体没有反射，不是说没有辐射. 辐射出的电磁波在真空和介质中都可以传播.

任何物体包括黑体，无时无刻不在向外辐射着电磁波. 黑体是一个模型，理想黑体可以吸收所有照射到它表面的电磁辐射，这些辐射能被吸收后，转变为内能，导致黑体温度上升. 黑体温度上升后，对外热辐射也会增加. 当吸收与辐射的能量相等时，达到平衡，温度就不再变化了. 辐射出去的电磁波的光谱特征仅与该黑体的温度有关，与黑体的材质无关. 图 8.6.2 为不同温度下的单色输出度 $M(\lambda)$ 与波长 λ 关系曲线. 自然界中很多物体可以近似看成黑体(至少在某些波段上)，如太阳.

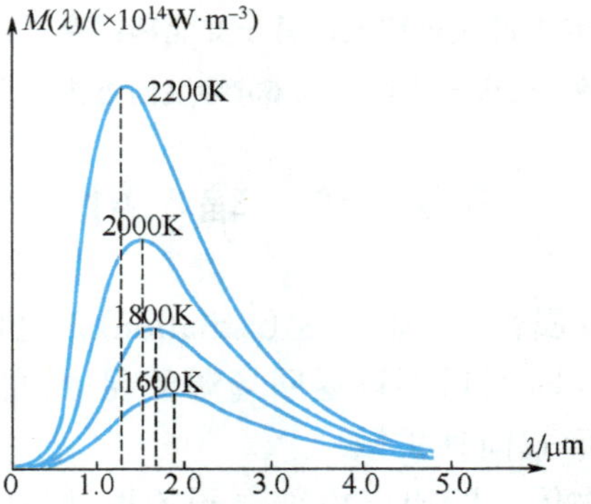

图 8.6.2 黑体辐射能谱曲线

人们对黑体辐射进行了大量的研究，得到了一些经验规律. 其中斯特藩-玻尔兹曼定律和维恩位移律在现代科学及工程技术上有着广泛的应用，是高温测量、遥感和红外追踪等技术所依据的物理原理.

【例 8.6】以下说法正确的是(多选题)(　　)

(A)热传导、对流、热辐射是传热的三种方式

(B)在热量的传递中，热传导、对流、热辐射往往是同时存在的

(C)常压下储存的液氮(零下 196℃)，不会通过辐射向外传递热量

(D)为了尽快使得杯中热水降温，往往把一个杯子高高举起，将水倒入另外一个稍低处的杯子，这样做的目的是通过热传导尽快降温

【解答】(A)正确. (B)也正确. (C)错误，因为任何温度下都有热辐射. (D)错误，不是通过热传导，而是通过对流.

8.6.2 斯特藩-玻尔兹曼定律

1879 年，斯特藩和玻尔兹曼提出了黑体辐射的规律，即**斯特藩-玻尔兹曼定律**(Stefan-Boltzmann's law)：一个黑体表面上单位面积的辐射功率(又称为辐出度或热通量密度)与黑体本身的热力学温度T的四次方成正比

$$\phi = \sigma T^4 \tag{8.6.1}$$

如果不是黑体(称为灰体)，单位表面积的辐射功率为

$$\phi = \varepsilon \sigma T^4 \tag{8.6.2}$$

温室效应

式中，ϕ称为辐出度，即单位面积上辐射出的总功率，又称为热通量密度，其单位为瓦每平方米或焦耳每平方米秒，符号为 $W \cdot m^{-2}$ 或 $J \cdot m^{-2} \cdot s^{-1}$；$\varepsilon$ 为灰体的辐射系数，其值在 0～1，由材料表面特性决定，若为绝对黑体，则 $\varepsilon = 1$. $\sigma = 5.67 \times 10^{-8} W \cdot m^{-2} \cdot K^{-4}$，称为斯特藩-玻尔兹曼常量.

斯特藩(J. Stefan，1835～1893 年)，奥地利籍斯洛文尼亚裔物理学家和诗人. 他的研究包括空气动力学、流体力学、热辐射等. 在他的学生时代曾在斯洛文尼亚发表过自己的诗集. 1879 年，斯特藩通过实验断定：黑体的辐射能力正比于它的绝对温度的四次方. 1884 年，玻尔兹曼从理论上证明了该定律，所以称之为“斯特藩－玻尔兹曼定律”.

【例 8.7】如图 8.6.3 所示，真空中有四块完全相同且彼此靠近的大金属板 A、B、C、D 平行放置，表面涂黑(可看成黑体). 最外侧两块板的热力学温度各维持为 T_1 和 T_4，且 $T_1>T_4$，当达到热稳定时，求 B 板的温度. (源自高校自招强基础或科学营试题)

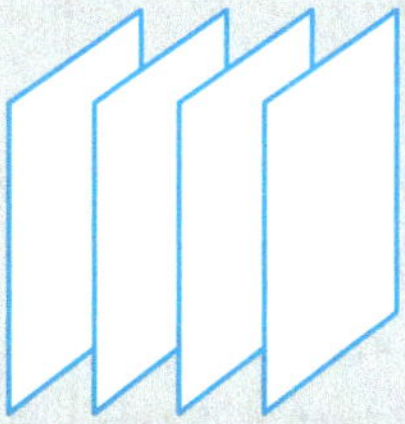

图 8.6.3 例 8.7

【分析】每一块板都在辐射，同时吸收能量. 达到平衡时，温度不再变化. 通过斯特藩－玻尔兹曼定律可以求解.

【解】温度为 T_2 的 B 板左、右侧单位时间、单位面积上净获得的辐射热量分别为

$$Q_{B左}=\sigma(T_1^4-T_2^4) \quad ①$$

$$Q_{B右}=\sigma(T_3^4-T_2^4) \quad ②$$

达到热稳定时，有

$$Q_{B左}+Q_{B右}=0 \quad ③$$

联立以上三式，得

$$T_1^4+T_3^4=2T_2^4 \quad ④$$

温度为 T_3 的 C 板左、右侧单位时间、单位面积上净获得的辐射热量分别为

$$Q_{C左}=\sigma(T_2^4-T_3^4),\qquad Q_{C右}=\sigma(T_4^4-T_3^4) \quad ⑤$$

达到热稳定时，有

$$Q_{C左}+Q_{C右}=0 \quad ⑥$$

联立以上两式，得

$$T_2^4+T_4^4=2T_3^4 \quad ⑦$$

由式④、⑦，解得

$$T_2=\sqrt[4]{\frac{2T_1^4+T_4^4}{3}} \quad ⑧$$

8.6.3 维恩位移律

红外测温仪

1893 年，德国物理学家维恩根据实验数据总结出了一个规律：在黑体辐射光谱中，单色辐射出射度(或电磁辐射能量密度)的最大值所对应的波长 λ_m 与温度成反比，即

$$T\lambda_m = b \tag{8.6.3}$$

式中，b=2.897756×10^{-3}m·K. 该定律称为**维恩位移律**(Wien's displacement law)，它表明辐射能量峰值的波长随温度升高向短波方向移动.

维恩(W. Wien，1864～1928 年)，德国物理学家，研究领域为热辐射与电磁学等. 1893 年，维恩提出波长随温度改变的定律(维恩位移律). 1894 年他发表了一篇论文，将温度和熵的概念扩展到了真空中的辐射，并定义了黑体. 1896 年发表了黑体辐射的维恩公式，虽然其仅适用于短波，但它为普朗克用量子物理学方法解决热平衡中的辐射问题提供了基础. 因热辐射方面的贡献，维恩获得 1911 年诺贝尔物理学奖.

维恩位移律说明了一个物体越热，其辐射谱的波长越短(或者说其辐射谱的频率越高). 我们在日常生活中看到的现象与之相符，比如，蓝色的炉火比红色的炉火的温度要高. 与太阳表面相比，通电的白炽灯的温度要低数千度，所以白炽灯的辐射光谱偏橙，而呈现红色的电炉丝的温度要更低些. 如果温度再降低，则辐射波长更长，进入红外区，譬如人体释放的辐射主要是红外线，军事上使用的红外线夜视仪就是通过探测这种红外线来进行“夜视”的.

【例 8.8】测量到太阳的峰值辐射波长为 502nm，濒临燃尽而膨胀的红巨星的峰值辐射波长为 1116nm，试问太阳和红巨星的表面温度各为多少？

【分析】本题考查维恩位移律. 直接套用公式即可.

【解】由维恩位移律：$T\lambda_m = b$，可计算出：

太阳表面温度

$$T_S = \frac{b}{\lambda_{m1}} = 5773\text{K}$$

红巨星表面温度

$$T_R = \frac{b}{\lambda_{m2}} = 2597\text{K}$$

*8.6.4 色温

维恩位移律揭示了黑体从绝对零度(−273℃)开始加温后，所呈现的颜色逐渐由黑变为红、黄、蓝这一现象. 因此，光线中包含的颜色成分，可以表示温度. 正因如此，过去那些经验丰富的铁匠在打铁时，往往凭目视就能判断颜色与温度的关系.

色温(color temperature)是表示光线中包含颜色成分的一个计量单位. 如果某一光源发出的光，与某一温度下黑体辐射的光谱成分相同，就称为某 K 色温. 如 100W 灯泡发出的光的颜色，与绝对黑体在 2800K 时的颜色相同，那么这只灯泡发出的光的色温就是 2800K. 色温是一种温度衡量方法，通常用在物理和天文学领域.

光源色温不同，带来的感觉也不相同. 使用这种方法标定的色温与普通大众所认为的“暖”和“冷”正好相反，色温越低(3000K 以下)，色调越暖(偏红)；色温在 3000～6000K 为中间，人们无特别明显的视觉心理效果，有爽快的感觉，故称为“中性”色温；色温越高(超过 6000K)，色调越冷(偏蓝). 因此，高色温光源照射下，会有一种阴冷的感觉；低色温光源照射下，亮度过高则会给人们一种闷热的感觉. 照明用 LED 灯，色温是一个重要指标.

色温在摄影、录像等领域具有重要应用. 地面上不同时间段的色温并不相同，在晴朗的天空下，光线色温较高，拍摄出的照片偏冷色调；而在黄昏时，光线色温较低，照片偏暖色调. 了解光线与色温之间的关系有助于在不同的光线下进行拍摄. 色温平衡是光源与彩色胶片、摄像机之间的色温协调关系. 在影视镜头的拍摄中，常用两种以上光源照明，一般情况下都要求其色温相一致.

在天文学上，尽管星体离我们非常遥远，但是，根据颜色可以推断其表面温度. 比如，在冬季的夜空，天狼星、南河三与参宿四构成了冬季大三角. 天狼星看上去白中带蓝，其表面温度约 10100℃；南河三看上去白中带黄，其表面温度约 6200℃；参宿四看上去是红色的，其表面温度约 3300℃.

8.7 热平衡方程

在烧水时，炉火放出的热量，如果不计热量的散失，则热量都会被水吸收，使得温度升高. 一般来说，一个高温系统和一个低温系统热接触，高温系统放热，低温系统吸热，两个系统最终会达到热平衡状态. 如果有多个系统发生热量的传递，最终也会达到热平衡. 达到热平衡时，放热和吸热相等. 用数学表达式就是

$$Q_{吸} = Q_{放} \tag{8.7.1}$$

这就是热平衡方程(thermal equilibrium equation)，又称为热交换定律.

注意，方程(8.7.1)只适用于绝热体系(所涉及的发生热传递的几个系统构成的体系，与外界没有热交换)，且没有体积功，在整个过程中没有热和功的转化，而且在初、末状态都必须达到平衡态. 实际上，就是特殊条件下的热

力学第一定律. 在系统的热量交换过程中，当体积变化可以忽略，系统与外界的热量交换可以忽略时，从高温物体向低温物体传递的热量，实际上就是内能的转移，高温物体内能的减少量就等于低温物体内能的增加量.

根据热力学第一定律，其中放热的系统，温度会降低，或者虽然温度不变但是会发生凝固、液化、凝华及燃料燃烧等过程；而吸热的系统，温度会升高，或者虽然温度不变但是会发生熔化、汽化、升华等过程.

我们在前面的章节里已经学习了温度升降时的吸热放热、相变时的吸热放热. 利用热平衡方程，就可以求解有关问题.

【例 8.9】系统 1 和系统 2 质量相等，比热容分别为 c_1 和 c_2，两系统接触后达到共同温度 T；整个过程中与外界(两系统之外)无热交换. 两系统初始温度 T_1 和 T_2 的关系为(　　)(全国中学生物理竞赛 2017 年 34 届预赛第一题第 2 小题.)

(A) $T_1=\frac{c_2}{c_1}(T-T_2)-T$　　(B) $T_1=\frac{c_1}{c_2}(T-T_2)-T$

(C) $T_1=\frac{c_1}{c_2}(T-T_2)+T$　　(D) $T_1=\frac{c_2}{c_1}(T-T_2)+T$

【解】系统 1 放热

$$Q_1 = Mc_1(T_1-T) \quad ①$$

系统 2 吸热

$$Q_2 = Mc_2(T-T_2) \quad ②$$

热平衡有，

$$Q_1 = Q_2 \quad ③$$

所以

$$T_1=\frac{c_2}{c_1}(T-T_2)+T \quad ④$$

答案是(D).

【例 8.10】有一封闭绝热气室，有一导热薄板将其分为左右体积比为 1∶3 的两部分，各自充满同种理想气体，左侧气体压强为 3atm，右侧气体压强为 1atm. 左、右两部分气体的温度比为 2∶1，现将薄板抽走，则平衡以后气体的压强为(　　)(源自高校自招强基或科学营试题.)

(A) 1.5atm　　(B) 1.8atm　　(C) 2atm　　(D) 2.4atm

【分析】本题初态时有两个系统，末态时为一个系统，可分别列出状态参量，写出状态方程. 隔板抽走后，一侧气体放出的热完全被另外一侧气体吸收，满足热平衡方程. 方程中的一些物理量可以通过状态方程求出.

【解】初态时的状态参量为

左 $(p_1=3\text{atm}, V_1=V_0, T_1=2T_0, \nu_1)$，右 $(p_2=1\text{atm}, V_2=3V_0, T_2=T_0, \nu_2)$

末态时只有一个系统，其状态参量为

$$(p, 4V_0, T, \nu_1+\nu_2)$$

初始状态下，左室气体满足

$$p_1V_1=\nu_1RT_1 \quad ①$$

右室气体满足

$$p_2V_2=\nu_2RT_2 \quad ②$$

由式①、②，将有关参数代入，得到

$$2\nu_1=\nu_2 \quad ③$$

末状态时，合为一个系统，则有

$$p\cdot 4V_0=(\nu_1+\nu_2)RT \quad ④$$

左室内能减小用于放出热量

$$Q_1=\nu_1C_{V,\text{m}}(T_1-T) \quad ⑤$$

右室吸热热量用于内能增加

$$Q_2=\nu_2C_{V,\text{m}}(T-T_2) \quad ⑥$$

由热平衡方程

$$Q_1=Q_2 \quad ⑦$$

结合以上各式，可以得到 $p=1.5\text{atm}$. 所以(A)正确.

【例 8.11】有一个质量为 500g 的铜壶，装有 500g 的水，温度为 20℃. 现在放入 0℃的 10g 冰，在冰完全熔化后，水温是多少？已知冰的熔化热是 $3.3\times10^5\text{J}\cdot\text{kg}^{-1}$. 水的比热为 $4.2\times10^3\ \text{J}\cdot\text{kg}^{-1}\cdot\text{K}^{-1}$，铜的比热为 $3.9\times10^2\ \text{J}\cdot\text{kg}^{-1}\cdot\text{K}^{-1}$，忽略整个过程中的热量散失.

【分析】冰熔化为水，水加热到一定温度，都需要吸热；铜壶和铜壶中的水则放热. 二者相等，达到热平衡.

【解】10g 的冰熔化为水并上升到温度 t，吸热为

$$Q_1=m_\text{i}\lambda+c_\text{w}m_\text{i}(t-0) \quad ①$$

铜壶本身和铜壶中的水从 20℃变化到 t，放出的热量为

$$Q_2=c_\text{w}m_\text{w}(20-t)+c_\text{c}m_\text{c}(20-t) \quad ②$$

由 $Q_1=Q_2$，计算出

$$t=18.2℃ \quad ③$$

【例 8.12】n 个物体的比热、质量、温度分别为 c_i、m_i、T_i，$i=1, 2, \cdots, n$. 将这些物体放在一个绝热容器中，经过相当长的时间后达到热平衡，试求其平衡温度 T. 假设没有产生相变.

【分析】混合后，达到平衡温度 T，其中必定有 k 个物体放热、$(n-k)$ 个物体吸热(k 为某大于 1 小于 n 的自然数)，总的吸热等于放热.

【解】设混合后的温度为 T，且有 $T_k < T < T_{k+1}$，$k = 2,3,\cdots,n-1$.

也就是说，第 1 到第 k 个物体总吸热 Q_1，第 k+1 到第 n 个物体总放热 Q_2，二者相等.

$$Q_1 = c_1 m_1 (T - T_1) + c_2 m_2 (T - T_2) + \cdots + c_k m_k (T - T_k) \quad ①$$

$$Q_2 = c_{k+1} m_{k+1} (T_{k+1} - T) + c_{k+2} m_{k+2} (T_{k+2} - T) + \cdots + c_n m_n (T_n - T) \quad ②$$

热平衡方程

$$Q_1 = Q_2 \quad ③$$

计算得到

$$T = \frac{c_1 m_1 T_1 + c_2 m_2 T_2 + \cdots + c_n m_n T_n}{c_1 m_1 + c_2 m_2 + \cdots + c_n m_n} \quad ④$$

【例 8.13】野外工作时，需要使质量为 m=4.2kg 的铝合金构件升温，除了保温瓶中尚存有 t=90℃的 1.200kg 的水以外，无其他热源. 试提出一个操作方案，能利用这些热水使得构件从 t_0=10.0℃升温到 66℃(含)以上，并通过计算验证你的方案. 已知铝合金的比热容为 $c = 8.80\times10^2\,\mathrm{J\cdot kg^{-1}\cdot K^{-1}}$，水的比热容为 $c_0 = 4.20\times10^3\,\mathrm{J\cdot kg^{-1}\cdot K^{-1}}$，不计向周围环境散发的热量. (全国中学生物理竞赛 2003 年第 20 届第三题.)

【分析】这是一个设计题，需要灵活利用热平衡方程. 如果一次性将热水全部倒出来让构件升温，经过计算，只能上升到约 56℃，显然无法满足题给要求. 如果将热水分两次倒出来，第一次会使得构件上升，然后再倒一次水，会发现构件的温度超过了 56℃. 这样，我们设想倒 n 次水，每次倒一点水，会使得构件升温. 为简单起见，每次倒的热水质量相同.

【解】设每次倒水的质量为 m_0，第一次倒热水使得构件的温度达到 t_1，则水的放热为

$$Q_1 = c_0 m_0 (t - t_1) \quad ①$$

构件吸热

$$Q_1' = cm(t_1 - t_0) \quad ②$$

热平衡方程

$$Q_1 = Q_1' \quad ③$$

由以上三式，得到

$$t_1 = \frac{c_0 m_0 t + cmt_0}{c_0 m_0 + cm} \quad ④$$

将有关参数代入，得到

$$t_1 = \frac{90m_0 + 8.8}{m_0 + 0.88} \quad ⑤$$

类似地，第二次倒水，有 $c_0m_0(t-t_2)=cm(t_2-t_1)$，得到

$$t_2 = \frac{c_0m_0t + cmt_1}{c_0m_0 + cm} \quad ⑥$$

第 n 次倒水，有 $c_0m_0(t-t_n)=cm(t_n-t_{n-1})$，得到

$$t_n = \frac{c_0m_0t + cmt_{n-1}}{c_0m_0 + cm} \quad ⑦$$

现在，假设分五次倒水，则 $m_0 = \frac{m}{5} = 0.240\text{kg}$，代入以上各式得到

$$t_1=27.1℃，t_2=40.6 ℃，t_3=51.2℃，t_4=59.5℃，t_5=66.0℃ \quad ⑧$$

假设分四次倒水，则 $m_0 = \frac{m}{4} = 0.300\text{kg}$，代入以上式子后得到

$$t_1=30.3℃，t_2=45.5℃，t_3=56.8℃，t_4=65.2℃ \quad ⑨$$

所以，分成五次倒水，可以得到题目要求的结果.

8.8 热 膨 胀

在日常生活中，热胀冷缩是经常见到的现象. 温度下降时，物体体积缩小；而温度升高时，物体体积增大. 等压情况下，固体、液体或气体因为温度的变化而产生的长度、面积和体积变化的现象，称为热膨胀(thermal expansion).

科学实验表明，在压强不变时，大多数物质都具有“热胀冷缩”的现象. 在相同条件下，气体的热膨胀程度大于液体的，液体的又大于固体的.

8.8.1 分子动理论的定性解释

我们知道，物质是由分子组成的，而分子在做着无规则的热运动. 当物体温度升高时，分子运动的平均动能增大，分子间的距离也增大，物体的体积随之而扩大；温度降低时，分子的平均动能变小，分子间距离缩短，于是物体的体积就要缩小.

由于固体、液体和气体分子运动的平均动能大小不同，因而从热膨胀的宏观现象来看亦有显著的区别. 固体和液体的分子相距很近，受到的束缚也大，所以，热膨胀的程度没有气体的大.

8.8.2 热膨胀系数

热膨胀的程度可以采用“热膨胀系数”这一物理量来表征，包括线膨胀系数、面膨胀系数和体膨胀系数.

1．线膨胀系数

在温度变化时，固体在某一方向的线度(包括长度、宽度、厚度或直径等)会发生变化，称为线膨胀．等压时，在温度变化范围不大时，每改变 1℃(或 1K)时，某一方向上的线度变化和它初始温度时的线度之比称为“线膨胀系数”或“线胀系数”(coefficient of linear expansion)，常用 α_L 来表示．在温度变化不大时，其表达式为

$$\alpha_L = \frac{\Delta L}{L_0 \Delta t} \tag{8.8.1}$$

式中，ΔL 为温度变化 Δt 时物体线度的改变量；L_0 为初始温度 $t = t_0$ 时的线度．线膨胀系数的单位为每摄氏度或每开，符号为$℃^{-1}$ 或 K^{-1}．大多数情况下，温度变化与线度变化成正比，线膨胀系数大于 0．但是，也有例外，比如，水在 0 到 4℃之间，线膨胀系数小于 0，也就是说其线度随着温度升高而减小．还有一些陶瓷材料在温度升高的情况下，几乎不发生几何尺寸变化，其热膨胀系数接近于 0．

由式(8.8.1)可知，物体从初始温度 t_0 变化到温度 t 时的线度增量为

$$\Delta L = L_0 \alpha_L \Delta t = L_0 \alpha_L (t - t_0) \tag{8.8.2}$$

因此，在温度 t 时的长度为

$$L = L_0 + \Delta L = L_0 + L_0 \alpha_L \Delta t = L_0[1 + \alpha_L (t - t_0)] \tag{8.8.3}$$

2．面膨胀系数

固定压强下，固体在某一平面上的面积因温度变化而导致的改变称为“面膨胀”，采用面膨胀系数来表征．等压情况下，固体或液体物质的温度每改变 1℃(或 1K)时，其面积变化和它初始时的面积之比，称为“面膨胀系数”或“面胀系数”，其单位为每摄氏度或每开，符号为$℃^{-1}$ 或 K^{-1}，常用 α_S 来表示

$$\alpha_S = \frac{\Delta S}{S_0 \Delta t} \tag{8.8.4}$$

3．体膨胀系数

一定压强下，固体的体积因温度变化而导致的改变称为“体膨胀”，采用体膨胀系数来表征．等压情况下，固体或液体物质的温度每改变 1℃(或 1K)时，其体积变化和它在初始时的体积之比，称为“体膨胀系数”或“体胀系数”，其单位为每摄氏度或每开，符号为$℃^{-1}$ 或 K^{-1}，常用 α_V 来表示．

$$\alpha_V = \frac{\Delta V}{V_0 \Delta t} \tag{8.8.5}$$

因此，

$$\Delta V = \alpha_V V_0 \Delta t = \alpha_V V_0 (t - t_0) \tag{8.8.6}$$

$$V = V_0 + \Delta V = V_0(1+\alpha_V \Delta t) = V_0[1+\alpha_V(t-t_0)] \tag{8.8.7}$$

几种常见材料的体膨胀系数(20℃时)为：玻璃 2.55×10^{-5}℃$^{-1}$，高硼硅玻璃 9.9×10^{-6}℃$^{-1}$，特氟龙 1.24×10^{-4}℃$^{-1}$，不锈钢 5.19×10^{-5}℃$^{-1}$.

4. 三个膨胀系数之间的关系

对于各向同性的固体，三个膨胀系数之间有简单的关系

$$\alpha_S = 2\alpha_L \tag{8.8.8}$$

$$\alpha_V = 3\alpha_L \tag{8.8.9}$$

对于各向异性的晶体，沿不同的轴向，有不同的膨胀系数.

一般来说，在常温下，膨胀系数可以看作是不随温度变化的常数.

8.8.3 固体的热膨胀

固体在人类生活中应用广泛，无论房屋建筑、修桥铺路还是制作仪器设备，都需要考虑热胀冷缩. 表 8.8.1 列出了金属在 20℃(标准实验室环境)附近的线膨胀系数.

表 8.8.1 常见金属的线膨胀系数 (温度：20℃) 单位：10^{-6}K^{-1} 或 10^{-6}℃$^{-1}$

金属名称	元素符号	线膨胀系数	金属名称	元素符号	线膨胀系数
铍	Be	12.3	铝	Al	23.2
锑	Sb	10.5	铅	Pb	29.3
铜	Cu	17.5	镉	Cd	41.0
铬	Cr	6.2	铁	Fe	12.2
锗	Ge	6.0	金	Au	14.2
铱	Ir	6.5	镁	Mg	26.0
锰	Mn	23.0	钼	Mo	5.2
镍	Ni	13.0	铂	Pt	9.0
银	Ag	19.5	锡	Sn	2.0

【例 8.14】假设某种各向同性固体是一个边长为 L 的正方体，当温度改变时，试计算其体膨胀系数与线膨胀系数的关系.

【分析】体积是边长的三次方，边长随温度变化，则体积也跟着变化. 计算时可以略去小量.

【解】 $\Delta V = (L+\Delta L)^3 - L^3 = (L+\alpha_L L\Delta T)^3 - L^3 \approx L^3(1+3\alpha_L\Delta T) - L^3$

$= 3\alpha_L L^3 \Delta T = 3\alpha_L V\Delta T$

上式中略去了二阶以上的高阶量. 所以，$\alpha_V = \dfrac{\Delta V}{V\Delta T} = 3\alpha_L$.

【例 8.15】将宽度为 a = 5mm、厚度 b=2mm 的钢片两端焊接起来，形成一个圆形的箍，环境温度为 t_1=0℃，这个钢箍无法箍在水泥柱上，但是将其加热到 t_2=300℃后，就恰能箍住了，试问当温度降到环境温度时，钢箍受力多少？已知钢的线膨胀系数和杨氏模量分别是 $\alpha = 1.1\times10^{-5}\text{K}^{-1}$，$E = 2.2\times10^{11}\text{Pa}$.

【分析】根据热膨胀公式可以计算出收缩量，再根据力与杨氏模量的关系（杨氏模量定义式），可以计算出受力.

【解】由于厚度很小，可以近似认为内外层收缩量相同

$$\Delta l = a\alpha(t_2 - t_1)$$

$$F = ES\Delta l = Eab\Delta l$$

得到 $F = 7260\text{N}$.

*8.8.4 高铁技术

温度每变化 1℃，1m 钢轨的伸缩长度约变化 0.0118mm. 我国北方夏季最高轨温可达 55℃，而冬季最低轨温却能降到−35℃，全年钢轨温差最高可达 90℃. 以哈佳铁路为例，整条铁路全长 343km，从理论上来讲，哈佳铁路钢轨在温差的影响下，它的可伸缩长度高达 365m.

为了解决钢轨热胀冷缩的难题，在铺设铁轨时，每隔 25m 会留足缝隙，如图 8.8.1 所示，以抵抗热胀冷缩. 火车行驶在这样的铁轨上，会有“咣当，咣当”的噪声，就是车轮经过缝隙时产生的.

无缝轨道

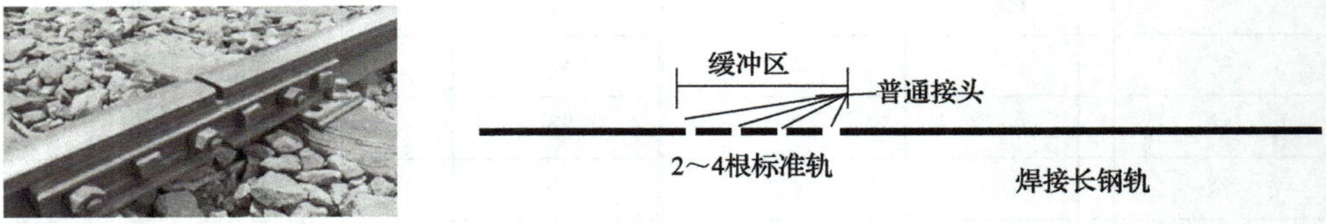

图 8.8.1 无缝铁路的缓冲区

1957 年，我国开始将原有轨道逐步改成无缝钢轨. 首先，通过提高炼钢技术，使得生产出的钢轨材料的热膨胀系数减小. 其次，在铺设时采用长轨道+可伸缩的缓冲区标准轨道的方式，将一段很长的轨道做成无缝轨道，然后隔一段很长的距离（例如 1km，甚至是 10km）做一个可以伸缩的缓冲区. 在建设完全无缝线路之前，我国最长的轨道是京沪线上的 300.5km.

目前的高铁，以钢筋混凝土作为轨枕，钢筋混凝土受热胀冷缩影响较小，轨枕埋在道砟中，钢轨铺在轨枕上，再用能提供足够大稳固力的扣件（每根钢轨上多达数百个扣件），将轨枕跟钢轨固定在一起. 扣件跟轨枕能稳住钢轨，化解钢轨因热胀冷缩而产生的作用力. 并进一步采用应力放大和轨温缩短技术，前者是在合适的温度范围内，让钢轨伸缩，以此来抵消钢轨内部的温度应力；后者则是结合钢轨铺设当地的温度数据，将钢轨锁定在某个合适的温度范围之内，以避免钢轨因膨胀而导致的胀轨，或因收缩而出现的

拉断现象. 一般工作人员每隔 3 个月就要检测轨枕数据，一旦位移数据超过标准，则需要进行调整.

正是在材料、铺设技术、施工技术等众多因素的作用下，我国成功地解决了无缝轨道的热胀冷缩难题. 目前，中国的高铁技术仍处于世界领先地位.

中国古代就曾利用热膨胀的原理，进行工程建设. 都江堰位于四川成都，被誉为“世界水利文化的鼻祖”，修建于秦昭襄王时期，两千多年来一直发挥着防洪灌溉的作用. 在修建过程中，有大量的土方作业，需要将石头运走. 但当时没有炸药，主持修建的李冰苦思冥想，最终通过热胀冷缩的原理解决了问题. 在岩石上铺上干柴，使其燃烧，到石头滚烫时，立即泼上冷水，石头经过一冷一热，就炸裂了，这样工程进展就快多了.

8.8.5　液体的热膨胀

液体和气体没有固定的形状，所以只有体膨胀系数才有意义. 液体和气体的体膨胀系数的定义跟固体的一样，即等压情况下，固体或液体的温度每改变 1℃（或 1K）时，其体积变化和它在初始时的体积之比，其单位为$℃^{-1}$或K^{-1}，其公式与固体的体膨胀系数公式是一样的，见式(8.8.5)～式(8.8.7).

液体的体膨胀系数与压强几乎无关，主要跟温度有关，但是在相当大的温度范围内变化不大，通常可忽略这种变化，因此，一般情况下，跟固体一样，可以将液体的体膨胀系数当作与温度无关的常数. 当然也有反常情况，如水在 0～4℃范围内，水的体积随温度增加而缩小，在 4℃以上，则随温度升高而增加. 表 8.8.2 给出了 20℃时测量的一些液体的体膨胀系数.

表 8.8.2　常见液体的体膨胀系数（20 ℃）　　单位：$℃^{-1}$(K^{-1})

液体	体膨胀系数	液体	体膨胀系数	液体	体膨胀系数
汞（水银）	0.00018	煤油	0.00100	二硫化碳	0.00119
水	0.000208	甲苯	0.00108	四氯化碳	0.00122
丙三醇（甘油）	0.00050	乙醇（酒精）	0.00109	苯	0.00125
浓硫酸	0.00055	乙酸	0.00110	氯仿	0.00127
乙二醇	0.00057	溴	0.00110	丙酮	0.00143
汽油	0.00095	三氯乙烯	0.00117	乙醚	0.00160
松节油	0.00100	甲醇	0.00118		

8.8.6　气体的热膨胀

气体的热膨胀与温度和压强均有关系. 当一定质量气体的体积受温度影响变大时，它的压强也可能发生变化. 当压强不变时，一定质量的气体，遵循盖吕萨克定律

$$V = V_0(1 + \alpha_V t) \tag{8.8.10}$$

式中，α_V 是压强不变时气体的体膨胀系数. 它反映了压强不变时气体体积随温度变化的规律. 气体的体膨胀系数，可以用理想气体状态方程求解得到，其值与压强和温度有关.

【例 8.16】对于气体，式(8.8.10)是当年盖吕萨克得到的，并通过实验测定了(理想)气体的膨胀系数，现公认值为 1/273.15 K^{-1}. 试由此推导出第 2 章中给出的气体在压强不变时的状态方程. 设气体为理想气体.

【解】温度 t_1 时

$$V_1 = V_0(1+\alpha_V t_1)$$

温度 t_2 时

$$V_2 = V_0(1+\alpha_V t_2)$$

二式相除，得到

$$\frac{V_1}{V_2} = \frac{1+\alpha_V t_1}{1+\alpha_V t_2} = \frac{273.15+t_1}{273.15+t_2} = \frac{T_1}{T_2}$$

这就是第 2 章给出的气体在压强不变时的状态方程. 通过本题，我们也就可以回答为什么摄氏温标与开尔文温标相差 273.15 这一数值了.

第 8 章小结

习　题

8.1 黏度、扩散系数、热导率的单位和量纲分别是什么？(本题考查输运过程基本参量.)

8.2 一刚性小球在黏滞流体中运动，受到的阻力 f 只与流体的黏滞系数 η 、小球的运动速度 v 及小球的半径 r 有关. (1)试用量纲分析法证明：$f = A\eta rv$，其中 A 是一无量纲的比例系数，后已确定 $A = 6\pi$． $f = A\eta rv$ 称为斯托克斯公式. (2)著名的密立根油滴实验利用该公式首次测定了电子电荷. 已知油的密度为 ρ，空气的密度为 ρ'，黏滞系数为 η，但为求得其重力，还应知道它的半径 r. 在电容器不加外电场时，求油滴匀速下降的速度. (本题考查黏滞.)

8.3 将 CO_2 储于容积为 $V' = 1.0\times10^{-3}\,m^3$ 的烧瓶内，压强保持为 $p_1 = 213.3kPa$．打开阀门，让 CO_2 经由长 L=10cm、直径 d=0.1mm 的细管流出烧瓶，经过 Δt =22min 后，烧瓶中的压强降低至 $p_2 = 180.2kPa$．已知外界大气压 $p_0 = 98.0kPa$，整个过程可视为在 15℃时发生的等温过程. 试计算 CO_2 的黏滞系数 η．(本题考查黏滞.)

8.4 两个体积为 V 的容器用一长为 L 的细管连接,管的横截面积为 A,且 $LA \ll V$.开始时,一个容器内装有分压为 p_0 的 CO 和分压为($p-p_0$)的 N_2 混合气体,而另一容器装有压强为 p 的 N_2,两个容器的温度均为 T, CO 扩散到 N_2 或 N_2 扩散到 CO 的扩散系数均为 D.试求第一个容器中的 CO 的分压关于时间的函数. (本题考查扩散.)

8.5 冬天，屋内有暖气管，当室外温度为 t_1=−20℃时，室内温度为 t_1' = 20℃；当室

外温度为 t_2=−40℃时，室内温度为 t_2'=10℃，试问室内暖气管的温度 t 是多少？(本题考查热传导.)

*8.6 热容为 C 的物体处于温度为 T_0 的介质中，若以 P_0 的功率加热，能够达到的最高温度为 T_1，设系统的漏热遵从牛顿冷却定律，试问加热停止后，温度降到 $(T_0+T_1)/2$ 所需要的时间是多少？(本题考查对流和热平衡.)

8.7 下列说法中正确的是(　　)

(A)水在 0℃时密度最大

(B)一个绝热容器中盛有气体，假设把气体中分子速率很大(如大于 v_A)的分子全部取走，则气体的温度会下降，此后气体中不再存在速率大于 v_A 的分子

(C)杜瓦瓶的器壁是由两层玻璃制成的，两层玻璃之间抽成真空，抽成真空的主要作用是既可降低热传导，又可降低热辐射

(D)题 8.7 图示为一绝热容器，中间有一隔板，隔板左边盛有温度为 T 的理想气体，右边为真空. 现抽掉隔板，则气体的最终温度仍为 T.

(本题考查热辐射，第 29 届全国中学生物理竞赛预赛选择题第 1 题.)

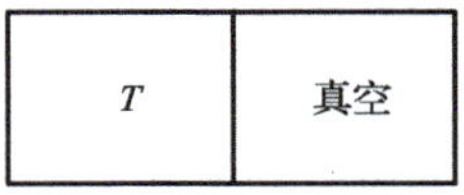

题 8.7 图

8.8 (1)两个一样的乒乓球，一个涂黑，另一个涂白，一盏白炽灯放在两个小球的中间照明一段时间，涂________的球表面更烫. (2)两个一样的白炽灯，同样一个涂黑一个涂白，将两个灯同时打开一段时间，涂________的白炽灯表面更烫. (本题考查热辐射，源自高校自招强基或科学营试题.)

8.9 求 600℃和 500℃时铁球的散热率比值. (本题考查热辐射.)

8.10 温度 T 为 100K 和 1000K 的绝对黑体，表面辐射的通量密度为多少？(本题考查热辐射.)

8.11 已知太阳表面积为 $S=6.07\times10^{18}\text{m}^2$，日地距离为 $L=1.50\times10^{11}\text{m}$. 地球表面附近与太阳光垂直的截面上的辐射强度为 $\Phi=1.40\text{kW}\cdot\text{m}^{-2}$，试问太阳表面的温度 T 是多少？可以将太阳视为黑体. (本题考查热辐射.)

8.12 在地面上做一个简单的实验，可以估算太阳辐射功率，即每秒辐射出的能量. 取一个不高的横截面为 $S=3\text{dm}^2$ 的绝热圆筒，筒内装有水 $M=0.6\text{kg}$，在太阳光垂直照射 $\Delta t=2\text{min}$ 后，测得水温升高了 $\Delta T=1$℃. 已知射到大气顶层的太阳只有 $\eta=45\%$到达地面，另外 55%被大气吸收后反射. 由此估算出太阳的温度及辐射功率 P_S. 已知水的比热为 $c=4.18\text{ kJ}\cdot\text{kg}^{-1}\cdot\text{K}^{-1}$，地球绕太阳公转轨道半径为 $r=1.5\times10^{11}\text{m}$. (本题考查热辐射.)

8.13 卫星主体为一个 r = 1m 的球，各处温度均匀一致，卫星处于地球附近的太空但不在地球的阴影中. 当卫星在阳光下升高到某一温度时，卫星的辐射功率等于从太阳吸收的功率. 试求卫星的热平衡温度. 假设太阳为黑体，太阳表面温度 $T_S=6000\text{K}$，太阳半径 $R_S=6.96\times10^8\text{m}$，太阳到地球的距离为 $l=1.5\times10^{11}\text{m}$，斯特藩−玻尔兹曼常量

$\sigma=5.67\times10^{-8}\mathrm{W\cdot m^{-2}\cdot K^{-4}}$. 假设太阳辐射的能量都可以被卫星吸收(本题考查热辐射.)

8.14 球形宇宙飞船沿圆周轨道绕太阳飞行，如果太阳表面和飞船表面单位面积辐射的能量与其绝对温度的四次方成正比，求飞船的温度. 已知飞船上航天员眼中，太阳的视角宽度为$\alpha=30'$，太阳表面的温度为6000K. (本题考查热辐射.)

8.15 打开天然气炉做饭时，火焰有时是蓝色的，有时是红色的，设蓝色波长为450nm，红色波长为650nm，其颜色来自于天然气燃烧室的化学反应. 现假设不考虑化学反应，只是从热辐射的角度，试比较450nm、650nm两种波长时的温度. 设人体的体表温度为300K，其发出的波长为多少？(本题考查热辐射.)

8.16 在任意给定温度 T(热力学温度)下，单位波长黑体辐射功率最大值对应的波长为λ_{m}，假设太阳、人体均可视为黑体，太阳和人体辐射的$\lambda_{\mathrm{m,S}}=5.0\times10^{-7}\mathrm{m}$、$\lambda_{\mathrm{m,m}}=9.3\times10^{-6}\mathrm{m}$，日地距离为太阳半径的200倍，由此可以估算出：(1)太阳表面的温度为多少；(2)地球表面的温度为多少. (本题考查热辐射，第35届全国中学生物理竞赛预赛填空第10题.)

8.17 天津零下10℃的冬天，在野外取一块冰，回到20℃的房间后，立即将冰块放入水壶中，再打开煤气炉将冰烧成开水，试分析吸热和放热情况. (本题考查热平衡.)

8.18 以下说法正确的是(　　)

(A) 35℃的房间里有一铁块，人手的温度大约是33℃，手摸着铁块时，感觉到凉爽，这是因为手的热量传递给了铁块，因而手的温度下降了

(B) 20℃的房间里有一床棉被，人手的温度大约是 33℃，手摸着棉被时，感觉到温暖，这是因为棉被的热量传递给了手，因而手的温度上升了

(C) 空调在热泵工作时，单位时间发出的热量，等于电所做的功

(D) 电炉单位时间内发出的热量，等于电所做的功

(本题考查热平衡，源自高校自招强基或科学营试题.)

8.19 两个相同的容器，分别盛有氦气和氩气，压强均为 1atm，温度均为室温. 当将Q_1=5J 的热量传递给氦气，氦气升高了一定温度. 如果需要氩气升高同样的温度，则需要传递给氩气多少热量Q_2？已知氦气和氩气的原子质量数分别为4和40. (本题考查热平衡.)

8.20 例 8.12 中，还可以有另外一种模型，假设所有物体先降温到 0(K)(假设没有相变)，放出热量Q_2，然后再升温到 T(K)，吸热Q_1. 试通过这个模型进行求解. (本题考查热平衡.)

8.21 三种不同的物体 A、B、C，其温度分别为$t_1=15℃$，$t_2=25℃$，$t_3=35℃$. A与B达到热平衡后，温度为$t_1'=21℃$，B与C达到热平衡后，温度为$t_2'=32℃$. 求A与C达到热平衡后的温度t_3'？设整个过程中没有发生相变. (本题考查热平衡.)

8.22 有一壶水，水温为$t_1=10℃$，放在火力恒定的电炉上加热，在1atm大气压下，加热τ_1=20min 后沸腾，试问还需要经过多少时间这壶水将烧干？已知水的比热为c=4200$\mathrm{J\cdot kg\cdot K^{-1}}$，水的汽化热为$L=2.26\times10^6\mathrm{J\cdot kg^{-1}}$. (本题考查热平衡，全国中学生物理竞赛第七届预赛第三题.)

***8.23** 如题 8.23 图所示，在一个内径均匀绝热的环形管内，有三个薄金属片制成的活塞将容器分成三个部分. 活塞的导热性和封闭性良好，且可无摩擦地在环内运动. 三部

分盛有同种理想气体，容器平放在水平面上. 开始时，三部分的气体压强都是 p_0，温度分别是 t_1=−3℃，t_2=47℃，t_3=27℃，三个活塞到圆环中心连线之间的夹角分别是 α_1=90°，α_2=120°，α_3=150°. (1) 最后达到平衡时，三个活塞到圆环中心连线之间的夹角各是多少？(2) 已知一定质量的理想气体内能的变化量与其温度变化量成正比，而与压强、体积的变化无关，试求平衡时气体的温度和压强. (本题考查热平衡，全国中学生物理竞赛 1992 年第九届预赛第三题.)

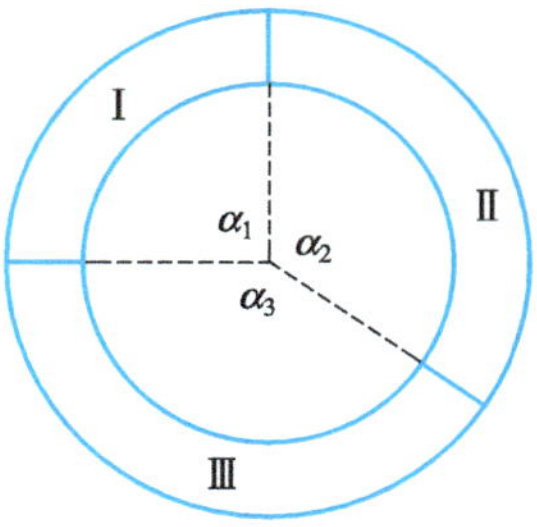

题 8.23 图

8.24 将装在玻璃杯中的热水静置在桌面上，下述说法正确的是(多选题)(　　)

(A) 热水、玻璃杯、桌面、空气之间有热传导

(B) 热水、玻璃杯、桌面、空气之间有明显的热对流

(C) 热水、玻璃杯、桌面、空气都对外有热辐射

(D) 热水、玻璃杯、桌面、空气达到热平衡后，不再对外辐射热量

(本题考查热平衡.)

8.25 例 8.4 中，如果要在鱼缸里养殖适宜水温为 16℃的鱼，答案有何不同？与养殖热带鱼相比，用水量增加或减少多少？(本题考查热平衡.)

8.26 两个同样材质的热水瓶，容积均为 V=4L，高度均为 H=40cm，其中一个是圆形截面，另外一个是方形截面. 在室温为 t_1=0℃时，两个瓶中均灌满 t_2=100℃的水，经过一段时间后，圆筒形热水瓶内的水温降为 t_3=95℃，试问方形热水瓶内的水温降到了多少度？(本题考查热平衡.)

8.27 两个相同的轻金属容器里装有同样质量的水，一个重球挂在不导热的细线上，放入其中一个容器内，使球心位于容器内水的体积中心，球的质量等于水的质量，球的密度比水的密度大得多，两个容器加热到水的沸点，再冷却. 已知放有球的容器冷却到室温所需时间为未放球容器冷却到室温所需时间的 k 倍，试求制作球的材料的比热容与水的比热容之比 c_b / c_w. (本题考查热传导和热平衡.)

8.28 以下说法正确的是(　　)

(A) 所有的物体都具有热胀冷缩的特性，即温度升高则体积膨胀，温度降低则体积缩小

(B) 线膨胀系数的单位为每摄氏度或每开，符号为$℃^{-1}$或 K^{-1}，所以 1℃=1K

(C) 不同压强下，物体的膨胀程度是不同的

(D) 固体的膨胀系数与温度无关

(本题考查热膨胀.)

8.29 一铁球恰好不能通过中间带有孔的铝圈，加热铝圈后，铁球与铝圈的关系是(　　)

(A)铁球不能通过铝圈

(B)铁球一定能通过铝圈

(C)在某两个温度之间可以通过

(D)在某两个温度之间不可以通过，其余可以

(本题考查热膨胀，源自高校自招强基或科学营题.)

8.30 钢尺 A、钢尺 B 和一段角钢是用同样的材料制成的. 钢尺 A 在 20℃使用时是准确的，钢尺 B 在−30℃使用时是准确的. (1)用这两把尺子在−30℃的野外测量上述角钢的长度，其读数分别为 l_A 和 l_B，则(　　)

(A) $l_A > l_B$　　(B) $l_A = l_B$　　(C) $l_A < l_B$

(2)在 20℃的温度下，用这两把尺子分别测量角钢的长度，其读数为 l'_A 和 l'_B，则(　　)

(A) $l'_A > l'_B$　　(B) $l'_A = l'_B$　　(C) $l'_A < l'_B$

(本题考查热膨胀，全国中学生物理竞赛 1984 年第一届预赛填空 7 题.)

8.31 有两根棒，线膨胀系数分别为 α_1 和 α_2，为使得第一根棒总是比第二根棒长 Δl，则在 0℃时两根棒的长度各为多少？(本题考查热膨胀.)

***8.32** 如题 8.32 图所示，钢片和铜片的厚度均为 $a = 0.2\text{mm}$，在 $T_1 = 293\text{K}$ 时，将它们的两条边端点焊接起来，成为等长的平面双金属片，在温度升高到 $T_2 = 393\text{K}$ 时，它们将弯成圆弧形，试求此时这个圆弧的半径 r(圆心到二者交界边缘的距离). 已知钢和铜的线膨胀系数分别为 $\alpha_1 = 1\times10^{-5}\text{K}^{-1}$，$\alpha_2 = 2\times10^{-5}\text{K}^{-1}$. (本题考查热膨胀，全国中学生物理竞赛 2014 年第 30 届复赛第 6 题.)

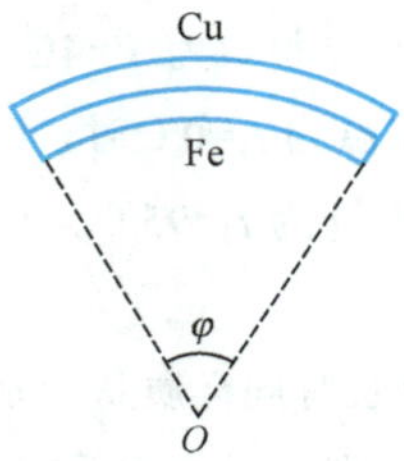

题 8.32 图

***8.33** 由同种材料制成的两根棒，它们的体积不等，起始温度也不同，它们之间会发生热传递. 试问它们达到热平衡时总的体积是多少？是否有所变化？变化量为多少？计算时精确到一阶小量. (本题考查热膨胀.)

习题参考答案

习题参考答案

本书同步辅导教材《热学基础教程习题解答》为您提供详尽的习题分析与解答，助您学有所成!

书名:《热学基础教程习题解答》

书号：978-7-03-082669-5